鄱阳湖流域气候水文过程及水环境效应

刘元波　张　奇　刘　健　李恒鹏　著

科　学　出　版　社

北　京

内 容 简 介

鄱阳湖是中国第一大淡水湖泊，鄱阳湖湿地属于国际重要的自然保护区。近年来，鄱阳湖湖区萎缩，湖区洪涝、干旱和旱涝急转等极端水文气候事件频发，湖泊水质下降趋势加剧，直接影响到环湖区及长江下游沿江地区的供水安全，已引起政府的高度重视和民众的广泛关注。本书针对这一情势，采用长期定点观测数据，结合水文定量遥感手段，运用流域水文模型和数理统计分析方法，较为全面地阐述近50年来鄱阳湖流域的气候水文要素变化过程，包括流域降水、地表蒸散、入出湖径流和湖泊水量等，以及流域水循环变化变异过程及水环境效应，探讨鄱阳湖萎缩和极端水文气候事件频发等热点问题及复合成因机制，从多个角度提出了保护鄱阳湖“一湖清水”的对策与措施，可为鄱阳湖水安全保障和流域综合管理措施制定等提供科学依据。

本书可供水利、气象、环保、经济等行业部门的专业人员、业务管理人员和决策人员，以及气候、水文、资源、生态、环境、经济等专业的科研人员和研究生参考。

图书在版编目（CIP）数据

鄱阳湖流域气候水文过程及水环境效应/刘元波等著. —北京：科学出版社，2012

ISBN 978-7-03-035741-0

Ⅰ.①鄱… Ⅱ.①刘… Ⅲ.①鄱阳湖-流域-区域水文学-研究②鄱阳湖-流域-区域水环境-研究 Ⅳ.①P343.3②X143

中国版本图书馆CIP数据核字（2012）第238856号

责任编辑：刘燕春 罗 吉/责任校对：刘小梅
责任印制：赵德静/封面设计：许 瑞
封面摄影：刘元波

科学出版社 出版
北京东黄城根北街16号
邮政编码：100717
http://www.sciencep.com

北京凌奇印刷有限责任公司 印刷

科学出版社发行 各地新华书店经销

*

2012年10月第 一 版 开本：787×1092 1/16
2012年10月第一次印刷 印张：17 插页：4
字数：400 000

POD定价： 88.00元
（如有印装质量问题，我社负责调换）

《鄱阳湖流域气候水文过程及水环境效应》编者名单

（以姓氏汉语拼音为序）

郭　华　李恒鹏　李相虎　李新艳
刘　健　刘元波　闵　屾　吴桂平
严　蜜　叶许春　张　奇　赵晓松

序

地处长江中游的鄱阳湖为我国第一大淡水湖，也是现存为数不多的大型通江湖泊之一，在长江中下游湖群中具有典型性和代表性。鄱阳湖流域地处亚热带湿润季风气候区，其颇具特色的山江湖完整流域系统和独特的气候地貌水文特征，使其成为中国湿润区的代表性流域，同时也成为国际地圈生物圈计划（IGBP）的全球变化与陆地生态系统计划（GCTE）全球十七条重点研究样带的有机组成部分。随着全球气候变化和人类活动加剧，鄱阳湖流域气候水文过程和生态环境状况在过去半个世纪中发生了明显的变化，如入湖五河上游水库与湖区圩垸建设以及流域土地利用等下垫面改变，鄱阳湖与长江江湖关系受三峡工程蓄水运行影响等发生变化，流域极端气候事件趋于增加引发洪旱灾害交替发生等，尤其是近年来极端干旱事件频发、湖体水域面积趋于萎缩、湖泊水质下降，湿地生态系统也随之发生演变，引起了国内外科学界和社会舆论的广泛关注。随着鄱阳湖生态经济区建设不断推进和流域开发强度的持续加大，流域气候变化与人类活动叠加对水文水资源和水环境影响的压力也不断增强，迫切需要系统认识和把握流域气候水文过程变化趋势及其驱动机制，从而提出科学的应对策略，以减缓和消除不利影响，保障流域资源环境与经济社会协调的发展。

在鄱阳湖流域这样的变化背景和发展需求牵引下，中国科学院南京地理与湖泊研究所刘元波研究员等研究组，在中国科学院知识创新工程相关科研项目支持下，依托中国生态系统观测研究网络鄱阳湖湖泊湿地观测研究站，利用流域气象、水文长期观测数据，结合野外定位观测试验，综合运用数理统计分析、水文过程模拟和多源遥感数据处理等多种研究手段，全面分析了过去五十年来鄱阳湖流域气温、降水、蒸散、径流、湖泊水量等关键水文气候要素的时空变化过程及可能的驱动机制；深入剖析了 1954 年和 1998 年极端降水、2003 年和 2006 年极端干旱等极端事件的发生、发展过程与机理，揭示了近十年来鄱阳湖区干旱频发的成因；阐述了鄱阳湖流域不同土地利用/覆被状况下的营养盐产出及其对水文过程响应的输移特征与引起的水环境效应，提出了应对未来流域水文水环境变化的措施和对策。这对于客观认识鄱阳湖流域气候变化与人类活动加剧叠加影响下的水文、水环境变化过程和机制，特别是强化对近年来流域极端水文气候事件频发、三峡工程蓄水运行对江湖关系影响以及鄱阳湖水利枢纽建设等热点问题的科学认识，起到了以点带面、以史为鉴和抛砖引玉的作用。相信该书的出版将在流域水资源利用、水环境保护和科学管理决策中发挥积极作用，并对进一步深化对鄱阳湖流域地表关键过程变化及其调控策略研究有重要的参考价值。

本书以认识鄱阳湖流域基本气候水文过程为出发点，在系统介绍了流域气候变化背景、水循环要素变化、极端降水和极端干旱过程以及流域水环境变化特点基础上，科学阐述了流域水循环要素变化过程、成因机制及其应对对策与措施，并对今后的深化研究进行了展望，研究具有很强的针对性、系统性和探索性。该书在研究内容上，包括流域降水、陆表蒸散、入出湖径流、湖泊水量等关键水循环要素，不但描述了水循环要素的平稳时间过程，而且阐述了水循环要素的突变和长期变化趋势，并且剖析了水循环要素的极端变化过程（例如暴雨和干旱等）；在研究手段上，除了采用经典的数理统计分析方法，还采用了小波分析、突变分析、趋势分析、分布式水文过程模型和定量遥感反演等多种先进的分析方法，体现出作者对学科前沿、流域水循环过程完整性和综合性的把握与认识；在研究问题上，抓住当前国内外科学界和社会公众关注的焦点，力图科学回答“为什么近年来鄱阳湖区干旱频发”、“鄱阳湖枯季湖面大面积缩减的未来趋势如何”等热点，有利于澄清客观事实、平息相关争论。此外，该书还阐述了流域水循环水环境研究的新近进展及仍然存在的关键科学问题，对未来着力探索的研究方向和取得研究突破可能途径进行了讨论，为研究工作的持续深入开展奠定了基础。

以鄱阳湖为代表的长江中游大型通江湖泊及其流域是中国科学院南京地理与湖泊研究所长期科学研究基地，该书的出版对丰富研究所相关研究积累、推动流域地理过程与调控研究有积极作用，也希望其作为研究所推动的《长江中下游资源环境与区域发展研究》系列丛书中的一册，对长期关注和从事长江中下游研究的读者有所裨益。

受托代引，不足为序。

杨桂山

2012年10月于南京

前　言

鄱阳湖是中国第一大淡水湖泊，是中国大地上一颗璀璨的明珠，养育着4000余万人。鄱阳湖流域面积占长江流域面积的9%，平均年径流量1450×10^8 m^3，水量占长江流域水量的15%，是中国重要的淡水资源库。鄱阳湖湿地具有丰富的生物多样性，是世界上最重要的湿地之一，被列入首批国际重要湿地名录，也是一个具有全球意义的生态宝库。作为长江中下游湖群的典型代表，鄱阳湖在涵养水源、调蓄长江洪水、调节气候、降解污染物、为生物提供栖息地等方面发挥着重要作用。

鄱阳湖承纳赣江、抚河、信江、饶河、修水五大河流来水，经调蓄后由湖口注入长江，与五河来水和长江之间密切相关的水量交换关系形成了鄱阳湖独特的水情特征。该湖水域面积和水位存在着十分显著的季节变化，丰水期水域面积可达3000 km^2，而枯水期则不足1000 km^2，呈现“洪水一片、枯水一线”的景观。鄱阳湖的这一水文特点影响着湖区物理、化学、生物生态、资源和环境变化等自然过程。一旦湖泊的水文条件在时间和空间上发生剧烈变化，将直接导致湖泊物理化学平衡、生态系统结构以及资源和环境的改变。

20世纪80年代以来，社会经济的快速发展、土地利用方式的改变和大型水利工程的建设等改变了鄱阳湖流域的下垫面特性，影响流域的水循环过程，进而影响鄱阳湖与周围水系的水量交换关系和鄱阳湖的水量平衡，全球增温引起的流域降水变化进一步加剧了鄱阳湖流域水量平衡关系的变化。近年来鄱阳湖地区洪涝、干旱和旱涝急转等极端水文气候事件频发。2006～2007年出现了鄱阳湖水位持续下降的枯水事件，2007年12月都昌水文站的水位曾连续20多天低于历史最低水位，鄱阳湖几近枯竭，导致湖区水草和芦苇大面积枯死，严重危及鄱阳湖湿地的生态安全，并造成湖区成千上万居民的用水困难。

鄱阳湖与周围水系水量交换关系的改变，影响入湖物质的输送通量和湖泊的物质降解功能，加上流域内人类活动加剧所引起的氮磷等物质排放增加，使得鄱阳湖水质呈现下降趋势。根据江西省水资源公报，1999年鄱阳湖86%的水体为Ⅰ和Ⅱ类水，Ⅲ类水以下仅占0.2%；2006年Ⅰ和Ⅱ类水的比例下降到58%，Ⅲ类水以下的水体上升到18%；2007年水质恶化趋势加速，Ⅰ和Ⅱ类水急剧下降到26%，Ⅲ类水以下的水体上升到27%。鄱阳湖的水质变化直接影响环湖区及长江下游沿江地区的供水安全，甚至关系到南水北调东线工程的正常运行。2007年4月，国务院总理温家宝在江西考察时要求“一定要搞好生态环境保护和建设，永远保持鄱阳湖一湖清水”。

随着国家级“环鄱阳湖生态经济区”建设的全面推进，人们迫切需要深入了解引起鄱阳湖区水量、水质变化的气候水文变化和人类活动等诸多因素的复杂背景和产生机制。针对这一情势，中国科学院南京地理与湖泊研究所的有关领导积极推动鄱阳湖研究项目立项，2009年中国科学院知识创新工程重要方向项目、2010年中国科学院南京地理与湖泊研究所领域前沿研究项目先后对鄱阳湖流域气候-水文-物质输移研究予以资助。中国科学院南京地理与湖泊研究所王苏民研究员、杨桂山研究员、姜加虎研究员、河海大学李致家教授对项目的顺利实施提出了建设性学术意见。在项目执行过程中，得到了中国科学院鄱阳湖湖泊湿地观测研究站陈宇炜研究员、梁海棠女士和张路博士等科研人员的积极协助。经过三年来多方面研究工作的开展，课题组运用定点观测、定量遥感反演、数理统计分析和水文模型模拟等手段，系统地分析了近 50 年来鄱阳湖流域的降水、蒸散、径流以及湖泊水量的变化过程，较为深入地剖析了自然和人类活动等因素对鄱阳湖水量、水质的复杂影响，从土地利用、水资源管理和气候变化应对等多个方面提出了对策和措施。这些研究成果，可为鄱阳湖区用水安全保障和流域综合管理措施的制定提供科学依据，具有积极的理论与实践参考意义。

本书由刘元波、张奇、刘健和李恒鹏四位研究员设计构思框架，经多次集体研究讨论拟定提纲。其中，刘元波负责文稿第一、三、七、九章，刘健负责第二、六章，张奇负责第四、五章，李恒鹏负责第八章。第一章由刘元波、李新艳编写，吴桂平完成绘图；第二章由闵屾、严蜜编写，刘健审阅修改；第三章由赵晓松撰写，刘元波审阅修改；第四章由叶许春撰写，张奇审阅修改；第五章由叶许春、刘元波、李相虎、郭华撰写，张奇审阅修改；第六章由闵屾、严蜜编写，刘健审阅修改；第七章由刘元波撰写；第八章由李新艳撰写，李恒鹏审阅修改；第九章由刘元波撰写，张奇、刘健和李恒鹏审阅修改。全书由刘元波统稿，赵晓松、吴桂平、严蜜、李新艳共同完成书稿的图文编排工作。中国科学院寒区旱区环境与工程研究所高前兆研究员对本书初稿提出了宝贵的建议，科学出版社对本书的出版给予了积极的协助，作者对此深表谢意。本书为中国科学院知识创新工程重要方向项目“鄱阳湖流域气候-水文-物质输移过程与湖泊水安全研究”（KZCX2-YW-337）、中国科学院南京地理与湖泊研究所领域前沿研究项目“湖泊流域系统关键过程与模拟研究”（NIGLAS2010XK02）和中国科学院百人计划择优支持项目“基于定量遥感的湖泊蓄水量变化驱动机制研究”联合资助的成果。

对于本书的疏漏之处，恳请读者予以指正。

著　者

2012 年 5 月

目　　录

第一章 绪　论

鄱阳湖是中国第一大淡水湖，是中国大地上一颗璀璨的明珠。鄱阳湖湿地享有“长江之肾”的美誉，亦被称做中国的“大陆之肾”，被世界自然基金会划为全球重要生态区之一，列入首批国际重要湿地名录，是中国进入世界生命湖泊网的唯一成员。

鄱阳湖的形成和演变，与所在流域复杂的气象、气候、水文、土壤、植被、地形地貌与地质构造等自然地理背景有着极为密切的关系。近年来鄱阳湖越来越引人注目，这既与鄱阳湖本身的涵养水源、调蓄洪水、调节气候、维持生物多样性、提供居民和产业用水等多种重要功能联系在一起，又受当前社会经济持续发展和生态环境保护等日益迫切的现实需求推动。1.1节将概括地介绍鄱阳湖流域的自然地理条件和社会经济状况，前者包括地质、地貌、水系、土壤、气候、植被等方面，后者包括人口和产业结构等方面。1.2节简要地回顾鄱阳湖的历史演变过程，并从全球气候变化、环湖经济区建设、湿地生态保护、湖泊水质安全、流域水量安全等方面，阐述鄱阳湖流域当前面临的基本资源环境问题。在1.1和1.2节基础上，1.3节将着重分析和总结目前鄱阳湖流域研究中面临的重要科学问题，并点明研究和解决这些问题的现实意义和迫切性。

1.1 鄱阳湖流域概况

1.1.1 自然地理条件

鄱阳湖流域位于长江南岸，东起武夷山脉，西至罗霄山脉，南至南岭山脉，似一颗镶嵌在长江这条蓝色飘带上的绿宝石。它与汉江流域、洞庭湖流域和长江中游干流区间一起，构成面积达 70×10^4 km^2 的长江中游地区。鄱阳湖流域地处中国的东部季风区，位于24°29′14″～30°04′41″N，113°34′36″～118°28′58″E，南北最长约620 km，东西最宽约490 km，总面积为 16.22×10^4 km^2，约占整个长江流域面积的9%（彩图1-1）。其中，大约 15.67×10^4 km^2 位于江西省境内，约占江西省国土面积的94%，其余 0.55×10^4 km^2 隶属于福建、浙江、安徽、湖北、广东等省份。

1.1.1.1 地质基础

在地质构造上，以萍乡—广丰深断裂带为界，流域北部地区属于扬子准地台，而中部和南部地区属于华南褶皱系（江西省地矿局，1984）。在地质历史上，北部地区在晋宁时期、中部和南部地区在加里东时期以褶皱形变为主。其中，北部地区褶皱呈现北东东—近东西走向，至东部转为北东向；而中部和南部地区褶皱为北北东—近南北向走向（彩图1-2）。北部地区在晚元古代晚期转入准地台阶段，中部和南部地区则到早古生代末期转入准地台阶段。鄱阳湖流域的现代大陆地壳具有多层结构，即厚约1.4 km的地壳最上层、20 km 的硅铝层和 11 km 的硅镁层以及其下的上地幔层。

流域内岩石发育以沉积岩为主，亦有岩浆岩和变质岩。在北部地区，广泛分布着中元古界双桥山群地层发育的泥沙质碎屑岩及火山碎屑岩沉积。新元古界震旦系地层发育的海相碎屑岩和火山岩物质沉积，遍布整个流域。古生界的寒武系、奥陶系、志留系、泥盆系、石炭系、二叠系也有发育，以海相碳酸盐岩和碎屑岩为主。中生界的三叠系、侏罗系和白垩系地层除底部存在海相碳酸盐岩和碎屑岩之外，其余皆为陆相沉积物。新生界古近系和新近系地层源自白垩系的红色盆地堆积，第四系地层主要为河湖沉积。

岩浆岩出露面积约占流域总面积的 1/4，包括超基性岩、基性岩、中性岩、中酸性岩和碱性岩，以酸性—中酸性岩为主。花岗岩类分布广泛，包括石英闪长岩、石英二长岩、花岗闪长岩、斜长花岗岩和二长花岗岩等。岩浆岩的广泛发育和岩浆侵入、喷出等活动导致流域内金属矿产尤其是有色金属矿产蕴藏丰富。此外，流域内变质岩也有发育，包括区域变质岩、接触变质岩、错动变质岩等。区域变质岩分布最广，主要有板岩、千枚岩、片岩、片麻岩以及各种混合岩等。接触变质岩基本分布在侵入岩体的周围，主要有各类角岩和糜棱岩等。

1.1.1.2　地形地貌

地质历史构造运动，尤其是第四纪以来的新构造运动，形成了现代鄱阳湖流域的南北三大地貌区、东西三大地貌带，以及南高北低地势的宏观地貌格局。在南北向上，鄱阳湖流域北部以平原为主，南部以山区为主，而中部为过渡区。这种宏观地貌格局与我国南方山区的三大宏观地貌分异特征相呼应，即北部为长江中下游平原区，中部为湘赣丘陵区，南部为南岭山区。在东西向上，除位于南部的南岭山脉走向较为零乱之外，其余的山体大多呈北北东—南南西或北东—南西走向，山脊线与构造线基本保持一致，并形成东西三大地貌带，即位于流域西部的罗霄山、九岭山和幕阜山，位于东部的武夷山、怀玉山、天目山和黄山余脉，以及中间的鄱阳湖平原和众多的河谷盆地。

鄱阳湖流域三面环山，周围高中间低（彩图 1-3）。地貌类型以丘陵山地为主，约占流域总面积的 78%。主要山脉基本分布在流域的边界，形成江西省与相邻省份的天然分界线和流域分水岭。山体在总体上呈东北—西南或北北东—南南西走向，多由变质岩和花岗岩组成，一般海拔约 1000 m。在流域东北边缘，怀玉山呈北东东—南西西走向，是信江水系、饶河水系与钱塘江水系的分水岭，主峰玉京峰海拔 1817 m。武夷山脉绵延 500 km，呈北北东—南南西走向，沿江西和福建两省分界线延伸，是鄱阳湖水系与福建省闽江水系和广东省韩江水系的分水岭，多数山峰海拔为 1000～1500 m，主峰黄岗山海拔 2158 m，也是鄱阳湖流域的最高峰。位于流域南端的大庾岭和九连山属于南岭山脉的分支，大体呈北东东—南西西走向，是江西省和广东省的分界线，大庾岭和九连山是江西省的赣江水系与广东省的北江水系和东江水系的分水岭，九连山主峰黄牛石海拔 1430 m。位于流域西边的罗霄山脉，包括万洋山、诸广山和武功山脉，呈北北东—南南西走向，是江西省和湖北省的分界线，是赣江水系和湘江水系的分水岭，多数山体海拔在 1000 m 以上，主峰南风面海拔 2120 m。位于流域西北的九岭山脉与幕阜山，呈北东东—南西西走向，九岭山是流域内修水和赣江支流锦江的分水岭，主峰九岭尖峰海拔 1794 m。幕阜山是江西省与湖北省的分界山脉，余脉东延即是蜚声中外的风景胜地庐山。丘陵海拔 200～500 m，流域内的丘陵基本分布在山体内侧和鄱阳湖平原外缘之间。丘陵岩层多数属于中新生代的红色岩类，山体呈赭红色，称为“红色丘陵”。岩层松软的山体一般表现为浑圆低丘，而岩层坚硬的山体则表现为峰峦叠起的山岭。

平原盆地约占流域面积的 12%，主要分布在鄱阳湖平原和诸丘陵之间的断陷盆地。鄱阳湖平原又称赣北平原，属于长江中下游五大平原之一，经饶河、信江、抚河、赣江和修水五大河流长期冲刷淤积形成。鄱阳湖平原上广泛分布着第四纪红土、红色风化物和河湖冲淤积物，面积约为 4×10^4 km^2。滨湖地带地势低平，港汊纵横，池沼水田相连，土地肥沃，农牧渔业发达。平原外侧的平地和岗地，多以梯级方式开垦为旱地和水田。盆地主要有吉泰盆地、赣州盆地和瑞金盆地等，地势低平，水道交错，盛产粮、油、林、果。

水域湿地面积约占流域总面积的 10%，岩溶、丹霞和冰川等特殊地貌约占 2%。流域内大小河流 3000 多条，水面大于 1 km^2 的湖泊有 80 余个，其中鄱阳湖面积 3583 km^2。鄱阳湖湿地具有丰富的生物多样性，是我国和国际的重要湿地，并被列入首批国际重要湿地名录，是一个具有全球意义的生态宝库。流域内建成各类水库 9000 余座，其中大型水库 25 座，中型水库 224 座（闵骞等，2011）。另外，岩溶地貌有石山、孤峰、飞来石、溶斗、溶沟、暗河和溶洞等，如宜春的石林式山脊、九江的狮子洞和涌泉洞等。丹霞地貌主要分布在红色丘陵区断陷盆地的边缘，如鹰潭的龙虎山和赣州的通天岩等。

1.1.1.3 流域水系

河湖水系的集水范围为流域。鄱阳湖流域三面环山、周围高中间低的地势特点决定了该流域水系的分布格局。鄱阳湖流域水系发达，包括赣江、抚河、信江、饶河、修水五大河流及其各级支流，以及鄱阳湖和湖区周边的青峰山溪、博阳河、樟田河、潼津河等区间入湖河流，形成以鄱阳湖为中心的辐聚水系。鄱阳湖水系相对独立完整，所有河流的水皆汇入鄱阳湖。经湖泊调蓄后，由位于流域北端的湖口流入长江。入江年均径流量为 1450×10^8 m^3，水量占整个长江流域的 15%，是长江水系的重要组成部分，是中国重要的淡水资源库（朱海虹和张本，1997）。

鄱阳湖流域河流众多，集水面积 10 km^2 以上的河流有 3700 多条。其中，集水面积 100 km^2 以上的河流有 451 条，1000 km^2 以上的有 45 条，3000 km^2 以上的有 18 条，10 000 km^2 以上的有 5 条，即赣江、抚河、信江、饶河和修水。由此，可将鄱阳湖流域划分为五个子流域和一个湖区（彩图 1-1）。五个子流域包括赣江、抚河、信江、饶河、修水子流域，鄱阳湖区是指五个子流域控制水文站以下、包括鄱阳湖体在内的空间范围（江西省水利厅，2012）。

赣江，古称扬汉（杨汉）、湖汉，是鄱阳湖流域第一大河，位于流域南部，发源于武夷山，在赣州由章江和贡水汇合而成。从南向北流贯江西省，包括贡水在内全长 1200 km，集水面积 8.35×10^4 km^2，占鄱阳湖流域面积的 51%。以万安、新干为界，分为上游、中游、下游三段，赣江下游尾闾区间属于鄱阳湖区。上游主要有发源于武夷山脉的湘水、濂江、梅江、平江、桃江、上犹江等支流汇入，中游吉泰盆地有孤江、遂川江、蜀水、禾水、泷水等支流汇入，下游有袁水和绵河汇入。赣江流域的地表水资源量为 703×10^{8} m^3，占鄱阳湖流域地表水资源量 48%。地下水资源量为 188×10^{8} m^3，占全流域地下水资源量 52%。根据赣江下游控制性水文站（南昌外洲水文站）的观测，1956～2000 年的年均径流量为 687×10^{8} m^3，河流含沙量为 0.144 kg/m^3。

信江是鄱阳湖流域的第二大河，位于流域的东北部，发源于浙赣两省交界的怀玉山南麓，在上饶由玉山水和丰溪水汇合而成。自东向西流动，干流全长 359 km，集水面积为 1.69×10^{4} km^2，占鄱阳湖流域面积的 10%。以上饶、鹰潭为界，分为上游、中游、下游三段，上游为山地丘陵，中游流经红色盆地，下游为滨湖平原，中有丰溪、泸溪河、铅山河、湖坊河、葛溪、罗塘河、白塔河等支流汇入。地表水资源量为 174×10^{8} m^3，地下水资源量 37×10^{8} m^3。信江多年平均入湖径流量为 185×10^{8} m^3，河水含沙量 0.13 kg/m^3。

抚河是鄱阳湖流域的第三大河，位于流域的中东部，发源于武夷山脉西麓的血木岭。干流全长 348 km，集水面积 1.58×10^{4} km^2，占鄱阳湖流域面积不足 10%。以南城县城、抚河市为界，分为上游、中游、下游三段，汇纳长桥水、青铜港、瞿溪河、密港水、石咀水、九剧水、沧浪水、黎滩河、龙安水、茶亭水、桐埠水、金溪水、崇仁河、宜黄水等支流。抚河流域水资源丰富，地表水资源量为 162×10^{8} m^3，占鄱阳湖流域地表水资源量 11%。地下水资源量为 40×10^{8} m^3。年均入湖径流量为 162×10^{8} m^3，河流含沙量 0.11 kg/m^3。

修水位于流域的西北部，发源于湘、鄂、赣边境的幕阜山脉，主河长 419 km，流域面积 1.47×10^{4} km^2，占鄱阳湖流域面积的 9%，居五河流域第四位。先后纳汇东津、铜鼓、潦河。修水流域地表水资源量 135×10^{8} m^3，地下水资源量 33×10^{8} m^3。修水年均入湖径流量为 127×10^{8} m^3，河水含沙量 0.13 kg/m^3。

饶河，又名鄱江，古称番水，位于流域的东北部，主河长 299 km，集水面积为 1.32×10^{4} km^2，占鄱阳湖流域面积的 8%，在五河流域中面积最小。饶河有南北两支，北支昌江河，南支乐安江，南北两支于鄱阳县姚公渡汇合。饶河流域地表水资源量为 130×10^{8} m^3，地下水资源量为 27×10^{8} m^3。饶河年均入湖径流量 140×10^{8} m^3，河水含沙量 0.08 kg/m^3。

作为我国的第一大淡水湖泊和长江中下游湖群的典型代表，鄱阳湖承纳赣江、抚河、信江、饶河和修水五河来水，经调蓄后由湖口注入长江，在涵养水源、调蓄洪水、调节气候、降解污染物、为生物提供栖息地等方面发挥着重要作用。湖泊入流和出流等水文过程变化，形成鄱阳湖独特的水位波动和水量变化。受流域汛期和长江中上游流域汛期的叠加影响，鄱阳湖水位呈现显著的季节性变化，影响湖区周围河流的水力坡降，从而影响湖泊与水系之间的物质交换通量。鄱阳湖水域面积变化剧烈，丰水期湖泊面积可达 3000 km^2，枯水期则不足 1000 km^2，呈现“高水是湖，低水似河”、“洪水一片、枯水一线”的景观（王苏民和窦鸿身，1998）。因此，鄱阳湖又被称为吞吐型、过水型和季节性淡水湖泊。从空间形状看，整个湖面像是一个葫芦，以松门山为界分为南、北两部分。南部为湖泊主体，湖面宽而浅；北部为入江水道区，湖面窄且深（图 1-4）。鄱阳湖南北最长为 173 km，东西最大宽为 70 km，平均宽 16.9 km，平均水深 7.4 m，最窄处 2.8 km，环湖岸线长约 1200 km。整个湖盆由东南向西北倾斜，湖底高程由 10 m 降到湖口黄海基面以下 1 m。湖中共有 41 座岛屿，总面积约为 103 km^2。

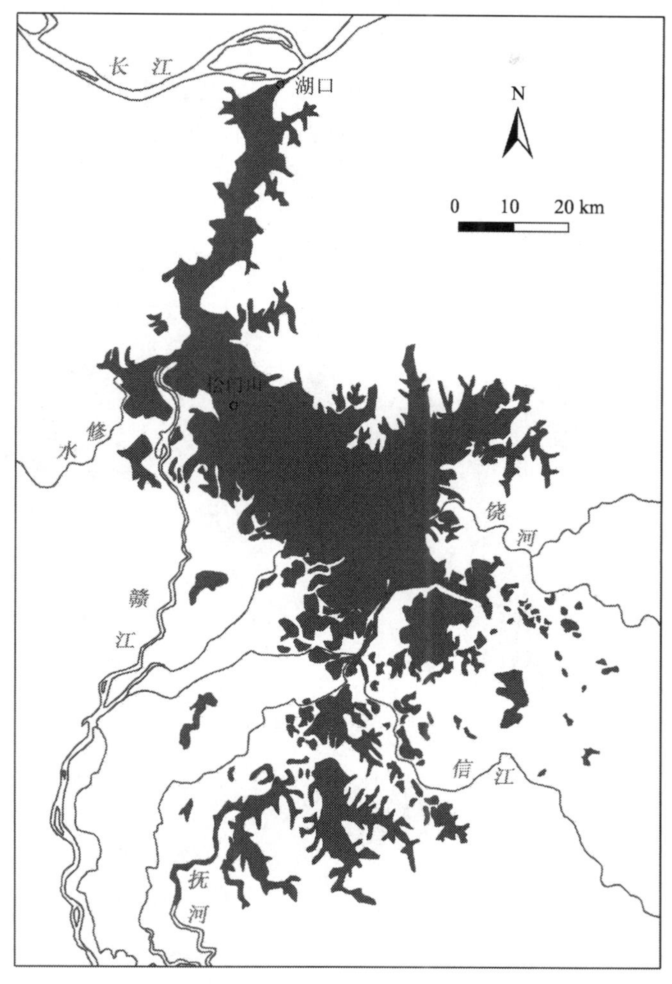

图 1-4 鄱阳湖及入湖水系分布图

鄱阳湖的长期历史演变，与流域的地质地貌基础、流域气候的变迁以及长江水系的演变等存在密切的联系。了解鄱阳湖的形成和历史演变过程，有助于增进我们对现代鄱阳湖变化机制的理解。姜加虎等（2009）研究认为，鄱阳湖形成于 1600 年前。在地势上，鄱阳湖盆地南高北低，高差达 11m。远在汉晋时代，盆地内就已经汇集了赣江等五河来水，但尚未形成大水体。公元 400 年前后，长江主泓道南迁至湖口一带，长江水在湖口处与流域来水相互作用，阻挡了流域泄水。另一方面，由江湖相互作用所形成的梅家洲不断伸展，也阻碍了流域出水，从而加速湖泊向南扩张。在隋炀帝时代，因湖水连接鄱阳山（如今长山）而得名鄱阳湖。

鄱阳湖在历史上经历多次变迁。六朝至唐朝初期，长江主泓道由北向南逐步向湖口附近迁徙，导致赣江诸水泄水受阻，在湖口地堑内水域扩大。唐代中国气候处于温暖期，气候温暖，江水丰沛，长江和五河水量剧增，鄱阳湖向南扩张，淹没了原来的赣江三角洲，成为一个茫茫巨浸，达到鼎盛时期，当时面积达 6000 km^2（苏守德，1992）。随后，鄱阳湖水位变化主要取决于湖口处长江水位的变化。到了魏晋南北朝早期（公元220～479 年），长江中下游水系频繁变迁。唐末宋初，位于湖口东北的长江水道中张家洲形成，使得长江主泓道移至洲北，远离湖口，从而减轻了江水对赣江诸水出湖的顶托和江水倒灌，出湖水流通畅，鄱阳湖水位下降，入湖河流的冲淤积三角洲不断扩展，湖泊面积明显缩小（朱海虹和张本，1997）。元末明初，张家洲北侧的长江左汊道衰退，而南侧的右汊道扩展，加上梅家洲的不断伸长，增大了鄱阳湖出水的阻力，湖泊水位再度大幅上升，水域面积扩大，棠荫等地再度成为鄱阳湖的岛屿（图 1-5）。

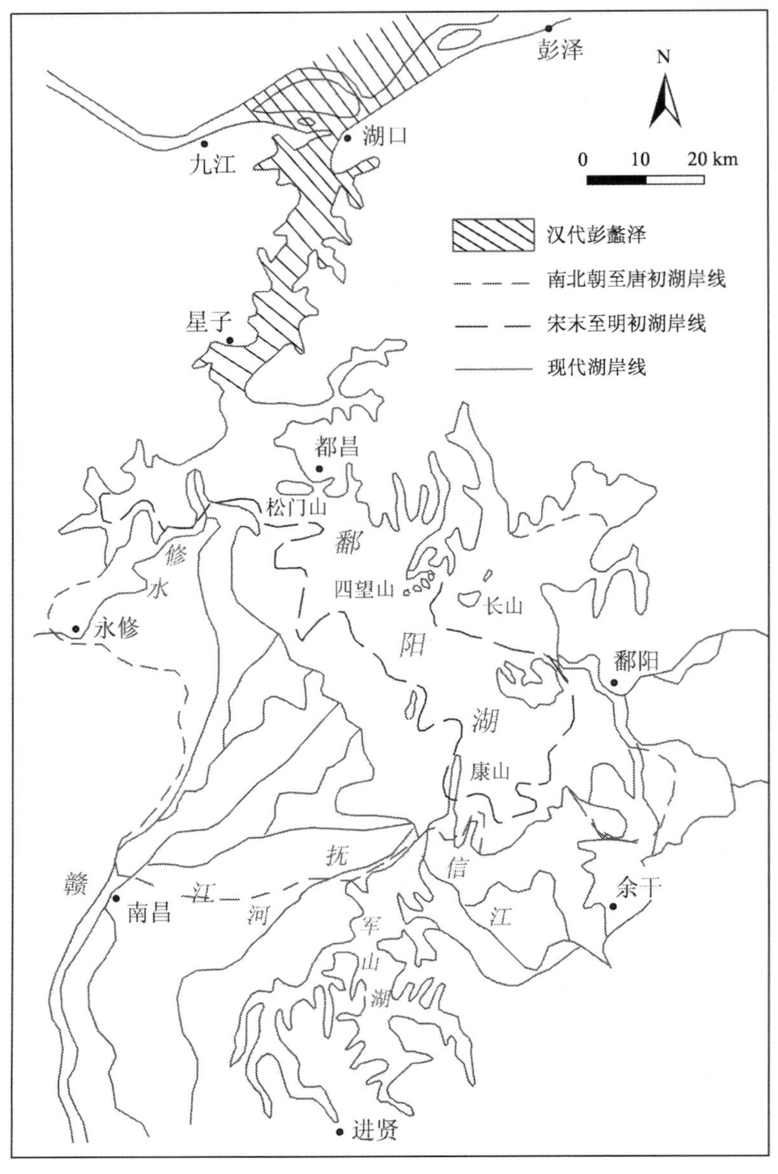

图 1-5　鄱阳湖历史变迁图（据姜加虎等，2009）

湖区围垦是鄱阳湖变迁的另一个重要因素（姜加虎等，2009）。鄱阳湖围垦约在宋代兴起，到明清时代筑堤建圩活动迅速扩张。及至新中国成立前夕，鄱阳湖环湖圩区363座，面积达1580 km^2（窦鸿身和姜加虎，2003）。20世纪50～90年代，鄱阳湖区建圩1466.9 km^2（王苏民和窦鸿身，1998）。由于围垦使湖泊面积减少，导致鄱阳湖水情不断恶化，抬高了洪峰水位。继1998年长江大水之后，鄱阳湖区进行退田还湖治理，圩区范围有所缩小。尽管如此，近10年来鄱阳湖湖泊面积仍呈现缩小的趋势。

1.1.1.4　气候

鄱阳湖流域地处亚热带季风气候区，四季分明，光照充足，雨量丰沛。年均气温11.6～19.6℃，无霜期长达240～307天。年平均相对湿度为75%～83%。年均降水量1341～1940 mm，季节分配不均，全年50%以上降水集中在4～7月。受大陆冷高压和南支槽的共同影响，春季（3～5月）平均气温为17.3℃，阴冷多雨，伴有大风、强降水、冰雹等强对流天气，4月进入汛期。夏季（6～8月）平均气温为27.6℃，受西太平洋副热带高压控制，高温多雨，6月降水集中，易发暴雨洪涝，间有台风影响，7、8月常有伏旱发生。秋季（9～11月）平均气温为19℃，受太平洋副高脊区控制，风和日丽，秋高气爽，常伴有秋旱发生。冬季（12月～翌年2月）平均气温为7.2℃，受大陆季风影响，空气湿冷，冷空气频繁发生，多偏北大风。

鄱阳湖流域南北跨越5个纬距、东西相隔5个经度，三面环山，中间为丘陵和平原地区，地形复杂，气候多样。如彩图1-6所示，流域的东北部、西北部以及赣西南山区年平均气温略低，为11～16℃。滨湖、赣江中下游以及抚河地区，为16～17℃。新余、抚州、吉安地区南部和信江中游，为17～18℃。赣南盆地气温最高，为18～20℃。极端最高温度南北差异不大，略呈北高南低现象，接近或超过40℃。极端最低气温南北差异较大，北部地区为－14～－12℃，南部在－5℃左右，其他地区－12～－7℃。年均日照总辐射量为4060～4793 MJ/m^2，年均日照时数为1473～2077 h。年降水量总体上呈现东多西少、山区多而盆地少的分布趋势。位于流域东部的武夷山、怀玉山区年均降水量1800～2000 mm，鄱阳湖区和吉泰盆地年均降水量为1400～1500 mm，其他地区多在1500～1700 mm（彩图1-7）。流域年均风速为1～4 m/s，德兴市最小，星子县最大。鄱阳湖滨、赣江、抚河下游和高山顶及峡谷区风力较大，年均风速3～5 m/s。

1.1.1.5　土壤

地形、气候、成土母质、植被和成土年龄等决定和影响土壤形成。地质母岩是流域土壤形成的物质基础。经过成土因素的长期作用，鄱阳湖流域土壤分布的地域性分布特征明显，形成地带性土壤分布规律（彩图1-8）。鄱阳湖流域的主要土壤类型包括红壤、黄壤、山地黄棕壤、山地草甸土、紫色土、冲积土、石灰土和水稻土等8类（江西省人民政府，2012）。

红壤是鄱阳湖流域内面积最大、分布最广的一种地带性土壤，总面积10.09×10^4 km^2，占流域面积的62%。多种母质都可以发育红壤，如第四纪红色黏土、红砂岩、花岗岩、千枚岩等。发育母质差异性，使各类红壤在理化性状上也存在一定的差异。由第四纪红色黏土发育而来的红壤，广泛地分布在低丘岗地和盆地，土层深厚，土质黏重，透水通气性差，养分含量低。由红砂岩发育形成的红壤，土层较薄，含粉较多，土质疏松，通气透水性好，水肥保持力较差。由花岗岩风化发育而成的红壤，主要分布在山区，土层夹有石英砂和砾石，土质粗糙，含钾量高，水肥保持性很差，存在严重的水土流失。由千枚岩等发育而来的红壤，主要分布在山区，土质黏细，土壤肥力较高。根据土壤发育程度和主要性状，红壤又可划分为红壤、红壤性土和黄红壤三个亚类。其中，红壤亚类面积最大，约 5.86×10^4 km^2，平地、丘陵和山地皆有分布。红壤性土亚类属于幼年土，多散落分布在丘陵山区，面积约 3.24×10^4 km^2。黄红壤亚类为红壤向山地黄壤的过渡类型，主要分布于海拔 400～500 m 的山地，面积约 0.99×10^4 km^2。

黄壤面积为 1.67×10^4 km^2，约占流域面积 10%，主要分布于海拔 700～1200 m。土层厚度不一，自然肥力一般较高，适于用材林和经济林业发展。山地黄棕壤主要分布在海拔 1000～1400 m 山地，自然肥力高，适于林业和药材业等，一般覆盖着生长茂密的常绿与落叶混交林。山地草甸土主要分布在海拔 1400～1700 m 的高山顶部，一般面积很小，潜在肥力高，适于药材种植。紫色土面积约 0.56×10^4 km^2，主要分布在赣州、抚州和上饶地区的丘陵地带，磷钾含量丰富，适于蜜橘和烟草等经济作物。潮土主要分布在鄱阳湖沿岸和流域五河的河谷平原，土壤物理性质较好，适于棉花、甘蔗和麻类等种植。石灰土散见于石灰岩山地丘陵区，一般土层浅薄。水稻土为耕作土壤，广泛分布于山地、丘陵、谷地和河湖平原阶地，约有 2×10^4 km^2，占流域耕地面积 80%以上。其他土壤包括潮沙泥土、乌泥土和黄泥土等旱地土壤。

1.1.1.6　植被

鄱阳湖流域三面环山的地形和温暖湿润的亚热带气候，孕育了丰富多样的植物种类，计有高等植物 5000 多种。在裸子植物中，不包括人工引种栽培的 100 多种针叶树，计有 9 科 20 属约 29 种。在种子植物中，木本植物已知有 120 科 390 属 2000 种以上。被子植物最为复杂，种类繁多。在地带性的常绿阔叶林中，植物种属和个体数量较多的优势科是壳斗科、樟科、木兰科、山茶科、金缕梅科、杜英科、冬青科和灰木科等（谢晋阳和林英，1994）。

丰富多彩的植物种类和得天独厚的自然条件，使得流域内植被类型多而且覆盖率高。由于人类活动的破坏，原始植被保存较少，多为次生的半天然林和人工林，以马尾松和杉木为主。在湖滨冲积平原和洲滩地区，分布着大片草地和水生植物。在低山丘陵地区，发育有大面积的亚热带草地和灌丛。常绿阔叶林是该地区具有典型性和代表性的地带性植被，物种多样，层次复杂，层间植物丰富，群落小气候湿润，土壤层肥厚。在北部地区，常绿阔叶林分布在海拔 600～800 m 以下，在南部一般分布达海拔 1500 m。随着海拔的升高，植被分布呈现明显的垂直变化，依次出现常绿阔叶林、山地针阔混交林、松林和山地落叶矮林以至山地草甸等植被类型。此外，局部山地间盆地还有沼泽分布。除上述天然植被外，还有许多人工植被，主要包括栽培的各类经济植物水稻、油茶、棉花等，以及各种粮食蔬菜和柑橘等果树（彩图 1-9）。

1.1.2 社会经济结构

1970年以来，鄱阳湖流域经济保持平稳、协调发展。特别是在进入21世纪以来，经历了一个持续的高速经济增长阶段，GDP总量、财政收入和居民收入持续增长。以江西省为例，2011年江西省GDP总量首次突破万亿大关，达11 583.8亿元，与2003年相比翻了两番，在全国31个省（市、自治区）中占第20位；经济增速连续9年超过12%，2011年经济增速为12.5%，高于全国平均水平3.3个百分点。2011年全江西省财政收入达1645亿元（增长34.2%，同比提高2.2个百分点），人均GDP达到了25 992元，分别是2000年的9.3倍和5.4倍，人均GDP在全国居于第27位。城镇居民人均年可支配收入与农村居民人均年纯收入分别达到了17 495元和6892元，分别比2010年增长19.1%和13.0%，同比分别提高了5.0个和2.6个百分点。江西省GDP总量占全国GDP总量的2.5%，属于经济欠发达地区。

受自然条件和社会经济环境背景的影响，鄱阳湖流域人口在地域分布上具有显著的不均衡性。2010年江西省平均人口密度为267人/km^2，略高于同期全国和长江流域的平均人口密度（分别是246人/km^2和220人/km^2），属于人口相对密集的地区。流域内人口密度最高的区域是鄱阳湖区，这个地区包括沿湖的15个县（市）：南昌市、九江市、南昌县、新建县、进贤县、湖口县、星子县、都昌县、永修县、德安县、余干县、波阳县、乐平市、丰城市、樟树市。该地区自然条件优越，开发历史悠久，交通便利，俗称“鱼米之乡”，是全省的政治、文化、经济中心，人口在鄱阳湖沿岸区集中连片分布。全区面积2.38×10^4 km^2，占全省总面积的14.8%，湖区人口密度是流域平均人口密度的1.6倍。若按大于190人/km^2的人口密度区计算，则全省有75.2%的人口集中于42.4%的土地面积之上。

1.1.2.1 人口结构

1970～2010年，总人口、农村人口、城镇人口均呈稳定增长的趋势，但是人口数量增长的步伐有所减缓（图1-10）。总人口从1970年的2584.5万人增加到2010年的4456.8万人，年均增长率为1.4%，年均增长率呈逐年下降的趋势。在20世纪70～90年代以及2000～2010年的人口年均增长率分别为2.5%、1.4%、1.1%和0.7%。农村人口总数从1970年的2228.1万人增加到1997年的3099.6万人，之后逐年减少，2010年减少到了2493.1万人，仅比1970年增加了15%。城镇人口数量从1970年的416.9万人增加到2010年的1963.6万人，年均增长率为4%。

江西省经济社会的快速发展促进了城镇化水平的提高。2011年江西省常住人口总数4456.7万人，其中城镇人口2036.7万人，比2010年新增80万，城镇化率达45.7%，连续4年在40%以上。1970～2010年江西省城镇化率变化趋势（图1-10）可以看出，2010年底，江西省城镇化率为44.8%，比1970年和2000年分别上升了28.7和17.1个百分点，40年间的年均增长率为3.3%。尽管城镇化进程增长很快，但是仍然低于2010年全国平均城镇化水平（48.7%）。

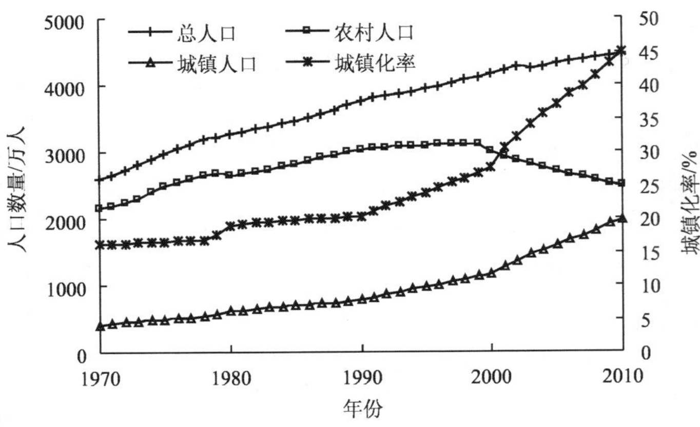

图 1-10　1970～2010 年江西省总人口、农村人口、城镇人口及城镇化率变化趋势

城乡人口分布不均，城镇体系初步形成。大致以浙赣线为界，江西省可以分为南北两部分，南北面积相当。北部以鄱阳湖平原为主，地势平坦，交通便利，而南部以丘陵、盆地为主，地势起伏较大，交通不够发达。全省 11 座地级城市中，有 8 座位于北部，而南部只有 3 座，北部的城镇人口密度是南部的 2.4 倍。由江西省城乡人口对比图（图 1-11）看出，南昌市的城镇人口最多，所占总人口的比重也最大。其次为赣州市和上饶市，城镇人口最少的是新余市和鹰潭市。南昌、上饶、九江等北部地区城镇人口多，赣州、吉安、宜春、抚州等南部地区农村人口多（图 1-11）。城市人口的空间分布与交通条件的关系密切，江西省铁路以京九线、浙赣线为主轴，形成十字形骨架。在全省 11 座地级城市中，有 9 座沿十字形铁路骨架分布。在全省所有的 21 座城市中，沿十字形铁路骨架分布的就有 13 座，占全省城市总数的 62%，若将其他铁路干线（如皖赣、武九铁路）计算在内，该比重达 76%。以南昌为核心，以九江、景德镇、鹰潭、新余和抚州等中心城市为重要节点的鄱阳湖城市群、沿沪昆线城镇密集带和沿京九线城镇密集带（“一群两带”）为支撑的城镇体系已初步形成。

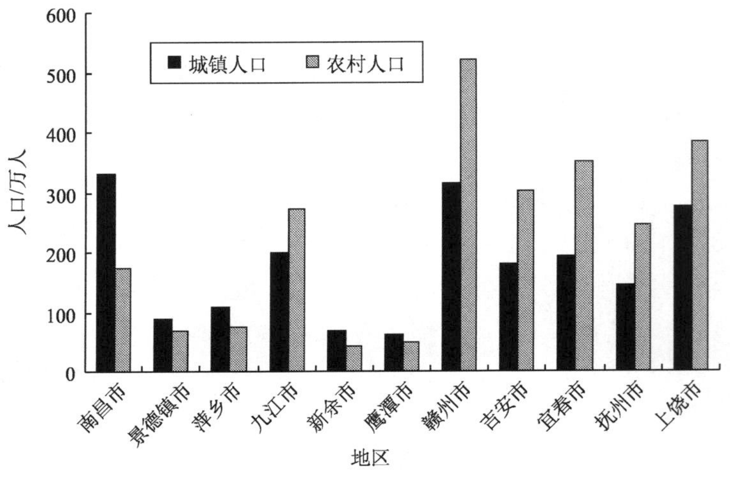

图 1-11　江西省各地区城乡人口对比

1.1.2.2 产业结构

随着社会经济的发展，鄱阳湖流域的产业结构不断调整优化，由农业占绝对地位转型为“二三一”的产业格局。2010年江西省全年实现第一产业增加值1205.9亿元，第二产业增加值5194.7亿元，第三产业增加值3034.4亿元，三次产业对经济增长的贡献率分别为3.8%、71.2%和25.0%。三次产业结构调整为12.8∶55.0∶32.2，与全国水平相比，第一产业的比重明显偏高，高出2.7个百分点，而第三产业的比重偏低，低10.9个百分点，与东部及沿海省市相比差距更大。

第一产业比重稳步下降，农业内部结构调整步伐加快。第一产业比重由1978年的41.6%下降为2010年的12.8%（图1-12）。江西是全国13个粮食生产省之一，水稻生产面积、水稻产量分别居全国第2、3位。近年来，江西省在发展粮食生产的前提下，大力发展经济作物，主要农副产品产量亦大幅度提高。2010年肉类总产308×10^4 t、水产215×10^4 t、水果297×10^4 t、禽蛋52×10^4 t，比2005年分别增长25.9%、28.0%、12.8%和23.3%。

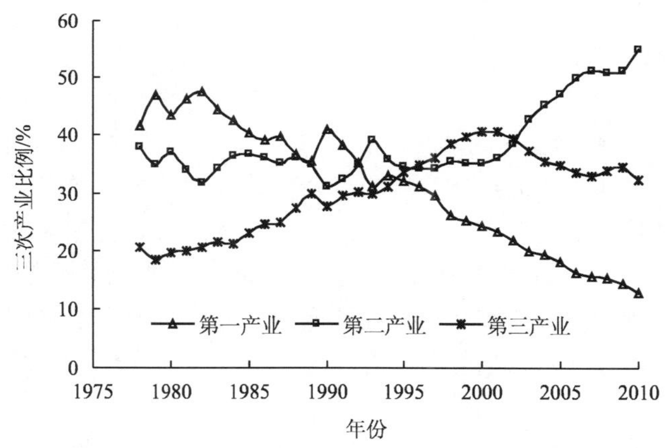

图1-12 江西省三次产业所占比例逐年变化对比（1978～2010年）

第二产业特别是工业经济高速增长，工业主导地位进一步增强。工业总产值由2005年的1455.5亿元增加到2010年的4359.2亿元，年均增长19.8%。工业总产值占GDP比重由1978年的26.6%提高到2010年的46.2%（图1-12），目前的轻重工业产值之比为3∶7。从工业内部构成看，制造业对工业增长的贡献明显提升。2010年全省规模以上制造业增加值达到了3101.9亿元，占工业增加值的比重为71.2%，比2005年提高了14.3个百分点。

第三产业比重先升后降，存在两个明显阶段。第一阶段从1978年的20.4%上升到2000年的40.8%，第二阶段是从2000年开始稳步下降为2010年的32.2%（图1-12）。第三产业构成比重最大的还是一些传统的服务业、交通运输、仓储、邮电通信、商贸、餐饮等，其次主要有房地产、金融保险、机关社会团体、教育文艺广播影视业，而与生产有关的现代服务业、科学研究和综合技术服务业所占比重微小。

1.2　鄱阳湖流域的当前基本情势

鄱阳湖流域三面环山的地势，温暖湿润的亚热带气候，水资源丰沛的河湖水系，以红壤为特色的多样性土壤，种类丰富的植物区系，使其成为一个在地带上颇具特色的完整流域系统。鄱阳湖作为长江中下游湖群的典型代表，在涵养水源、调蓄长江洪水、调节气候、降解污染物、为生物提供栖息地等方面发挥着举足轻重的服务功能和生态作用。随着全球气候变化和人类活动的加剧，鄱阳湖流域在自然环境和社会经济等多个方面都发生了变迁，主要表现为流域气候趋向增暖，极端水文气候事件频发，湖泊水体逐渐萎缩，湖泊水质逐步恶化，湿地生态面临威胁，土地利用等人类活动影响加剧，而生态经济成为社会发展的主流。

1.2.1　自然环境发生明显变化

1.2.1.1　流域气候趋于增暖

1850年以来的全球地表温度资料表明，近百年以来（1906～2005年）全球气温上升了（0.74±0.18)℃，近50年以来（1956～2005年）温度的线性上升趋势为（0.13±0.03)℃/10年，是近百年变化的两倍。在1995～2006年中，有11年位列最暖的12个年份之中。在空间分布上，北半球升温幅度较高纬度地区大，北极温度升高速率几乎是全球平均速率的两倍，陆地升温速率快于海洋。与此同时，全球降水变化也表现出空间差异性。1990～2005年，北美和南美东部、欧洲北部、亚洲北部和中部的降水量显著增加，而萨赫勒、地中海、非洲南部、亚洲南部部分地区的降水量减少。一方面全球大部分地区的强降水事件发生概率有所上升，另一方面全球受到干旱影响的范围趋于扩大（IPCC，2007)。

作为全球气候系统亚热带季风气候区的一部分，鄱阳湖流域的气温呈现明显的上升趋势，变暖趋势与全国和全球趋势基本一致（殷剑敏等，2011)。1959～2008年，流域年平均温度上升了0.65℃。其中1998～2008年流域气温明显偏高，2007年鄱阳湖流域年平均气温为50年以来最高，其次为1998年。在季节尺度上，各个季节均呈现上升趋势，冬季升温最为明显。在流域降水方面，虽然年降水量呈现略为增加的趋势，但这种变化趋势在统计意义上并不显著。资料表明，自2002年以来降水集中度和强度呈明显的增强趋势，区域性暴雨和特大暴雨频次均明显增加。近10多年来，极端天气事件明显增多，例如1998年特大降水、2003年干旱、2004年“云娜”台风影响、2008年持续低温雨雪冰冻和2010年降水异常偏多等。鄱阳湖流域的温度和降水在时间和空间分布上的变化，不可避免地影响到流域的地表和地下水文过程、生物节律与迁徙、生态系统的结构和功能演化、农业种植结构和种植方式等诸多方面。

1.2.1.2　极端水文事件频发

洪涝是鄱阳湖流域长期以来最主要的极端水文灾害（毛端谦，1992)。每年4月进入汛期之后，流域都会面临严峻的防汛任务。新中国成立后发生的典型极端水文事件包括 1954 年和 1998 年特大洪水。在 1954 年发生的特大洪水事件中，受灾人口 37 万，受灾面积 52.6×10^4 hm^2，粮食因此减产 8.75×10^6 kg。在 1998 年的洪水事件中，79 个县市区受灾，其中 40 个县市区重复受灾，受灾人口 2213 万，受灾面积 165.4×10^4 hm^2，直接经济损失 387 亿元。2010 年汛期雨量多项纪录刷新 60 年以来历史纪录，并导致抚州市唱凯堤灵山何家段出现决口（殷剑敏等，2011）。

20 世纪 80 年代以来，鄱阳湖流域社会经济快速发展，大型水利工程建设不断推进，改变了流域的下垫面特性以及鄱阳湖与周围水系的水量交换关系，进而影响流域的降雨-径流关系和鄱阳湖的水量平衡。全球变温引起的气候反常，进一步加剧了鄱阳湖流域的水量平衡关系变化。鄱阳湖流域内水文站径流观测数据表明，自 50 年代以来径流量一直呈增长趋势，到了 1997 年径流量发生反转而出现下降趋势（刘健等，2009）。近年来鄱阳湖出现了持续低水位现象，特别是 2006～2007 年出现了水位持续下降的枯水事件。2007 年 12 月，都昌水文站的水位曾连续 20 多天低于历史最低水位，鄱阳湖几近枯竭，严重影响了湖区成千上万居民的用水，导致湖区水草和芦苇大面积枯死，危及鄱阳湖湿地的生态安全。2009 年 2 月 2 日鄱阳湖湖口水位为 7.99 m，低于 1952 年有实测水文资料以来的历史最低水位 8.05 m，连续创下历史同期最低水位纪录。2011 年鄱阳湖流域再度出现严重的春旱，5 月 30 日启动了抗旱四级应急响应。然而同年 6 月 2 日开始，流域内出现了系统性的降水天气，北部和中北部多个县市出现暴雨，导致旱涝急转而进入防汛阶段。这些情况表明，鄱阳湖流域在近 10 年来洪涝、干旱以及旱涝急转等极端水文事件频频发生。

1.2.1.3 湖泊水体逐渐萎缩

鄱阳湖是一个十分典型的季节性、过水型和吞吐型浅水湖泊。20 世纪 50～90 年代初的湖泊面积分别为 5160 km^2、4410 km^2、3914 km^2、3890 km^2 和 3860 km^2，总体呈现逐渐缩小的趋势。湖泊缩小的主要原因包括湖泊滩涂围垦和入湖泥沙淤积等（闵骞，2000）。新中国成立以来，鄱阳湖区建圩 1466.9 km^2，造成湖泊面积减少。继 1998 年特大洪水之后，鄱阳湖流域实行退田还湖治理，湖泊面积由原来的 3900 km^2 扩大到 5100 km^2，相当于 1954 年的水平，鄱阳湖的蓄洪能力得到增强。另外，通过多年持续的水土保持和绿化造林整治，鄱阳湖流域的森林覆盖率由 37%提高到 63%，有效地遏制了水土流失的发展态势，大大降低了鄱阳湖的泥沙淤塞速度。然而资料显示，近 10 年来鄱阳湖的退水期趋于提前，同时丰水期湖泊面积呈现减少的趋势。究竟是什么原因造成了这种状态，目前还存在很大的争议。鄱阳湖水量能否得以保持和相对稳定，直接关系到鄱阳湖周边乃至长江中下游地区的用水安全。

1.2.1.4 湖泊水质趋于恶化

鄱阳湖流域水量平衡关系的改变，可导致湖泊与周围水系物质交换关系的改变，加上流域内人类活动所引起污染物（主要是氮和磷）排放的增加，湖泊水质出现下降趋势。近 20 年来，鄱阳湖虽然尚未呈现富营养化情况，但是水质却表现出下降的趋势。

20世纪80年代，鄱阳湖水质以Ⅰ、Ⅱ类水为主，平均占湖泊面积的85%，水质下降缓慢趋势。根据江西省水资源公报，1999年鄱阳湖水质Ⅰ和Ⅱ类水域占86%，劣于Ⅲ类水的水域仅占0.2%。2006年Ⅰ和Ⅱ类水的水域面积比例下降到58%，而劣于Ⅲ类水的水域面积上升到18%。2007年，水质恶化趋势加速，Ⅰ和Ⅱ类水的水域面积急剧下降到26%，劣于Ⅲ类水的水域上升到27%。水质下降直接影响到环湖区及长江下游沿江地区的供水安全，甚至关系到南水北调东线工程的正常运行，鄱阳湖的水环境问题引起了中央和地方的高度重视。2007年4月，国务院总理温家宝在江西考察时要求"一定要搞好生态环境保护和建设，永远保持鄱阳湖一湖清水"，水利部要求"确保鄱阳湖一湖清水下泄"。在2007年12月至2008年2月的鄱阳湖枯水时期，局部水域的水质下降到Ⅴ类（严重污染），实际上已经拉响了"最后一湖清水"的警报。

1.2.1.5 湿地生态面临威胁

鄱阳湖承纳五河来水，并与长江之间存在着密切的水量交换关系，这种交换关系影响鄱阳湖的水量变化和水位波动。鄱阳湖的季节性变化特点，决定了自身固有的物质平衡关系及生态系统结构。一旦湖泊的水文条件发生剧烈变化，水位持续上升或下降，高低水位交替时间发生变化等，都将直接导致湖泊的物质平衡以及生态系统结构的改变。枯水位持续时间延长，鄱阳湖湿生植物（如苔草等）可乘势向湖心推进，而水生植物的生长和繁衍空间大幅缩减，大大挤压沉水植物的存在空间，进而影响鲤鱼和鲫鱼等依赖水草产卵的鱼类繁殖和索饵，银鱼也会因此而无法进入湖湾湖汊产卵繁殖。作为白鹤等国际濒危物种越冬喜食的重要饵料，马莱眼子菜和苦草等的生长也可能受到影响乃至干旱枯死。近年来鄱阳湖区频繁发生的干旱，不仅严重影响湖区农业、渔业生产和湖区居民的生活，也严重威胁鄱阳湖湿地的生物资源和生态结构。例如，鄱阳湖国家级自然保护区的面积为224 km^2，2011年的5月保护区内9个子湖中有8个干涸，同时期的鄱阳湖中心湖区也变成了"大草原"，改变了鄱阳湖区的生态系统结构和功能。

1.2.1.6 人类活动影响加剧

根据江西省土地利用总体规划（2006～2020年）资料，鄱阳湖流域以山地丘陵为主，而平原盆地少。土地利用结构类型多样，其中农业用地比重高。在农业用地中，林地比重大。耕地和城镇工矿用地等主要分布在平原、盆地、河谷地带及周边岗地与丘陵地区，林地和牧草地等主要分布在山地丘陵区域。从1958年到20世纪70年代末期，该流域先后经历了三次大规模的森林破坏（林英和廖桢，1982）。1978年森林覆盖率为33.1%，经过90年代人工造林绿化运动，森林覆盖率增加（胡细英，2001）。2011年森林覆盖率上升到63.1%，与福建省并列全国各省市首位。

1980～2005年，在"山江湖工程"启动和中部崛起目标确立以及加快城市化进程目标共同推动下，鄱阳湖流域的耕地、林地、水域、城乡工建用地等均发生了明显的变化。其中，城乡工建用地面积增长最快，平均以每年25.31 km^2 的速度增长。中小城镇的迅速发展、退田还湖政策的实施和大规模人工林的增加，流域内耕地和草地均有所下降，尤其是鄱阳湖区土地利用类型转变频繁（张起明等，2011）。另一方面，受外出务工等因素的影响（秦谦，2011），原来一年三熟的农作方式转为一年两熟，甚至出现了严重的耕地抛荒现象，从而导致农业用水方式和用水量的改变。新中国成立之后，水利建设形成了较完善的防洪、治涝、灌溉、供水、发电、水土保持等水利工程体系。截至2007年年底，建成各类水利工程40万多座（处），其中水库9783座（大型25座，中型238座），总蓄水能力293×10^{8} m^{3}，相当于流域年均径流量的20%，兴利库容158×10^{8} m^{3}（江西省水利厅，2012）。土地利用方式转变和水利工程建设，无疑会改变流域的水循环过程和水量平衡。

1.2.2　生态经济成为发展主流

从魏晋南北朝到元明朝的1000多年里，鄱阳湖流域一直是中国最重要的人口、经济和贸易地区之一。鄱阳湖地区既是沿长江经济带和沿京九经济带的交汇点，也是连接南北方、沟通东西部的重要枢纽，是长江三角洲、珠江三角洲、海峡西岸经济区等重要经济板块的直接腹地。江西省先后实施了山江湖开发治理工程，坚持“既要金山银山，更要绿水青山”的发展理念，确立了生态立省的目标，形成了良好的生态环境。2009年12月12日，国务院批复《鄱阳湖生态经济区规划》，标志着建设鄱阳湖生态经济区上升为国家战略。

鄱阳湖生态经济区规划以2007年为基准年，以2008～2012年为基本规划期，重点领域和重大工程展望到2020年，规划范围包括南昌、景德镇、鹰潭3市，以及九江、新余、抚州、宜春、上饶、吉安的部分县市区，共38个县市区，国土面积5.12×10^{4} km^{2}。整个规划坚持开发与保护并重的基本原则，探索生态与经济协调发展，探索大湖流域开发建设和综合治理的新模式。第一步（2008～2012年）为全面展开阶段，夯实基础，壮大实力，理顺体制，初步形成生态与经济协调发展的新模式。第二步（2013～2015年）为加速推进阶段，形成生态良好、经济发达、城乡协调、生活富裕、生态文明和经济文明高度统一、人与自然和谐相处的发展格局。第三步（2016～2020年）为优化完善阶段，在中部地区率先实现全面建设小康社会的目标，为到21世纪中叶基本实现现代化奠定基础，把鄱阳湖区建设成为全国大湖流域综合开发示范区、长江中下游水生态安全保障区、加快中部崛起重要带动区和国际生态经济合作重要平台。围绕这一总体定位，将在经济区内着力构建4大支撑体系，即安全可靠的生态环境保护体系、调配有效的水利保障体系、清洁安全的能源供应体系、高效便捷的综合交通运输体系。规划设定了13个定量指标，主要有：鄱阳湖天然湿地面积稳定在3100 km^{2}，鄱阳湖水质稳定在Ⅲ类以上，单位地区生产总值能耗2015年比2008年下降20%、2020年比2015年下降15%，人均地区生产总值2020年达到80 000元，城乡居民收入年均增长8%，城镇化率2020年达60%等。其中，生态建设和环境保护为首要战略任务，要以湖体保护、滨湖控制、生态廊道建设为重点，强化流域宏观管理和综合协调，统筹湖区及流域上下游、干支流的生态建设和环境保护，突出湿地保护、污染防治、绿色屏障建设、血吸虫病防治，进一步推进实施鄱阳湖湿地和候鸟保护工程等。同时加强重大基础设施建设，积极培育和发展高效生态农业、先进制造业、高技术产业、旅游商贸等现代服务业，改造提升传统优势产业，努力构建以生态农业、新型工业和现代服务业为支撑的环境友好型产业。

鄱阳湖生态经济区分为湖体核心保护区和环湖平原区两大空间（彩图 1-13）。湖体核心区包括鄱阳湖水域和湿地，面积为 5100 km^2，主体功能是强化生态功能，控制经济活动。稳定湖区水质，维护湿地功能，改善候鸟越冬环境，根治血吸虫病，并统筹安排采砂、捕鱼、养鱼、种植、航运、旅游等经济活动，禁止工业化和城镇化开发。环湖平原区则包括 9 个设区市和 38 个县（市），主体功能是严格产业准入，重点开发建设。集聚经济和人口，构建生态文明示范区、新型产业集聚区、改革开放前沿区、城乡协调先行区、江西崛起带动区。在城镇空间上，逐步形成以中心城市为依托，以交通运输干线和赣江水道为主轴的集约开发态势，构建大中小城市和小城镇、城市密集区相结合，布局合理、交通便利、社会和谐、生态健康的生态城镇体系。在农村空间上，通过生态城市与生态城镇的建设，带动生态村镇建设，尤其是有产业支撑的建制镇的生态村镇建设，促进农村生态环境向绿化、净化、美化、活化演变，为构建鄱阳湖生态经济区建造良好的生态基础，打造江南著名的优质农产品集散中心，为国家粮食安全提供有力的保障。考虑到鄱阳湖流域的系统性和整体性，在战略任务及重大工程项目的安排上，规划通过生态经济区辐射和扩展到全流域，特别是生态环保项目和部分农业项目，保持流域社会经济的可持续发展。

1.3 鄱阳湖流域水资源研究面临的重要科学问题

在全球气候变化和人类活动加剧的背景之下，鄱阳湖流域面临着区域气候增暖、极端水文气候事件频发、湖泊水体萎缩、水质环境恶化、湿地生态面临威胁、土地利用方式发生转变等一系列深刻的现实问题，生态经济势在必行。为了解决这些现实问题，需要人们深入理解和全面认识隐藏在这些问题背后的内在因素与形成机制。鄱阳湖流域的核心问题是水资源变化，其关键是变化环境下流域水循环的演变规律，而能否深刻地揭示流域水循环的演变规律和变化趋势，则离不开科技手段的进步和研究方法的发展。

1.3.1 全球变化背景下流域水循环演变过程和规律

水是鄱阳湖流域物质输送和物质交换的载体，流域水文变化过程和水量平衡关系是物质输移的基础和前提，而水文条件是维持湖泊湿地正常功能与生态健康的最基本条件（Mitsch and Gosselink，2000），因此水文过程是湖泊流域研究中最基本最重要的过程。鄱阳湖流域面积巨大，土地利用和土壤类型差异显著，水系发达，最大的赣江流域面积 8.10×10^4 km^2，最小的饶河流域面积 1.40×10^4 km^2。流域内有水利工程多处，如赣江流域的万安水库、修水流域的柘林水库。鄱阳湖的来水项包括五河径流和湖面降水，出流项包括由湖口排入长江和湖面蒸发。概而言之，鄱阳湖流域径流过程复杂，湖泊与周围水系水量交换多变，具体表现在：①鄱阳湖水位呈现明显的季节性变化，这种水位变化受鄱阳湖流域汛期和上游长江流域汛期的叠加影响，并影响周围河流近湖区的水力坡降，从而影响湖泊与水系之间的物质交换速率；②鄱阳湖水面面积随水位波动变化剧烈，湖区有大片滩地呈现明显的季节性干湿交替变化，直接影响入湖物质的滞留与输送；③鄱阳湖流域面积巨大，下垫面的空间异质性明显，降水和蒸发时空变化大，降雨-径流过程复杂；④鄱阳湖地处湿润地区，地下水丰富，埋深较浅，土壤水与地下水之间的水量交换明显，并由此可能引起土壤与地下水之间的物质传输。

针对鄱阳湖流域的水文过程，国内外已经开展了一些相关研究。郭华等（2007，2008）研究了鄱阳湖流域年间径流系数变化，重点分析了它与水循环两个基本要素（降水量和蒸发量）的关系，以及未来鄱阳湖流域的气候变化趋势。闵骞等（2007）利用康山、棠荫、都昌、星子、湖口的水文、气象资料，应用器测折算法和气候模式法，计算鄱阳湖1955～2004年的水面蒸发量，并对近50年水面蒸发变化特征进行了分析。结果表明，除5月份以外的各月蒸发量及年蒸发量均呈减少趋势，造成水面蒸发减少的根本原因包括湖区气温升高和湿度增大，与温室效应存在显著的相关性，是对大范围气候变化的同步响应。Hu等（2007）研究了鄱阳湖与长江之间的水量交换。张奇（2007）开发了一个地表-地下径流联合模拟的分布式水文模型，并在鄱阳湖赣江流域上开展了初步的应用研究。刘健和张奇（2009）在大尺度湖泊流域水文过程模拟方面取得了初步的成果。以往的研究从不同角度、不同侧面研究了鄱阳湖地区的水文水资源变化，有助于增进对这一流域水文过程的了解。然而，仍缺乏以整个鄱阳湖流域为对象的水文过程研究以及湖泊流域系统的详尽水量平衡关系分析，限制了对鄱阳湖流域水量平衡时空动态变化及其影响因素的认识。另一方面，以往研究多注重洪水过程，干旱过程研究存在明显的不足，亟待加强。

1.3.2 人类活动因素对流域水文水环境变化的贡献

人类活动对水文过程的影响主要体现在两个方面：一是改变流域下垫面的特征，从而改变降雨-径流关系；二是大型水利工程的建设改变了河道径流在短时间尺度上的自然特性，径流在时空上重新分配（Yang et al.，2008）。水库的增加还会增加流域中自由水体的面积，从而可能影响流域的蒸发量。再则，鄱阳湖蓄水量受长江来水的控制，长江水位的变化无疑会影响湖泊的入江径流量。从2003年起，位于长江上游的三峡水库蓄水运行，每年秋冬季蓄水量达200×10^8 m^3。三峡水库是否对鄱阳湖水量平衡变化产生影响，这些影响究竟有多大等科学问题都需要进行深入的探讨。另外，人类活动的加剧往往增加流域内污染物的产出，加大水体的污染程度。鄱阳湖地处长江中下游地区，人类活动强度大且强度加速趋势明显。鄱阳湖流域的水体污染过程究竟如何变化，是否对流域生态系统构成潜在威胁等，也是迫切需要回答的问题。总而言之，在流域尺度上气候变化及人类活动如何影响鄱阳湖流域水循环及水文和水环境过程，目前仍缺乏系统整体的认识。

1.3.3 气候变化和人类活动条件下流域水安全应对措施

鄱阳湖长期以来的逐渐萎缩，湖区枯水事件的频繁发生，以及水质环境的快速恶化，严重地威胁湖区的水量和水质安全，同时表明鄱阳湖流域的水量与物质平衡关系发生了急剧的变化，这种变化可能受区域气候变化、流域人类活动对下垫面的改变以及水利工程建设等多因素的共同影响。为维护鄱阳湖流域的水安全，需要科学地诊断引起鄱阳湖水量和水质变化的主导因子，综合研究气候、水文和物质输移等过程及其对湖泊水量和水质的影响，揭示鄱阳湖水量变化中自然和人类活动的影响分量，确定鄱阳湖水质变化的主导因子及污染物的主要来源，预估鄱阳湖水量和水质的变化趋势，提出适应于流域和环湖区社会经济可持续发展的应对与调控措施。出于这种考虑，目前正在规划和筹建的新水利枢纽工程，即通过控湖工程把枯水期鄱阳湖的水位控制在 14 m 左右（朱海虹和张本，1997）。由于该工程会改变鄱阳湖水位变化和湖水蓄泄规律以及江湖水量交换关系，由此引起的鄱阳湖水情变化可在水文、生态、环境等方面产生十分复杂而深远的影响。然而，目前对这些问题的认识仍然不够明晰。因此，在通过修建该工程是否能达到预期的控湖目标、是否会引起生态环境方面的严重负面效应等问题上，目前仍然存在很大的争议。

1.3.4 湖泊-流域系统的水文水环境定量研究方法

现代湖泊变化研究主要依赖于观测、模拟和遥感等手段。目前关于湖泊萎缩或扩张变化的研究集中体现在大型湖泊或者边远湖泊，主要是运用湖泊水位、水域面积或湖泊水量等指标来研究湖泊变化的成因（Hwang et al.，2005；Crétaux and Birkett，2006；Chu et al.，2008）。Awange 等（2008）分析了世界第三大湖维多利亚湖的大地水平面、降水和对流层顶热力变化，指出该湖水位近 5 年来急剧下降的原因。邢文渊等（2009）分析了 2005～2008 年新疆巴里坤湖水域面积的旬变化，与气温和降水的季节性变化一致。Zhang 等（2011）研究了 2003～2009 年青藏高原地区的湖泊水位变化及其与冰川消融的关系。运用定量遥感方法研究湖泊的急剧变化已成为近年研究的热点。

水量平衡分析是了解湖泊水量变化及控制因素的主要研究手段（Kebede et al.，2006）。以往的研究多关注水文模型在水资源方面的应用（Legesse et al.，2004）、气候变化对湖泊水循环的影响（Strzepek et al.，1996）、利用水文模型模拟过去湖泊水量变化情况（Nicholson and Yin，2001）。湖泊往往作为独立的研究对象，未将其作为流域的组成部分，使湖泊水文条件的动态变化与流域的降雨-径流过程耦合起来。气候是流域径流过程和水量平衡的主要驱动要素。在全球气候变暖背景下，目前气候变化对水文过程和水资源的影响已为国际学术界所共同关注，并成为气候水文学中的研究热点（Beniston，2002；Reilly et al.，2003；Stocker and Raible，2005；姜彤等，2005）。在区域尺度上，关于大气环流模式、区域气候模式与流域水文模型的耦合方面已经开展了研究（王守荣等，2008；刘伟等，2007；Xu et al.，2005；Guo et al.，2002；Giorgi，1990）。

尽管目前在流域水文过程、气候模式、人类活动的影响等方面都开展了大量的研究，但尚有一些方面存在较大的局限性。首先，地表径流与地下径流研究相对独立。对鄱阳湖流域来说，地处湿润地区，很多区域地下水埋深浅，土壤水与地下水之间存在明显的水交换，这种水交换可引起土壤中的污染物（比如氮）向地下水淋溶，污染地下水，并随地下水迁移入湖泊。忽略这部分从地下水迁移的污染物而只监测地表径流中的污染物可能会低估入湖污染负荷，因此有必要对研究区的地表-地下水开展联合研究，以反映两者之间的水量交换，全面揭示流域的水量平衡关系，以及与之密切相关的物质迁移路径与物质平衡关系。其次，湖泊研究与集水域研究相对独立。已有的研究大多数只是针对流域或者只是针对湖泊，而很少考虑到两者的动态耦合关系，最多也是一种松散式结合的研究（Xu et al.，2007）。对鄱阳湖流域来说，湖泊水文状况与集水域地表过程之间的响应关系显著，将湖泊与集水域作为一个整体来研究不仅反映了该系统的本质，还将更为全面地将各个过程和因子联系起来，就有可能从新的角度揭示湖泊水文变化的驱动因子，解释湖泊水量平衡关系发生变化的原因。再次，尚未完全揭示出自然因素和人类活动的各自影响程度。鄱阳湖流域地处长江中下游，人类活动强度相对较大，再者在全球气候变化的影响下，两者的叠加对湖泊流域水文过程和水量平衡的影响尤其复杂，而流域水文监测资料是两者综合影响的结果，需要分离两者的影响分量，使用包含两者共同影响效果的数学模型，通过不同因素敏感性分析来确定与评价单个因素对系统的影响。

1.4 本书主要内容和章节结构

针对鄱阳湖流域目前存在的区域气候增暖、极端水文气候事件频发、湖泊水体萎缩、水质环境恶化、湿地生态面临威胁、土地利用方式发生转变等现实问题和相关的科学问题，本书通过开展实地调查和现场定位监测，利用长期的地面观测资料和遥感对地观测数据，运用定量遥感反演和流域水文模型手段，综合地分析流域的气候、水文、物质输移等过程，研究自然因素和人类活动变化等对鄱阳湖水量和水质的影响，揭示鄱阳湖流域水量水质变化的自然和人类活动影响程度，为制定流域综合管理措施、保障湖泊水安全提供重要的科学依据。

本书分为九章。第一章简要概述鄱阳湖流域的基本情况、流域目前面临的突出现实问题和存在的主要科学问题。第二章以全球气候变化为背景，阐述了鄱阳湖流域过去50年的温度和降水时空变化特征。第三章利用台站观测数据、遥感反演数据和通用计算公式，分析了过去50年鄱阳湖流域的蒸散时空分布特征和近年变化趋势。第四章运用台站观测数据和水文模型，模拟分析了过去50年鄱阳湖流域五个子流域的径流变化特征和趋势，预估了不同情景下流域径流的变化趋势。第五章采用多源遥感数据重塑了鄱阳湖水量变化过程，运用水量平衡关系分析了降水、蒸发、入出湖径流、江湖关系等因素对鄱阳湖水量变化的影响。第六章运用极值分析等多种方法，研究了鄱阳湖流域的极端降水时空分布特征和变化趋势，分析了典型极端降水事件形成的原因与机制。第七章结合台站观测数据和遥感反演手段，运用干旱指数、小波分析、突变分析等方法，分析了流域干旱事件发生的周期和趋势变化，典型极端干旱事件发生发展过程，以及水文气候背景条件以及江湖关系改变所产生的影响。第八章结合历史数据和现场监测数据，分析了鄱阳湖与五河的水质特征与变化以及鄱阳湖流域的点源和面源污染强度，分析了流域水量平衡对鄱阳湖水环境的影响。第九章概括地总结了关于鄱阳湖流域气候、水文、水环境的总体认识，指出尚待解决的重要科学问题，展望未来取得实质性突破的可能途径。通过本书全面系统的总结，反映在鄱阳湖气候水文变化过程及其水环境效应方面的最新研究成果。

参考文献

窦鸿身，姜加虎. 2003. 中国五大淡水湖. 合肥：中国科学技术大学出版社.

郭华，苏布达，王艳君，等. 2007. 鄱阳湖流域 1955～2002 年径流系数变化趋势及其与气候因子的关系. 湖泊科学，19 (2)：163-169.

郭华，殷国强，姜彤. 2008. 未来 50 年鄱阳湖流域气候变化预估. 长江流域资源与环境，17 (1)：74-78.

胡细英. 2001. 鄱阳湖流域近百年生态环境的演变. 江西师范大学学报（自然科学版），25 (2)：175-179.

江西省地矿局. 1984. 江西省区域地质志. 北京：地质出版社.

江西省人民政府. 2012. 江西概况：自然资源. http://www. jiangxi. gov. cn/.

江西省水利厅. 2012. 官方网站：http://www. jxsl. gov. cn.

姜加虎，窦鸿身，苏守德. 2009. 江淮中下游淡水湖群. 武汉：长江出版社.

姜彤，苏布达，王艳君，等. 2005. 四十年来长江流域气温、降水与径流变化趋势. 气候变化研究进展，1 (2)：65-68.

林英，廖桢. 1982. 江西森林的历史变迁. 江西师范大学学报（自然科学版），(1)：66-72.

刘健，张奇. 2009. 一个新的分布式水文模型在鄱阳湖赣江流域的验证. 长江流域资源与环境，18 (1)：19-26.

刘健，张奇，许崇育，等. 2009. 近 50 年鄱阳湖流域径流变化特征研究. 热带地理，(29)：213-218.

刘伟，高艳红，冉有华，等. 2007. 不同分辨率地形数据对黑河流域模拟结果的对比分析. 高原气象，26 (3)：525-531.

毛端谦. 1992. 鄱阳湖区水寒灾害灾情分析. 江西师范大学学报（自然科学版），16 (3)：234-240.

闵骞. 2000. 近 50 年鄱阳湖形态和水情的变化及其与围垦的关系. 水科学进展，11 (1)：76-81.

闵骞，时建国，闵聃. 2011. 1956～2005 年鄱阳湖入出湖悬移质泥沙特征及其变化初析. 水文，31 (1)：54-58.

闵骞，苏宗萍，王叙军. 2007. 近 50 年鄱阳湖水面蒸发变化特征及原因分析. 气象与减灾研究，30：17-20.

秦谦. 2011. 江西外出务工人数突破 700 万. 经济日报. 2011 年 2 月 24 日.

苏守德. 1992. 鄱阳湖成因与演变的历史论证. 湖泊科学，4 (1)：44-45.

王守荣，康丽莉，石英. 2008. 兰江流域气候与水文模拟研究. 气象学报，66 (3)：320-328.

王苏民，窦鸿身. 1998. 中国湖泊志. 北京：科学出版社.

谢晋阳，林英. 1994. 江西植被资源的多样性. 生物多样性研究进展——首届全国生物多样性保护与持续利用研讨会论文集.

邢文渊，肖继东，沙依然，等. 2009. 基于 MODIS 影像的湖泊动态变化遥感监测——以巴里坤湖为例. 草业科学，26 (7)：28-31.

殷剑敏，苏布达，陈晓玲，等. 2011. 鄱阳湖流域气候变化影响评估报告. 北京：气象出版社.

张奇. 2007. 湖泊集水域地表-地下径流联合模拟. 地理科学进展，26 (5)：1-10.

张起明，胡梅，齐述华，等. 2011. 1980～2005 年江西省土地利用变化政策因素驱动力分析. 江西科学，29 (5)：597-602.

朱海虹，张本. 1997. 鄱阳湖：水文、生物、沉积、湿地、开发治理. 合肥：中国科学技术大学出版社.

Awange J L，Sharifi M A，Ogonda G，et al. 2008. The falling Lake Victoria water level：GRACE，TRIMM and CHAMP satellite analysis of the Lake Basin. Water Resources Management，22：775-796.

Beniston M. 2002. Advances in Global Change Research ＃10：Climatic Change：Implications for the Hydrological Cycle and for Water Management. Dordrecht：Kluwer Academic Publishers.

Chu Y，Li J，Jiang W，et al. 2008. Monitoring level fluctuations of the lakes in the Yangtze River Basin from radar altimetry. Terr Amos Ocean Sci, 19: 63-70.

Crétaux J F, Birkett C. 2006. Lake studies from satellite radar altimetry. C R Geoscience, 338: 1098-1112.

Giorgi F. 1990. Simulation of regional climate using a limited area model nested in a general circulation model. Journal of Climate, 3 (9): 941-964.

Guo S, Wang J, Xiong L, et al. 2002. A macro-scale and semi-distributed monthly water balance model to predict climate change impacts in China. Journal of Hydrology, 268: 1-15.

Hu Q, Feng S, Guo H, et al. 2007. Interactions of the Yangtze river flow and hydrologic processes of the Poyang Lake, China. Journal of Hydrology, 347: 90-100.

Hwang C, Peng M F, Ning J, et al. 2005. Lake level variations in China from TOPEX/Poseidon altimetry: data quality assessment and links to precipitation and ENSO. Geophy J Int, 161: 1-11.

IPCC. 2007. Climate Change 2007: The scientific basis. Contribution of working group I to the fourth assessment report of the Intergovernmental Panel on Climate Change. New York: Cambridge University Press.

Kebede S, Travia Y, Alemayehub T, et al. 2006. Water balance of Lake Tana and its sensitivity to fluctuations in rainfall, Blue Nile basin, Ethiopia. Journal of Hydrology, 316: 233-247.

Legesse D, Vallet-Coulomb C, Gasse F. 2004. Analysis of the hydrological response of a tropical terminal lake, Lake Abiyata (Main Ethiopian Rift Valley) to changes in climate and human activities. Hydrological Processes, 18: 487-504.

Mitsch W J, Gosselink J G. 2000. Wetlands. New York: John Wiley & Sons, Inc.

Nicholson S, Yin X. 2001. Rainfall condition in Equatorial East Africa during the nineteenth century as inferred from the record of Lake Victoria. Climate Change, 48: 387-398.

Pal J S, Giorgi F, Bi X, et al. 2007. Regional climate modeling for the developing world: the ICTP RegCM3 and RegCNET. Bulletin of the American Meteorological Society, 88: 1395-1409.

Reilly C M O, Alin S R, Plisnier P D. 2003. Climate change decreases aquatic ecosystem productivity of Lake Tanganyika, Africa. Nature, 424: 766-768.

Stocker T F, Raible C C. 2005. Water cycle shifts gear. Nature, 434: 830-832.

Strzepek M K, Yates N D, El Quosy E D. 1996. Vulnerability assessment of water resources in Egypt to climate change in the Nile basin. Climate Research, 6: 89-95.

Xu C Y, Widén E, Halldin S. 2005. Modeling hydrological consequences of climate change progress and challenges. Advances in Atmospheric Sciences, 22 (6): 789-797.

Xu Z, Godrej A N, Grizzard T J. 2007. The hydrological calibration and validation of a complexly-linked watershed reservoir model for the Occoquan watershed, Virginia. Journal of Hydrology, 345: 167-183.

Yang T, Zhang Q, Chen Y Q, et al. 2008. A spatial assessment of hydrologic alteration caused by dam construction in the middle and lower Yellow River, China. Hydrological Processes, 22 (18): 3829-3843.

Zhang G, Xie H, Kang S, et al. 2011. Monitoring lake level changes on the Tibetan Plateau using ICE Sat altimetry data (2003-2009). Remote Sensing of Environment, 115: 1733-1742.

第二章　鄱阳湖流域气候变化

全球陆地和海洋100多万个观察记录表明，近一个世纪以来全球平均温度显著上升，尤其是在20世纪80年代以来，变暖的速度较快。由于气候变暖、冰川融化、海平面上升，对全球的生态环境系统和人类社会的发展带来了严重的影响。譬如，干区更干更燥，从而引发森林大火，湖泊干涸，水资源紧张，生态系统退化，生物多样性锐减等；而湿区更湿，从而导致更多洪涝灾害，淹没村庄、良田，摧毁城市道路交通，危害人民生命财产安全等。因此，由全球增暖而导致的各种灾害事件，受到各国科学家和政府的共同关心，已经成为一个迫切需要解决的重大问题。

我国地处欧亚大陆东部，东临太平洋，西倚青藏高原，北靠秦岭和内蒙古高原，南有印度洋，其特殊的地理位置以及复杂的地形，导致我国的天气、气候不仅受青藏高原大地形的动力强迫及热力作用，还受海陆热力差异的影响，是全球最为明显的季风活动区之一。在全球变暖的大背景下，我国的气候和天气也发生了明显的变化。孙凤华等（2007）研究指出东北地区总雨日减少趋势非常明显，雨日的减少主要体现在小雨日数的减少，年降水强度表现为明显的增加趋势，主要体现为小雨和暴雨强度增强。刘晓冉等（2007）对西南地区年降水量变化的时空特征进行了分析，结果表明，西南地区的西部高原地区降水量呈增加趋势，而东部除重庆外，大部分地区降水量减少，四川盆地西部和整个西南地区东南部的降水量整体都呈下降趋势。杨晓丹和翟盘茂（2005）研究发现，西北地区降水量的增多主要是由西北西部降水量增多引起的，西北西部年降水频率呈增加趋势，年平均降水强度也呈增加趋势，而西北东部年平均降水强度增强，年降水频率却呈显著减少趋势。苏布达等（2006）对长江流域1960～2004年极端强降水进行分析，研究表明，自1986年以来长江流域的极端强降水出现了显著增加的趋势，在中下游地区突出表现。

鄱阳湖流域是我国重要商品粮基地和江西省重要工业基地，其在江西省及长三角经济带乃至全国都有极为重要的经济地位。然而，受流域内降水时空分布不均的影响以及长江径流的作用，鄱阳湖流域又是长江中下游旱涝灾害的重灾区和多发区，频繁的旱涝灾害危及周边人民生命财产安全，制约着社会经济的持续发展。

据历年洪灾资料统计，在1950～2005年的56年中，鄱阳湖地区发生水灾46次，平均5年中4年有灾。在过去半个世纪以来，鄱阳湖流域是长江流域夏季降水量增加最明显，极端强降水事件增加最显著的区域之一（姜彤等，2005；杨宏青等，2005）。闵骞（2002）分析鄱阳湖地区洪水特征发现，20世纪90年代鄱阳湖平均水位超过近50年来的任何10年，年最高水位出现近100年来的最大值。由于区域内降水量具有明显季节变化和年际差异，鄱阳湖流域干旱灾害也异常严重。湖区气象干旱指标的分析结果表明，近50年来鄱阳湖流域旱年出现频率为10%，严重干旱年（包括特旱和大旱）出现频率为22%，平均9年就出现两个严重干旱年（闵骞，2007）。近些年来鄱阳湖出现了持续性低水位，2007 年 12 月都昌水文站的水位曾连续 20 多天低于历史最低水位，鄱阳湖几近枯竭，对湖区千万居民的用水安全和鄱阳湖湿地的生态安全构成严重威胁（闵骞和闵聃，2010）。

由上述可知，全球气候变化对生态环境以及社会进步带来的影响不容忽视。不少研究者曾对鄱阳湖流域的气候变化进行了分析，但大多是以旱涝灾害为主，对极端气候事件发生的气候背景缺乏研究。因此我们首先对全球气候变化特征进行分析，以认识鄱阳湖流域及其周边地区气候变化与全球气候变化的内在联系。

2.1　数据资料与研究方法

2.1.1　数 据 资 料

本章所用资料为美国国家环境预测中心及国家大气研究中心（NCEP/NCAR）再分析资料中 1960～2007 年日平均温度和日平均降水量资料，以及国家气象信息中心提供的 1960～2007 年地面气候资料中的高密度台站逐日降水量数据。在资料选取时，进行了质量控制，剔除在研究时段内缺测值较多以及迁过站的台站，同时考虑研究区域的边界效应，选定研究区域为 111.5°～120.5°E，24°～32°N，如图 2-1 所示，使用研究区域内 286 个气象站点数据，本章称为鄱阳湖流域及其周边地区。

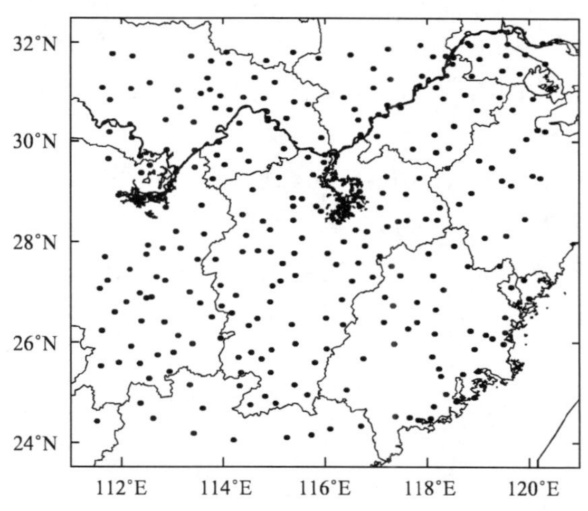

图 2-1　鄱阳湖流域及其周边地区 286 个站点分布图

2.1.2　研 究 方 法

本章所使用的数理统计方法包括线性拟合法、小波分析法、突变检验法和空间插值法等，下面逐一加以介绍。

2.1.2.1 线性拟合

降水量和温度的趋势变化用最小二乘法进行线性拟合得到

$$y(t) = b_0 + 0.1 \cdot b \cdot x(t), \quad t = 1,2,\cdots,n \tag{2.1}$$

式中，$y(t)$ 为某降水指数第 t 年的值；$x(t)$ 为时间序列；回归系数 b 表示该降水指数每 10 年的变化；n 为研究时间段的总长度。用相关系数的方法对趋势变化进行显著性检验。相关系数的计算方法为

$$r = \sqrt{\frac{\sum_{i=1}^{n} x_i^2 - \frac{1}{n}\left(\sum_{i=1}^{n} x_i\right)^2}{\sum_{i=1}^{n} y_i^2 - \frac{1}{n}\left(\sum_{i=1}^{n} y_i\right)^2}} \cdot b \tag{2.2}$$

要判断变化趋势是否显著，就对 r 进行显著性检验。本书中一般选取 $\alpha=0.10$，0.05，0.01 的显著性水平，分别对应 90%，95%，99%的置信度。

2.1.2.2 小波分析

水文时间序列存在多时间尺度的特点。所谓多时间尺度（multiple timescales），指系统变化并不存在真正意义上的周期性，而是时而以一种周期变化，时而以另一种周期变化，并且同一时段中又包含各种时间尺度的周期变化，即系统变化在时域中存在多层次时间尺度结构和局部化特征（王文圣等，2005）。水文现象的多时间尺度研究实际上就是识别水文时间序列中的周期或者近似周期的成分，进而研究水文时间序列的演变规律和发展趋势。

小波分析法（wavelet analysis method）是最近兴起的一种信号分析处理方法，它在时域和频域上同时具有良好的局部变化特征和多分辨功能，可借助其时频局部化优势准确地找到时间序列的大小时间尺度（周期）位置（王文圣等，2005），在当前研究水文时间序列变化特征方面已有广泛的应用（张代青和高军省，2007；刘健等，2010；邴龙飞等，2011）。

对于给定的小波函数 $\varphi(t)$，年水文时间序列 $f(t) \in L^2(R)$ 的连续小波变换定义为

$$W_f(a,b) = |a|^{-1/2} \int_{-\infty}^{+\infty} f(t) \varphi'\left(\frac{t-b}{a}\right) \mathrm{d}t \tag{2.3}$$

式中，$W_f(a,b)$ 为小波变换系数；$\varphi(t)$ 为母小波；$\varphi'(t)$ 为 $\varphi(t)$ 的复共轭函数；a 为尺度因子（频域），反映小波的周期长度；b 为时间因子（时域），反映时间上的平移。因此，小波分析实际上是一族小波函数表示的时间函数 $f(t)$，而通过小波变换就可得到小波变换系数，而对这些系数的分析就可以显示出 $f(t)$ 的时频特性和其重要的局部变化特性。

将时域上关于 a 的所有小波变换系数 $W_f(a,b)$ 的平方进行积分，即为小波方差

$$\mathrm{Var}(a) = \int_{-\infty}^{+\infty} |W_f(a,b)|^2 \mathrm{d}b \tag{2.4}$$

在一定尺度下，Var(a) 表示时间序列中该尺度周期波动的强弱（能量大小）。小波方差随尺度 a 变化的过程，称小波方差图，它反映水文时间序列中所包含的各种尺度（周期）的波动及其强弱随尺度变化的特性。

周期分析中选用比较常用的复 Morlet 小波作为基小波，与实型小波相比，复数小波更能真实反映时间序列各尺度周期性大小及其在时域中的分布（王文圣等，2005）。复 Morlet 小波变换的模和实部是两个重要的变量，模的大小表示特征时间尺度信号的强弱，实部表示不同特征时间尺度信号在不同时间上的分布和位相两方面的信息。从小波系数的实部可以看出不同尺度下的丰枯相位结构，表明不同的时间尺度所对应的径流丰枯变化。小尺度的丰枯变化则表现为嵌套在较大尺度下较为复杂的丰枯结构（刘俊萍等，2003）。

2.1.2.3　突变检验

本章使用 Mann-Kendall 法（下面简称为 MK 法）来进行突变检验，它是一种非参数统计检验方法。这一方法的优点在于不仅计算简便，而且可以明确突变开始的时间，并指出突变区域。因此，MK 法是一种常用的突变检测方法。具体方法如下：

对于具有 n 个样本量的时间序列 x，构造一秩序列：

$$S_k = \sum_{i=1}^{k} r_i, \quad (k = 2,3,\cdots,n) \tag{2.5}$$

式中，当 $x_i > x_j$ 时，$r_i=1$，否则 $r_i=0$，$(j=1,2,\cdots,i)$。可见，秩序列 S_k 是第 i 时刻数值大于 j 时刻数值个数的累计数。

在时间序列随机独立的假定下，定义统计量：

$$UF_k = \frac{S_k - E(S_k)}{\sqrt{\mathrm{Var}(S_k)}}, \quad (k = 1,2,\cdots,n) \tag{2.6}$$

式中，$UF_1=0$；$E(S_k)$ 和 $\mathrm{Var}(S_k)$ 分别是累计数 S_k 的均值和方差，在 $x_1,x_2,\cdots,x_n$ 之间相互独立，且有相同连续分布时，它们可由下式算出：

$$E(S_k) = \frac{n(n-1)}{4} \tag{2.7}$$

$$\mathrm{Var}(S_k) = \frac{n(n-1)(2n+5)}{72} \tag{2.8}$$

UF_i 为标准正态分布，它是按时间序列 x 顺序 $x_1,x_2,\cdots,x_n$ 计算出的统计量序列，给定显著性水平，查正态分布表，若 $|UF_i| > U_\alpha$，则表明序列存在明显的趋势变化。

按时间序列 x 逆序 $x_n,x_{n-1},\cdots,x_1$，再重复上述过程，同时使 $UB_k=-UF_k$，$k=n,n-1,\cdots,1,UB_1=0$。

计算步骤如下：

(1) 计算顺序时间序列的秩序列 S_k，并计算 UF_k。

(2) 计算逆时间序列的秩序列 S_k，并计算出 UB_k。

(3) 给定显著性水平，例如，$\alpha=0.05$，那么临界值 $u_{0.05}=\pm 1.96$。将 UF_k 和 UB_k 两个统计量序列曲线和 ± 1.96 两条直线均绘在一张图上。

本章在检验两个时间序列的均值是否存在显著差异时，使用了差值 t 检验的方法。首先构造检验统计量 t：

$$t=\frac{\bar{x}-\bar{y}}{\sqrt{\frac{(n_1-1)s_1^2+(n_2-1)s_2^2}{n_1+n_2-2}}\cdot\sqrt{\frac{1}{n_1}+\frac{1}{n_2}}} \tag{2.9}$$

式中，$\bar{x}$ 和 $\bar{y}$ 为两个时间序列的均值；n_1 和 n_2 为两个时间序列的长度；s_1^2 和 s_2^2 为两个时间序列的方差。可见检验统计量遵从自由度 $\gamma=n_1+n_2-2$ 的 t 分布。要判断均值差异是否显著，就对 t 进行显著性检验。

2.1.2.4 空间插值

空间插值采用 Cressman 客观分析方法（Cressman，1959），这是一种逐步订正的插值方法，其基本思路是：先给定第一猜测场，然后用实际观测场逐步修正第一猜测场，直到订正后的场逼近观测记录为止。

$$\alpha'=\alpha_0+\Delta\alpha_{ij} \tag{2.10}$$

其中

$$\Delta\alpha_{ij}=\frac{\sum_{k=1}^{K}(W_{ijk}^2\Delta\alpha_k)}{\sum_{k=1}^{K}W_{ijk}} \tag{2.11}$$

式中，α 为任一气象要素；α_0 为变量 α 在格点（i，j）上的第一猜测值；α'为变量 α 在格点（i，j）上的订正值；$\Delta\alpha_k$ 为观测点 k 上的观测值与第一猜测值之差；W_{ijk} 为权重因子，在 0.0～1.0 内变化；K 为影响半径 R 内的台站数。Cressman 客观分析方法最重要的是权重函数 W_{ijk} 的确定，它的一般形式为

$$W_{ijk}=\begin{cases}\frac{R^2-d_{ijk}^2}{R^2+d_{ijk}^2}, & (d_{ijk}<R)\\ 0, & (d_{ijk}\geqslant R)\end{cases} \tag{2.12}$$

其中，影响半径 R 的选取具有一定的人为性，一般取一常数。R 选取的原则是由近及远进行扫描，常用的几个影响半径是 1、2、4、7 和 10。d_{ijk} 是格点（i，j）到观测点 k 的距离。

在选取适当的影响半径 R 及网格分辨率的情况下，Cressman 客观分析空间插值方法的误差比克里金插值、反距离加权插值、三角剖分线性插值、双谐样条插值等空间插值方法小。

2.2 全球气候变化背景

2.2.1 温　　度

利用 1960～2007 年 NCEP/NCAR 再分析资料中的月平均温度得到全球多年平均温度分布图（图 2-2）。由图可见，30°S～30°N 年平均温度在 20℃以上，赤道附近大部分

区域年平均温度高于 25℃；北半球中高纬度地区年平均温度呈现“两槽两脊”的形势，东亚贝加尔湖附近和加拿大北部地区分别为温度低槽区，太平洋北部以及大西洋北部为脊区，亚洲大陆上温度异常低的区域为青藏高原；大部分北极地区年平均温度小于 0℃，极小值位于格陵兰岛，低于－25℃；南半球中纬度地区年平均温度在 0～20℃，经向温度变化较小；南半球高纬度地区经向温度梯度较大，极小值出现在东半球，温度低于－55℃。

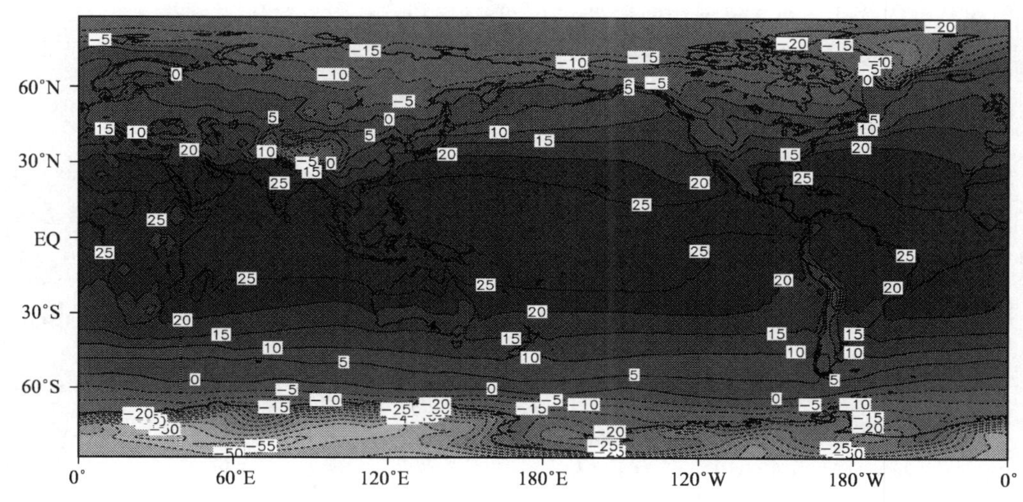

图 2-2　全球多年平均温度（℃）分布图

图 2-3 中横直线为全球多年平均温度，约为 13.87℃，从 11 年滑动平均曲线（虚线）来看，1987 年以前全球平均温度基本均低于 13.87℃，而之后高于 13.87℃。1960～1987 年平均温度约为 13.73℃，1988～2007 年平均温度约为 14.06℃，全球平均温度在过去近 50 年里呈现出非常显著的上升趋势（斜直线），这种升温趋势能通过 99%的信度检验。

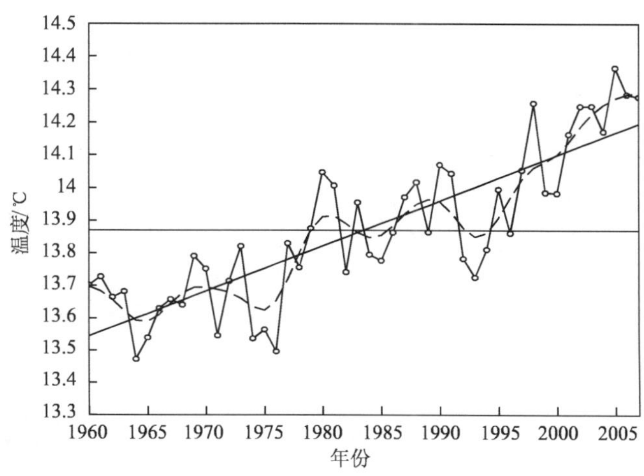

图 2-3　全球年平均温度的年际变化（折线）、11 年滑动平均（虚线）以及趋势变化（斜直线）

南半球多年平均温度约为 13.52℃［图 2-4（a）中横直线］，其在 1978 年以前平均温度基本小于 13.52℃，这比全球略早几年。1960～1978 年南半球平均 13.32℃，1979～2007 年平均温度约为 13.64℃，南半球平均温度在过去近 50 年里也呈现出能通过 99%信度检验的升温趋势（斜直线）。北半球多年平均温度约为 14.73℃［图 2-4（b）中横直线］，其 11 年滑动平均的变化形势与全球平均温度基本一致，1987 年以前基本小于平均温度，而之后高于平均温度。1960～1987 年平均温度约为 14.56℃，1988～2007 年平均温度约为 14.96℃，两个时间段的温度差达到 0.4℃，变化幅度高于全球平均和南半球。北半球平均温度在过去近 50 年的升温趋势较南半球更为明显（斜直线）。

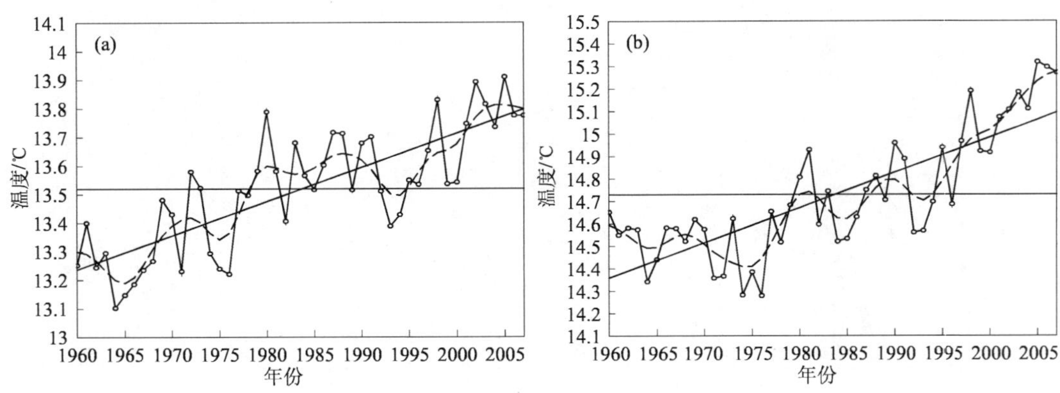

图 2-4　南、北半球年平均温度的年际变化（折线）、11 年滑动平均（虚线）以及趋势变化（斜直线）
（a）南半球；（b）北半球

全球平均温度存在明显的季节变化，由图 2-5 可见，呈现为单峰型，夏季（6～8 月）全球平均温度在 15℃以上，极大值出现在 7 月，约为 15.62℃，冬季（12～2 月）全球平均温度在 12.5℃以下，极小值出现在 1 月，约为 12.25℃。北半球平均温度的变化形势与全球平均类似［图 2-6（a）］，7、8 月的平均温度相对较高，分别为 20.1℃、20.88℃，冬季平均温度在 10℃以下，极小值出现在 1 月，约为 8.38℃。南半球平均温

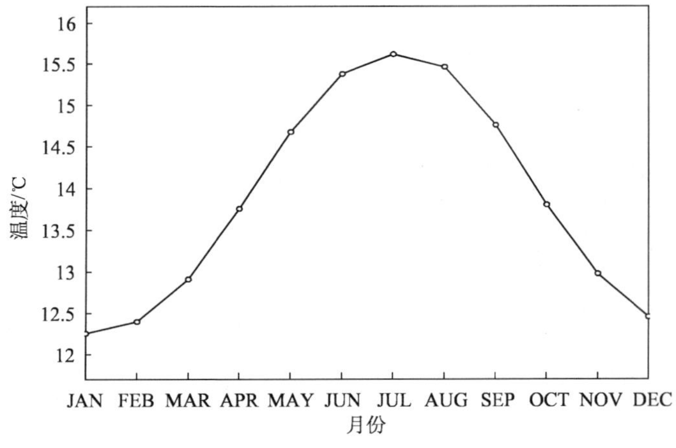

图 2-5　全球平均温度（℃）的季节变化

度的变化形势呈现为单谷型［图 2-6（b）］，7、8 月份平均温度较低，分别为 10.61℃、10.45℃，12～2 月温度相对较高，超过 16℃，极大值出现在 1 月，为 16.70℃。

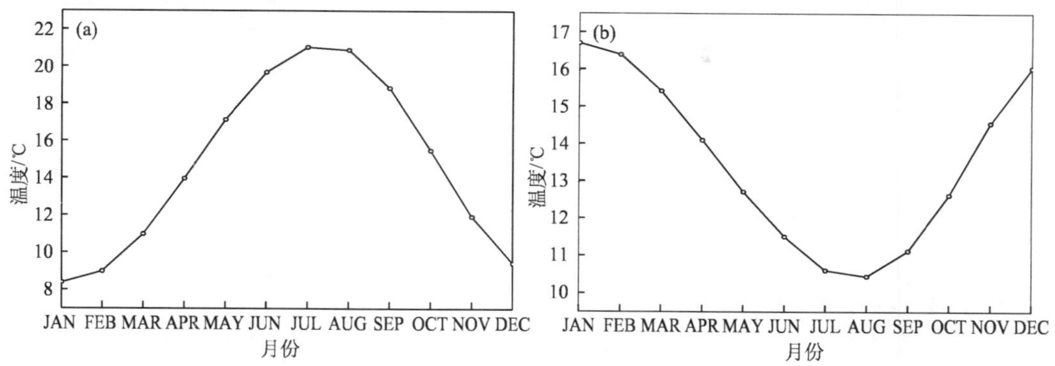

图 2-6　南、北半球平均温度（℃）的季节变化

（a）北半球；（b）南半球

为了进一步认识全球温度的变化形势，下面给出全球年平均温度变化趋势分布图（图 2-7）。全球大部分地区年平均温度呈上升趋势，全球年平均温度变化约为 0.14℃/10a，而南、北半球年平均温度变化分别为 0.12℃/10a 和 0.16℃/10a，其中，南北两极的升温现象更为明显，年平均温度变化分别为 0.54℃/10a 和 0.50℃/10a。出现显著上升趋势的区域约占全球的 67%，全球仅有约 10.7%的地区年平均温度呈现下降趋势，这些区域零星分布在非洲西北部和南部、中国西部、日本北部、白令海以南、澳大利亚、新西兰、南美以及大西洋北部。年平均温度呈现显著下降趋势的区域仅占全球的 3.1%，且南半球中纬度地区年平均温度呈现显著下降趋势的区域相对较多。

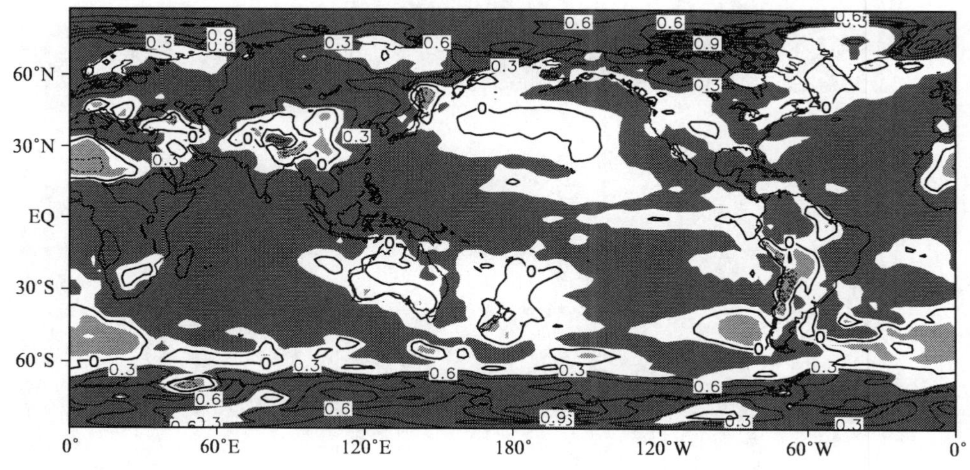

图 2-7　全球年平均温度趋势（℃/10a）变化分布（阴影区的变化趋势能通过 95%的信度检验）

分析四季全球温度变化趋势可知，春季全球温度的趋势变化形势与年平均温度类似［图 2-8（a）］，全球约有 85.5%的地区春季平均温度呈现增加趋势，其中出现显著增加

趋势的地区占 57%，而出现显著减少趋势的区域约占全球的 4%，这些区域主要分布在北半球的非洲西北部、亚洲中部、白令海以南、格陵兰以南以及南半球的大西洋南部、澳大利亚南部和南美西部沿海地区。全球及南、北半球春季平均温度变化约为 0.15℃/10a，南北两极的升温现象较为显著，春季平均温度变化分别为 0.53℃/10a 和 0.61℃/10a。

夏季平均温度的趋势变化分布形势与春季情况也比较类似［图 2-8（b）］，全球夏季平均温度变化约为 0.16℃/10a，比春季略高，但是南北半球的差异相对较大，南半球夏季平均温度变化为 0.19℃/10a，而北半球为 0.12℃/10a，这主要是由于夏季北极增温的幅度和范围相对较小，且在新地岛附近出现显著降温的趋势，北极夏季平均温度变化趋势仅为 0.09℃/10a，而整个南极地区基本均呈现出显著的升温趋势，且增温幅度较大，夏季平均温度变化趋势达 1.14℃/10a。

全球大部分地区秋季平均温度呈现增加趋势，其中显著增温的地区约占 53.6%，北半球显著增温主要出现在洋面上，陆地上显著增温的范围较少，南半球的显著增温主要出现在南极；出现显著降温的地区约为 4.7%，高于春季和夏季，且显著降温的区域主要分布在南半球的中低纬度。全球秋季平均温度变化约为 0.14℃/10a，南北半球的

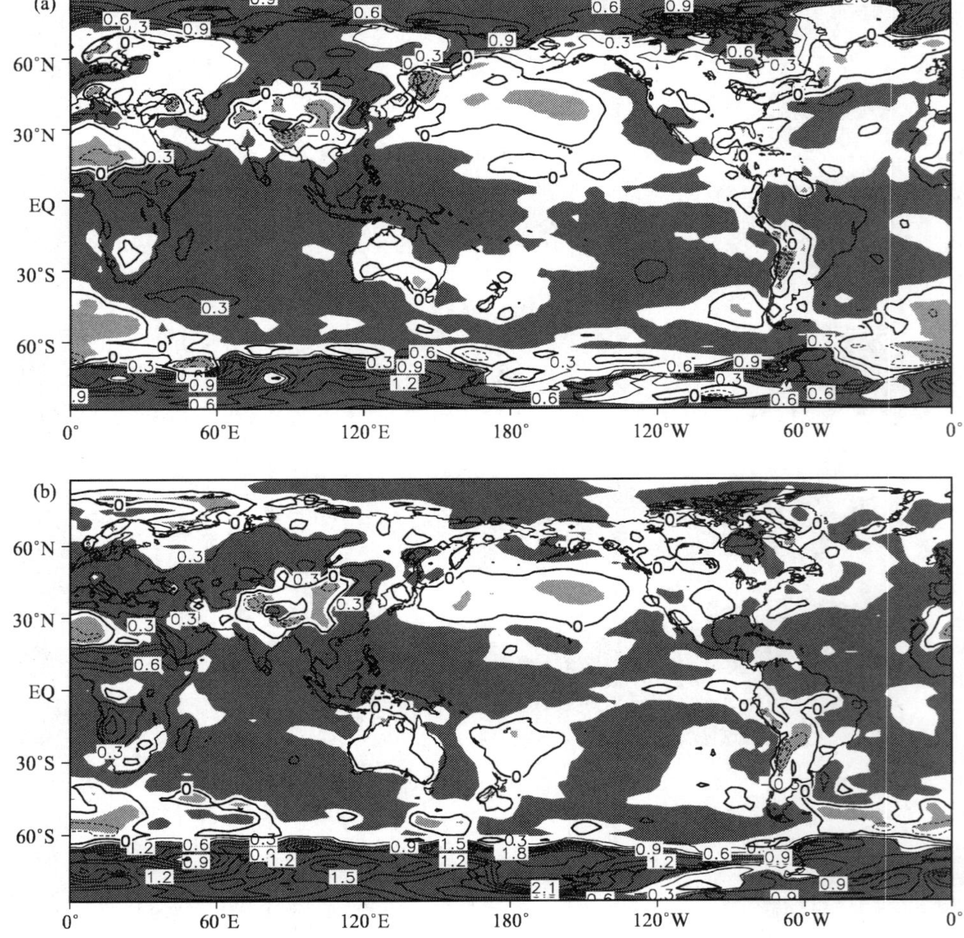

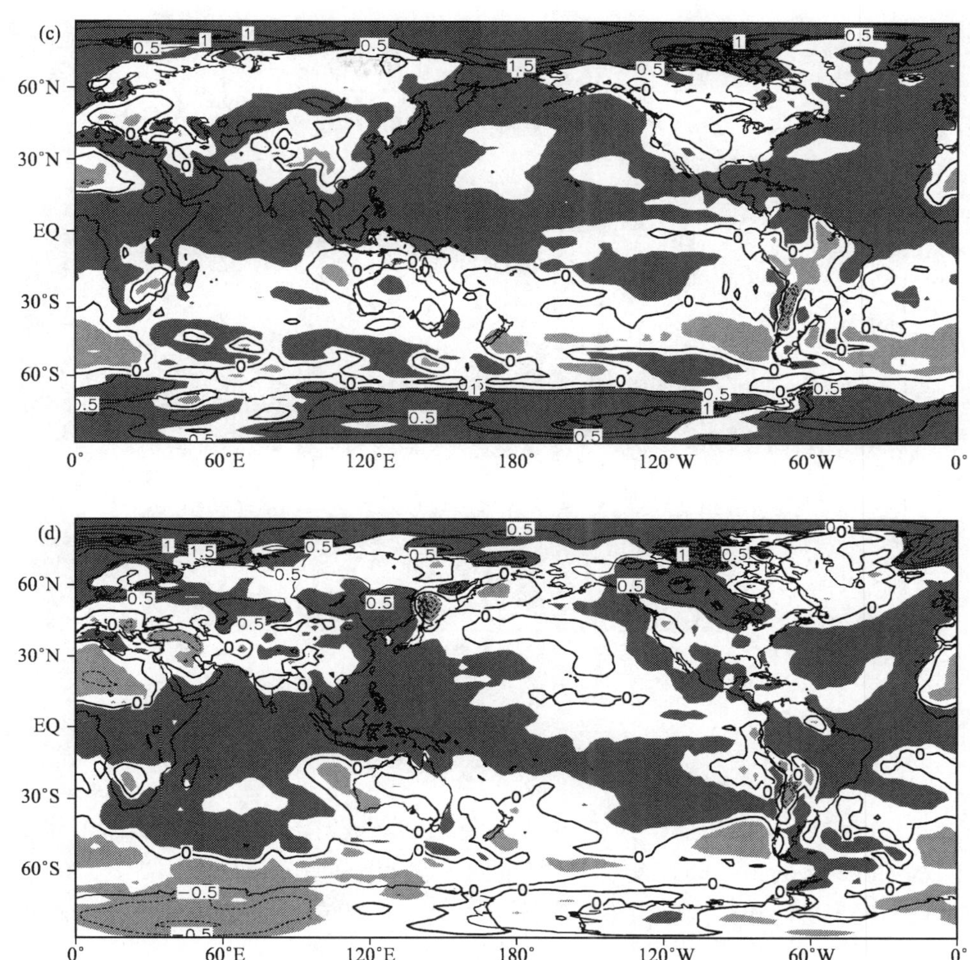

图 2-8 全球四季平均温度趋势（℃/10a）变化分布（阴影区的变化趋势能通过 95%的信度检验）
(a) 春季；(b) 夏季；(c) 秋季；(d) 冬季

变化差异也较大，但不同于夏季，南半球秋季平均温度变化为 0.09℃/10a，而北半球为 0.19℃/10a，南北两极秋季平均温度变化分别为 0.64℃/10a 和 0.68℃/10a，南北半球的温度变化差异主要是由南半球中低纬度的显著降温造成的［图 2-8（c）］。

冬季平均温度出现增加趋势的地区比其他三个季节要小，出现显著增加趋势的地区约占全球的 40.8%，全球冬季平均温度的变化趋势约为 0.1℃/10a。全球约有 9.3%的区域冬季温度呈现显著的下降趋势，且这些区域主要出现在南半球的中高纬度地区以及非洲北部。南半球冬季平均温度的变化趋势为 0.04℃/10a，其中南极仅在冬季呈现出降温趋势，其冬季平均温度变化趋势约为−0.16℃/10a；北半球冬季平均温度的变化趋势为 0.17℃/10a，北极冬季的升温趋势依然十分显著，达 0.59℃/10a［图 2-8（d）］。

2.2.2 降 水 量

利用 1960～2007 年 NCEP/NCAR 再分析资料月平均降水量分析全球多年平均日降

水量分布图可知（图 2-9），降水量较大的地区主要集中在非洲中部、赤道印度洋地区、东亚、南亚、赤道太平洋地区以及南美洲，呈现出明显的季风降水形势，极大值出现在南美西北部，日降水量达 12 mm。非季风区中洋面上全球多年平均日降水量基本在 4 mm 以内，而陆地基本在 2 mm 以内。

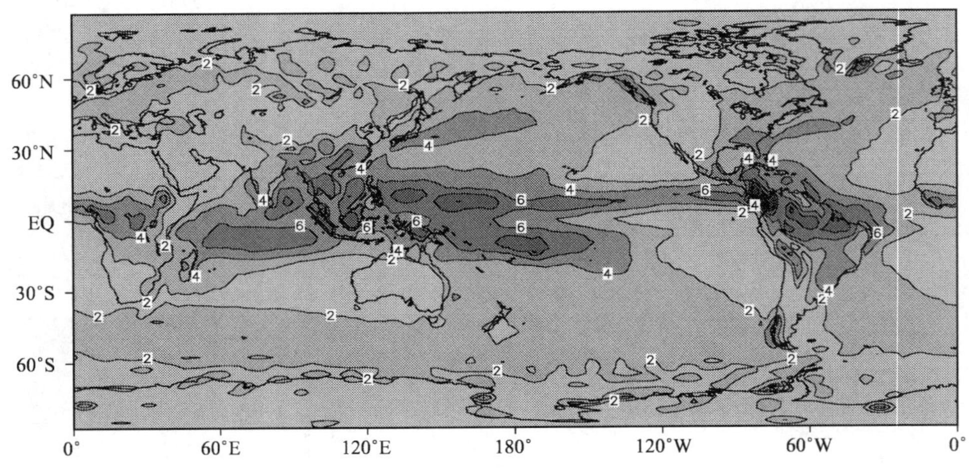

图 2-9　全球多年平均日降水量（mm）分布图

由图 2-10 可见，全球多年平均日降水量约为 2.77 mm（横直线），通过 11 年滑动平均可知（虚线）其存在比较明显的年代际变化，20 世纪 70 年代中期以前全球多年平均日降水量以偏多为主，20 世纪 70 年代中期～20 世纪 90 年代中期偏少，1995～2007 年又呈现出偏多的趋势。全球多年平均日降水量在近 50 年呈现出微弱的增加趋势（斜直线），这种增加趋势自 20 世纪 70 年代中期至今更为显著。

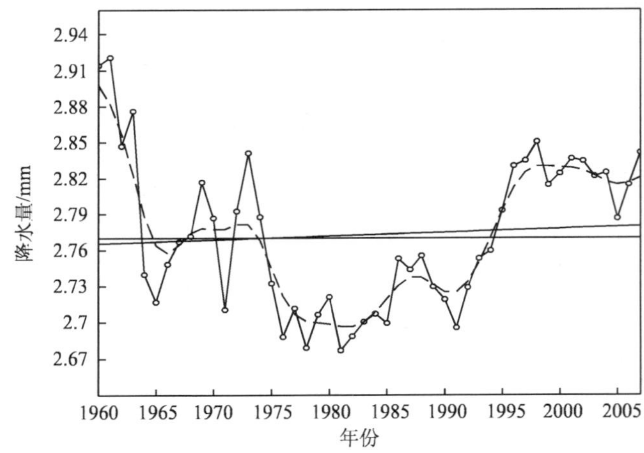

图 2-10　全球年平均日降水量的年际变化（折线）、11 年滑动平均（虚线）以及趋势变化（斜直线）

南半球多年平均日降水量约为 2.71 mm［图 2-11（a）中横直线］，其在 20 世纪 90 年代中期以前，大部分年份的日降水量均少于 2.71 mm，20 世纪 90 年代中期之后大于

2.71 mm。南半球多年平均日降水量在近 50 年呈现出比较显著的上升趋势（斜直线），且这种趋势能通过 99%的信度检验。由图 2-11（b）可见，北半球多年平均日降水量约为 2.90 mm（横直线），在 20 世纪 70 年代中期以前多年平均日降水量大于 2.90 mm，从 20 世纪 70 年代中期～20 世纪 90 年代初，多年平均日降水量偏少，20 世纪 90 年代以后，基本在 2.90 mm 附近变化。与南半球的显著增加趋势不同，北半球多年平均日降水量在近 50 年呈现出明显的下降趋势（斜直线），且这种趋势能通过 99%的信度检验。

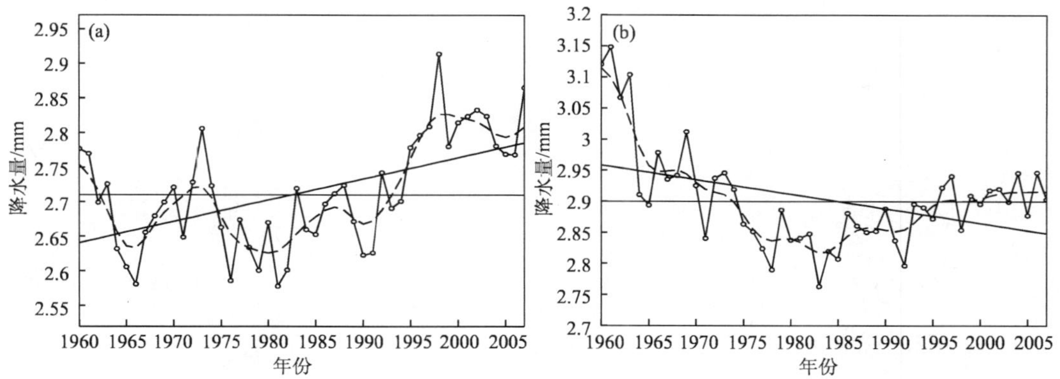

图 2-11　南、北半球多年平均日降水量的年际变化（折线）、11 年滑动平均（虚线）以及趋势变化（斜直线）

（a）南半球；（b）北半球

全球平均日降水量不仅存在明显的年际、年代际变化，也存在明显的季节变化，从图 2-12 可见其呈现出单峰双谷的变化形式，全球平均日降水量首先从 1 月的 2.72 mm 逐渐减少至 3 月的 2.69 mm，然后从 3 月开始全球日降水量开始逐渐增大，7 月达到峰值，约为 2.98 mm，之后逐渐减少至 10 月的 2.68 mm，最后从 10 月又开始逐渐增大至 12 月的 2.73 mm。北半球平均日降水量呈现出单峰单谷的变化形式［图 2-13（a）］，1 月北半球平均日降水量约为 2.51 mm，从 1 月开始逐渐减少至 3 月的 2.30 mm，然后

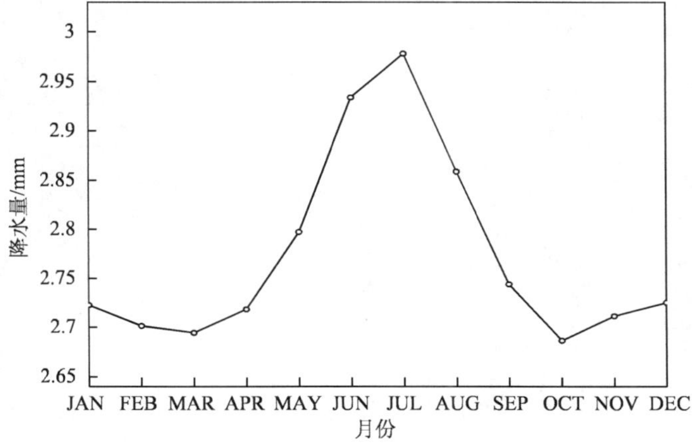

图 2-12　全球平均日降水量（mm）的季节变化

从 3 月开始逐渐增大，7 月达到极大值，约为 3.47 mm，之后再逐渐减少至 12 月的 2.83 mm。南半球平均日降水量也呈现出单峰单谷的变化形式［图 2-13（b）］，但与北半球不同的是，其先出现峰值再出现谷值，1 月南半球平均日降水量为 3.02 mm，2 月达到峰值，约为 3.18 mm，从 2 月开始南半球日降水量开始逐渐减少至 9 月的 2.22 mm，然后从 9 月开始再逐渐增大至 12 月的 2.70 mm。

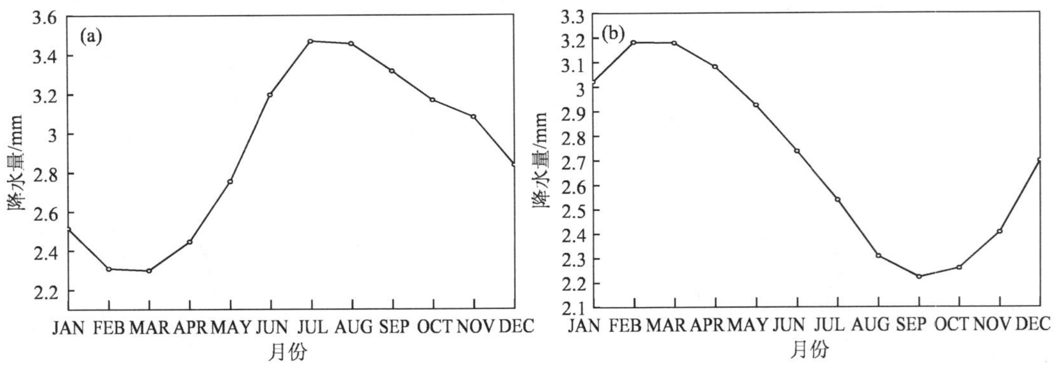

图 2-13　南、北半球日平均降水量（mm）的季节变化

（a）北半球；（b）南半球

通过分析全球年平均日降水量变化趋势分布（图 2-14）可知，年平均日降水量出现增加趋势的区域较多，约占全球的 67%，主要分布在北极、美洲、菲律宾—印度尼西亚—澳大利亚一带以及南半球高纬度的大部分地区，且增加趋势能通过 95%信度检验的区域约占全球的 32.7%。大部分地区年平均日降水量的增加在 0～0.3 mm/10a，仅在少部分地区如所罗门群岛附近以及南美东北部达 0.6 mm/10a。全球年平均日降水量的变化较小，不超过 0.01 mm/10a。

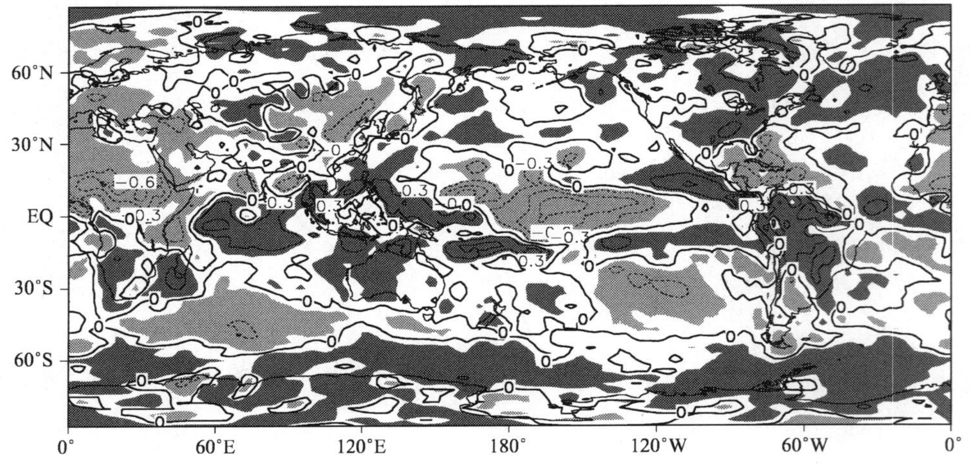

图 2-14　全球年平均日降水量（mm/10a）趋势变化分布

（阴影区为变化趋势能通过 95%的信度检验）

年平均日降水量出现减少趋势的区域主要分布在印度洋、非洲及其以东洋面、欧亚大陆、赤道中东太平洋地区，加勒比海、南美以东以西洋面以及南极的小部分地区，全球约有 17.8%区域的减少趋势能通过 95%的信度检验。虽然年平均日降水量出现减少趋势的区域相对较少，但趋势变化的幅度较大。赤道中西太平洋地区日降水量变化的极大值达−0.9 mm/10a，非洲北部达−1.2 mm/10a。相对全球温度变化而言，年平均日降水量的变化趋势存在更强的区域差异性。

进一步分析全球四季日降水量的变化趋势可知，春季日降水量趋势变化分布形势［图 2-15 (a)］与年平均日降水量类似。全球约有 59.4%的地区春季日降水量呈现增加趋势，其中显著增加的约占 24.7%，而显著减少的约占 14.3%，均少于年平均日降水量。大部分地区春季平均日降水量的增加在 0～0.3 mm/10a，而在印度洋北部、所罗门群岛附近以及南美洲北部的少部分地区春季平均日降水量能增加 0.6 mm/10a，极大值能大于 0.9 mm/10a。春季日降水量减少幅度较大的区域基本与年平均日降水量一致，主要出现在赤道中西太平洋地区以及非洲北部。全球春季日降水量的平均变化约为 0.01 mm/10a。

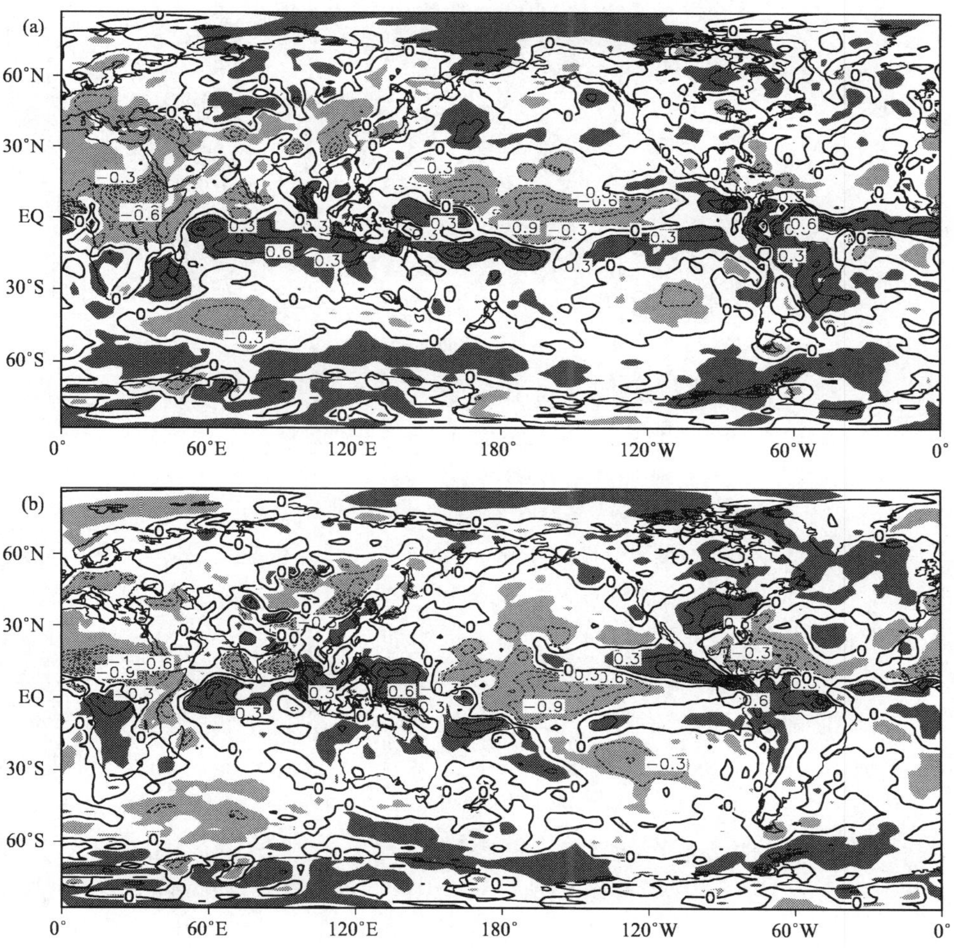

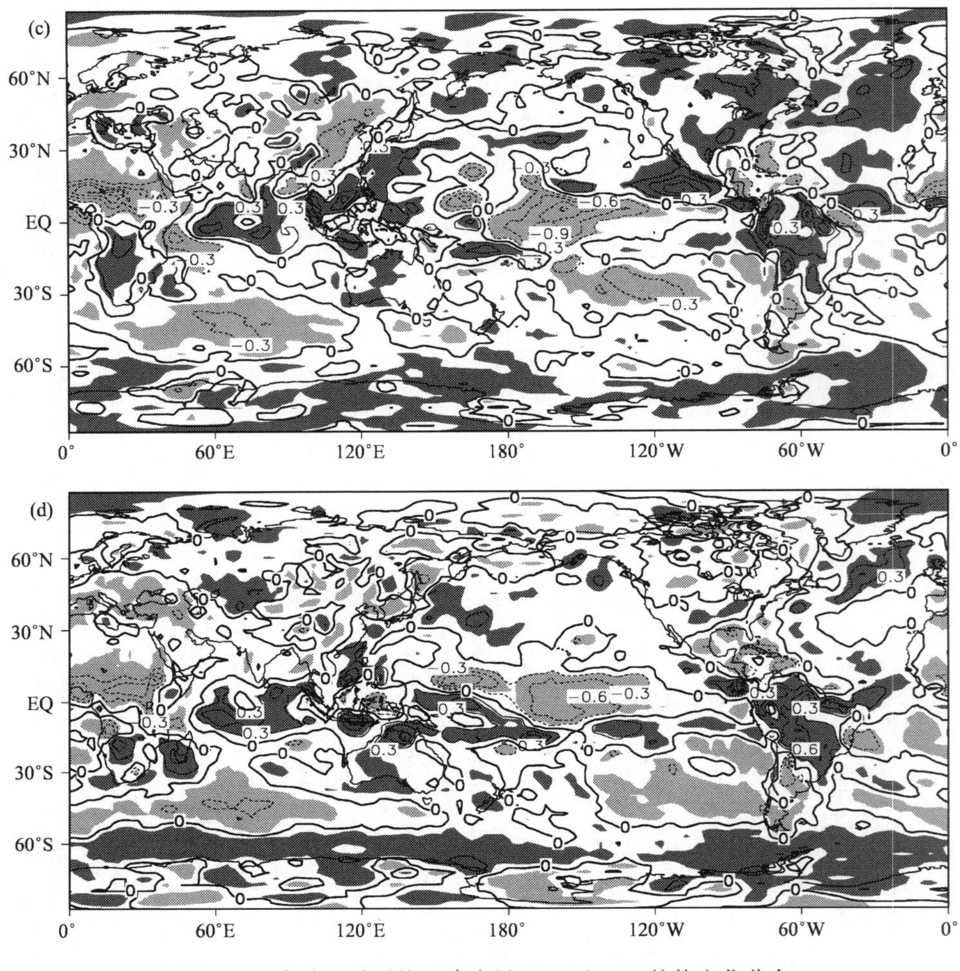

图 2-15 全球四季平均日降水量（mm/10a）趋势变化分布
（阴影区为变化趋势能通过 95%的信度检验）
(a) 春季；(b) 夏季；(c) 秋季；(d) 冬季

全球约有 55.3%的地区夏季日降水量呈现增加趋势，但能通过 95%信度检验的仅占 19.8%，夏季日降水量增加幅度较大的地区主要集中在印度洋北部—印度尼西亚附近以及南美北部—墨西哥以西洋面上，降水量增加幅度的极大值在 0.9 mm/10a 以上。夏季日降水量显著减少的区域约占全球的 16.1%，比显著增加的区域范围略小，但是降水量减少幅度较大的地区相对较多，蒙古—中国北部以及古巴附近春季日降水量的减少超过 0.6 mm/10a，赤道中西太平洋地区超过 1.2 mm/10a，而非洲北部能达 1.5 mm/10a。全球夏季日降水量的平均变化约为−0.01 mm/10a［图 2-15（b）］。

秋季日降水量趋势变化分布形势［图 2-15（c）］与年平均日降水量类似，出现显著变化趋势的区域范围比年平均日降水量小，其中显著增加和显著减少的区域分别占全球的 23.4%和 12.6%。秋季日降水量变化幅度较大的区域主要集中在低纬度地区，这与年平均以及春季、夏季一致。南美北部—墨西哥以西洋面上秋季日降水量的增幅极大值达 0.9 mm/10a，而非洲北部和赤道中西太平洋地区的减少幅度达 0.9 mm/10a 以上。全球秋季日降水量的平均变化约为 0.01 mm/10a。

冬季日降水量变化趋势分布形势 [图 2-15 (d)] 也与年平均日降水量基本类似，全球约有 56.2%的区域冬季日降水量呈现增加趋势，其中显著增加趋势的区域占 21.6%，均少于年平均日降水量，两者差异较大的区域主要集中在北美洲大陆及其以北的极地地区，冬季这些区域中的大部分地方日降水量出现减少趋势。冬季日降水量增加幅度最大的地区出现在南美洲北部，极大值在 0.9 mm/10a 以上，而冬季日降水量减少最大的地区与其他三个季节一样，出现在赤道中西太平洋以及非洲北部地区，但是减少幅度比其他三个季节要小，仅为 0.6 mm/10a 左右。全球冬季日降水量的平均变化约为 0.01 mm/10a。

2.3 鄱阳湖流域及其周边地区温度变化特征

2.3.1 空间分布

首先给出鄱阳湖流域及其周边地区 1960～2007 年年平均温度分布图（图 2-16）。由图可见，温度分布呈现出南高北低的形式，温度范围为 14～22℃，而江西的年平均温度为 16～20℃。春季（3～5 月）温度分布形式与年平均温度基本一致，呈现出明显的纬向分布特征 [图 2-17 (a)]。夏季（6～8 月）整个区域除几个奇点以外，温度基本大于 26℃，江西中部为极大值区，温度达 28℃ [图 2-17 (b)]。秋季（9～11 月）温度范围为 15～24℃，而江西地区为 18～21℃，分布形式与春季类似，数值略高于春季 [图 2-17 (c)]。冬季（12～2 月）温度分布形式与春、秋季类似，呈纬向分布，江西地区温度范围为 6～10℃ [图 2-17 (d)]。

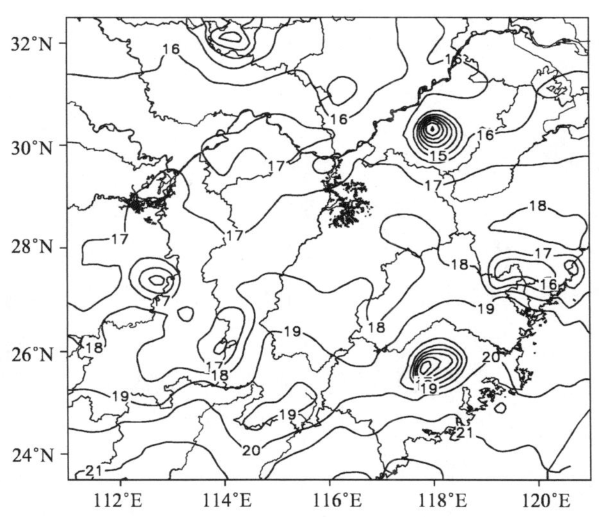

图 2-16　鄱阳湖流域及其周边地区年平均温度（℃）分布图

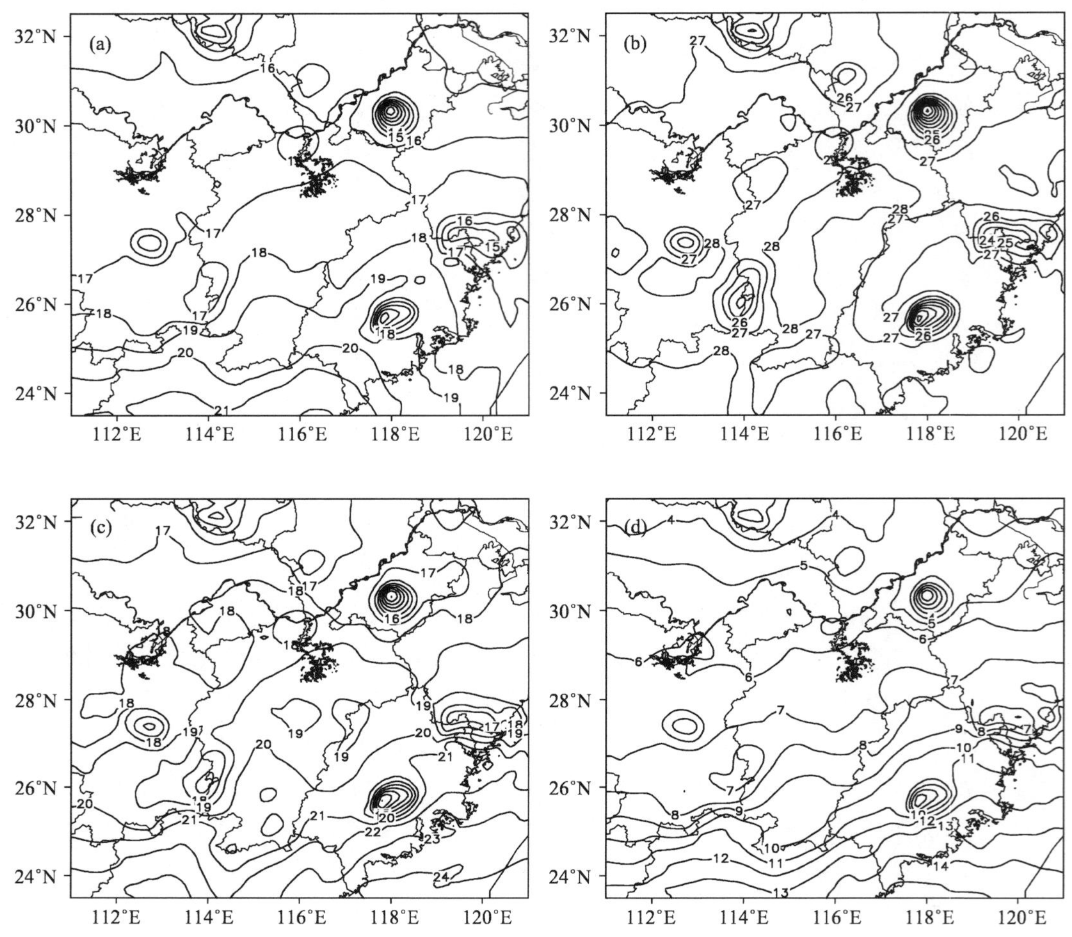

图 2-17　鄱阳湖流域及其周边地区四季平均温度（℃）分布图

(a) 春季；(b) 夏季；(c) 秋季；(d) 冬季

为了进一步认识鄱阳湖流域及其周边地区温度的空间分布，分别在 113.5°～118.5°E 范围内进行经向平均和 24°～30°N 范围内进行纬向平均，得到纬向和经向分布的温度逐月变化分布。由图 2-18 (a) 可见，鄱阳湖流域及其周边地区 7 月和 8 月温度较高，各纬度带平均温度均在 26℃以上，在 27°N 以北以及 25.5°N 以南地区温度大于 28℃，夏季（6～8 月）温度纬向分布差异不明显，温差基本在 4℃以内，春秋冬三个季节温度呈现出南暖北冷的分布形式，冬季纬向温度差异最大，能达到 8℃。从鄱阳湖流域及其周边地区温度经向的逐月分布图中可见［图 2-18 (b)］，7 月纬向平均温度值最大，各经度带内平均温度基本均在 28℃以上，大部分月份温度的经向差异在 4℃以内，主要呈现为东暖西冷的分布形式，1 月温度的经向差异最大，极大值能达到 6℃。

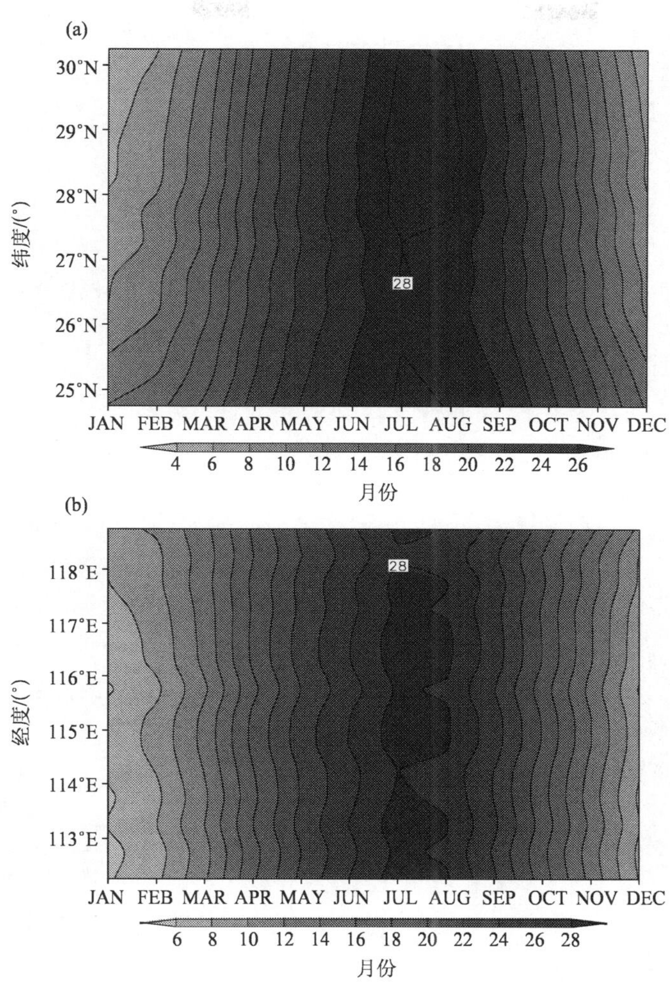

图 2-18　鄱阳湖流域及其周边地区温度（℃）的逐月变化分布图

（a）纬向；（b）经向

2.3.2　时间变化

由图 2-19 可见，鄱阳湖流域及其周边地区多年平均温度为 17.46℃（横直线），其温度变化在整个研究时间段呈现出先降温再升温的过程（虚线），且升温幅度较明显，鄱阳湖流域及其周边地区的平均温度在近 50 年呈现出显著的上升趋势（斜直线），这种上升趋势能通过 99.9%的信度检验。由 Mann-Kendall（MK）方法得到鄱阳湖流域及其周边地区温度的 *UF* 和 *UB* 曲线（图 2-20），可见 *UF* 曲线先呈现出下降趋势，并在 20 世纪 60 年代后期～20 世纪 80 年代后期低于显著性检验线，说明该段时间鄱阳湖流域及其周边地区温度下降显著，之后温度开始升高，在 20 世纪 90 年代后期 *UF* 曲线大于 0，并在 21 世纪初超过显著性检验线，说明鄱阳湖流域及其周边地区开始呈现出显著增温的趋势，这与图 2-19 得到的结论也较为一致。*UB* 曲线与 *UF* 曲线在 2005～

2006 年有个交点，但是交点在两检验曲线之外，说明鄱阳湖流域及其周边地区温度在近 50 年没有明显的突变。

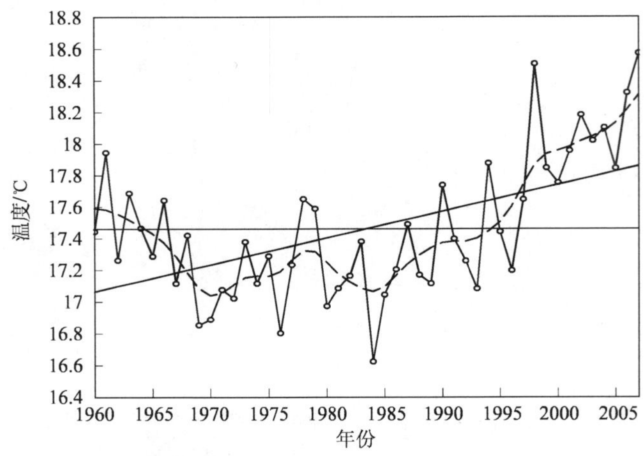

图 2-19 鄱阳湖流域及其周边地区年平均温度（℃）的年际变化（折线）、11 年滑动平均（虚线）以及趋势变化（斜直线）

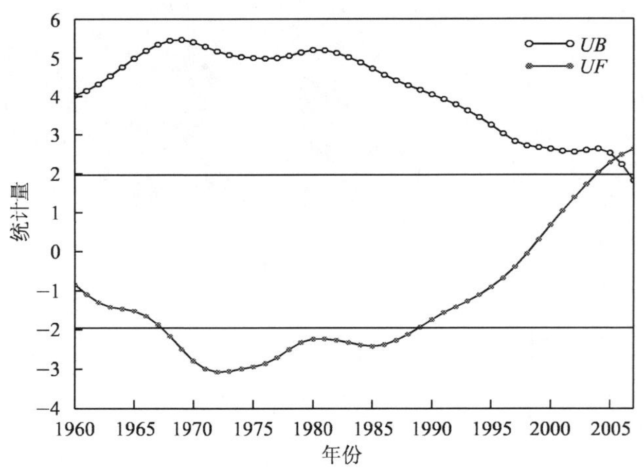

图 2-20 鄱阳湖流域及其周边地区平均温度的 MK 检验曲线

直线为显著性水平 α=0.05 对应的检验值（±1.96）

鄱阳湖流域及其周边地区温度不仅存在明显的年际、年代际变化，还存在季节变化特征。由图 2-21 可见，鄱阳湖流域及其周边地区多年平均温度的季节变化呈单峰型，1 月多年平均温度为 5.75℃，之后逐渐增大，极大值出现在 7 月，为 28.39℃，从 7 月开始再逐渐减少至 12 月的 7.75℃。根据鄱阳湖流域及其周边地区平均温度的小波分析图可知（图 2-22），其存在 2～4 年的短周期，且在 20 世纪 60 年代中期 2 年左右的变化周期以及在 20 世纪 70 年代末～21 世纪初 4 年左右的变化周期能通过 95%的信度检验；另外，其能谱显示 32 年左右的长周期也比较明显，但由于本书讨论的时间序列较短，因此还需要更长的时间序列来进一步证明其可靠性。

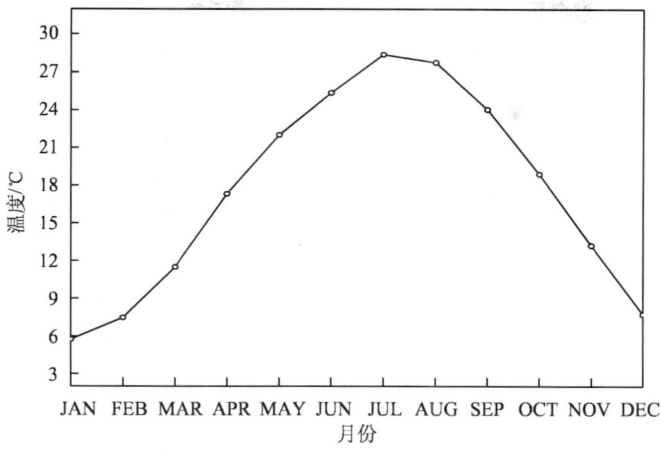

图 2-21　鄱阳湖流域及其周边地区多年平均温度（℃）的季节变化

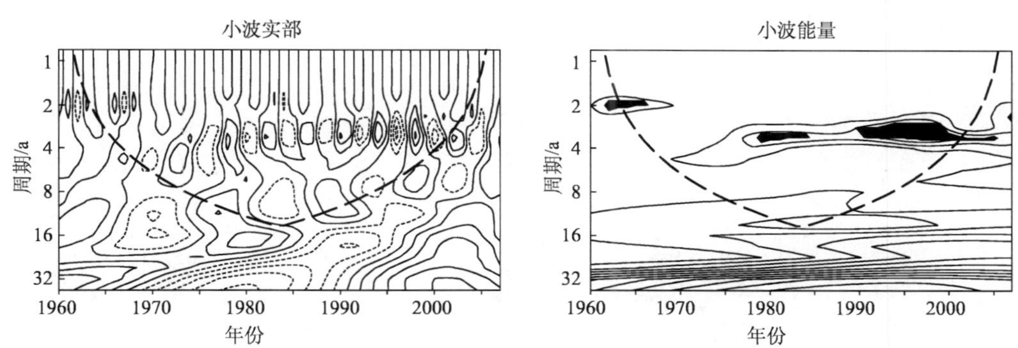

图 2-22　鄱阳湖流域及其周边地区平均温度的小波分析

（右图阴影表示能通过 95%的信度检验）

2.3.3　趋势变化

通过分析鄱阳湖流域及其周边地区 1960～2007 年年平均温度的趋势变化（图 2-23），发现除江西西部边界一个站点外，其他 285 个站点均呈现增加趋势，且 83.9%的增加趋势能通过 95%的信度检验。全区平均的变化趋势为 0.17℃/10a，略高于全球平均和北半球平均的变化趋势。

进一步分析鄱阳湖流域及其周边地区四季温度变化趋势可知，春季鄱阳湖流域及其周边地区 286 个站点中仅有 6 个呈现减少趋势，其余站点均呈现不同程度的增温趋势，其中 61.5%的增加趋势能通过 95%的信度检验，且出现显著增加趋势的站点主要分布在区域的北部和西部，春季全区平均的变化趋势为 0.21℃/10a［图 2-24（a）］。夏季约 62.9%的站点温度呈现增加趋势，能通过 95%信度检验的站点仅占 17.8%，这些站点主要分布在区域的南部和东部；另外，有 6 个站点的降温趋势能通过 95%的信度检验，这 6 个站点出现在区域的北部和西部，夏季全区平均的变化趋势为 0.03℃/10a［图 2-24（b）］。秋季大部分站点均呈现出升温的趋势，其中约有 44.4%的站点能通过 95%的信度检验，其中多数显著升温的站点分布在区域的北部，秋季全区平均的变化趋势为 0.14℃/10a [图 2-24（c）]。冬季所有 286 个站点均呈现出不同程度的升温趋势，其中约有 85%的站点升温显著，冬季全区平均的变化趋势为 0.30℃/10a [图 2-24（d）]。春冬季节鄱阳湖流域及其周边地区的增温趋势要高于全球和北半球的平均值，夏秋季节的增温趋势相对全球和北半球来说较小。

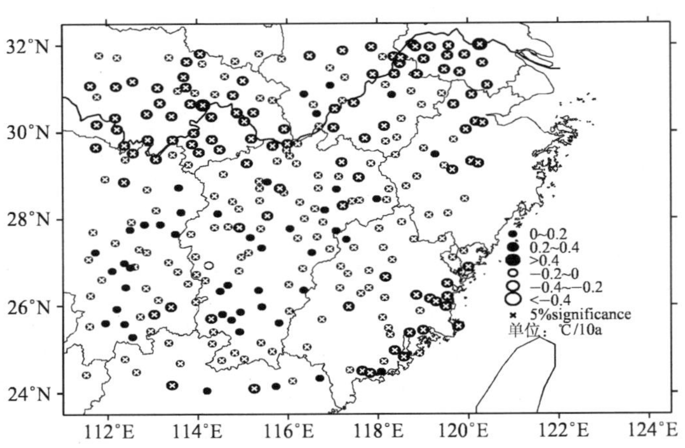

图 2-23　鄱阳湖流域及其周边地区年平均温度的趋势变化分布

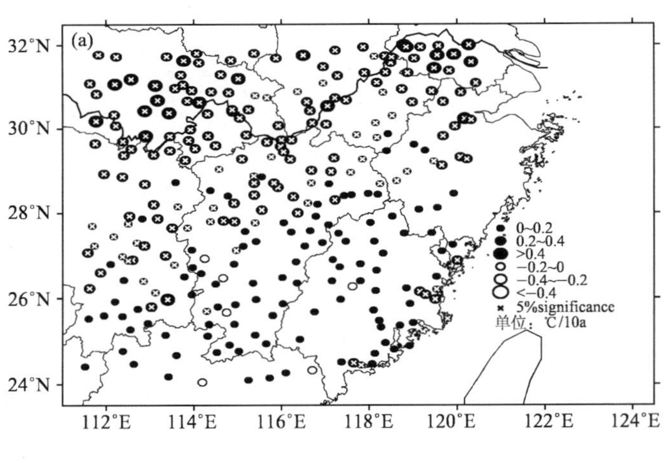

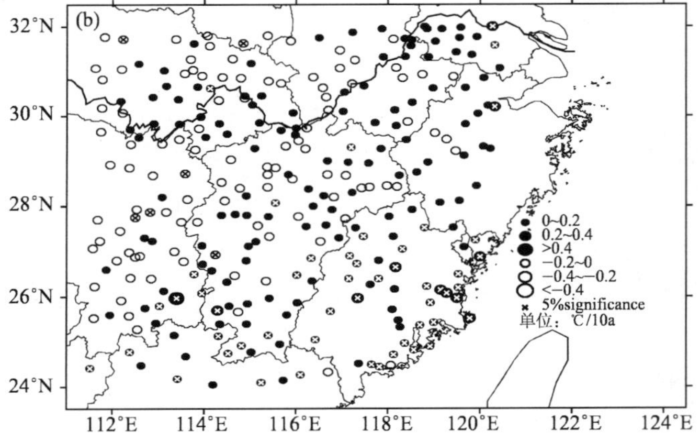

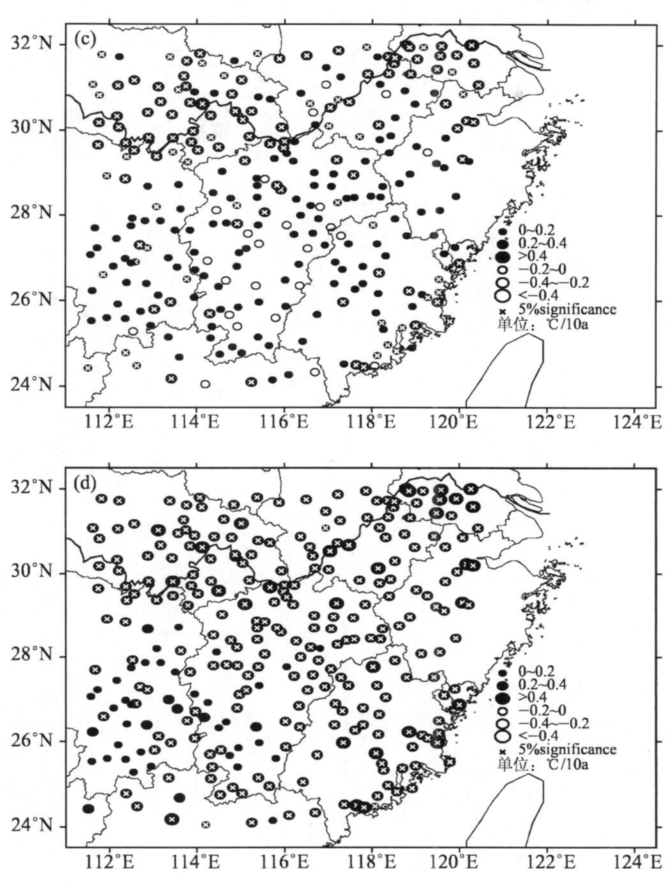

图 2-24　鄱阳湖流域及其周边地区四季温度的趋势变化分布

(a) 春季；(b) 夏季；(c) 秋季；(d) 冬季

2.4　鄱阳湖流域及其周边地区降水量变化特征

2.4.1　降水量的时空分布

鄱阳湖流域及其周边地区多年平均年降水总量大致呈现出东南部较多、西北部较少的形势（图 2-25）。由图可见，年降水总量的极大值出现在鄱阳湖区以东的地区，达 1900 mm，年降水总量由东南向西北逐渐减少，极小值小于 900 mm。鄱阳湖流域及其周边地区四季降水量的变化如图 2-26 所示。春季降水总量极大值出现在区域的东部，达 750 mm，降水总量由极大值区向西北方向逐渐减少，江西地区的春季降水总量约为 500～800 mm [图 2-26 (a)]。夏季降水总量的分布形势与年降水总量基本一致，江西地区的夏季降水总量约为 500～750 mm [图 2-26 (b)]。秋季降水总量相对较少，大部分地区的降水总量为 180～270 mm [图 2-26 (c)]。冬季降水总量的分布形势基本与春季一致，但数值明显偏小，极大值出现在鄱阳湖区以东的地区，达 260 mm，江西地区的秋季降水总量约为 180～280 mm［图 2-26（d）］。

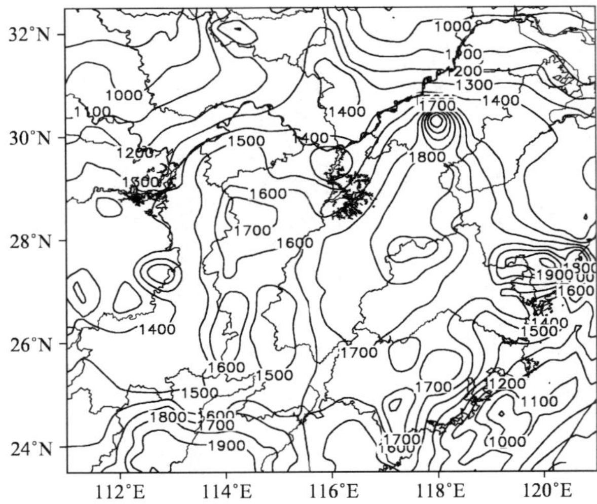

图 2-25　鄱阳湖流域及其周边地区多年平均年降水总量（mm）分布图

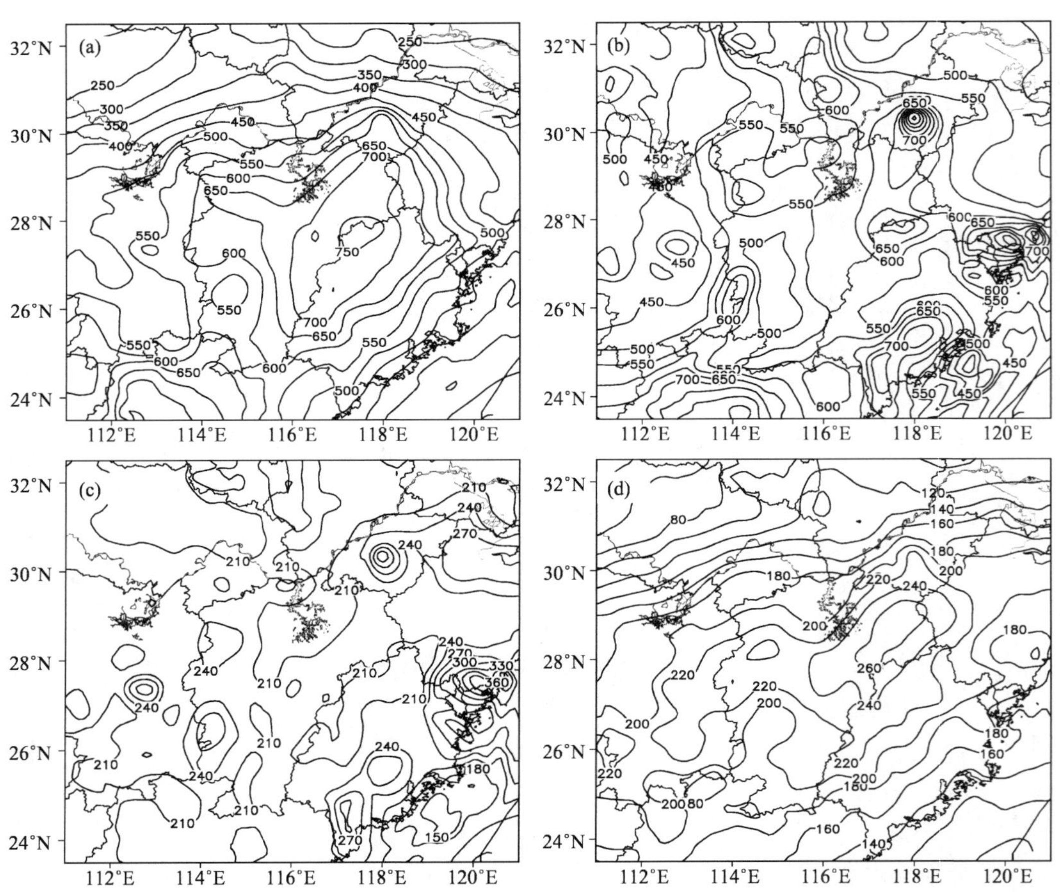

图 2-26　鄱阳湖流域及其周边地区四季降水总量（mm）分布图

（a）春季；（b）夏季；（c）秋季；（d）冬季

为了进一步认识降水量的空间分布，分别在 113.5°～118.5°E 范围内进行经向平均、在 24°～30°N 范围内进行纬向平均，得到降水量纬向和经向分布的逐月变化（图 2-27）。由图 2-27（a）可见，鄱阳湖流域及其周边地区降水量在 4～6 月相对较大，各纬度带降水量基本均在 180 mm 以上，另外，8 月 26°N 以南地区降水量也较大；降水量极大值出现在 6 月，各纬度带的降水量均在 240 mm 以上，其中，27°N 以北的降水量相对较大，尤其是在 29°N 附近达 300 mm；除 7～9 月降水量较大的区域出现在鄱阳湖流域及其周边地区南部以外，其他大部分月份的降水量较大区域都出现在 28°～29°N 附近。由经向分布逐月变化图可见［图 2-27（b）］，与纬向分布变化一致，鄱阳湖流域及其周边地区降水量在 4～6 月相对较大，各经度带降水量基本均在 180 mm 以上，降水量的极大值出现在 6 月，其中，以 117°～118°E 附近的降水量最大，达 300 mm，且这个经度带内大部分月份的降水量均为鄱阳湖流域及其周边地区降水量的高值。

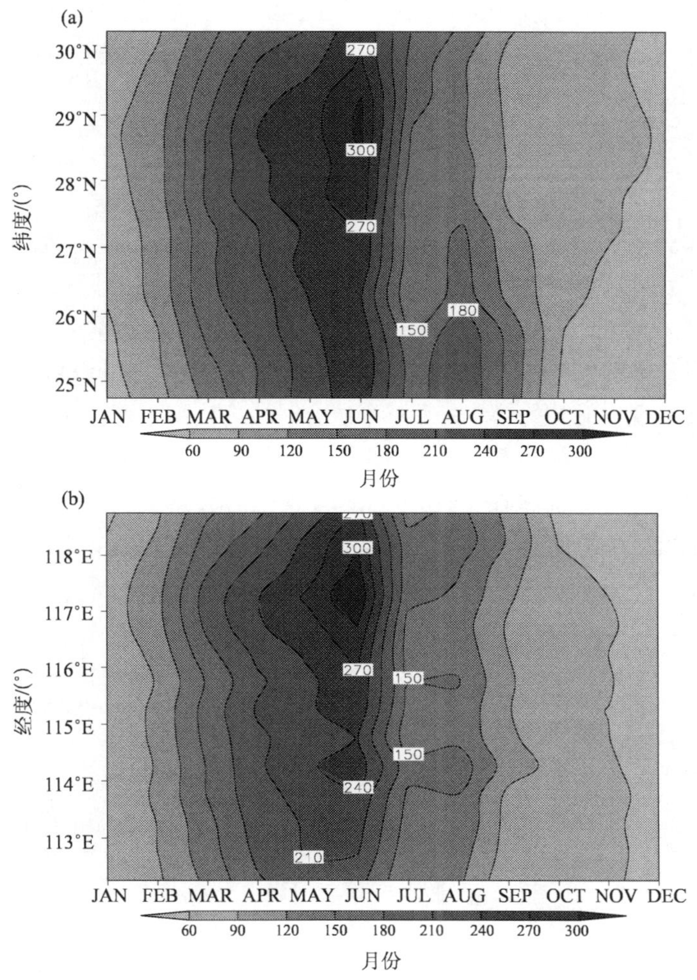

图 2-27　鄱阳湖流域及其周边地区降水量（mm）的逐月变化分布图

（a）纬向；（b）经向

图 2-28 给出鄱阳湖流域及其周边地区平均降水量的季节-年际变化。由图可见，

4～7 月降水量相对较多，月降水量基本在 160 mm 以上，极大值出现在 20 世纪 90 年代的 6 月，达 240 mm，从图中还能看出降水量存在明显的年际、年代际变化。

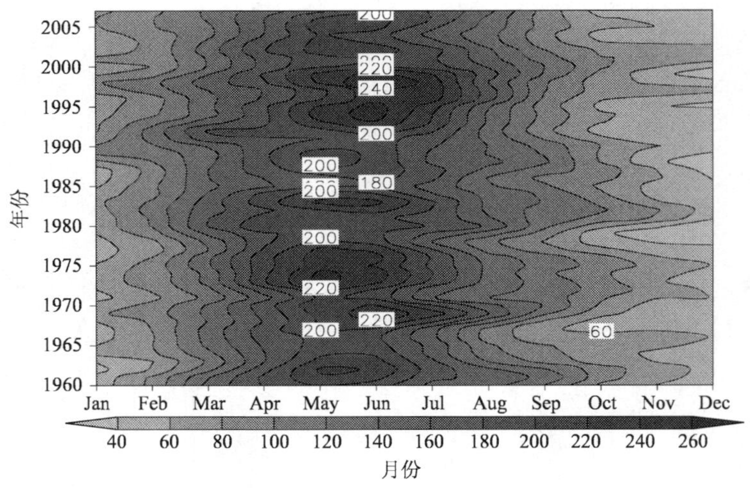

图 2-28　鄱阳湖流域及其周边地区降水量（mm）的季节-年际分布图

为了进一步分析鄱阳湖降水量的年际、年代际变化特征，图 2-29 给出鄱阳湖年降水总量的 11 年滑动平均以及趋势变化曲线。鄱阳湖流域及其周边地区多年平均年降水总量约为 1465.17 mm，20 世纪 60 年代年降水总量以偏少为主，20 世纪 70 年代～20 世纪 80 年代末降水总量呈现震荡的变化形式，20 世纪 90 年代降水总量以偏多为主，21 世纪以来，降水总量又呈现出下降的趋势。在整个研究时段内，鄱阳湖流域及其周边地区年降水总量呈现上升趋势，但是趋势不显著。由鄱阳湖流域及其周边地区年降水总量的 MK 检验曲线可见（图 2-30），*UF* 曲线在 1990 年以前均小于 0，说明在 1990 年以前鄱阳湖流域及其周边地区降水量以偏少为主，且在 20 世纪 60 年代中后期偏少显著，20 世纪 90 年代之

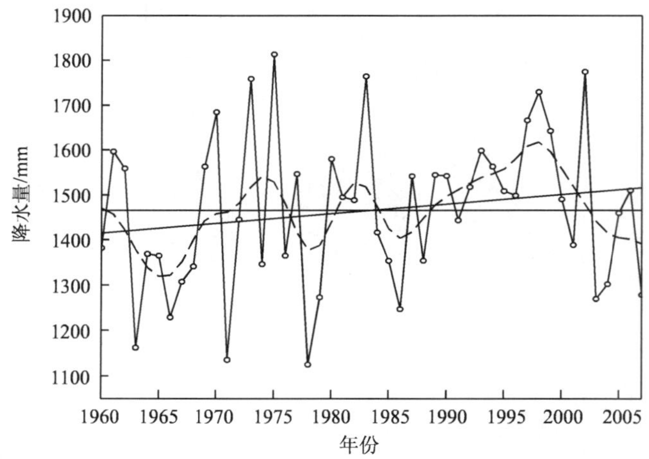

图 2-29　鄱阳湖流域及其周边地区年降水总量（mm）的年际变化（折线）、11 年滑动平均（虚线）以及趋势变化（斜直线）

后降水量呈现出偏多的趋势，这与图 2-29 的结论比较一致。*UF* 和 *UB* 曲线在两条检验直线之间有三个交点，其中第一个交点出现在 1986～1987 年，第二、三个交点分别出现在 2003 年和 2006 年，1960～1986 年鄱阳湖流域及其周边地区年平均降水总量约为 1433.6 mm，1987～2002 年的年平均降水总量约为 1550.1 mm，根据均值差异检验可知，两个时间段的均值差异显著，说明 1986～1987 年鄱阳湖流域及其周边地区年降水总量出现突变。而 2003 年和 2006 年前后均值差异并不明显，因此不算有效突变点。

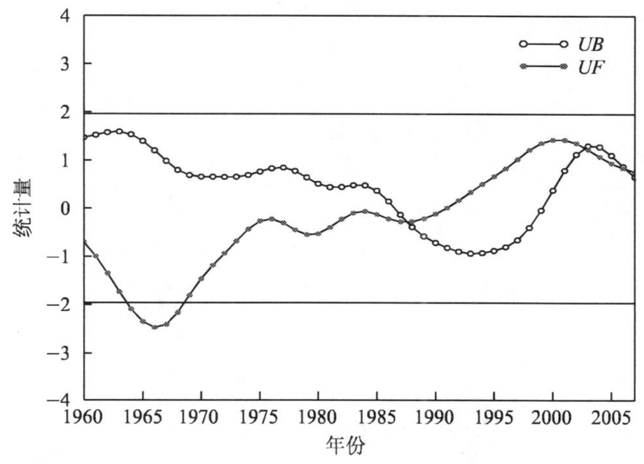

图 2-30 鄱阳湖流域及其周边地区年降水总量的 MK 检验曲线

直线为显著性水平 α=0.05 对应的检验值（±1.96）

2.4.2 降水日数的时空分布

鄱阳湖流域及其周边地区多年平均年降水总日数的空间分布也呈现出从区域东南向西北逐渐减小的态势（图 2-31），极大值达 180 d，极小值区位于鄱阳湖区及其以西地

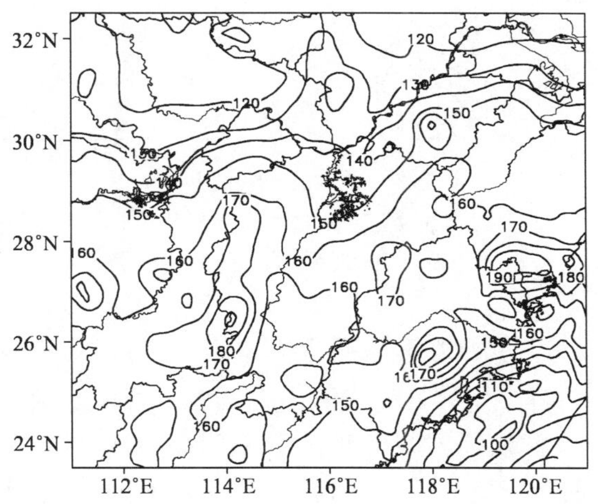

图 2-31 鄱阳湖流域及其周边地区多年平均年降水总日数（d）分布图

区，在 150 d 以内。鄱阳湖流域及其周边地区四季降水日数的空间分布如图 2-32 所示，春季降水日数的分布形式与全年基本一致，全区降水日数的变化范围为 30～60 d［图 2-32（a)］。夏季全区降水日数呈现南多北少的形式，南部降水日数极大值大于 50 d，极小值位于鄱阳湖区，小于 35 d［图 2-32（b)］。秋季区域南部降水日数相对较少，降水日数由东南向西北逐渐减少，极大值达 36 d，极小值位于鄱阳湖区附近，小于 24 d［图 2-32（c)］。冬季降水日数呈现出中部较多，南北两侧较少的形式，极大值区达 39 d，南北两侧的极小值小于 24 d［图 2-32（d)］。

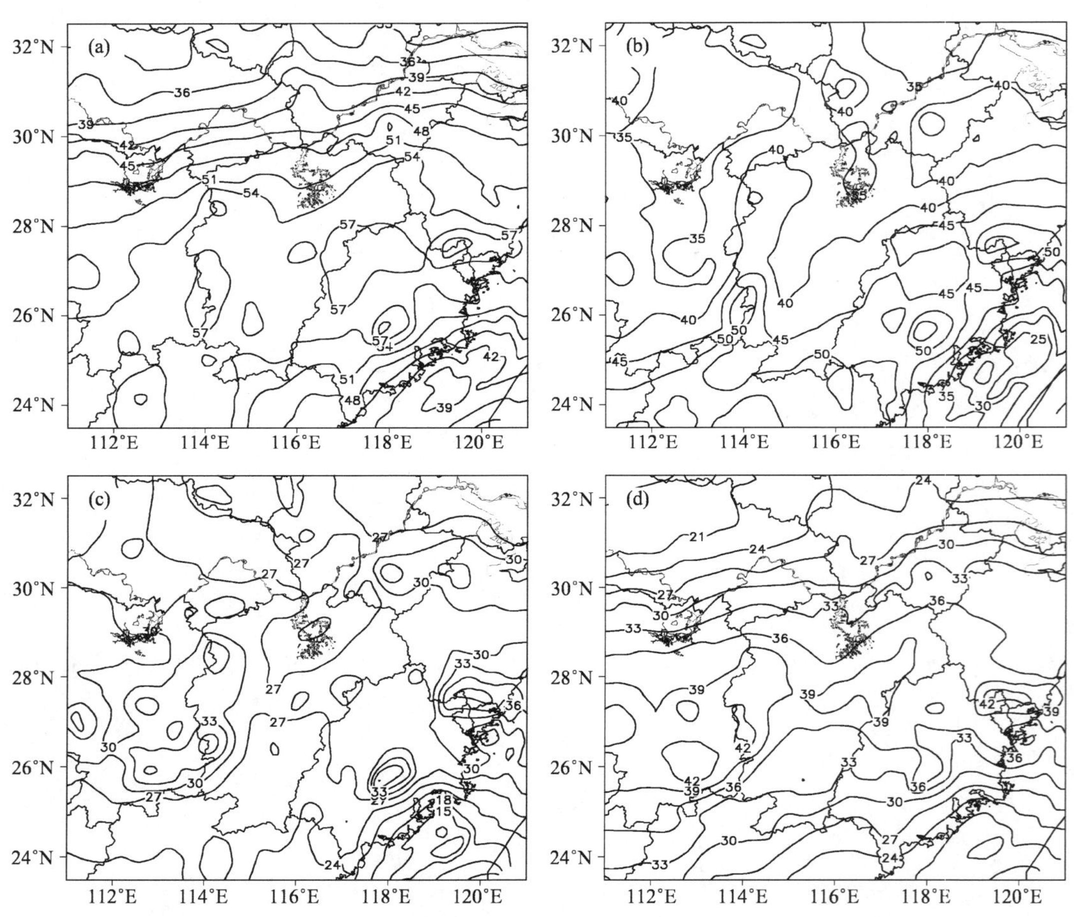

图 2-32　鄱阳湖流域及其周边地区四季降水总日数（d）分布图

(a) 春季；(b) 夏季；(c) 秋季；(d) 冬季

分析鄱阳湖流域及其周边地区降水日数 113.5°～118.5°E 范围内经向平均的逐月变化可知［图 2-33（a)］，降水日数的极大值为 19 d，出现在春季，从地理位置上说，极大值区出现在 27°～29°N。次大值区出现在 8 月的 28°N 以南地区，约为 14～15 d。极小值区出现在 10～12 月的 27°N 以南地区，降水日数在 9 d 以内。从鄱阳湖流域及其周边地区降水日数 24°～30°N 范围内纬向平均的逐月变化可见［图 2-33（b)］，极大值出现在春季，各经度带内降水日数基本均大于 17 d，尤其在 114°E 和 117°E 附近降水日数大于 18 d，极小值出现在 10～12 月的 117°E 以东地区，降水日数小于 8 d。

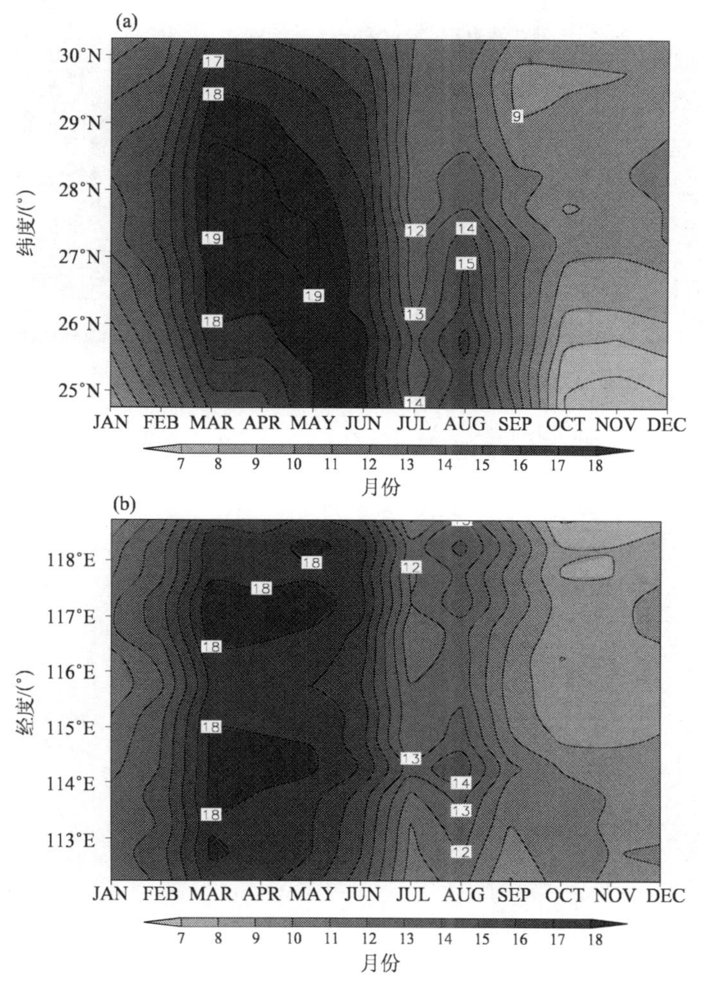

图 2-33　鄱阳湖流域及其周边地区降水日数（mm）的逐月变化分布图

（a）纬向；（b）经向

由鄱阳湖流域及其周边地区平均降水日数季节-年际变化图可见（图 2-34），3～6 月的降水日数相对较多，极大值为月降水日数 17 d 左右，10～12 月的降水日数相对较少，月降水日数基本小于 10 d。另外，从图中可见降水日数存在明显的年际、年代际变化。因此，图 2-35 给出鄱阳湖流域及其周边地区平均年降水总日数的 11 年滑动平均以及线性趋势变化。鄱阳湖流域及其周边地区多年平均的年降水总日数为 149 d，20 世纪 60 年代年降水总日数以偏少为主，20 世纪 70 年代～20 世纪 90 年代末年降水总日数振荡变化，但总体以偏多为主，21 世纪初年降水总日数呈现出偏少的形式。在整个 48 年年降水总日数呈现线性下降的趋势，但是趋势并不显著。

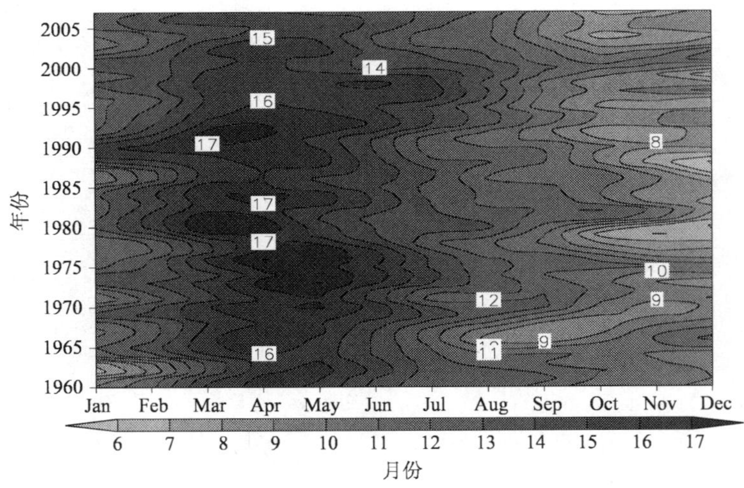

图 2-34　鄱阳湖流域及其周边地区降水日数（d）的季节-年际分布图

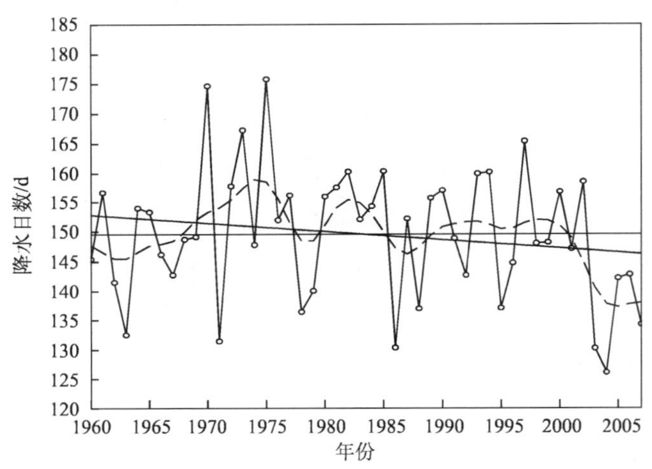

图 2-35　鄱阳湖流域及其周边地区年降水总日数（d）的年际变化（折线）、11 年滑动平均（虚线）以及趋势变化（斜直线）

通过对鄱阳湖流域及其周边地区年降水总日数进行 MK 检验可知（图 2-36），*UF* 曲线在 20 世纪 70 年代以前小于 0，说明年降水总日数以偏少为主，从 20 世纪 70 年代～2000 年 *UF* 曲线大于 0，说明该时间段内年降水日数偏多，之后年降水总日数又呈现出减少的趋势，在整个研究时段 *UF* 曲线均在两条检验直线内变化，因此降水日数的增加或者减少趋势均不显著，这与图 2-35 的结果也比较一致。*UF* 和 *UB* 曲线在两条检验直线内有两个交点，分别出现在 1967 年和 2000 年。鄱阳湖流域及其周边地区 1960～1966 年平均年降水总日数为 146 d，在 1967～2000 年平均年降水总日数为 152 d，根据均值差异检验可知，两个时间段的均值差异显著，说明 1967 年鄱阳湖流域及其周边地区年降水总日数出现突变。而 2000 年前后均值差异并不明显，因此不算有效突变点。

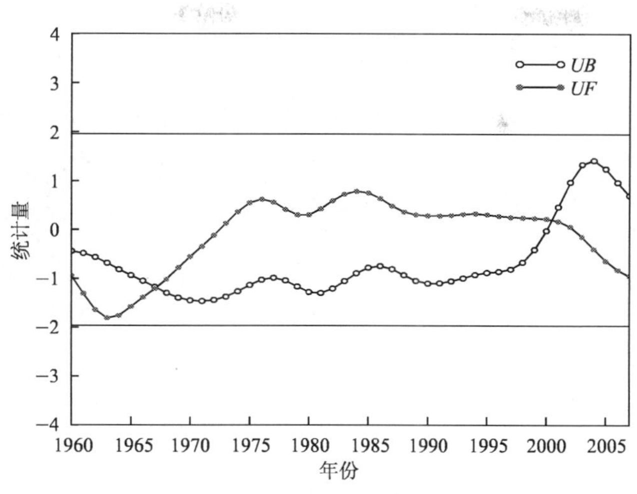

图 2-36　鄱阳湖流域及其周边地区年降水总日数的 MK 检验曲线

直线为显著性水平 $\alpha=0.05$ 对应的检验值（±1.96）

2.4.3　降水量的周期变化及趋势分析

对鄱阳湖流域及其周边地区平均年降水总量进行小波分析可知（图 2-37），其存在 2a 左右的周期，且在 20 世纪 70 年代早中期能通过 95％的信度检验。另外，6a 左右的周期也比较显著，该周期在 20 世纪 70 年代末～20 世纪 80 年代初能通过 95％的信度检验。鄱阳湖流域及其周边地区平均年降水总日数的小波分析图与年降水总量的形式类似，但其仅有 2a 左右的周期在 20 世纪 70 年代早中期能通过 95％的信度检验（图 2-38）。

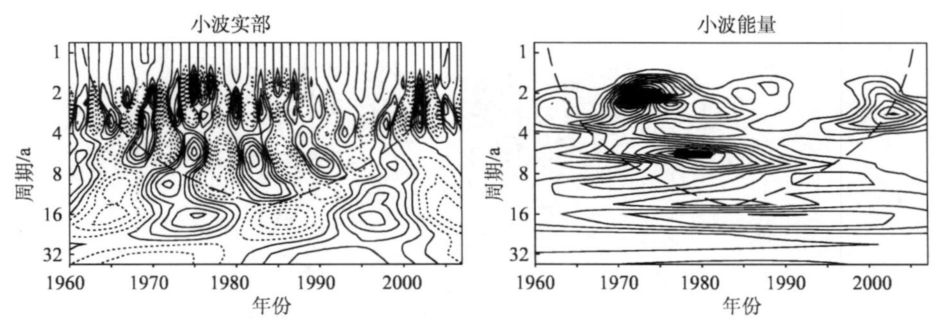

图 2-37　鄱阳湖流域及其周边地区平均年降水总量的小波分析

（右图阴影表示能通过 95％的信度检验）

从鄱阳湖流域及其周边地区 1960～2007 年年降水总量的趋势变化分布图上可见（图 2-39），大部分站点的年降水总量呈现增加趋势，约占全区的 88.1％，但能通过信度检验的不多。全区平均的变化趋势为 21.57 mm/10a。鄱阳湖流域及其周边地区年降水总日数的趋势变化分布（图 2-40）与降水总量明显不同，图中大部分站点的年降水总日数呈现出减少的变化趋势，仅有约 15％的站点呈现增加趋势，全区平均的变化趋势为－1.38 d/10a。

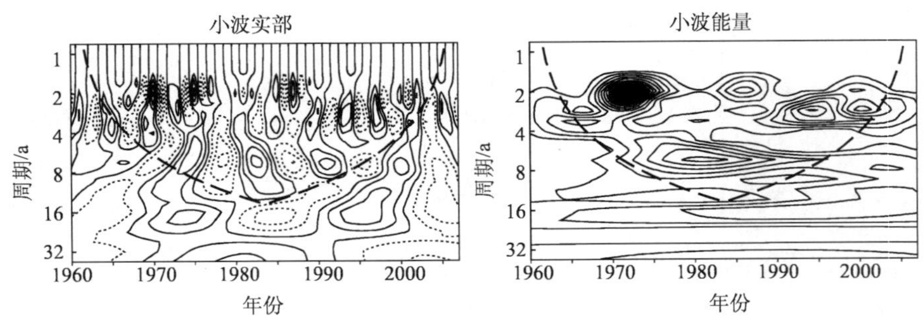

图 2-38　鄱阳湖流域及其周边地区平均年降水总日数的小波分析
（右图阴影表示能通过 95％的信度检验）

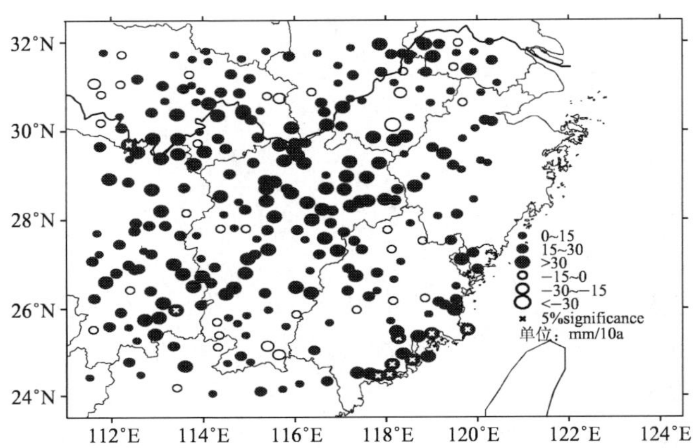

图 2-39　鄱阳湖流域及其周边地区年降水总量的趋势变化分布

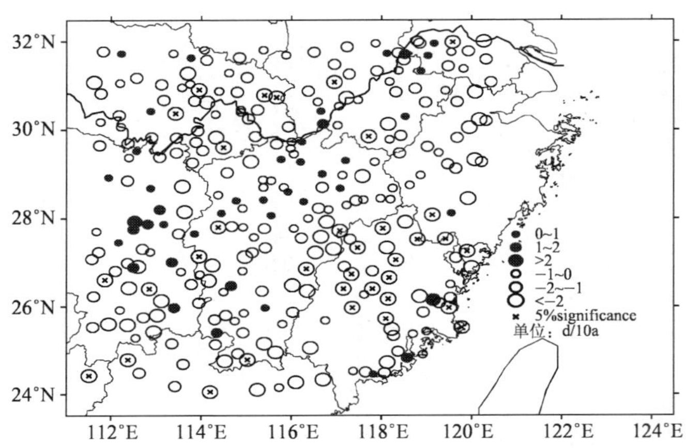

图 2-40　鄱阳湖流域及其周边地区年降水总日数的趋势变化分布

鄱阳湖流域及其周边地区四季降水总量的趋势变化如图 2-41 所示。春季降水总量出现增加趋势的站点较少，约占 28.3％，主要分布在区域南部，但并不能通过 95％的信度检验，其他大部分区域均呈现减少趋势，春季降水总量全区平均的变化趋势为

—4.5 mm/10a［图 2-41（a）］。夏季大部分站点的降水总量出现增加趋势，但能通过95%信度检验的不多，鄱阳湖湖区以南部分站点的增加趋势能通过 95%信度检验；另外，仅约 8%的站点出现减少趋势，主要分布在区域南部，夏季降水总量全区平均的变化趋势为 20.64 mm/10a［图 2-41（b）］。秋季只有鄱阳湖湖区周边以及研究区东南部少数站点的降水总量呈现增加趋势，仅占总站点数的 17.1%，秋季降水总量全区平均的

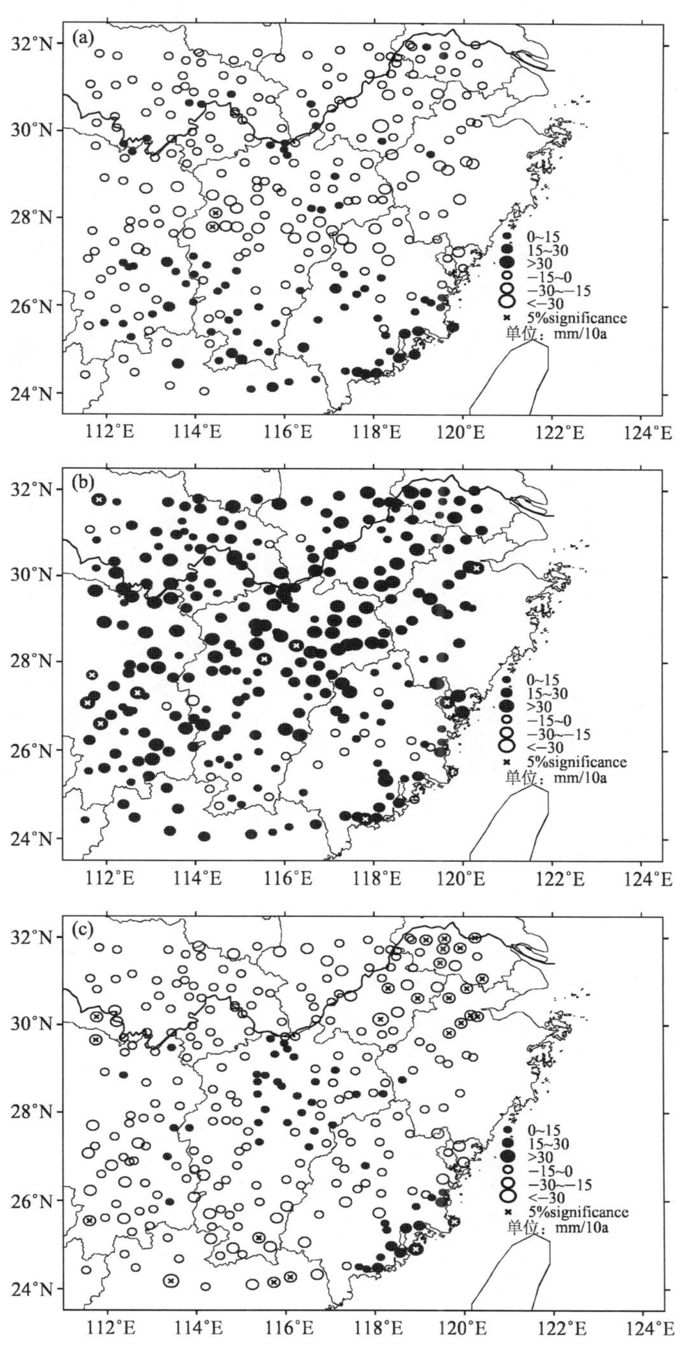

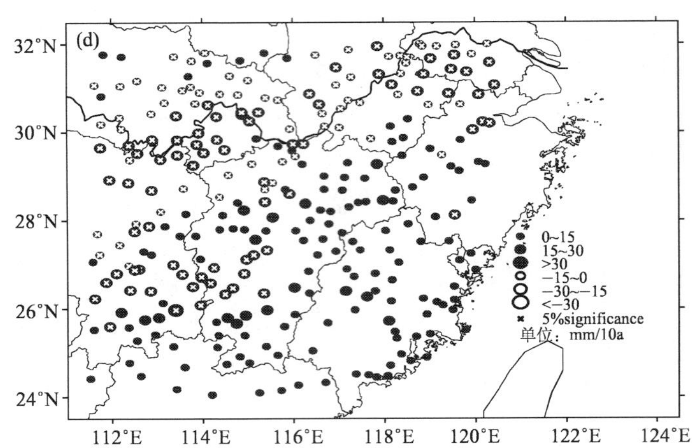

图 2-41　鄱阳湖流域及其周边地区四季降水总量的趋势变化分布

(a) 春季；(b) 夏季；(c) 秋季；(d) 冬季

变化趋势为−8.09 mm/10a [图 2-41 (c)]。冬季全区 286 个站点的降水总量大部分呈现不同程度的增加趋势，出现显著增加趋势的站点主要分布在区域北部和西部，冬季降水总量全区平均的变化趋势为 13.54 mm/10a [图 2-41 (d)]。

图 2-42 是鄱阳湖流域及其周边地区四季降水总日数的趋势变化。由图可见，春季约有 91.6%的站点降水总日数呈现出减少的变化趋势，其中 30.1%站点的减少趋势能通过 95%的信度检验，这些站点主要分布在区域北部，少数出现增加趋势的站点分布在 26°N 以南地区，春季全区平均的变化趋势为−0.92 d/10a [图 2-42 (a)]。夏季的趋势变化基本与春季相反，约有 81.8%的站点降水总日数呈现增加趋势，出现减少趋势的站点主要分布在区域南部，夏季全区平均的变化趋势为 0.57 d/10a [图 2-42 (b)]。秋季仅有 2 个站点降水总日数呈现出增加趋势，其余 284 个站点出现不同程度的减少趋势，且约有 67.1%减少趋势能通过 95%的信度检验，秋季全区平均的变化趋势为−1.71 d/10a [图 2-42 (c)]。冬季降水总日数的趋势变化分布形式与夏季类似，约有 82.2%的站点降水总日数呈现增加趋势，出现减少趋势的站点主要分布在区域南部，冬季全区平均的变化趋势为 0.68 d/10a [图 2-42 (d)]。

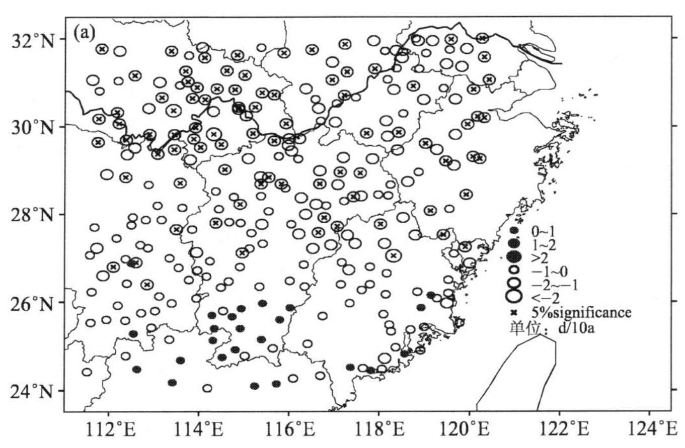

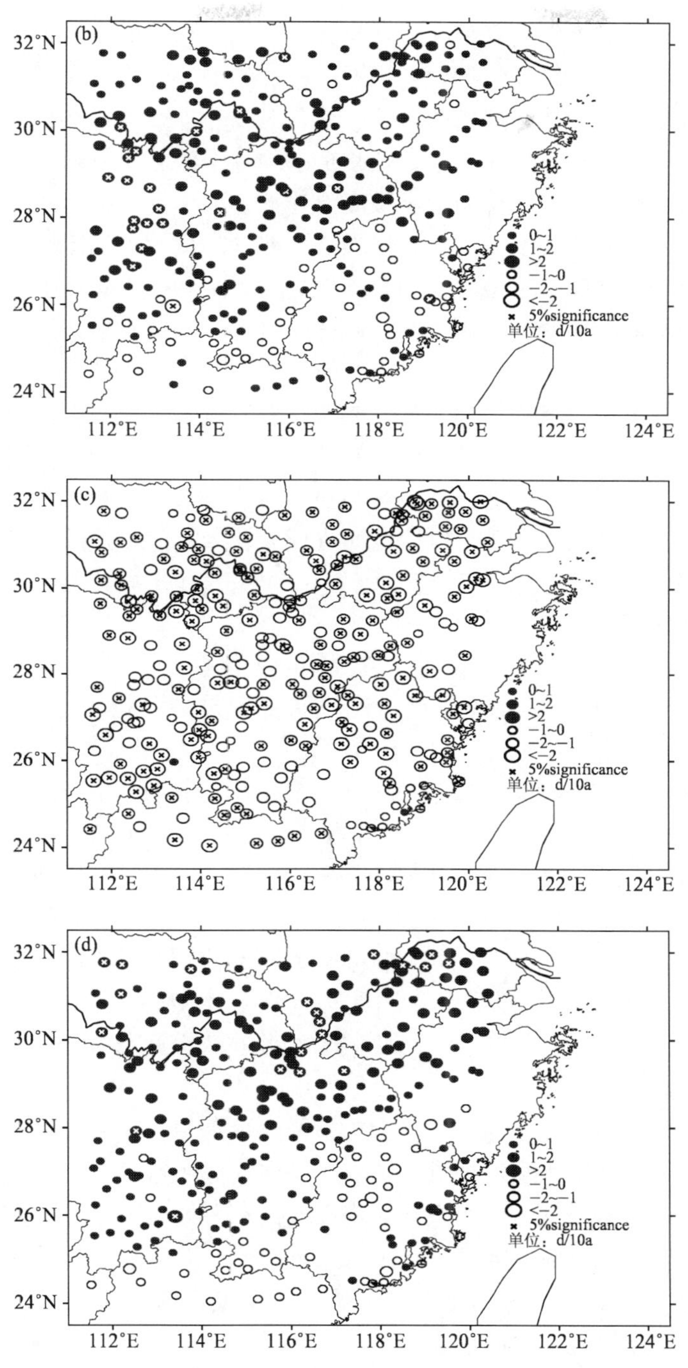

图 2-42　鄱阳湖流域及其周边地区四季降水总日数的趋势变化分布

(a) 春季；(b) 夏季；(c) 秋季；(d) 冬季

2.5　鄱阳湖流域气候变化的影响与适应

气候变化是影响径流的决定性因素，温度可以通过影响蒸发量和降水量来间接影响河流径流。在 20 世纪 90 年代鄱阳湖流域及其周边地区降水量显著增加、温度明显升高的背景下，流域五河水系年径流量表现出不同程度的上升趋势（郭华等，2006）。

鄱阳湖流域及其周边地区这样的气候变化，对农业生产利弊参半。温度升高一方面可以改善热量资源，提高流域复种指数，减少水稻春季低温连阴雨以及柑橘冬季低温的冻害，可种植面积增加；另一方面会导致高温逼熟、伏旱及各种越冬虫害、杂草蔓延等一系列问题，从而使农业生产的不稳定性增加，粮食产量的不确定性增强。另外，由于温度的升高，植物带北移，打破原有的森林格局，害虫和生物疾病也会向高海拔和高纬度迁移，从而破坏原有的森林生态群落，威胁生物多样性的安全，还可能导致野生动植物种类多样性逐步降低。

可见，鄱阳湖流域及其周边地区的气候变化对农业、水资源以及自然生态环境等各方面都将产生严重影响，并给社会、经济和环境的发展带来严峻挑战。因此，我们应该积极采取有效措施应对气候变化，依靠科技进步和科技创新，健全气候变化监测体系，提高气候变化的预测与预警能力，制定减缓气候变化影响的相关政策和法律法规，改善能源结构，发展清洁能源，倡导低碳生活，减少温室气体排放，确保社会经济可持续发展。可能的措施如下：

（1）针对鄱阳湖流域气候变化对水资源影响的问题，进一步加强研究，为综合规划提供政策依据；分析研究气候变化对流域水资源影响的历史过程，探讨其中的规律，以减少未来预估的不确定性（夏军等，2008）。加强用水调度与指导，处理好经济社会发展与水资源、水环境承载能力的关系，算清各部门、各行业、各区域用水指标，制定严密的用水计划，严格按计划供水。正确处理好城市与农村、防汛与抗旱、发电与灌溉、生产用水与生活用水的关系，建立一套可操作性强的水管理体系，供水调度方案和运作机制。然而，在气候变化背景下，若目前的降水趋势持续下去，秋季降水显著减少，则水库蓄水量只能起到缓解本流域旱灾的作用，至于是否能够补偿长江下游干流有待进一步研究。因此，应立足本流域，结合气候变化趋势，加强节水，高效利用水资源，减轻洪水和干旱的影响，缓解鄱阳湖流域因气候变化引起的水资源问题。

（2）气候变暖给鄱阳湖流域带来更为丰富的热量资源，应优化农业区域布局，合理统筹粮食作物、经济作物种植，促进优势农产品向优势区域集中；发展多熟制，提高复种指数，特别是适当的发展秋冬季农业以提高气候资源的利用率。加强生物技术、抗御逆境、设施农业和精确农业等方面的技术开发和研究，人为减少气候变化对农作物的不利影响（肖风劲等，2006）。针对各个季节不同的温度、降水的变化趋势，培育抗病虫害，耐热抗旱涝，感温性弱等的作物。

（3）加强自然生态系统对气候变化的适应性工程建设。保护鄱阳湖湿地生态环境，建立环湖湿地管理和生物多样性保护网络。加强自然生态系统应对气候变化的机构体制建设和管理，增强公众对生态系统适应气候变化的认识，强化湿地保护意识，提高公众保护生态系统的意识。

2.6 小　　结

本章依据美国 NCEP/NCAR 全球再分析资料和中国国家气象信息中心提供的鄱阳湖流域及其周边地区地面台站气候资料，对全球、南北半球以及鄱阳湖地区 1960～2007 年气温和降水量的季节、年际、年代际变化，以及 1960～2007 年的气候变化趋势与突变进行了全面分析。分析结果如下：

（1）全球多年平均温度约为 13.87℃，其中南、北半球多年平均温度分别为 13.52℃、14.73℃，全球多年平均日降水量约为 2.77 mm，而南、北半球多年平均日降水量分别为 2.71 mm、2.90 mm。在过去 48 a 中，全球约有 89.3％的区域温度呈现出升高趋势，其中 67％的升温趋势能通过 95％的信度检验，全球年平均温度变化约为 0.14℃/10a，而南、北半球年平均温度变化分别为 0.12℃/10a、0.16℃/10a，北半球升温幅度明显高于南半球和全球平均。另外值得注意的是，南、北两极的升温现象更为明显，年平均温度变化分别为 0.54℃/10a、0.50℃/10a。全球约有 67％的区域年平均日降水量出现增加趋势，其中 32.7％的增加趋势能通过 95％的信度检验，另外，出现显著减少趋势的区域约占全球的 17.8％，年平均日降水变化幅度较大的区域主要出现在季风区，全球年平均日降水量的变化较小，不超过 0.01 mm/10a。相对全球温度变化而言，日降水量的变化存在更强的区域差异性。

（2）鄱阳湖流域及其周边地区的温度基本呈纬向型分布，南高北低。鄱阳湖流域及其周边地区年平均温度为 17.46℃，其多年平均温度的季节变化呈单峰形式，极大值出现在 7 月，为 28.39℃；极小值出现在 1 月，为 5.75℃。根据区域平均温度的小波分析可知其存在 2～4 a 的短周期，且在近 50 a 里，鄱阳湖流域及其周边地区没有出现明显的温度突变。分析鄱阳湖流域及其周边地区 1960～2007 年年平均温度的趋势变化，发现除江西西部边界一个站点外，其他 285 个站点均呈现出增加趋势，且 83.9％的增加趋势能通过 95％的信度检验。全区平均的变化趋势为 0.17℃/10a。从四季温度的趋势变化来看，鄱阳湖流域及其周边地区四季温度均呈现出增加趋势，其中，冬季增温趋势最为显著，约为 0.30℃/10a，其次为春季，夏季的增温趋势最小，约为 0.03℃/10a。

（3）鄱阳湖流域及其周边地区降水量的极大值出现在江西东部，整个区域基本呈现出东南部降水量较多，西北部降水量较少的分布形式。鄱阳湖流域及其周边地区多年平均年降水总量约为 1465.17 mm，4～7 月降水量相对较多，极大值出现在 6 月。根据小波分析可知其存在 2 a 以及 6 a 左右的短周期变化。通过 MK 突变检验可知，鄱阳湖流域及其周边地区年降水总量在 1986～1987 年出现了突变，年降水总量由偏少的形势转为偏多。在过去 48 a 里，全区约有 88.1％的站点降水量呈现出增加趋势，全区平均的变化趋势为 21.57 mm/10a。通过分析四季降水量的变化可知，年降水总量的增加主要是由于夏季和冬季降水量的增加造成的，这两个季节降水量的变化分别为 20.64 mm/10a 和 13.54 mm/10a，而春季和秋季的降水量以减少为主。

（4）鄱阳湖流域及其周边地区多年平均的年降水总日数为 149 d，3～6 月降水日数相对较多，极大值出现在 3 月，10～12 月降水日数相对较少，极小值出现在 12 月，其存在 2 a 左右的短周期变化。MK 突变检验中发现 *UF* 曲线和 *UB* 曲线在两条检验直线中于 1967 年出现交点，且鄱阳湖流域及其周边地区 1960～1966 年平均年降水总日数为 146 d，在 1967～2000 年平均年降水总日数为 152 d，根据均值差异检验可知，两个时间段的均值差异显著，说明 1967 年鄱阳湖流域及其周边地区年降水总日数出现突变，年降水总日数由偏少转为偏多。在过去 48 a 里，仅有约 15％的站点年降水总日数呈现出增加趋势，全区平均的变化趋势为－1.38 d/10a。从四季降水日数的变化趋势可知，年降水总日数的减少主要是由于春季和秋季降水日数的减少导致的，它们的趋势变化分别为－0.92 d/10a 和－1.71 d/10a，而夏季和冬季的降水日数呈现出增加趋势。

（5）深入开展科学研究是制定适应性措施的前提，需要增加基础性和前瞻性的研究支持强度，加强气候变化预测、影响和适应对策等方面的研究，以便对于比较确定的变化趋势，及早采取适应措施。随着气候增暖和人类活动的加剧，鄱阳湖流域及其周边地区降水-土壤蓄水-地表径流-地下水-湖泊水量之间发生着一系列复杂的耦合变化，并直接影响着湖泊湿地生态系统的结构布局以及社会生产和人民生活。为此，今后必须大力加强气候变化和人类活动对鄱阳湖流域水循环和物质输移过程影响的定量研究，积极研发气候-水文-物质输移耦合模拟系统，根据维持鄱阳湖水环境功能目标的入湖水量、湖泊水位及污染物通量，预估在未来气候变化情景下湖泊水量水质的变化趋势，维持鄱阳湖“一湖清水”。

参考文献

邴龙飞，邵全琴，刘纪远，等. 2011. 基于小波分析的长江和黄河源区汛期、枯水期径流特征. 地理科学，31（21）：232-238.

郭华，姜彤，王国杰，等. 2006a. 1961～2003 年间鄱阳湖流域气候变化趋势及突变分析. 湖泊科学，18（5）：443-451.

郭华，姜彤，王艳君，等. 2006b. 1955～2002 年气候因子对鄱阳湖流域径流系数的影响. 气候变化研究进展，2（5）：217-222.

姜彤，苏布达，王艳君，等. 2005. 四十年来长江流域气温、降水与径流变化趋势. 气候变化研究进展，1（2）：65-68.

刘健，张奇，许崇育，等. 2010. 近 50 年鄱阳湖流域实际蒸发量的变化及影响因素. 长江流域资源与环境，19（2）：139-145.

刘俊萍，田峰巍，黄强，等. 2003. 基于小波分析的黄河河川径流变化规律研究. 自然科学进展，13（4）：383-387.

刘晓冉，李国平，范广洲，等. 2007. 我国西南地区 1960～2000 年降水资源变化的时空特征. 自然资源学报，22（5）：783-792.

闵骞. 2002. 20 世纪 90 年代鄱阳湖洪水特征的分析. 湖泊科学，14（4）：323-330.

闵骞. 2007. 鄱阳湖区干旱的定量判别与变化特征. 水资源研究，28（1）：5-7.

闵骞，闵聃. 2010. 鄱阳湖区干旱演变特征与水文防旱对策. 水文，30（1）：84-88.

苏布达，姜彤，任国玉，等. 2006. 长江流域 1960～2004 年极端强降水时空变化趋势. 气候变化研究进展，2（1）：9-14.

孙凤华，杨素英，任国玉. 2007. 东北地区降水日数、强度和持续时间的年代际变化. 应用气象学报，18（5）：610-618.

王苏民，窦鸿身. 1998. 中国湖泊志. 北京：科学出版社.

王文圣，丁晶，李跃清. 2005. 水文小波分析. 北京：化学工业出版社：1-173.

魏凤英. 1999. 现代气候统计诊断与预测技术. 北京：气象出版社：107-109.

夏军，Tanner T，任国玉，等. 2008. 气候变化对中国水资源影响的适应性评估与管理框架. 气候变化研究进展，4（4）：215-219.

肖风劲，张海东，王春乙，等. 2006. 气候变化对我国农业的可能影响及适应性对策. 自然灾害学报，15（6）：327-331.

杨宏青，陈正洪，石燕，等. 2005. 长江流域近40年强降水的变化趋势. 气象，(3)：66-68.

杨晓丹，翟盘茂. 2005. 我国西北地区降水强度、频率和总量变化. 科技导报，23（6）：24-26.

张代青，高军省. 2007. 基于小波分析的黄河上游径流变化周期研究. 灌溉排水学报，26（3）：75-78.

朱海虹，张本. 1997. 鄱阳湖：水文、生物、沉积、湿地、开发治理. 合肥：中国科学技术大学出版社.

Cressman. 1959. An operational objective analysis system. Monthly Weather Review，87（10）：367-374.

第三章　鄱阳湖流域蒸散变化

陆地表层水循环是多环节的自然过程，降水、蒸散和径流是水循环过程的三个最主要环节，这三者构成的水循环途径决定着全球的水量平衡，也决定着一个地区的水资源总量。由于自然和人类活动的干扰，大气中温室气体浓度的不断升高引起了全球性的气候变化。气候变化将改变全球水文循环的现状，引起水资源在时空上的重新分配，可能加剧某些地区的洪涝、干旱灾害，从而影响区域的生态环境和社会经济的发展（Huntington，2006）。因此，研究气候变化对区域水平衡与水循环要素的影响，对区域水资源合理利用和可持续发展具有重要的现实意义。

地表蒸散（ET）是指地表土壤蒸发与植被蒸腾之和，表征了地表与大气间的热量和水汽交换过程。蒸散是流域水量平衡中一个主要支出项，直接受土地利用和气候变化的影响。地表蒸散作为地表水分平衡和能量平衡的重要组成部分，对全球水循环和气候演变研究具有重要的作用（Shukla and Mintz，1982）。然而蒸散又是陆地表层水循环过程中最难估算的分量。

目前，实际蒸散的观测方法主要有蒸发皿、波文比法（Bowen，1926）、涡度相关法（Baldocchi，2003）和蒸渗仪法（Tanner，1967）等。蒸发皿由于本身及周围空气的动力和热力条件与流域地表有所不同，测得的蒸发量并不能代表自然界真实的蒸散量。波文比法、涡度相关法和蒸渗仪法能够获得精度较高的地面蒸散值，然而其观测值仅代表点尺度的数据。随着观测手段的不断提高和对大气边界层湍流场认识的深化，出现了多种计算蒸散的方法。Thornthwaite 和 Holzman（1939）利用近地面边界层相似理论，提出了计算蒸发的空气动力学方法。Penman（1948）提出了潜在蒸散的概念及相应的计算公式。Monteith（1965）在研究作物的蒸发和蒸腾中引入表面阻抗的概念，导出了 Penman-Monteith 公式，广泛应用于地表蒸散的估算中。相对于传统的水文气象学方法，遥感方法具有空间上连续的特点，基于地表能量平衡和大气边界层等基本理论，用遥感手段研究区域尺度非均匀下垫面的蒸散，已经成为定量遥感应用领域的重要方向。通过遥感手段获得区域地表蒸散受到越来越广泛的关注（Kustas and Norman，1996；Kalma et al.，2008）。基于能量平衡原理的模型，有地面温度-植被指数三角关系法（Jiang and Islam，1999）、SEBAL（Bastiaanssen et al.，1998）、SEBS（Su，2002）等，这些模型反演流域蒸散的相对误差为 15%～30%（Kalma et al.，2008）。

鄱阳湖流域位于长江中下游，包括赣江、抚河、信江、饶河、修水五个子流域，和湖区共同形成一个完整的流域系统，流域面积为 16.22×10^4 km^2，其水量波动对长江流域水资源变化具有重要的影响。20 世纪 90 年代洪涝灾害发生频率显著增加（郭华等，2008）。而进入 21 世纪，鄱阳湖流域又连续多年发生干旱灾害，如 2003 年、2006 年和 2007 年（闵骞和闵聃，2010）。旱涝灾害的发生意味着该流域的水量平衡关系发生了变化。分析水量平衡各分量的长时间序列变化趋势发现，1990 年以后鄱阳湖流域气温呈明显上升趋势，20 世纪 90 年代流域降水量偏多（郭华等，2006），而 2000 年以来降水量及降水日数明显偏少（王怀清等，2009）。刘健等（2009）分析了 1955～2003 年鄱阳湖流域径流变化特征，1998 年之前径流呈增长趋势，之后减少。气候变化加速了水文循环过程，气候系统中降水具有不连续性和突变性，而蒸散变化相对平缓。闵骞等（2007）分析了近 50 年鄱阳湖水面蒸发特征，1955～2004 年年蒸发量均呈减少趋势，湖区气温升高、湿度增大是造成水面蒸发减少的根本原因。郭华等（2006）分析发现，1990～2003 年鄱阳湖流域蒸发皿蒸发量和潜在蒸散量呈下降趋势。刘健等（2010）应用互补相关蒸发模型，发现 1955～2001 年鄱阳湖实际蒸发量呈逐渐下降的趋势，1998 年后下降速度变缓。通过以往的研究，目前已经对鄱阳湖流域长时间序列的蒸发和潜在蒸散有了初步的认识，但这些研究多是基于站点数据的计算分析结果，鄱阳湖流域实际蒸散的空间变化特征仍不清楚。运用长时间序列的遥感数据，可以获得鄱阳湖流域蒸散的空间分布及其变化特征，从而为流域尺度水量平衡研究提供科学依据。

本章基于地表观测和遥感模型估算，结合前人的研究成果，分析鄱阳湖流域潜在蒸散的长期变化趋势。针对近 10 年鄱阳湖流域干旱频发以及旱涝急转事件，通过分析 2000 年以来实际蒸散量的时空变化特征，研究鄱阳湖流域蒸散量的变化规律及其主控因子，为洪旱灾害的成因分析和适应性对策的提出等提供科学依据。

3.1　数据资料与研究方法

本章应用蒸发皿观测的蒸发量及折算的水面蒸发，分析其长期变化趋势；选取不同的方法，基于气象数据估算潜在蒸散；应用遥感反演蒸散的三角关系法估算流域的实际蒸散，用于流域尺度的蒸散时空特征分析。所需的数据资料和蒸散估算方法如下。

3.1.1　数 据 资 料

数据资料主要包括气象数据、蒸渗仪观测的蒸散数据，以及用于反演蒸散的遥感数据。

3.1.1.1　气象数据

本章选用的气象数据来自中国气象局国家气象信息中心数据库。其中鄱阳湖流域包括 13 个国家气象站（由于井冈山站观测时间较晚，因此未选用），站点信息参见第四章表 4-2。根据估算蒸散所需气象要素以及影响蒸散的主要因子，选取的气象要素包括逐日气温、风速、相对湿度和降水。除降水为日降水总量，其他要素均为日平均值。鄱阳湖流域的气温、风速、相对湿度和降水由 13 个站点数据平均得到。气象站的观测始于 20 世纪 50 年代初，但每个站点开始时间不一致，为了便于分析，选择一个统一的起止年代，本章选取 1961～2009 年的数据。这一时间段，日均气温和日降水数据无缺失，风速数据缺失小于0.4%，相对湿度数据缺失小于0.2%。无连续缺失大于3 d的数据。当缺测的数据少于3 d时，采用线性内插方法插补缺测的数据。辐射数据选取南昌站的日总辐射和日净辐射数据，时间为1961～2009年，用于计算潜在蒸散以及辐射趋势分析。

蒸发观测站点选择康山、棠荫、都昌、星子、湖口5个站点，观测时间为1955～2004年。在5个站中不同年份分别采用20 cm口径小型蒸发皿（ϕ20）、80 cm口径套盆蒸发器（ϕ80）和E601蒸发器3种不同的地面蒸发器观测水面蒸发量。为充分利用各站的水面蒸发实测资料，有地面E601实测资料的年份，直接采用E601蒸发量（$E601$）折算成自然水体水面蒸发量（E），即$E=K\times E601$，K为水面蒸发折算系数，取0.95。无地面E601实测资料的年份，先由ϕ20的蒸发量（E_{20}）或ϕ80的蒸发量（E_{80}）折算成E601蒸发量，再折算成自然水体的蒸发量，即$E=K(K_{20}\times E_{20})$或$E=K(K_{80}\times E_{80})$。蒸发器折算系数如表3-1所示（闵骞等，2007）。

表3-1 鄱阳湖站点地面蒸发器折算系数

站点	折算系数	1月	2月	3月	4月	5月	6月	7月	8月	9月	10月	11月	12月
都昌	K_{20}	0.74	0.69	0.68	0.63	0.63	0.66	0.70	0.75	0.76	0.76	0.78	0.73
	K_{80}	0.72	0.81	0.73	0.82	0.98	1.03	1.01	1.07	1.13	1.11	0.95	0.84

3.1.1.2 蒸散数据

应用蒸渗仪系统进行地表蒸散的观测。蒸渗仪系统安装在江西省南昌县生态试验站的观测场地。南昌县位于江西省南昌市郊，地处28°36′N，115°55′E，海拔47 m。试验站位于城市郊区，受城市化影响较小，周围地势平坦，地表海拔起伏<10 m。观测点周边土地利用以水稻田为主，类型较为单一。观测场地表覆被有均匀生长的草地，面积约为500 m^2，日常以降水灌溉为主，不施以人工灌溉。试验场地具有较好的代表性，受地形坡度和风速的影响较小，且距试验站北侧约30 m即为南昌县气象站。

蒸渗仪对实际蒸散的测量基于水量平衡原理：

$$\Delta S = P + I + Q - \Delta R - ET \tag{3.1}$$

式中，ΔS为分离土柱的土壤蓄水量变化量（折算为mm）；P为降水量（mm）；I为灌溉水量（mm）；Q为地下水流（mm）；ΔR为净地表径流量（mm）；ET为蒸腾蒸发量（mm）。对于蒸渗仪，ΔR一般可忽略，方程（3.1）可简化为

$$ET = P + I + Q - \Delta S \tag{3.2}$$

式中，降水量P和灌溉量I很容易由雨量计和水表直接测得；Q为地下水流，代表由蒸渗仪供排水系统供进和排出土柱的水量；ΔS表示土壤蓄存水量的变化量，代表降水或灌溉后水分的增加，或蒸散作用导致水分的损失。

为使得测量的水分运动过程符合实际情况，该蒸渗仪系统钢筒中的土壤选择观测场附近的原状土，土样体积1 m^3，土样深度1 m，直径约为112.8 cm，埋设称重系统后“原状土”回填。称重系统精度达到0.01 mm，因此能够测量包括蒸散，以及结露、结

霜和微量蒸散等水量的变化。同时，称重仪底部安装有集水装置，利用导管可收集土样的渗漏水量，通过与之相连的翻斗式雨量计，则能够直接测得排出土柱的水量。这与传统的通过土壤含水量换算的方法相比，不仅简便易行，而且概念更加明确，减小了由测量土样中地下水位及土样空隙度等差异所带来的误差，也使观测结果不易受到周围环境的影响。

如果没有降水和土壤渗漏，则每小时蒸散量为前后两个时刻土柱重量之差；如果有降水或渗漏，则根据公式（3.2）计算每小时蒸散。通过全天 24 h 累加，获得日蒸散总量。所采用数据的观测时段为 2007 年 9 月～2008 年 8 月，用于遥感反演蒸散验证。

3.1.1.3　遥感数据

本章选取中分辨率成像光谱仪（Moderate-resolution imaging spectroradiometer，MODIS）产品数据。MODIS 属于被动式成像分光辐射计，是 Terra 和 Aqua 卫星上搭载的主要传感器之一，可获取陆地和海洋温度、初级生产率、陆地表面覆盖、云、汽溶胶、水汽和火情等特征信息。MODIS 数据具有以下优势：(1) 空间分辨率高，MODIS 仪器的地面分辨率为 250 m、500 m 和 1000 m，扫描宽度为 2330 km。(2) 时间分辨率高，上午星 Terra 过境时间为地方时 11：30 am 左右，下午星 Aqua 为地方时下午过境，一天最多可以获得 4 条过境轨道资料，对快速变化的自然过程有更强的实时监测能力。(3) 光谱分辨率高，MODIS 有 36 个光谱波段，从 0.4 μm（可见光）到 14.4 μm（热红外）全光谱覆盖，这种多通道观测大大增强了对地球复杂系统的观测能力和对地表类型的识别能力。

MODIS 扫描周期为 1.477 s，每条扫描线沿扫描方向有 1354 个像元。沿卫星轨道方向有 10 个 1 km nadir 的瞬时视场。瞬时视场（instantaneous field of view，IFOV），是指遥感系统在某一瞬间，探测单元对应的瞬时视场。IFOV 以毫弧度（mrad）计量，其对应的地面大小被称为地面分辨率单元。在每个瞬时视场中，1 km 分辨率波段有 1 个采样，500 m 分辨率波段有 4 个采样，250 m 波段有 16 个采样。

用于蒸散反演的 MODIS 产品包括地表温度/发射率产品（MOD 11_L2）、地表反射率产品（MOD 09_GQ，GA）、地理定位产品（MOD 03）、大气阔线产品（MOD 07）和归一化植被指数产品（MOD13）等。所有产品数据来自于 MODIS 数据中心（LP-DAAC，https://lpdaac.usgs.gov/）。MODIS 产品参数及其分辨率信息如表 3-2 所示。

表 3-2　MODIS 产品及分辨率信息

参数	MODIS 产品	分辨率
卫星天顶角，方位角	MOD 03	1 km
反照率	MOD 09_GA	500 m
气温，露点温度	MOD 07	5 km
地表温度，发射率	MOD 11_L2	1 km
NDVI（RED，NIR 波段）	MOD 09_GQ	250 m

MODIS 产品是采用分级数据格式（hierarchical data format，HDF）、正弦曲线投

影（Sinusoidal projection）存储的，因此首先需要利用 NASA 提供的 MRT 软件，将 HDF 文件转换为 WGS-84 经纬度坐标系统下的 GeoTiff 格式文件，并进行投影转换、轨道镶嵌和裁剪等操作。并将所有产品利用最近邻法重采样成 500 m，以保证数据空间分辨率的一致性。

本章共选取 2000～2009 年鄱阳湖流域无云影像 349 景，下载所需 MODIS 产品数据，应用三角法反演流域蒸散，具体反演方法见 3.1.2.3 节。

3.1.2 研究方法

依据所需气象资料，潜在蒸散的计算方法有基于温度的（Thornthwaite，1948；Blaney et al.，1950）、基于辐射的估算方法（Priestley and Taylor，1972）以及综合法（Penman，1948；Monteith，1965）。目前以 Penman-Monteith 为代表的综合法因估算精度高而得到广泛应用，但由于需要的输入数据太多，在一般地区应用受到很大限制。而基于温度和辐射的潜在蒸散估算方法由于对数据需求低，输入参数少，在实际中仍有较多应用。本章以基于温度估算潜在蒸散的 Thornthwaite 方法和基于辐射估算的 Priestley-Taylor 方法为例，分析鄱阳湖流域潜在蒸散量的变化特征。

3.1.2.1 Thornthwaite 方法

Thornthwaite（1948）根据美国中部月平均气温和月潜在蒸散之间的相关关系进行潜在蒸散计算。该方法假设干湿空气没有平流，且潜热与显热之比为常数。月潜在蒸散的表达式如下：

$$PET = C\left(\frac{d}{12}\right)\left(\frac{N}{30}\right)\left(\frac{10T_a}{I}\right)^a \tag{3.3}$$

$$I = \sum_{1}^{12}\left(\frac{T_a}{5}\right)^{1.514} \tag{3.4}$$

$$a = 0.49239 + 1792 \times 10^{-5} I - 771 \times 10^{-7} I^2 + 675 \times 10^{-9} I^3 \tag{3.5}$$

式中，PET 为潜在蒸散量（mm · month^{-1}）；$C=16$，为常数；d 为月平均白天时数，由季节和纬度确定；N 为每月的天数；I 为热量指数；a 为热量指数的指数；T_a 为月平均 2 m 气温（℃）。

3.1.2.2 Priestley-Taylor 方法

Priestley 和 Taylor（1972）在假设无平流的条件下，通过海洋和大范围饱和陆面观测试验，确定非饱和面和饱和面蒸散的关系，提出了 Priestley-Taylor 公式。由于该公式是在无平流假设条件下得到的，计算的潜在蒸散表征蒸散面趋于饱和时的蒸散量，但是即使在海面上蒸散面也很难达到饱和。为了消除基本假设所带来的计算误差，公式引入了一个经验修正系数 α，并根据海洋和大范围饱和陆面的观测资料，给出了 α 的推荐值为 1.26。表达式如下：

$$ET = \alpha \frac{\Delta}{\Delta + \gamma}(R_n - G) \tag{3.6}$$

式中，R_n 为净辐射（$W \cdot m^{-2}$）；G 为土壤热通量（$W \cdot m^{-2}$）；Δ 为饱和水汽压与气温关系的斜率（$kPa \cdot ℃^{-1}$）；γ 为干湿表常数（$kPa \cdot ℃^{-1}$）。

γ 为干湿表常数，计算公式如下：

$$\gamma = \frac{C_P P}{\varepsilon\lambda} = 0.665 \times 10^{-3} P \tag{3.7}$$

式中，P 为大气压（kPa）；λ 为蒸发潜热，2.45 $MJ \cdot kg^{-1}$；C_P 为空气定压比热，1.013×10^{-3} $MJ \cdot kg^{-1} \cdot ℃^{-1}$；$\varepsilon$ 为水与空气的分子量之比，约为 0.622。

饱和水汽压与温度的斜率 Δ 计算公式：

$$\Delta = \frac{4098 \times 0.6108 \times \exp\left(\frac{17.27 T_a}{T_a + 237.3}\right)}{(T_a + 237.3)^2} \tag{3.8}$$

式中，T_a 为气温（℃）。

尽管 Priestley 和 Taylor 分析了海洋和大范围的饱和陆面的资料，认为 α 的值为 1.26。但大量研究表明（Brutsaert and Chen，1995；邱新法等，2003；刘绍民等，2004；Xu and Singh，2005），经验修正系数 α 随研究区的地理特征而变化。同时受海陆间平流输送的季节性变化和年降水量变化的影响，具有年际和季节等时间变化特性。Brutsaert 和 Chen（1995）建议 α 取值范围为 1.0～1.5。Hobbins 等（2001）则给出了 1.05～1.32 的范围；刘绍民等（2004）研究发现修正系数 α 在干旱年份和正常年份数值也不同。

3.1.2.3　遥感反演蒸散方法

估算区域蒸散的途径主要包括统计经验法（Hurtado et al.，1995；Seguin and Itier，1983）、能量平衡法（Kustas et al.，2003）、互补相关法（Bouchet，1963）和 SVAT 模型法（Courault et al.，2005）等，其中能量平衡法因其具有一定的物理基础，获得了广泛应用。当前，国内外已经发展了许多遥感反演模型，其中代表性的有植被指数-地面温度三角关系法（Jiang and Islam，1999）、surface energy balance（SEBAL）模型（Bastiaanssen et al.，1998；Bastiaanssen，2000）和 surface energy balance system（SEBS）模型（Su，2002）等。三角法是根据植被指数和地面温度的特征空间来确定蒸散比，进而根据净辐射估算区域蒸散。蒸散比的确定反应了不同地表覆被下的水分状况，适用于地表类型丰富、地表水分和温度差异大的区域。

根据随植被指数的增加，潜热传输增加使地表温度呈减小趋势的现象，Goward（1985）提出植被指数（VI）与地表温度（T_s）的特征关系，之后被不断用于地表土壤含水量、干旱和蒸散的估算。Jiang（1999）根据归一化植被指数（$NDVI$)-T_s 的特征空间，提出了区域蒸散估算的三角法。基于 Priestley-Taylor（1972）公式，蒸散可表达为

$$\lambda ET = \Phi\left(\frac{\Delta}{\Delta + \gamma}\right)(R_n - G) \tag{3.9}$$

式中，λET 为实际蒸散（W·m^{-2}）；R_n 为瞬时净辐射（W·m^{-2}）；G 为土壤热通量（W·m^{-2}）；Φ 为 Priestley-Taylor 参数；Δ 为饱和水汽压曲线斜率（kPa·℃$^{-1}$）；γ 为干湿表常数（kPa·℃$^{-1}$）。

1）蒸散比计算

蒸散比（*EF*）定义为蒸散与有效能量的比值，表达式为

$$EF = \frac{\lambda ET}{R_n - G} = \Phi \frac{\Delta}{\Delta + \gamma} \tag{3.10}$$

式中，Priestley-Taylor 参数 Φ 可根据研究区域内地面温度和归一化差值植被指数（*NDVI*）的空间分布来确定（Jiang and Islam，1999，2001），

$$\Phi = \Phi_{\max} \frac{T_{\max} - T_0}{T_{\max} - T_{\min}} \tag{3.11}$$

式中，$\Phi_{\max}$为 1.26；$T_{\min}$为区域内的最低地面温度，代表植被密集，水分供应充足，蒸散处于潜在蒸散的水平，构成地面温度与 *NDVI* 三角分布的下边界，定义为湿边；$T_{\max}$为不同 *NDVI* 所对应的最高温度，构成了三角分布的外边界，定义为干边；T_0 为每个像元点的地面温度，不同 T_0 对应的 Φ 值根据干湿边线性内插得到。

归一化植被指数（*NDVI*）表达式为（DeFries and Townshend，1994）

$$NDVI = \frac{NIR - RED}{NIR + RED} \tag{3.12}$$

式中，*NIR* 为近红外波段；*RED* 为红光波段。

通过 MOD 11_L2 产品提取得到地表温度，基于 MOD 09_GQ 产品的红光波段和近红外波段计算得到 *NDVI*，构建地表温度与 *NDVI* 的特征空间，确定干湿边，根据公式（3.11）计算得到 Priestley-Taylor 参数 Φ，进而得到每个像元的蒸散比 *EF* 值。

2）净辐射和土壤热通量计算

净辐射是地表热量交换的基础，可通过地表反照率、比辐射率等参数估算。瞬时净辐射表达式为

$$R_n = R_s^{\downarrow} - R_s^{\uparrow} + R_l^{\downarrow} - R_l^{\uparrow} = (1-\alpha)R_s^{\downarrow} + \sigma\varepsilon_a T_a^4 - \sigma\varepsilon_s T_s^4 \tag{3.13}$$

式中，R_n 为净辐射（W·m^{-2}）；$R_s^{\downarrow}$ 和 $R_s^{\uparrow}$ 分别为向下和向上的短波辐射（W·m^{-2}）；$R_l^{\downarrow}$ 和 $R_l^{\uparrow}$ 分别为向下和向上的长波辐射（W·m^{-2}）；α 为地表反照率；ε_a 为大气发射率；ε_s 为地表发射率；T_a 为气温（K）；T_s 为地面温度（K）；σ=5.67×10^{-8}W·m^{-2}·K^{-4}为 Steffan-Boltzmann 常数。

向下短波辐射表达式为（Niemelä et al.，2001）

$$R_s^{\downarrow} = S_0 \tau_{sw} \cos\theta \tag{3.14}$$

式中，τ_{sw}为晴天大气短波传输参数；S_0 为大气层顶太阳常数，为 1367 W·m^{-2}；θ 为太阳天顶角。τ_{sw}不能直接获得，需要通过参数化方案确定，这里应用以下参数化方案（Zillman，1972）：

$$R_s^{\downarrow} = \frac{S_0 \cos^2\theta}{d} \tag{3.15}$$

式中，$d=1.085\cos\theta+e_0(2.7+\cos\theta)\times10^{-3}+0.1$，$e_0$ 为水汽压。

长波辐射计算中，地表发射率 ε_s 的表达式为（Liang，2004）

$$\varepsilon_s = 0.273 + 1.778\varepsilon_{31} - 1.807\varepsilon_{31}\varepsilon_{32} - 1.037\varepsilon_{32} + 1.774\varepsilon_{32}^2 \tag{3.16}$$

式中，ε_{31} 和 ε_{32} 分别代表 31 波段和 32 波段的发射率。

大气发射率 ε_a 表达式为（Prata，1996）

$$\varepsilon_a = 1-(1+\xi)\exp[-(1.2+3\xi)^{1/2}] \tag{3.17}$$

式中，$\xi=46.5e_0/T_a$。水汽压 e_0 可根据 Clausius-Clapeyron 方程，应用露点温度计算得到

$$e_0 = 6.11\exp\left[\frac{L_v}{R_v}\left(\frac{1}{T_0}-\frac{1}{T_d}\right)\right] \tag{3.18}$$

式中，L_v 为汽化潜热；R_v 为水汽气体常数（461 J·kg^{-1}·K^{-1}）；$T_0=273$ K；T_d 为露点温度（K）。

土壤热通量 G 的估算依赖于土壤热传导率和垂直温度梯度，不能直接用遥感方法得到。G 在白天占净辐射 5%～20%，通常把 G/R_n 比值取常数，或者根据对 R_n 的参数化方程来估算。Moran 等（1989）和 Zhang 等（1995）用 *NDVI* 和净辐射来估算，而 Bastiaanssen 等（1998）用 *NDVI*、地表反照率和地面温度估算，Su（2002）用植被覆盖度进行估算。考虑土壤热通量与净辐射的相关关系，本章选取土壤热通量的表达式为（Moran et al.，1989）

$$G = 0.583\exp(-2.13NDVI)R_n \tag{3.19}$$

根据公式（3.13）计算瞬时净辐射，首先应用 MOD 03 和 MOD 07 产品分别提取太阳天顶角和露点温度数据，根据公式（3.15）计算得到向下短波辐射。然后应用 MOD 11_L2 产品提取 31 和 32 波段发射率，根据公式（3.16）计算地表发射率，结合地表温度数据，计算向上长波辐射。应用 MOD 07 产品提取气温和露点温度数据根据公式（3.17）计算大气发射率，结合气温数据计算向下长波辐射。应用 MOD 09_GA 产品提取反照率数据，基于短波和长波辐射的计算，最终根据公式（3.13）计算得到瞬时净辐射。应用 MOD 09_GQ 产品计算的 *NDVI* 数据，根据公式（3.19）计算土壤热通量。

3）日蒸散估算

由于遥感反演的蒸散值为卫星过境时刻的瞬时值，根据实际的应用，需要将瞬时值转化为日蒸散值。有研究表明，蒸散比在一天当中基本保持稳定（Burman and Pochop，1994），因此，日蒸散值可以通过蒸散比与日净辐射相乘计算得到。一般在晴天条件下，白天净辐射的变化规律符合正弦曲线分布，因此日净辐射可通过正弦模型转换为日净辐射（Lagouarde and Brunet，1993），某一时刻的净辐射表达为

$$R_n(t) = R_{n\_max}\sin\left[\left(\frac{t-t_{rise}}{t_{set}-t_{rise}}\right)\pi\right] \tag{3.20}$$

式中，$R_n(t)$ 为某一时刻的净辐射；R_{n_max}为一天中净辐射的最大值；t_{rise}和 t_{set}分别为净辐射变为正值和负值的时间。对于特定的一天，已知卫星过境时间、日出和日落时间，可以根据瞬时的净辐射值计算得到最大净辐射值。对 $R_n(t)$ 在一天内进行积分，即可得到日净辐射值。

白天热量从地表向土壤传输，土壤热通量为正值，夜间则相反，因此日平均土壤热通量接近零，在日蒸散值计算时可忽略。于是日蒸散值的计算公式可简化为

$$ET_d = (EF \times R_{nd})/\lambda \quad (3.21)$$

式中，ET_d 为日蒸散量（$kg \cdot m^{-2} \cdot s^{-1}$）；$R_{nd}$为日净辐射。为了便于应用，需要将日蒸散量单位转换为 $mm \cdot d^{-1}$。

4）时间尺度扩展

由于 MODIS 传感器受到云层干扰，只能获得有限的、无云的遥感数据，使得蒸散反演中可利用的遥感数据大大减少。而分析流域蒸散量和水量平衡时需要逐日蒸散量以及年蒸散总量，因此需要对通过遥感反演的晴空日蒸散量进行时空重建。在鄱阳湖流域，日净辐射与日蒸散总量有很好的线性相关关系（$r^2=0.65$，达到 99%的显著性水平，$p<0.01$），因此，基于这种相关关系，对年内缺失的蒸散值进行插补，再与遥感反演的日蒸散累加，最终得到全年的蒸散值。

3.2 潜在蒸散变化特征

潜在蒸散是指充分供水条件下的区域蒸散能力。由于实际蒸散观测资料的缺乏，人们往往参照潜在蒸散来估算实际蒸散量。潜在蒸散已被广泛应用于农田灌溉、作物需水量等水资源管理的研究中（刘昌明和张丹，2011）。从气象学和水文学的角度来看，潜在蒸散也是地表水量平衡和能量平衡的重要研究内容。

根据 Priestley-Taylor 方法得到的鄱阳湖流域多年平均月潜在蒸散量变化如图 3-1 所示。月潜在蒸散量呈典型的单峰型曲线分布，1 月潜在蒸散量较小，仅为 20 $mm \cdot month^{-1}$，随着气温和辐射的增加，潜在蒸散量不断升高，到 7 月达到最大值，为 219 $mm \cdot month^{-1}$，此时净辐射和气温也达到最大值。7 月潜在蒸散量显著高于 6 月和 8 月，6～8 月潜在蒸散量占全年的 47%。8 月以后潜在蒸散量又逐渐降低，到 12 月达到最低。月潜在蒸散量的变化规律与流域净辐射的季节变化具有很好的一致性。

根据 Thornthwaite 方法和 Priestley-Taylor 方法得到鄱阳湖流域 1961～2009 年近 50 年潜在蒸散，其变化规律如图 3-2 所示。基于 Thornthwaite 方法的多年平均潜在蒸散量为 953 mm，明显低于 Priestley-Taylor 方法的平均潜在蒸散量，且 Thornthwaite 方法的近 50 年来潜在蒸散量于 1990 年代呈现微弱增长的变化趋势。Thornthwaite 方法是根据美国中东部地区的实验数据，通过与气温数据进行统计拟合而得到，在中国干旱半干旱地区得到了很好的应用。对于湿润区的潜在蒸散量估算，与 Priestley-Taylor 方法相比，存在较大的偏差。湿润区蒸散不但与气温密切相关，还受辐射等其他因素的影响。运用两种不同方法所得到的潜在蒸散之间存在的差异，需要进一步

研究分析。

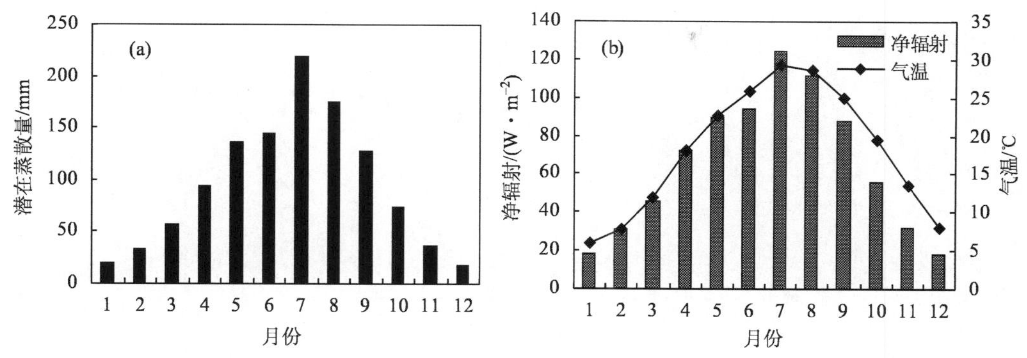

图 3-1　月平均潜在蒸散量变化趋势

(a) 潜在蒸散量；(b) 净辐射、气温

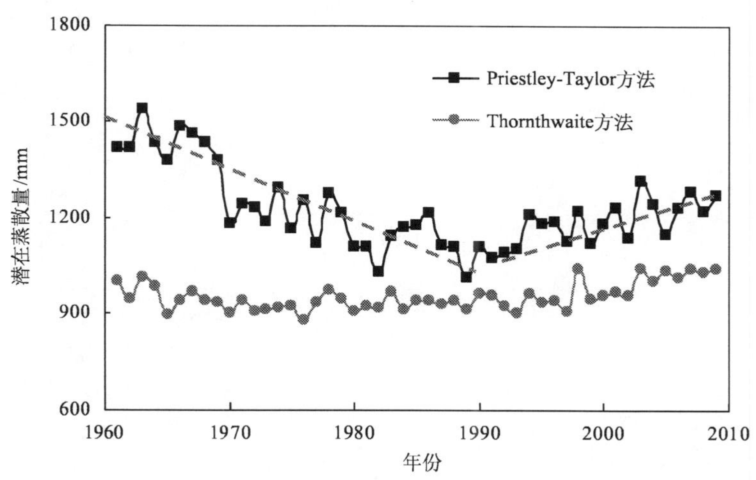

图 3-2　1961～2009 年 Thornthwaite 方法和 Priestley-Taylor 方法的潜在蒸散量年际变化

基于 Priestley-Taylor 方法得到 1961～2009 年多年平均潜在蒸散量为 1223 mm。近 50 年的变化趋势如图 3-2 所示，1961～1993 年潜在蒸散量呈显著的下降趋势，下降速率为 12.9 mm・a^{-1}，1993 年以后潜在蒸散量略有增加，但增加趋势不显著。郭华等(2006) 基于 Penman-Monteith 公式分析了 1961～2000 年鄱阳湖流域潜在蒸散量的变化趋势，其研究结果也表明潜在蒸散量呈显著的下降趋势。潜在蒸散量受到辐射、气温和风速等因素的影响。分析相关因子的变化趋势发现（图 3-3），1961～1990 年净辐射呈显著下降的趋势，1990 年以后略有增加。而近 50 年风速呈显著下降趋势，特别是 1990～2000 年风速下降明显，而 2000 年以后风速又逐渐增加。1961～1980 年气温呈下降趋势，而 1980 年之后气温呈显著增加趋势。综合气象因子变化趋势可知，1993 年之前潜在蒸散的降低与净辐射和风速的下降有关，而之后的增加则与气温的不断升高密切相关。

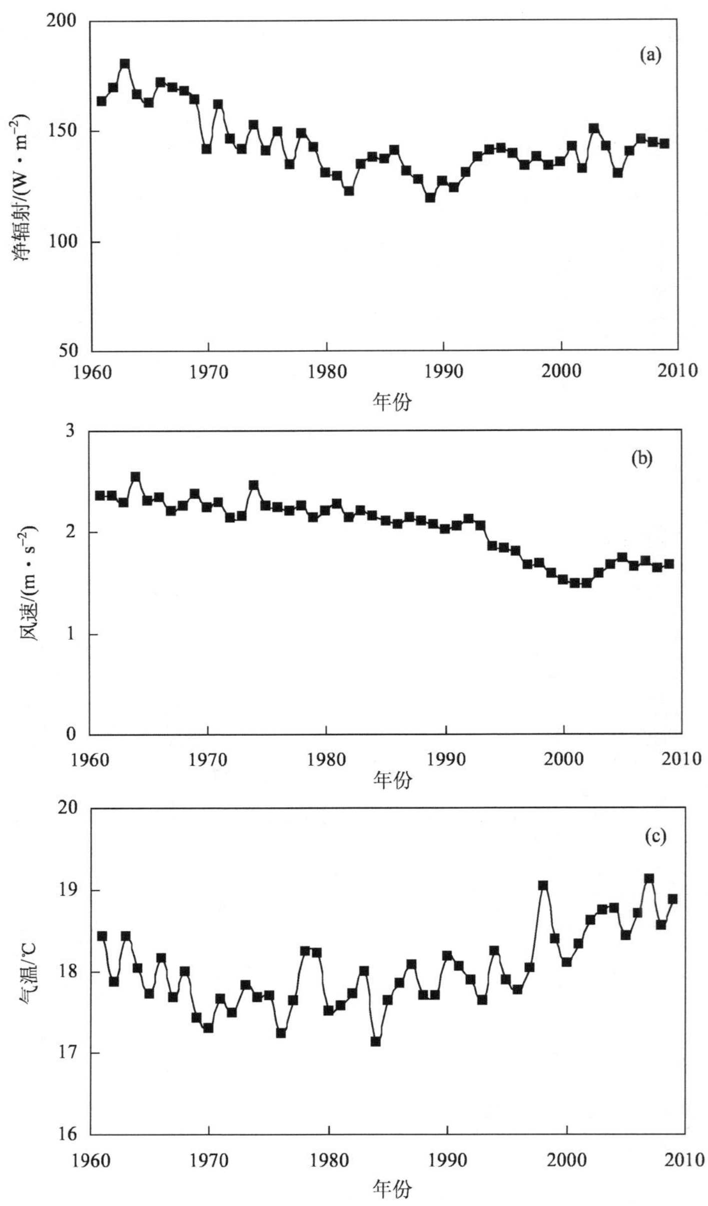

图 3-3　1961～2009 年净辐射、风速和气温的变化趋势

(a) 净辐射；(b) 风速；(c) 气温

3.3　水面蒸发量及实际蒸散量的变化特征

本节基于蒸发皿蒸发计算鄱阳湖水面蒸发，并分析其变化趋势。基于三角法反演 2000～2009 年鄱阳湖流域蒸散量，分析鄱阳湖五个子流域和湖区的蒸散量时空变化特征及其影响机制，增进对流域水量平衡和干旱现象的理解。

3.3.1 水面蒸发特征

蒸发量是水量平衡的重要组成部分，是了解气候变化规律的重要因子。由于资料缺乏等原因，目前计算实际蒸散比较困难，蒸发皿蒸发虽不能直接代表实际蒸发，但是蒸发皿观测时间序列长、可比性好，与实际蒸发存在一定的关系，因此常用于长时间序列蒸发变化趋势研究。

通过蒸发皿测得的蒸发，可以反映当地的水面蒸发能力。闵骞（2007）利用器测折算法计算了鄱阳湖水面蒸发量，结果表明 1955～2004 年多年平均年蒸发量为 1081 mm，近 50 年水面蒸发呈减小趋势，减少速度为 2.79 mm · a^{-1}。近 50 年各月水面蒸发量均呈减少趋势。鄱阳湖月水面蒸发量递减趋势在 7～9 月蒸发旺盛期表现得最突出，递减速度均在 0.5 mm · a^{-1}以上，其中以 8 月递减最快，达 0.63 mm · a^{-1}。以往研究表明（Qiu et al.，2004；王艳君等，2005），1955～2002 年鄱阳湖流域蒸发量呈现下降趋势，48 年中蒸发量出现两个突变点，分别为 1972 年和 1992 年。郭华等（2006）研究发现，1961～2000 年鄱阳湖流域蒸发皿蒸发呈现下降趋势（图 3-4），夏季尤为显著。1992 年之前潜在蒸散量相对平稳，无明显趋势变化，1992 年发生突变，蒸散量显著下降。

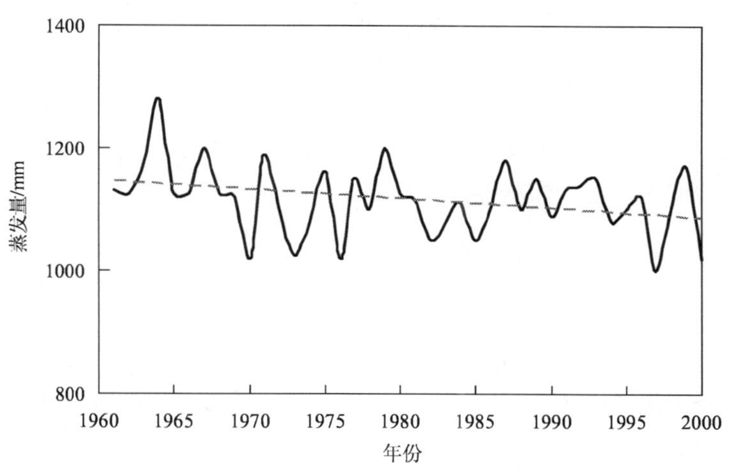

图 3-4 1961～2000 年蒸发皿蒸发变化趋势（引自郭华等，2006）

3.3.2 实际蒸散量长期变化特征

尽管通过蒸发皿观测和气象要素分析等可以获得流域的蒸发量和潜在蒸散量，但其仍不能代表流域的实际蒸散量。目前，有多种方法和模型可以计算实际蒸散量。刘健等（2010）基于鄱阳湖流域 9 个气象站资料，应用互补相关模型计算了 1961～2001 年鄱阳湖流域实际蒸散量（图 3-5），结果显示，1961～2001 年流域平均年蒸散量为 707 mm，计算时段内流域蒸散量呈显著下降趋势，1998 年出现突变转折，之后蒸散量下降趋势变缓。

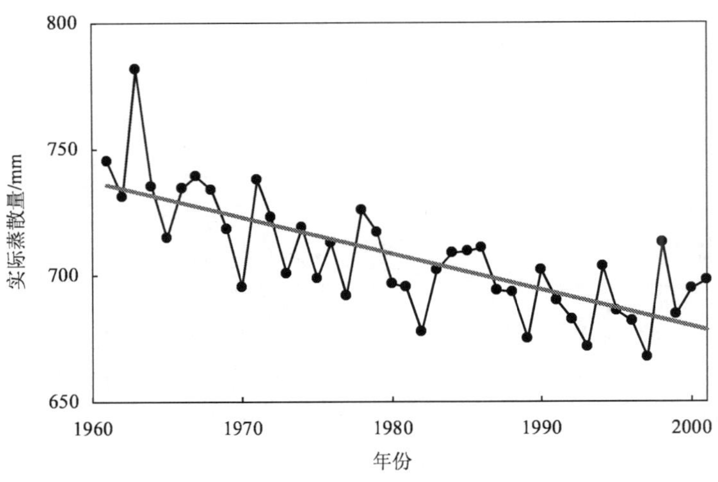

图 3-5　1961～2001 年鄱阳湖流域实际蒸散量变化趋势（引自刘健等，2010）

3.3.3　实际蒸散量时空分布特征

基于气象站点计算的流域蒸散量无法获得其空间分布信息，而遥感方法具有便捷获得空间信息的优势，因此，基于遥感数据反演 2000～2009 年流域实际蒸散量，并分析其时空特征及影响因子的作用机制。

3.3.3.1　遥感反演蒸散量的精度检验

对遥感反演的流域蒸散量，利用地表蒸渗仪观测的蒸散数据进行点尺度的验证。在蒸渗仪观测期内，获得 27 天遥感反演的日尺度晴天蒸散值，提取对应像元的蒸散值，与对应日期的实测蒸散值进行比较，如图 3-6（a）。结果显示，遥感反演蒸散量与实测蒸散量具有很好的相关性，散点分布在 1∶1 线两侧，斜率为 0.97，相关系数（r^2）为 0.43，均方根误差（RMSE）为 0.57 mm · d^{-1}。在日尺度上，遥感反演蒸散量的绝对误差为（0.07±0.63）mm · d^{-1}。基于水量平衡原理，在不考虑流域土壤水分变化的条件下，年尺度上流域降水量等于蒸散量与径流之和。因此可利用子流域估算蒸散量与径流之和与流域降水量进行比较，在年尺度上，对流域蒸散量进行验证。根据饶河、信江、抚河和赣江子流域降水量和径流数据进行比较，如图 3-6（b）。由于枯水和丰水年份年际土壤水分变化较大，因此 2002 年丰水年和 2003 年枯水年蒸散量与径流之和与降水量偏差较大。平水年子流域蒸散量与径流之和与降水量具有很好的一致性，斜率为 0.96，相关系数（r^2）为 0.76，均方根误差（RMSE）为 121.5 mm · a^{-1}。在年尺度上，遥感反演蒸散量的绝对误差为（−66.8±68.2）mm · a^{-1}，平均相对误差为 6%，最大相对误差小于 15%。验证结果表明，基于三角法反演的鄱阳湖流域蒸散量，无论在日尺度，还是在年尺度上，都具有较高的精度。

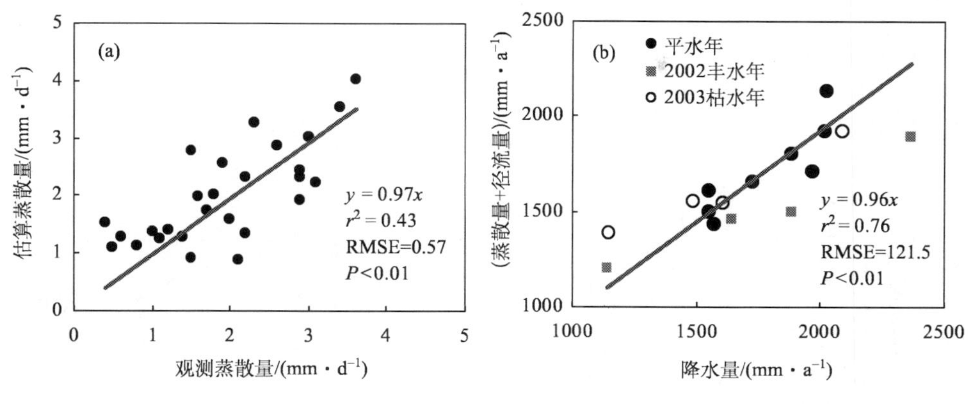

图 3-6　遥感反演蒸散量精度检验

(a) 点验证；(b) 子流域验证

3.3.3.2　蒸散量的时空特征

基于 MODIS 产品数据，应用三角法估算鄱阳湖流域 2000～2009 年的蒸散量，并获得流域蒸散量的空间分布。以 2008 年第 289 天（10 月 15 日）为例，鄱阳湖流域归一化植被指数（NDVI）和蒸散量的空间分布如彩图 3-7 所示。鄱阳湖湖区位于整个流域的北部中心区域，从分布图上看，湖区的水体和主要的河流水库蒸散量较大，日蒸散量为 4～5 mm · d^{-1}。流域东北、西北以及周边对应 NDVI 高值区，其蒸散量也较大，一般为 2～4 mm · d^{-1}。这部分土地覆被类型主要以林地为主，鄱阳湖流域林地多分布常绿阔叶林和常绿针叶林，因此 NDVI 在 10 月中旬仍保持在 0.5～0.7。在鄱阳湖湖区周边及流域中部对应农田区域蒸散量较低，农田为水稻和小麦为主要作物，这是由于该时期农田作物已进入收获期，NDVI 值偏低，因此其蒸散量也较低。

通过时间尺度扩展可以获得鄱阳湖流域 2000～2009 年日、月和年尺度的蒸散量。近 10 年平均月蒸散量变化趋势如图 3-8（a）所示。流域月蒸散量变化趋势呈典型的单峰型，最大值出现在 7 月，全年月蒸散量为 30～110 mm · $month^{-1}$，最小值出现在 1 月或 12 月。从标准差看，不同年份各月的蒸散量波动不大。流域月蒸散格局受气象要素及植物生长等条件的影响。分析流域多年平均气温和降水量变化发现［图 3-8（b)］，气温呈单峰型曲线，7 月气温达到最大值。年内降水量分布不均匀，降水量集中在 1～6 月，特别是 3～6 月，降水量占全年的 56%。而 7 月以后降水量明显减少。月蒸散量从 1～6 月逐渐增加，但 5～6 月蒸散量增加缓慢。尽管 4～6 月林地、草地植被和农田作物已经进入生长季，但由于降水偏多使得净辐射减少，限制了地表和植被的蒸散过程。7 月降水量明显减少，促进净辐射增加，此时气温达到最高，促进地表蒸散量的增加，同时林地、草地和农田也进入生长旺季，具有较高的叶面积指数，因此 7 月蒸散值最大。8 月以后降水量减少，而前期降水提供了良好的土壤水分条件，较高的温度和良好的辐射条件有利于地表蒸散，因此，8～10 月流域蒸散量仍然保持较高的值。

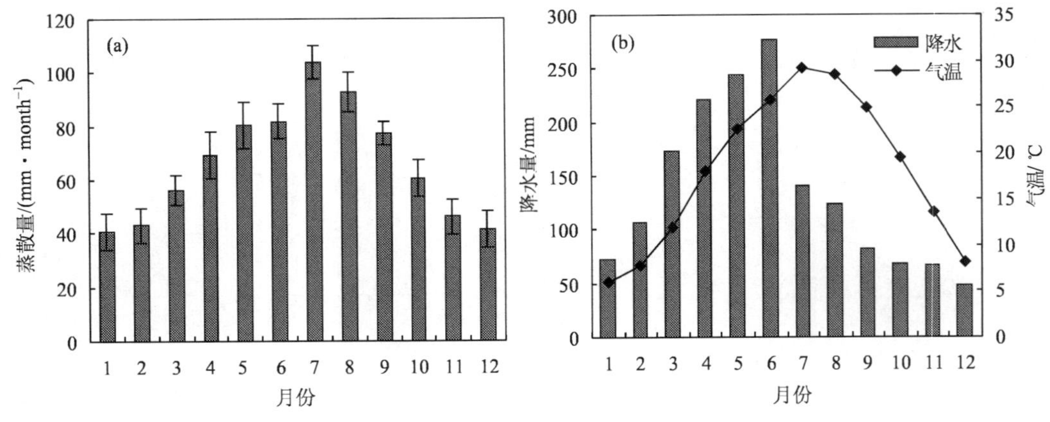

图 3-8 2000～2009 年平均月蒸散量、月平均气温和降水量的季节变化特征

(a) 月蒸散量；(b) 月平均气温、降水量

2000～2009 年，鄱阳湖流域多年平均蒸散量为 795 mm（表 3-3）。根据 1960～2010 年的观测数据，流域年降水量和出湖径流量的多年平均值分别为 1635. 9mm 和 908. 8 mm。从流域年水量收支平衡的角度推算，流域多年平均蒸散量为 727. 1 mm。因此 2000～2009 年近 10 年的蒸散量均高于多年平均值。其中 2004 年和 2009 年蒸散量最高，分别为 883 mm 和 890 mm，高于多年平均 21. 4%和 22. 4%。对应 2004 年和 2009 年的降水量则分别较多年平均偏少 12. 6%和 15. 7%，是比较典型的干旱年份。在湿润区，当水分条件不是蒸散的限制因子时，降水减少使得辐射增加，以及较高的年均气温，有利于蒸散作用。而对应降水偏少更多的 2003 年和 2007 年，较多年平均降水量分别偏少 16. 5%和 24. 9%，蒸散量分别为 802 mm 和 806 mm，较多年平均蒸散量仅偏高 10. 3%和 10. 8%，而低于 2004 年。分析其降水的年内分布发现，2003 年降水偏少的月份集中分布在 7～10 月，2007 年分布在 10～11 月，而这些月份蒸散量较其他年份明显偏低。说明连续多个月份的高温少雨，造成了土壤水分亏缺，因此限制了地表的蒸散。与多年蒸散量持平的年份有 2001 年和 2006 年，年蒸散量分别为 725 mm 和 730 mm，对应的降水量也与多年平均降水量持平。

表 3-3 鄱阳湖流域 2000～2009 年蒸散量、降水量和气温变化

年份	蒸散量/mm	距平比例/%	降水量/mm	距平比例/%	气温/℃
2000	788	8. 38	1633	0. 68	18. 10
2001	725	−0. 29	1602	−1. 23	18. 32
2002	789	8. 51	2057	26. 83	18. 62
2003	802	10. 30	1355	−16. 50	18. 75
2004	883	21. 44	1417	−12. 60	18. 76
2005	780	7. 28	1613	−0. 53	18. 42
2006	730	0. 40	1697	4. 61	18. 71

续表

年份	蒸散量/mm	距平比例/%	降水量/mm	距平比例/%	气温/℃
2007	806	10.85	1218	−24.90	19.12
2008	756	3.97	1475	−9.09	18.56
2009	890	22.40	1367	−15.70	18.87

3.3.3.3　蒸散的环境因子控制机制

流域实际蒸散机理复杂，影响因素众多，主要包括土壤水分条件、气象条件（太阳辐射、气温、相对湿度、风速等）以及植被条件等。由于流域年蒸散量是根据观测净辐射值推算的，两者具有自相关性，因此本书不对其相关关系进行分析。分析其他气象因子发现，在月尺度上，鄱阳湖流域蒸散量与温度呈显著的指数相关关系（$r^2=0.85$），而与相对湿度和降水量相关性较弱。为了进一步说明蒸散量年内格局的差异，分析了月蒸散量距平与相关气象因子距平的关系，如图 3-9 所示。气温月距平与蒸散量月距平呈弱的正相关关系，平水年、丰水年和枯水年之间无显著差异［图 3-9（a）］。相对湿度距平与蒸散量呈负相关关系［图 3-9（b）］，空气湿度越大，与土壤和植被之间的水分梯度

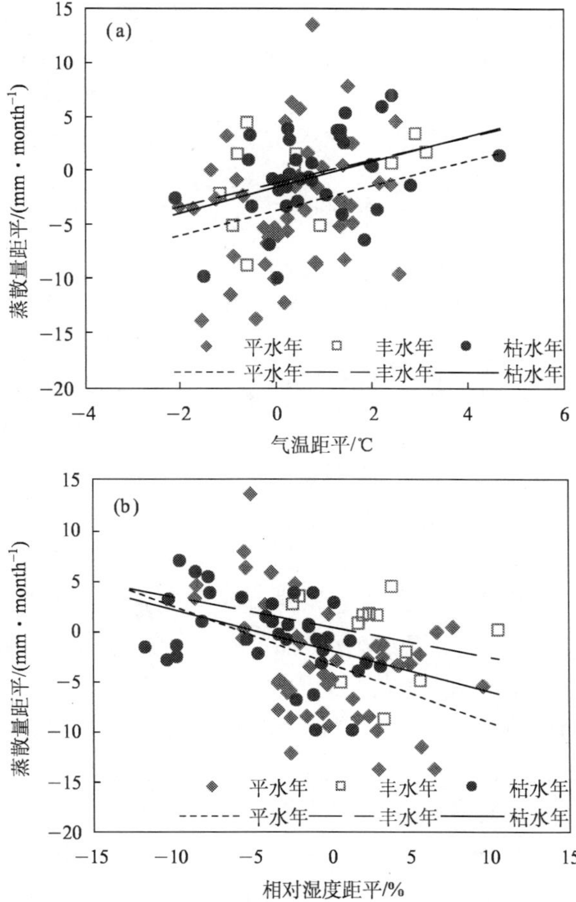

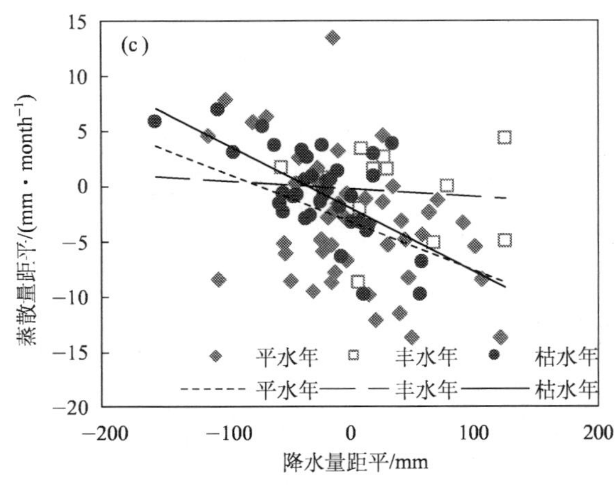

图 3-9 主要气象因子与蒸散量的相关关系

(a) 气温距平；(b) 相对湿度距平；(c) 降水量距平

则会减小，阻碍了土壤和植被中的水汽运移，从而影响蒸散速率。相对湿度的影响对平水年和枯水年影响略大。降水量距平与蒸散量在平水年和枯水年呈显著负相关（$p<0.01$）[图 3-9（c）]，即降水量较平均值越少，蒸散量距平则越大。枯水年斜率较大，说明降水对蒸散的影响枯水年大于平水年，而丰水年降水距平与蒸散无显著相关性。通过分析气象因子对蒸散量的影响发现，流域蒸散量的变化趋势主要受辐射和温度的控制，但年内分布格局的差异主要受水分条件的影响，特别是降水的分配格局。

3.3.3.4 不同土地类型蒸散量特征

由于植被生长状况、土壤水分条件和人类活动影响程度不同，不同的土地利用类型造成了实际蒸散量的差异。鄱阳湖流域林地占 64%，耕地占 26%，草地占 4%，水体占 4%，其他为城镇和裸地。2009 年不同土地利用类型月蒸散量变化如图 3-10 所示。在季节变化趋势上，各类型蒸散量均呈单峰型，最大值在 6～8 月出现。主要受辐射和温度的影响（图 3-10），6～8 月气温较高，降水保证了土壤的水分供给，有利于蒸散作用。2009 年流域降水主要集中在 3～7 月，此时土壤水分不是蒸散的限制因子。而在降水量严重偏少的 10 月，受土壤水分的限制，不同土地利用类型的蒸散量均较低。

各月中，水体、林地和裸地的蒸散量较高。6～9 月水体的蒸散量高于林地，而其他月份则是林地高于水体。林地、草地和耕地除了受到气象条件影响，还依赖于各自植被指数和物候的变化。根据 MOD13 产品 16 天合成的 NDVI 数据，统计不同土地利用类型（不包括水体和裸地）的 NDVI 季节变化（图 3-11）。林地的 NDVI 最大，为 0.5～0.8，其次为草地和农田，城镇最小。对应的蒸散量变化为：林地＞草地＞耕地。由于城镇地表多为硬化路面，其蒸散量最小。各类型中，NDVI 最大值出现在第 170～240 天（6～8 月），对应较高的蒸散量。在气温较低的 1 月，林地和耕地的蒸散量并不最低，这是由于林地中常绿阔叶林的存在，以及冬小麦作物的生长。不同土地利用类型的年蒸散量，水体最大为 1107 mm，其次为林地 932 mm，裸地 931 mm，草地 880 mm，耕地为 814 mm，城镇最低为 759 mm。

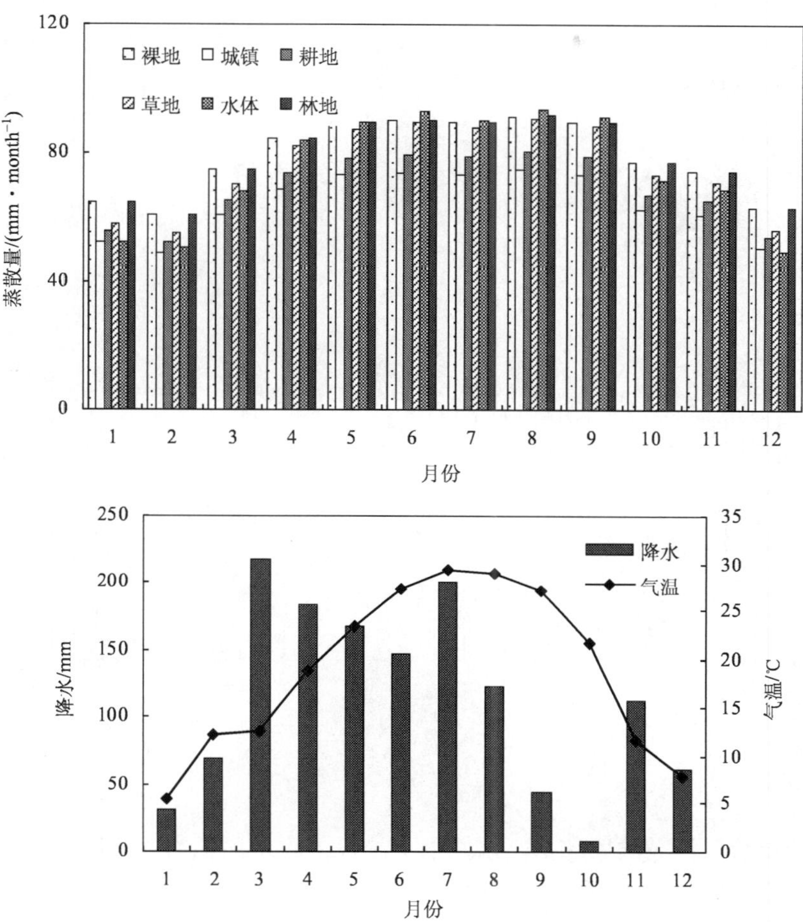

图 3-10　2009 年不同土地利用类型月蒸散量及降水量、气温变化特征

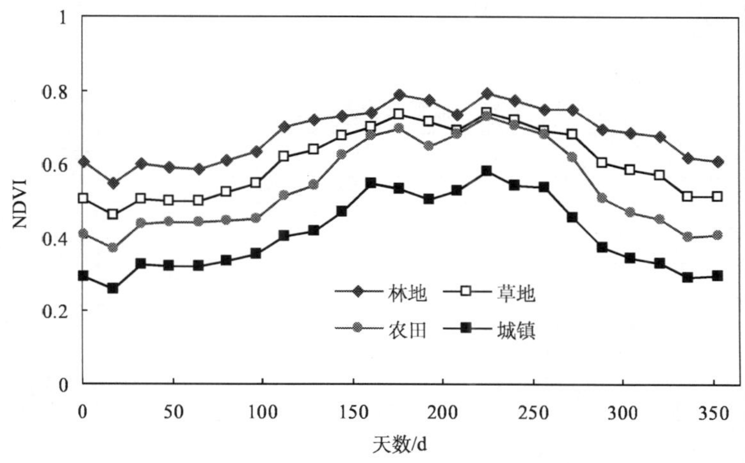

图 3-11　2009 年鄱阳湖流域主要土地利用类型的 NDVI 变化

3.3.3.5 子流域蒸散量变化特征

鄱阳湖流域各子流域间年蒸散量不尽相同（图 3-12）。年蒸散量受各子流域降水、气温及土地覆被比例的影响。饶河流域位于流域东北部的北半部，石镇街水文站以上集水面积为 1.4×10^4 km²，占流域面积的 8.8%，是五河流域中面积最小的区域。饶河流域实际蒸散量较大，2000～2009 年平均实际蒸散量为 912 mm，其中 2004 年蒸散量最大（1031 mm），其次为 2007 年（962 mm）和 2009 年（975 mm）。蒸散量较小的年份出现在 2005 年和 2006 年，仅为 810 mm。

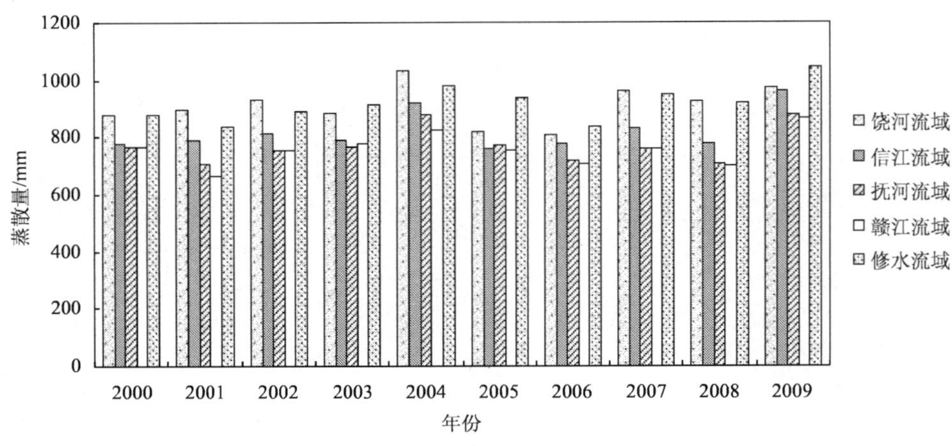

图 3-12 鄱阳湖五个子流域年蒸散量变化

修水流域位于流域的西北部，永修水文站以上集水面积为 1.45×10^4 km²，占流域面积的 9.0%。修水流域多年平均实际蒸散量为 919 mm，与饶河流域相当。蒸散量最大值出现在 2009 年（1043 mm），2004 年和 2007 年蒸散量也很高，均在 950 mm 以上。修水流域蒸散量最小值出现在 2006 年（838 mm）。结合鄱阳湖流域各子流域土地覆被比例（表 3-4）可以看出，饶河和修水流域林地比例高，达 70%，是造成这两个流域蒸散量高的主要原因。

表 3-4 鄱阳湖流域各子流域土地利用类型比例 （单位：%）

土地类型	饶河流域	修水流域	信江流域	赣江流域	抚河流域
林地	71.51	72.14	64.83	67.52	61.92
耕地	22.07	20.42	28.51	25.31	30.58
草地	3.74	3.55	3.63	4.89	2.52
水体	1.76	3.44	2.31	1.66	4.30
城镇	0.91	0.44	0.71	0.61	0.67
裸地	0.00	0.01	0.01	0.01	0.01

信江流域位于流域东北部的南半部，信江子流域梅港水文站集水面积为 1.5×10^4 km²，占流域面积的 9.6%，在五河流域中居第二位。信江流域蒸散量略低于饶河和修水流

域，2000～2009 年平均蒸散量为 819 mm，最大值出现在 2009 年（961 mm），其次为 2004 年（918 mm），最小值出现在 2005 年（758 mm）。

抚河流域位于流域的中东部，李家渡水文站集水面积为 1.6×10^4 km^2，占流域面积的 9.7%，在五河流域中居第三位。抚河流域年蒸散量较低，多年平均蒸散量为 770 mm。最大值出现在 2009 年（877 mm），其次为 2004 年（876 mm），最小值出现在 2008 年（703 mm）。抚河流域林地面积低于其他流域，仅为 62%，而耕地面积占 31%。除去辐射、气温等气象因子的差异外，耕地面积比重较大是抚河流域蒸散量偏小的原因之一。

赣江是鄱阳湖流域第一大河，外洲水文站集水面积为 8.1×10^4 km^2，占流域面积的 49.9%。赣江流域蒸散最小，多年平均蒸散量为 758 mm。最大值出现在 2009 年，仅为 868 mm，其次为 2004 年（828 mm），最小值出现在 2001 年仅为 666 mm。赣江流域南北跨越 4 个纬度，南北气候出现差异，年平均气温相差约 3℃，使得流域蒸散受气候影响较为复杂。尽管赣江流域太阳辐射和日照时数高于流域平均值，但受土地利用类型和地形等条件的影响，赣江流域蒸散量仍为整个流域的低值区。

蒸散量和降水量的比值（ET/P）在年尺度上代表了流域的水分分配状况，在季、月或天尺度上则代表了流域的水分盈缺状况，也是气象干旱的统计指标。2000～2009 年蒸散量与降水量比值变化如图 3-13 所示。鄱阳湖流域平均蒸散量占降水量的比例为 0.4～0.7。由于修水流域蒸散量高，因此其比例较高，为 0.4～0.8。而抚河和信江流域降水量较其他流域高，因此其蒸散量占降水比例较低。尽管赣江流域蒸散量较低，但由于其流域降水也偏低，因此蒸散量占降水的比例略高于抚河和信江流域。各流域比值的年际变化较大，在干旱的年份，如 2004 年、2007 年和 2009 年，蒸散量占降水的比例明显增加，平均高于 0.6。而在降水充沛的年份，如 2002 年，该比例则明显偏低，均低于 0.5，说明流域存在水分盈余，降水中更大的比例分配给地表径流和下渗等过程。

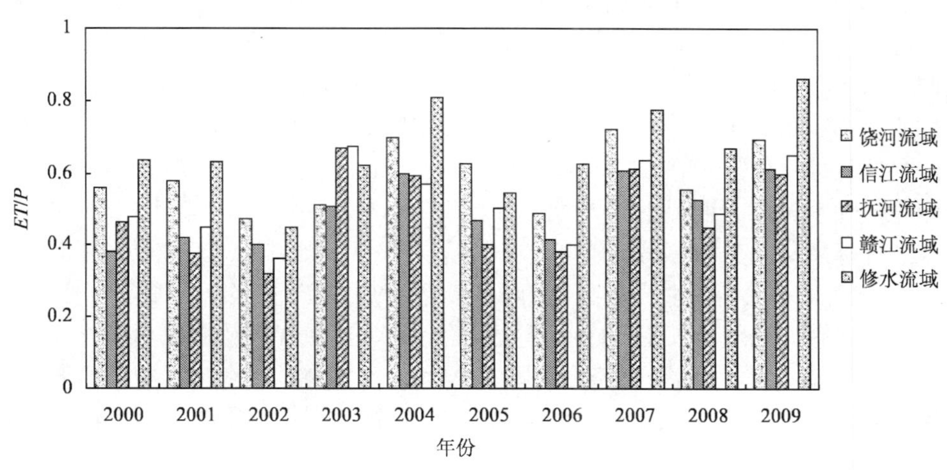

图 3-13　鄱阳湖五个子流域蒸散量与降水量比值（ET/P）变化

3.3.3.6　鄱阳湖流域湖区蒸散量特征

鄱阳湖湖区为鄱阳湖流域去除赣江、抚河、信江、饶河和修水五个子流域后剩余的区域。范围包括赣江从外洲水文站以下、抚河李家渡水文站以下、信江梅港水文站以下、乐安江石镇街水文站以下、昌江古县渡水文站以下、修水永修水文站以下至湖口县湖口水文站（彩图 3-14）。湖区集水面积为 2.55×10^4 km²，约占流域面积的 13%。湖区的土地利用类型以农田为主，农田占湖区面积的 40%，素有“鱼米之乡”之称，是江西的粮仓，也是我国重要商品粮基地之一。其他土地利用类型为：林地占 26%，水体占 27%，草地占 4%，城镇占 3%。

受区域气候和江、河、湖交互作用的影响，鄱阳湖水呈季节性涨落。一般地，3 月下旬流域进入汛期，湖泊水位开始抬升，7 月达最高水位。此后受长江 7～9 月汛期洪水的影响，湖泊水位维持至 10 月后开始稳定下降，至翌年 1～2 月水位降至最低点。湖泊和洲滩则随一年内水位高低的周期性变化，而呈现交替扩大和缩小，形成了“洪水一片、枯水一线”的独特水陆相交替出现的自然景观。鄱阳湖水位变化非常显著，多年平均水位为 12.86 m，最高水位为 1998 年 7 月 31 日的 22.59 m，最低水位为 1963 年 2 月 6 日的 5.90 m（湖口水文站，吴淞基面）。年内变幅超过 10 m，年际间最大变幅达 16.69 m（王晓鸿，2006）。在丰水季节，鄱阳湖湿地以水面为主，在湖口水位 21.69 m 时，湖泊水面面积为 2933 km²。在枯水季节，湿地的滩涂出露，在多年平均低水位 10.20 m 时，水面面积仅为 146 km²，出露的洲滩湿地面积达 2787 km²（汪迎春，2011）。

因受水位变化的驱动，鄱阳湖湖区的土地利用类型季节性变化明显，因此蒸散的变化也表现出与其他子流域不同的变化趋势。本节以鄱阳湖湖区为研究区域，分析其蒸散量的时空变化特征，以及对水位变化的响应。

1）湖区蒸散量变化特征

由于鄱阳湖湖区独特的水情变化和景观特征，使得湖区的降水量和蒸散量的时空特征不同于鄱阳湖流域其他子流域。鄱阳湖湖区多年平均降水量为 1570 mm，低于整个流域的降水量。表 3-5 显示了湖区降水量和蒸散量的变化特征。2000～2009 年湖区平均蒸散量为 797 mm，变化为 685～921 mm。湖区蒸散量较高的年份出现在 2004 年，年蒸散量为 921 mm，较多年平均高 16%。其次为 2003 年和 2007 年，略低于 2004 年。而蒸散量偏低的年份出现在 2006 年，仅为 685 mm，较多年平均偏低 14%。蒸散量的年际变化与降水量并无明显的相关性。如 2004 年、2006 年、2007 年、2008 年和 2009 年均为湖区降水量偏少的年份（较多年平均偏少 12%～35%），但蒸散量的变化却具有明显差异，2004 年蒸散量明显偏高，而 2006 年蒸散量低于平均值，其他年份则与平均蒸散量持平。湖泊水位不仅受湖区本身降水的影响，还受五河及长江来水的影响，从而引起水位的复杂变化。由于不同年份湖泊水位变化差异明显，水位驱动下鄱阳湖湿地洲滩出露的面积和时间不尽相同，使得湖区的蒸散特征变得更加复杂。

表 3-5　鄱阳湖湖区蒸散量和降水量特征

年	降水量/mm	距平/%	蒸散量/mm	距平/%
2000	1446	−7.90	781.60	−1.93
2001	1491	−5.03	749.99	−5.90
2002	1792	14.14	780.82	−2.03

续表

年	降水量/mm	距平/%	蒸散量/mm	距平/%
2003	1634	4.08	855.78	7.38
2004	1220	−22.29	921.38	15.61
2005	1690	7.64	782.02	−1.88
2006	1395	−11.15	685.21	−14.03
2007	1038	−33.89	828.92	4.01
2008	1414	−9.94	783.49	−1.69
2009	1212	−22.80	802.46	0.68

2）湖区蒸散量的影响因子分析

以2004年、2006年和2007年为例，分析蒸散变化不同的原因。不同年份月尺度蒸散量与气温的相关关系如图3-15所示。2004、2006和2007年蒸散量均与气温呈显著的指数相关关系，2004年指数方程为$ET=39.6\exp(0.033T_a)$，$r^2=0.89$；2006年指数方程为$ET=26.4\exp(0.038T_a)$，$r^2=0.89$；2007年指数方程为$ET=23.4\exp(0.052T_a)$，$r^2=0.92$。2004年和2006年月蒸散量对温度的响应相似，但相同温度下2004年蒸散量大于2006年，这与当年的植被生长及水分条件有关。而2007年方程指数最大，说明月蒸散对温度的变化更为敏感，受温度影响较大。

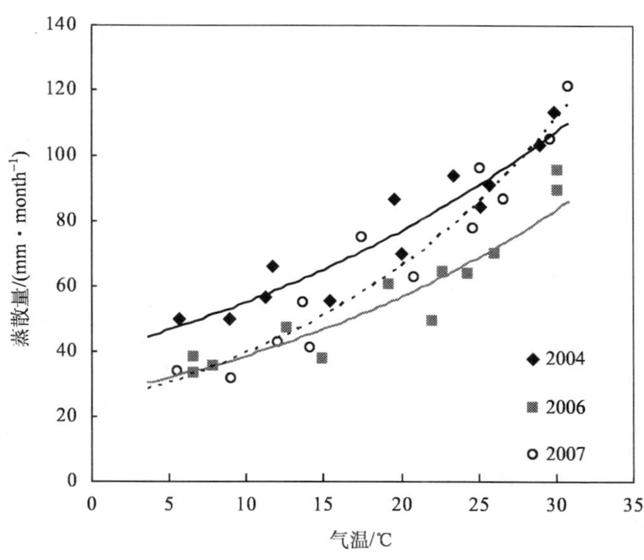

图3-15　2004年、2006年和2007年鄱阳湖湖区气温与蒸散量的相关关系

与枯水年份流域蒸散量与降水量距平呈显著负相关不同，2004年、2006年和2007年湖区蒸散量与降水量距平的关系具有明显差异（图3-16）。2004年降水量距平与蒸散量距平无明显的相关性，说明2004年蒸散量的季节变化格局主要受辐射和温度的影响，

而与降水量无关。2006 年蒸散量距平与降水量呈弱的负相关关系，2007 年则显著负相关（达到 99%的显著性水平，$p<0.01$）。从年降水总量看，2006 年不是典型的气象干旱年份，但却是典型的水文干旱年份，鄱阳湖出现罕见的持续枯水位，8 月 14 日星子站水位退落到 14 m 以下，且一直保持下降状态，持续枯水位时间达 140 天。2006 年干旱事件主要受长江来水减少的影响，而流域降水的影响不大（李世勤，2008）。2007 年湖区降水量较多年平均偏少 34%，是近 10 年偏少最多的年份。从年内的降水格局来看，2007 年降水量偏少主要集中在 1～8 月，受五河来水的补给，湖区不受水分亏缺的影响，因此降水量距平与蒸散量表现为显著的负相关关系。

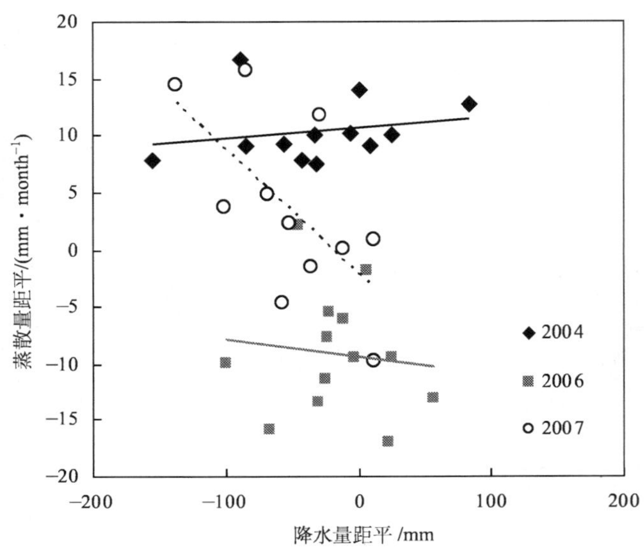

图 3-16　2004、2006 和 2007 年鄱阳湖湖区降水量距平与蒸散量距平的关系

以 2005 年平水年为基准年，分析 2004 年、2006 年和 2007 年月蒸散量的变化趋势，如图 3-17 所示。2004 年各月蒸散量均大于 2005 年，7 月之前，湖区 NDVI 主要受农田作物的影响，2004 年 NDVI 高于 2005 基准年（图 3-18），在水分供给充足的区域，NDVI 高则提高了植被的蒸腾作用。进入枯水期后，2004 年低水位持续的天数少，水域面积大于其他年份，因此 8 月以后蒸散量仍然较大。2006 年蒸散量除 8 月外，其他月份均小于 2005 年。2006 年 7 月前 NDVI 低于 2005 年。8～9 月以后，鄱阳湖逐渐进入枯水期，水位降低使得洲滩出露，湿地植被开始生长，8 月湖区的 NDVI 出现一个峰值，使得 8 月蒸散量也明显增加。这是由于 2006 年提前进入枯水期，且水位长期处于历史同期最低水位，大面积洲滩提前出露，促进了湿地植被的生长。2007 年湖区蒸散量除 7 月和 8 月大于 2005 年外，其他月份与 2005 年相当。2007 年气温较多年平均偏高，特别是 7 月和 8 月，这也是造成 2007 年 7～8 月蒸散量偏高的原因。9 月以后，出现枯水现象，水位降低使得水域面积减小，从而引起蒸散量的减少。

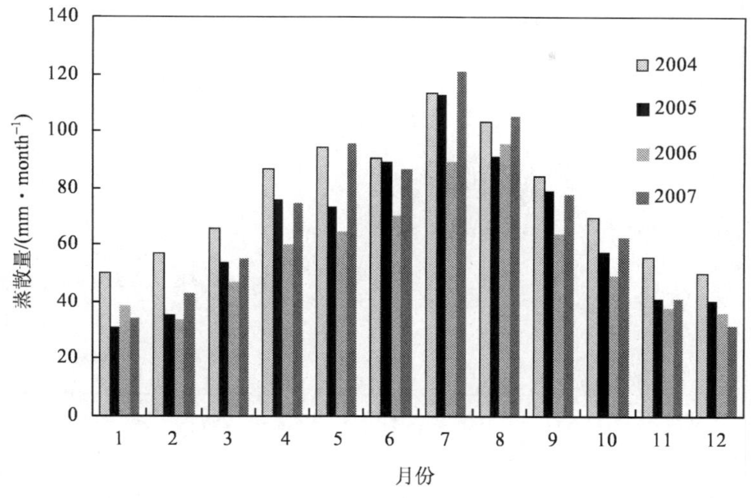

图 3-17　不同年份月蒸散量变化特征

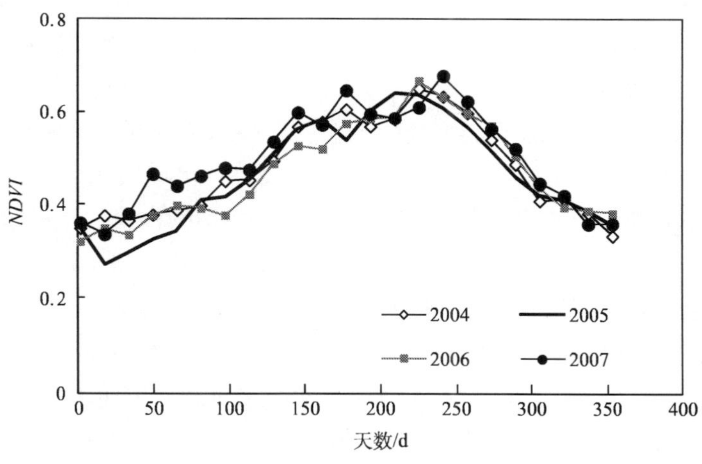

图 3-18　不同年份鄱阳湖湖区 *NDVI* 季节变化

3）水位对湖区蒸散量的影响

选取平水年 2005 年和枯水年 2007 年，分析水位对蒸散量的影响。在枯水期选取三个时间段，分别为第 280 天（DOY280）、第 320 天（DOY320）和第 350 天（DOY350），平水年这三个时间段水位略高于多年同期平均水位（图 3-19），或与之相当，而 2007 年三个时间段水位均低于多年平均。

为分析水位的影响，特别提出自然保护区区域与湖区做对比分析。鄱阳湖国家级自然保护区位于江西省永修县境内，面积 224 km^2，1983 年经江西省人民政府批准建立，1985 年晋升为国家级，1992 年被列入"世界重要湿地名录"，主要保护对象为珍稀候鸟及湿地生态系统。自然保护区位于湖的西北面，包括大湖池、蚌湖等 9 个湖泊及周围湖

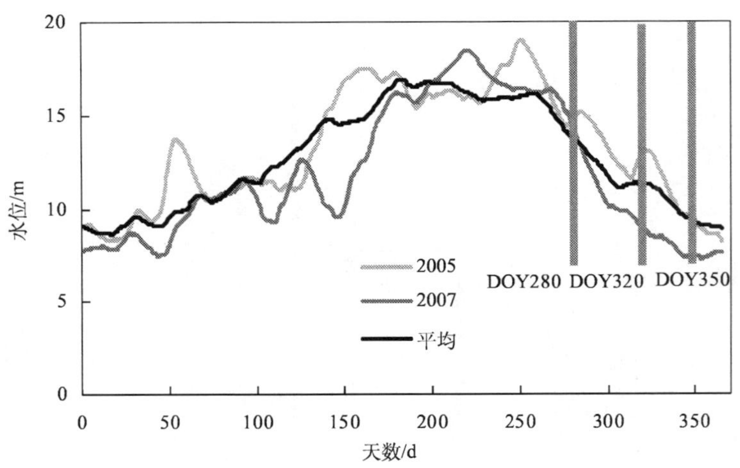

图 3-19 2005 年和 2007 年星子站水位变化

滩草洲。自然保护区内地势平坦，高程处于 11～12 m，西部受修河水影响，东部受赣江水影响，两河在吴城镇相汇。自然保护区受水位影响明显，当湖泊水位低于湖盆高程时，则洲滩出露。湖水面积在 4～9 月的丰水季节为 164 km^2，而枯水季节仅为 50 km^2。

不同水位条件下，湿地景观类型变化较大。在高水位，湿地呈现湖泊特征，但是在低水位，原来的水域主要由滩涂、裸地和草洲所代替，水域面积只占较小比例，例如，1998 年 7 月 8 日，鄱阳湖湿地水域面积 3617 km^2，占湿地面积比例超过 90%；2009 年 2 月 12 日，鄱阳湖湿地水域面积为 1108 km^2，占湿地面积比例 28%，但滩涂和草洲面积分别为 30%和 29%，两者面积均超过水域面积。水位越低，湿地景观越复杂（谢冬明等，2011）。对湖区来说，2005 年对应时间段的水位高于 2007 年（表 3-6），蒸散量也表现为 2005 年大于 2007 年，高水位对应较大的水域面积，而水面蒸发一般大于农田和湿地植被，因此相同时间段，水位高则湖区蒸散量大。自然保护区内也得到相同结果，但由于自然保护区主要由湿地和草洲组成，受水位影响大，因此自然保护区蒸散量对水位变化更加敏感。

表 3-6 2005 年和 2007 年不同时段湖区和自然保护区蒸散量特征

DOY	水位/m	湖区		自然保护区	
		蒸散量/mm	*NDVI*	蒸散量/mm	*NDVI*
2005282	14.95	2.30	0.58	3.54	0.40
2005326	12.82	1.57	0.49	1.79	0.41
2005356	8.75	1.15	0.36	1.18	0.17
2007283	13.72	2.29	0.61	3.38	0.45
2007325	8.49	1.53	0.48	1.89	0.37
2007364	7.68	1.06	0.34	1.14	0.26

3.4　应对气候变化的适应性对策

根据IPCC第四次气候评估报告（2007），气候变化已经并将继续显著地影响人类赖以生存和发展的资源、生态和环境。气候变化对经济社会影响的许多方面是通过改变水循环而产生的，气候变化将加剧未来水资源问题。未来气候变暖有可能会加剧水循环过程，进而使洪灾、旱灾的频率和强度增加（Milly et al.，2002；Kundzewicz and Schellnhuber，2004；Huntington，2006）。因此，需要在评估气候变化对水资源脆弱性影响的基础上，制定应对气候变化的适应性战略。本书主要从水资源管理和工程建设和运行层面提出适应性措施，提高适应气候变化的能力，减少气候变化的负面影响，保障经济社会的可持续发展。

2000年以来，鄱阳湖流域连续多年发生干旱灾害，如2003年、2006年和2007年（闵骞和闵聃，2010）。鄱阳湖湖区干旱最为突出，其中鄱阳湖流域五河来水减少是造成干旱灾害的重要原因。近年来五河下游水位，尤其是早期水位下降趋势显著。2003年7～9月赣江下游干流及主要支流、抚河下游先后出现低于历史最低水位的特低水位；2004年2月上旬鄱阳湖北部湖区出现有水文记录以来的最低水位，中旬赣江下游出现有水文记录以来的历史最低水位；2006年8～11月鄱阳湖及五河尾闾段多次出现低于历史同期最低水位的异常枯水过程；2007年2月中旬赣江下游出现历史最小流量，4月鄱阳湖北部湖区出现历史同期最低水位，11～12月赣江、抚河下游出现历史最低水位，尤其是抚河下游从5月份起不断创造历史最低水位，鄱阳湖、信江出现历史同期最低水位；2008年1月中旬和3月中旬，鄱阳湖南部湖区再次刷新历史最低水位纪录。表明鄱阳湖流域及湖区进入了一个新的低水位时期，这是气候干旱和人类活动共同影响的结果。郭华等（2008）根据ECHAM5/MPI-OM模式在3种排放情景（SRES高排放A2、中排放A1B、低排放B1）下，预估鄱阳湖流域21世纪前50年气候变化，结果表明：未来50年气温在3种排放情景下都将迅速增加，远远高于20世纪90年代的增加幅度和速度。A1B情景温度增加最明显，平均气温变化达到1.62℃。而降水量变化相对复杂，前30年主要为减少趋势，A2情景下减少幅度最大，21世纪20年代年均降水量减少了6.7%；后20年降水量增加，B1情景增加最显著，21世纪30年代年增加幅度达到10.80%。降水的季节分配上，1～3月和4～6月降水量增加；而降水量减少主要在7～9月和10～12月。根据ECHAM5模式在3种情景下的预估结果，温度升高有利于地表蒸发和植物蒸腾作用，将引起实际蒸散量的增加，使得干旱更加容易发生。而21世纪前30年降水量减少，并主要出现在7～9月和10～12月，则可能加剧鄱阳湖流域及湖区的枯水期干旱。

针对近10年频繁发生的干旱事件，及应对未来可能发生的更加严重的干旱，减少干旱造成的经济损失和对社会、环境的不利影响，应采取相应的防旱策略和抗旱措施。第一，加强鄱阳湖流域干旱事件成因分析，针对近几年的干旱事件，从水量平衡角度，分析流域降水、径流和蒸散的变化规律，定量区分气候变化和人类活动对湖区干旱的影响，以便有关部门制定相应的措施。开展干旱水文预测预报工作，根据流域水文模型及遥感监测手段，预测预报湖泊水文干旱及土壤墒情情况，有利于有关部门及时掌握干旱情况。第二，加强水利工程建设，兴建地下水库等蓄水工程，用以调节径流；建造引水工程和提水工程，用以提高农田灌溉能力；发展喷灌和滴灌技术，提高水资源利用效率。重视防旱的生态工程，主要指水土保持措施，通过治山造林，绿化荒山，涵养水源，防止水土流失，提高地下水位和农田抗旱保墒能力；恢复池塘洼地，提高对附近农田气候的调节能力，降低干旱致灾强度。第三，转变传统的农田灌溉观念，倡导滴灌等高技术节水农业。目前鄱阳湖区农田灌溉方式仍是传统的漫灌方式，不仅地表无效蒸发大，水的作物利用率低，而且用水量大，灌溉水的有效性差。应尽快转变灌溉观念，采用先进的灌溉技术，走现代节水农业之路。同时调整农业结构，建立高效避旱农业。在湖区易旱丘陵山地，应根据当地水资源分布特点和水利工程调水现状，科学地安排不同品种的搭配和科学的种植模式，推广旱作节水农业，以获取最大经济产量。最后，合理分配、调度抗旱水源，提高旱期水资源利用效率。应尽快实行统一分配、调度抗旱用水的旱期水资源管理模式，提高旱期水资源利用效率和经济效益。

3.5 小　　结

本章基于站点观测的蒸发、公式估算的潜在蒸散量，以及遥感反演的流域蒸散量，较为全面地分析了鄱阳湖流域蒸散量的时空变化规律，主要结论如下：

（1）基于 Priestley-Taylor 方法得到 1961～2009 年多年平均潜在蒸散量为 1223 mm。1961～1993 年潜在蒸散量呈显著的下降趋势，1993 年以后潜在蒸散量略有增加，但增加趋势不显著。1993 年之前潜在蒸散量的降低与净辐射和风速的下降有关，而之后的增加则与气温的不断升高密切相关。

（2）1961～2004 年鄱阳湖多年平均水面蒸发量为 1081 mm，近 50 年水面蒸发呈减小趋势，减少速度为 2.79 $mm \cdot a^{-1}$。1961～2000 年鄱阳湖流域蒸发皿蒸发呈现下降趋势，夏季尤为显著。1992 年之前潜在蒸散量相对平稳，无明显趋势变化，1992 年发生突变，蒸散量显著下降。鄱阳湖月水面蒸发量递减趋势在 7～9 月蒸发旺盛期表现得最为突出。

（3）基于遥感数据定量反演流域实际蒸散量，能够很好地反映其空间特征，弥补了定位观测方式的不足，增进了对流域蒸散时空变化过程的认识。2000～2009 年，鄱阳湖流域多年平均蒸散量为 795 mm，受到降水量偏少和温度较高的影响，2003 年、2004 年、2007 年和 2009 年蒸散量较高。鄱阳湖五个子流域中，饶河和修水流域蒸散量高于其他流域，信江流域其次，抚河和赣江流域最小。不同土地利用类型的年蒸散量差异显著，水体最大为 1107 mm，其次为林地 932 mm，裸地 931 mm，草地 880 mm，耕地为 814 mm，城镇最低为 759 mm。

（4）由于鄱阳湖湖区独特的水情变化和景观特征，使得湖区的降水量和蒸散量的时空特征不同于鄱阳湖流域其他子流域。2000～2009 年湖区平均蒸散量为 797 mm，变化在 685～921 mm。蒸散量的年际变化与降水量并无明显的相关性。在降水量偏少的年份，如 2004 年、2006 年、2007 年（较多年平均偏少 12%～35%），而蒸散量的变化差异显著，2004年蒸散量明显偏高，而2006年蒸散量低于平均值，其他年份则与平均蒸散量持平。由于不同年份湖泊水位变化差异明显，水位驱动下的鄱阳湖湿地洲滩出露的面积和时间不尽相同，使得湖区的蒸散特征变得更为复杂。

(5) 针对流域蒸散的增加趋势，应采取应对措施，以减少可能造成的社会经济损失。从流域水循环角度，定量区分气候变化和人类活动对蒸散与湖区干旱的影响，以便于有关部门制定相应的措施。建立包括遥感监测在内的多元观测体系，对流域蒸散变化进行预测预报有助于政府有关部门掌握土壤墒情等情况。积极发展喷灌和滴灌技术，提高水资源利用效率。转变传统的农田灌溉观念，倡导滴灌等高技术节水农业，走现代节水农业之路。调整农业结构，建立高效避旱农业。在湖区易旱丘陵山地，应根据当地水资源分布特点和水利工程调水现状，科学地安排不同品种的搭配和科学的种植模式，提高旱期水资源利用效率，创造良好的生态经济效益。

参考文献

郭华，姜彤，王国杰，等. 2006. 1961～2003年间鄱阳湖流域气候变化趋势及突变分析. 湖泊科学，(18)：443-451.

郭华，殷国强，姜彤. 2008. 未来50年鄱阳湖流域气候变化预估. 长江流域资源与环境，(17)：73-78.

姜彤，苏布达，王艳君，等. 2005. 四十年来长江流域气温、降水与径流变化趋势. 气候变化研究进展，1 (2)：65-68.

李世勤，闵骞，谭国良，等. 2009. 鄱阳湖2006年枯水特征及其成因研究. 水文，28：73-76.

刘昌明，张丹. 2011. 中国地表潜在蒸散发敏感性的时空变化特征分析. 地理学报，(66)：579-588.

刘健，张奇，许崇育，等. 2009. 近50年鄱阳湖流域径流变化特征研究. 热带地理，(29)：213-218.

刘健，张奇，许崇育，等. 2010. 近50年鄱阳湖流域实际蒸发量的变化及影响因素. 长江流域资源与环境，19 (2)：139-145.

刘绍民，孙睿，孙中平，等. 2004. 基于互补相关原理的区域蒸散量估算模型比较. 地理学报，(59)：331-340.

闵骞，闵聃. 2010. 鄱阳湖区干旱演变特征与水文防旱对策. 水文，30 (1)：84-88.

闵骞，苏宗萍，王叙军. 2007. 近50年鄱阳湖水面蒸发变化特征及原因分析. 气象与减灾研究，(30)：17-20.

邱新法，曾燕，缪启龙，等. 2003. 用常规气象资料计算陆面年实际蒸散量. 中国科学D辑，(33)：281-288.

汪迎春，赖锡军，姜加虎，等. 2011. 三峡水库调节典型时段对鄱阳湖湿地水情特征的影响. 湖泊科学，23：191-195.

王怀清，赵冠男，彭静，等. 2009. 近50年鄱阳湖五大流域降水变化特征研究. 长江流域资源与环境，(18)：615-619.

王晓鸿，鄢帮有，吴国琛. 2006. 山江湖工程. 北京：科学出版社.

王艳君，姜彤，许崇育，等. 2005. 长江流域1961～2000年蒸发量变化趋势研究. 气候变化研究进展，1 (3)：99-105.

谢冬明，郑鹏，邓红兵，等. 2011. 鄱阳湖湿地水位变化的景观响应. 生态学报，31 (5)：1269-1276.

Baldocchi D D. 2003. Assessing the eddy covariance technique for evaluating carbon dioxide exchange rates of ecosystems：past，present and future. Global Change Biology，(9)：479-492.

Bastiaanssen W，Menenti M，Feddes R，et al. 1998. A remote sensing surface energy balance algorithm for land (SEBAL). 1. Formulation. Journal of Hydrology，212：198-212.

Bastiaanssen W. 2000. SEBAL-based sensible and latent heat fluxes in the irrigated Gediz Basin，Turkey. Journal of Hydrology，229：87-100.

Bisht G，Venturini V，Islam S，et al. 2005. Estimation of the net radiation using MODIS (Moderate Resolution Imaging Spectroradiometer) data for clear sky days. Remote Sensing of Environment，97：52-67.

Blaney H F, Criddle W D, Service, et al. 1950. Determining water requirements in irrigated areas from climatological and irrigation data. US Soil Conservation Service.

Bouchet R. 1963. Evapotranspiration re′elle potentielle, signification climatique in International Association of Scientific Hydrology, General Assembly of Berkeley, Transactions (2), Evaporation: 134-142.

Bowen I S. 1926. The ratio of heat losses by conduction and by evaporation from any water surface. Physical Review, 27: 779.

Brutsaert W, Chen D. 1995. Desorption and the two stages of drying of natural tallgrass prairie. Water Resources Research, 31: 1305-1313.

Burman R, Pochop L. 1994. Evaporation, evapotranspiration and climate data. Elsevier Science, Amsterdam, The Netherlands.

Courault D, Seguin B, Olioso A. 2005. Review on estimation of evapotranspiration from remote sensing data: From empirical to numerical modeling approaches. Irrigation and Drainage Systems, 19: 223-249.

DeFries R, Townshend J. 1994. NDVI-derived land cover classifications at a global scale. International Journal of Remote Sensing, 15: 3567-3586.

Dyck P J, Mellinger J F, Reagan T J, et al. 1983. Not 'indifference to pain' but varieties of hereditary sensory and autonomic neuropathy. Brain, 106: 373.

Goward S N, Cruickshanks G D, Hope A S. 1985. Observed relation between thermal emission and reflected spectral radiance of a complex vegetated landscape. Remote Sensing of Environment, 18: 137-146.

Hobbins M T, Ramirez J A, Brown T C. 2001. The complementary relationship in estimation of regional evapotranspiration: an enhanced advection-aridity model. Water Resources Research, 37: 1389-1403.

Huntington T G. 2006. Evidence for intensification of the global water cycle: review and synthesis. Journal of Hydrology, 319: 83-95.

Hurtado E, Caselles V, Artigao M. 1995. Estimating corn evapotranspiration from NOAA-AVHRR data in the Albacete area. International Journal of Remote Sensing, 10: 2023-2037.

Jiang L, Islam S. 1999. A methodology for estimation of surface evapotranspiration over large areas using remote sensing observations. Geophysical research letters, 26: 2773-2776.

Jiang L, Islam S. 2001. Estimation of surface evaporation map over southern Great Plains using remote sensing data. Water Resources Research, 37: 329-340.

Kalma J D, McVicar T R, McCabe M F. 2008. Estimating land surface evaporation: a review of methods using remotely sensed surface temperature data. Surveys in Geophysics, 29: 421-469.

Kundzewicz Z, Schellnhuber H J. 2004. Floods in the IPCC TAR perspective. Natural Hazards, 31: 111-128.

Kustas W P, French A N, Hatfield J L, et al. 2003. Remote sensing research in hydrometeorology. Photogrammetric engineering and remote sensing, 69: 631-646.

Kustas W, Norman J. 1996. Use of remote sensing for evapotranspiration monitoring over land surfaces. Hydrological Sciences Journal, 41: 495-516.

Lagouarde J, Brunet Y. 1993. A simple model for estimating the daily upward longwave surface radiation flux from NOAA-AVHRR data. International Journal of Remote Sensing, 14: 907-925.

Liang S. 2004. Quantitative remote sensing of land surfaces. Wiley-IEEE.

Milly P, Wetherald R, Dunne K, et al. 2002. Increasing risk of great floods in a changing climate. Nature, 415: 514-517.

Monteith J L. 1965. Evaporation and environment. Symposia of the Society for Experimental Biology, 19: 205-234.

Moran M S, Jackson R D, Raymond L H, et al. 1989. Mapping surface energy balance components by combining Landsat Thematic Mapper and ground-based meteorological data. Remote Sensing of Environment, 30: 77-87.

Niemelä S, Räisänen P, Savijärvi H. 2001. Comparison of surface radiative flux parameterizations: Part I: Longwave radiation. Atmospheric Research, 58: 1-18.

Penman H L. 1948. Natural evaporation from open water, bare soil and grass. Proceedings of the Royal Society of London, Series A. Mathematical and Physical Sciences, 193: 120-145.

Prata A. 1996. A new long-wave formula for estimating downward clear-sky radiation at the surface. Quarterly Journal of the Royal Meteorological Society, 122: 1127-1151.

Priestley C, Taylor R. 1972. On the assessment of surface heat flux and evaporation using large-scale parameters. Monthly Weather Review, 100: 81-92.

Qiu X, Yan Z, Qilong M, et al. 2004. Estimation of annual actual evapotranspiration from nonsaturated land surfaces with conventional meteorological data. Science in China, Series D, Earth sciences: 47.

Seguin B, Itier B. 1983. Using midday surface temperature to estimate daily evaporation from satellite thermal IR data. International Journal of Remote Sensing, 4: 371-383.

Shukla J, Mintz Y. 1982. Influence of land-surface evapotranspiration on the earth's climate. Science, 215: 1498.

Su Z. 2002. The Surface Energy Balance System (SEBS) for estimation of turbulent heat fluxes SEBS-the Surface Energy Balance. Hydrology and Earth System Sciences, 6: 85-100.

Tanner C. 1967. Measurement of evapotranspiration. Irrigation of agricultural lands.

Thornthwaite C W, Holzman B. 1939. The determination of evaporation from land and water surfaces. Monthly Weather Review, 67: 4.

Thornthwaite C W. 1948. An approach toward a rational classification of climate. Geographical review, 38: 55-94.

Xu C Y, Singh V. 2005. Evaluation of three complementary relationship evapotranspiration models by water balance approach to estimate actual regional evapotranspiration in different climatic regions. Journal of Hydrology, 308: 105-121.

Zhang Y, Rossow W, Lacis A. 1995. Calculation of surface and top of atmosphere radiative fluxes from physical quantities based on ISCCP data sets 1. Method and sensitivity to input data uncertainties. Journal of geophysical research, 100: 1149-1165.

Zillman J W. 1972. A study of some aspects of the radiation and heat budgets of the southern hemisphere oceans. Meteorological Studies, 26.

第四章　鄱阳湖流域径流变化

鄱阳湖流域气候特点在我国尤其是长江流域中比较突出，流域水旱灾害频繁，是长江中下游水旱灾害的重灾区和多发区。据历年洪灾资料统计，1950～2005 年的 56 年中，鄱阳湖湖区有 46 年发生了水灾，平均每 5 年中就有 4 年有灾。另外，鄱阳湖区也是江西省气候最干旱的区域，虽然水网较密集，但当遭遇严重干旱年份、尤其是连年干旱时，抗旱水源严重缺少，农业生产和城乡居民生活用水均受到重大影响（闵骞，2006）。20 世纪 90 年代以来，鄱阳湖洪水和干旱事件发生的频率不断增加，其中 1995、1998 和 1999 年的大洪水是鄱阳湖流域过去 50 年中最为严重的洪水事件。如 1998 年湖口站实测最高洪水位 22.59 m，为有记录以来最高洪水位，沿湖区淹没耕地 460 km^2，受灾人口达 60 万人（朱宏富等，2002）。然而，在鄱阳湖发生严重洪水的同时，1992～1993 年、1996～1997 年该流域经历了罕见的干旱。进入 21 世纪，流域的干旱程度不断加剧，2003、2004、2006 以及 2007 年鄱阳湖均出现了持续枯水事件（闵骞和闵聃，2010）。鄱阳湖水位异常偏低，不仅造成农作物缺水和城镇供水困难，而且导致江河湖水质自净能力下降，严重威胁着湖泊水生态系统以及湖区周边上千万居民的用水安全，已引起了政府有关部门的高度关注。

流域入湖径流量是鄱阳湖水量平衡的主要要素。近年来鄱阳湖干旱和洪水并存、频发，影响因素之一是流域来水量的变化。长期的水文监测数据表明，20 世纪 60 年代以来鄱阳湖流域径流量总体呈增长趋势，其中 20 世纪 90 年代流域径流增加迅速，五河水系径流系数增大显著，是导致该时期鄱阳湖区出现多次大洪水灾害的主要原因（郭华等，2007）。流域径流量自 1998 年以后发生反转，下降趋势极为明显，鄱阳湖流域迅速进入了降水偏少的贫水期（刘健等，2009）。尽管鄱阳湖流域径流变化还受流域内人类活动作用如土地利用/覆被变化、水利工程建设以及工农业用水等因素叠加效应的影响，但气候波动很可能是对流域水循环产生影响的主导因素（Guo et al.，2008；Zhao et al.，2009；叶许春等，2009）。随着近 50 年鄱阳湖五河流域降水时间分布不均匀情况的加剧，导致区内旱涝灾害的风险也在增加（王怀清等，2009）。

近年来，气候变暖导致极端气候事件的增加越来越受社会各界的普遍关注。气候变暖使得水循环过程加剧，进而引起水旱灾害的频率和强度增加（Milly and Dunne，2002；Huntington，2005）。在气候变暖的背景下，中国的极端降水事件趋多、趋强，尤其在长江以南地区极端降水表现最为明显（Dai et al.，1998；Su et al.，2004）。鄱阳湖流域是气候变化的敏感地区，区内洪、旱灾害的频繁发生不仅仅是局部区域的偶然事件，它与全球尺度的气候变化背景密切有关。研究表明，鄱阳湖流域气温自 1990 年发生突变以来，进入显著的增温时期（郭华等，2007）。受大气环流背景场改变的影响，流域极端降水事件发生的频率自 20 世经 90 年代以来明显增加（闵屾和刘健，2011）。在全球气候变暖的背景下，鄱阳湖流域未来的水资源状况和湖区的水旱灾害发展趋势如何？这是地方水资源管理和水旱灾害防控必须面对的现实而又复杂的问题。

研究流域径流变化特征，探讨气候和人类活动的影响分量，对揭示鄱阳湖水量平衡变化，预测其未来变化趋势，评估湖泊水量安全，应对湖泊极端水文事件，减小干旱和洪水灾害损失具有重要意义。本章基于长序列气象和水文数据，就鄱阳湖流域径流的变化及影响因素、未来情景下径流的变化趋势等研究成果进行论述和评价。主要包括以下内容：数据资料、研究方法（统计学方法和分布式水文模型）、径流年内和年际变化及影响因素、径流未来变化趋势预估。

4.1　数据资料与研究方法

4.1.1　数据资料

本章所用的基础数据资料主要包括：①鄱阳湖五河水系主要控制站外洲站、峡江站、李家渡站、梅港站、虎山站、石镇街站、高沙站和万家埠站的实测日径流数据，各水文站具体信息见表 4-1；②鄱阳湖流域 14 个国家气象站 1960～2007 年逐日资料，包括日降水、气温、最高气温、最低气温、日照时数、风速、相对湿度和气压，所有数据通过 95％置信度均一性检验，各气象站具体信息见表 4-2；③鄱阳湖流域基础地理信息数据，包括流域 DEM 数据、水系分布、土地利用以及土壤类型分布等。

流域主要水文站、气象站位置见彩图 4-1。

表 4-1　鄱阳湖五河水系主要水文站及其多年径流特征表

站点	所在水系	控制面积/km^2	年平均径流量/($\times 10^8 m^3$)	径流深/mm	资料序列
外洲	赣江	80 948	686.5	849	1960～2007 年
峡江	赣江	62 727	523.1	834	1960～2003 年
李家渡	抚河	15 811	123.8	784	1960～2007 年
梅港	信江	15 535	178.2	1150	1960～2007 年
虎山	饶河-乐安江	6 474	69.7	1100	1960～2007 年
石镇街	饶河-昌江	8 367	100.5	1201	1980～2003 年
高沙	修水	5 303	49.9	942	1960～2003 年
万家埠	修水-潦河	3 548	35.2	1006	1960～2007 年

表 4-2　鄱阳湖流域 14 个国家气象站基本信息

气象站	位置		年平均降水量/mm	年平均气温/℃	资料序列
	经度（E）	纬度（N）			
波阳	116.41°	29.00°	1 644.63	17.75	1960～2007 年
赣州	115.00°	25.52°	1 450.17	19.47	1960～2007 年
广昌	116.20°	26.51°	1 752.87	18.28	1960～2007 年
贵溪	117.13°	28.18°	1 870.33	18.43	1960～2007 年
吉安	114.55°	27.03°	1 505.51	18.49	1960～2007 年

续表

气象站	位置		年平均降水量/mm	年平均气温/℃	资料序列
	经度（E）	纬度（N）			
景德镇	117.12°	29.18°	1 767.15	17.46	1960～2007 年
庐山	115.59°	29.35°	1 994.11	11.69	1960～2007 年
南昌	115.55°	28.36°	1 585.12	17.76	1960～2007 年
南城	116.39°	27.35°	1 682.11	17.88	1960～2007 年
遂川	114.30°	26.20°	1 454.91	18.66	1960～2007 年
修水	114.35°	29.02°	1 595.72	16.63	1960～2007 年
宜春	114.23°	27.48°	1 623.19	17.35	1960～2007 年
玉山	118.15°	28.41°	1 682.11	17.59	1960～2007 年
樟树	115.33°	28.04°	1 663.55	18.04	1960～2007 年

4.1.2　数理统计方法

本章所使用的数理统计方法包括 Mann-Kendall 趋势分析法、相关分析法和小波分析法等。其中，小波分析法参见 2.1.2.3 节。

4.1.2.1　Mann-kendall 趋势分析

时间序列趋势分析中，Mann-Kendall 检验法是世界气象组织推荐并广泛使用的非参数检验方法。此方法优点在于检验样本不需要遵从一定的分布，也不受少数异常值的干扰，适用水文、气象等非正态分布的数据（魏凤英，1999）。

在 Mann-Kendall 检验中，对于时间序列数据 $X_t=(x_1, x_2, \cdots, x_n)$，标准的正态统计变量通过下式计算：

$$z=\begin{cases}(S-1)/\sqrt{\mathrm{Var}(S)}, & S>0\\ 0, & S=0\\ (S+1)/\sqrt{\mathrm{Var}(S)}, & S<0\end{cases} \tag{4.1}$$

其中

$$S=\sum_{k=1}^{n-1}\sum_{j=k+1}^{n}\mathrm{sgn}(x_j-x_k) \tag{4.2}$$

式中，x_j 和 x_k 为连续数据；n 为时间序列长度，其中

$$\mathrm{sgn}(x_j-x_k)=\begin{cases}1, & x_j-x_k>0\\ 0, & x_j-x_k=0\\ -1, & x_j-x_k<0\end{cases} \tag{4.3}$$

对于样本数大于 10 的序列，S 为正态分布，Var(S) 为其方差，均值为 0。这样，在双边的趋势检验中，在给定的 α 置信水平上，如果 $|z|\geqslant z_{\alpha/2}$，则原假设是不可接受

的，即在 α 置信水平上，时间序列数据存在明显的上升或下降趋势。

用 Mann-kendall 法进行突变检验分析时，在原假设 H0：序列没有变化的情况下，设 m_i 为序列 $X_t=(x_1, x_2, \cdots, x_n)$ 中第 i 个样本 x_i 大于 x_j（$1\leqslant j\leqslant i$）的累计数。

定义一统计量

$$d_k = \sum_{i=1}^{k} m_i, \quad 2 \leqslant k \leqslant N \tag{4.4}$$

在原序列随机独立的假设下，d_k 的均值、方差分别为

$$\overline{d_k} = \mathrm{E}(d_k) = k(k-1)/4 \tag{4.5}$$

$$\sigma d_k^2 = \mathrm{Var}(d_k) = k(k-1)(2k+5)/72 \tag{4.6}$$

将 d_k 标准化

$$UF(d_k) = \frac{d_k - \mathrm{E}(d_k)}{\sqrt{\mathrm{Var}(d_k)}} \tag{4.7}$$

则 $UF(d_k)$ 为标准分布，其概率可以通过计算或查表获得。给定一显著性水平 α_0，当 $\alpha_1<\alpha_0$ 时，则拒绝原假设，表示此序列将存在一个强的增长或减少趋势。所有 $UF(d_k)$（$1\leqslant k\leqslant n$）将组成一条曲线 UF。把此方法引用到反序列中，重复上述操作，得到另一条曲线 UB。如果 UF 或 UB 的值>0，表明序列呈上升趋势，反之，序列呈下降趋势。当 UF 或 UB 超过临界值时，表明上升或下降趋势显著，超过临界线的范围确定为出现突变的时间区域。如果 UF 或 UB 两条曲线出现交点，并且交点在临界线之间，则交点对应的时刻可能是突变的开始时间。

4.1.2.2　相关性分析及检验

时间序列数据［X_t］和［Y_t］($t=1, 2, \cdots, n$）的相关关系可用相关系数来表示：

$$r_{x,y} = \frac{\sum_{t=1}^{n}(x_t-\overline{x})(y_t-\overline{y})}{\left[\sum_{t=1}^{n}(x_t-\overline{x})^2\sum_{t=1}^{n}(y_t-\overline{y})^2\right]^{1/2}} \tag{4.8}$$

式中，x_t 和 y_t 分别为序列数据［X_t］和［Y_t］在 t 时的值；$\overline{x}$ 和 $\overline{y}$ 则分别为两序列的平均值；$r_{x,y}$为两时间序列的相关系数，当该值为正时，表明两序列为正相关关系，当为负时，表明两序列呈负相关关系。

相关性的显著性程度可用 t 分布的特性来检验（丁晶和邓育仁，1988）。对于给定置信水平 $p=1-\alpha$ 下，所需的序列间相关系数 $r_{x,y}$的最低值为

$$|r|_{\min} = \frac{t_p}{\sqrt{t_p^2+n-2}} \tag{4.9}$$

计算的序列相关系数，当 $r_{x,y}<|r|_{\min}$时，认为两序列独立，相关性不强；而当 $r_{x,y}>|r|_{\min}$时，则认为两序列相关性显著。

4.1.3　水文模型

本书中采用湖泊流域水文模型 WATLAC（a water flow model for lake catchment）

作为模拟工具。该模型是中国科学院南京地理与湖泊研究所自主开发的针对湖泊集水域特点的地表-地下径流联合模拟分布式水文模型（张奇，2007；Zhang and Li，2009）。模型在降水和蒸发驱动下，模拟流域地表、地下径流和土壤含水量的变化。具体过程包括植被拦截、土壤蓄水、地表径流、壤中流、土壤对地下水的补给、饱和地下水运动（图 4-2）。模型包含地表、地下径流两个子模型。地表径流模型模拟土壤蓄水、降水产流、坡面流、壤中流和河道径流；地下径流模型模拟饱和地下水运动、地下水与地表水的相互作用和水交换。地表径流模拟采用基于栅格单元的空间离散，依据地形高程和水系计算汇流路径；地下水运动采用有限差分网格离散空间，使用 MODFLOW2005（Harbaugh，2005）并作适当修改，使其与地表径流模型耦合，实现程序内的数据传递。流域的空间非均匀性（降水、蒸发、土壤类型、土地利用等）由单元网格离散并模拟，对单个单元，流域的属性和降水、蒸发等条件认为不变。地下水模拟的有限差分网格与地表水模拟的平面栅格单元在水平面上的投影相吻合。地表径流模拟以日为时间步长，地下水模拟，根据实际情况，可采用从数日到数月的变应力期和变时间步长。这种设计体现了地表、地下径流存在的流速差异，且变时间步长的采用也使地下水模拟节省很多计算资源，使模型可以模拟几十年至上百年的时间尺度（张奇，2007）。

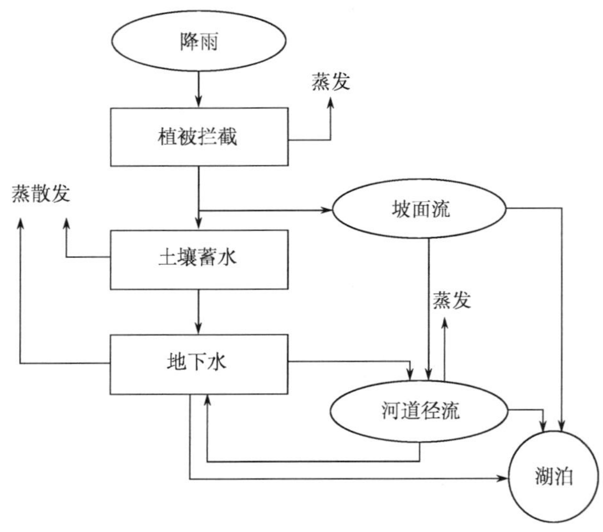

图 4-2　WATLAC 模型框架示意图

WATLAC 模型不同于其他水文模型之处主要在于考虑了湖泊与含水层（地下水）和周围水系之间的相互作用关系，以及采用分布式概念模拟河道洪水演进及其与地下水之间的相互作用，可同时模拟多个对湖泊有径流贡献的河流流域，并且实现了地表-地下径流的实时耦合，从而更为真实地实现湖泊-流域系统中的水文过程及其相互作用的模拟。目前，模型已在不同气候区（半干旱区和湿润区）和不同尺度（从几百平方千米到十几万平方千米）流域上开展了应用研究（李丽娇和张奇，2008；刘健和张奇，2009；Zhang and Werner，2009；Ye et al.，2011），取得了较好效果。更多细节请参阅上述文献。

4.2 流域径流变化

4.2.1 径流的年内变化

分别计算流域主要水文站多年平均月径流，结果列于图 4-3。由图可知，鄱阳湖流域五河水系径流的年内分配具有较高的一致性，在形态上表现为不对称的单峰型，1～6 月径流逐渐增加，7～12 月径流逐渐减少，峰值出现在 6 月。8 月～翌年 2 月为径流较小时期，3～7 月为主要产流时段。

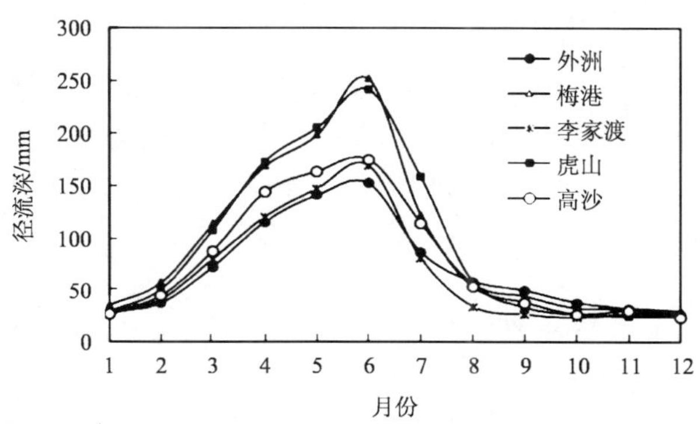

图 4-3　鄱阳湖流域主要河流径流年内分配特征

鄱阳湖区位于亚热带湿润季风气候区内，径流受降水的时程分配的影响，季节变化较大。每年的 4～6 月是五河水系的主汛期，全年径流的 53%左右集中在此三月（表 4-3），五河入湖年最大流量出现在 4 月占 13.5%，5 月占 18.4%，6 月占 52.6%。7～9 月五河来水减小，但由于此时正值长江中上游的主汛期，鄱阳湖水位受长江洪水顶托或倒灌影响而壅高，水位过程变化缓慢，长期维持在高水位。9 月以后各河流流量迅速减少，进入枯水期，尤其在位于鄱阳湖流域东部的饶河、信江和抚河，9 月～翌年 1 月月径流都不足全年总量的 4%。在每年 7～10 月，尤其是 7 月中旬至 9 月中旬，鄱阳湖区在太平洋副热带高压控制下，盛行下沉气流，天气晴朗，日照强烈，此时高温干燥，降水稀少，蒸发强烈，极容易形成伏旱，造成农业缺水。例如，湖区 7～10 月的多年平均降水为 397 mm，而多年平均蒸发量高达 539 mm，降水比蒸发平均偏少 142 mm，极易形成干旱（闵骞，2003）。

表 4-3　鄱阳湖五河水系主要水文控制站月径流比重　（单位:%）

站点	1	2	3	4	5	6	7	8	9	10	11	12
外洲	3.42	4.33	8.66	13.89	16.31	17.94	10.50	7.21	6.11	4.51	3.87	3.26
梅港	3.31	4.89	9.83	14.68	16.40	22.18	11.02	5.06	4.05	2.89	2.98	2.73
李家渡	3.41	4.95	10.10	15.26	17.20	21.82	10.43	4.27	3.26	2.76	3.41	3.14

续表

站点	1	2	3	4	5	6	7	8	9	10	11	12
高沙	3.00	4.58	9.59	15.48	17.06	19.00	12.76	5.66	4.17	2.86	3.25	2.59
万家埠	3.17	4.09	7.55	11.97	15.33	18.85	13.75	8.46	6.07	3.99	3.81	2.97
虎山	2.83	4.69	9.67	15.03	17.33	21.12	14.53	5.07	3.00	2.31	2.22	2.19

4.2.2　径流的年际变化

4.2.2.1　径流年际变化的特征值

径流年际变化的总体特征可用变差系数 C_v（$C_v=\sigma_Q/\overline{Q}$，$\sigma_Q$ 和$\overline{Q}$分别为统计年限内年径流的标准差和平均值）和年际极值比（最大、最小年径流量比值）来表示。C_v 值的大小反映了一个流域年径流量总体系列的离散程度，C_v 值大表示年径流的年际变化波动大，不利于水资源的利用，而且也容易发生水旱灾害；反之则表示径流的年际变化平缓（黄锡荃等，1992）。

计算鄱阳湖五河水系主要水文监测站径流特征值，其结果列于表 4-4。可以看出，鄱阳湖流域主要河流径流变差系数多年变化为 0.28～0.36，其中以赣江最小，抚河最大。同样，流域各水系间径流变化年际极值比也存在一定差异，其中以抚河李家渡站最大，修水万家埠最小。流域径流年际变化的变差系数和极值比主要因降水量、地下水补给差异、流域面积以及下垫面情况等因素而异，在长江流域主要河流水系中，总体处于一个相对较大的水平（其中，长江中游汉口站和城陵矶站的径流变差系数 C_v 值分别为 0.12 和 0.22），表明鄱阳湖流域径流年际变率较大，水量不稳定。

表 4-4　鄱阳湖流域各水系主要水文站径流特征值统计表

水文站	统计年份	C_v	极值比（$R_{最大}/R_{最小}$）
外洲（赣江）	1960～2007	0.28	4.85
梅港（信江）	1960～2007	0.33	4.31
李家渡（抚河）	1960～2007	0.36	6.18
万家埠（修水）	1960～2007	0.32	3.93
虎山（饶河）	1960～2007	0.35	4.69

4.2.2.2　径流年际变化的趋势性分析

受自然或人为因素的影响，年径流序列表现出一定的变化趋势，它反映了河川径流演变的总体规律。径流量年际变化的 MK 统计量显示，1960～2007 年外洲、梅港、李家渡、万家埠和虎山站分别为 0.97、0.99、－0.29、1.56 和 0.80，表明赣江、修水、饶河、信江水系的年径流在过去的 48 年总体呈现不同程度的上升趋势，但都未达到显著性水平，而抚河径流则呈长期的弱下降趋势。然而，近 50 年鄱阳湖五河水系径流的年际变化过程表现出较大的波动，不同时期径流变化的上升或下降趋势存在一定的差异。图 4-4 左侧图显示了 1960～2007 年鄱阳湖流域五河水系主要控制站径流深度的年际变化过程及其 MK 趋势检测结果。由图可知，赣江外洲站径流在 20 世纪 60 年代表现出下降趋势，自 70 年代初开始总体呈长期的上升趋势。该站径流量 1990 年之前变化不明显，1990 年以后的径流量增加幅度较大。信江梅港站年径流的 *UF* 曲线均大于 0，反映出该站径流在 1960～2007 年总体呈上升趋势，其中 20 世纪 90 年代的径流量增加比较显著，1998 年梅港站径流量发生突变是 1998 年特大洪水引起的。抚河李家渡站年径流量变化曲线没有超过 95%的置信度检验，并且该站径流在 90 年代增加非常缓慢，与其余站点 90 年代的径流量增加显著形成鲜明对比。修水潦河的万家埠站径流自 20 世纪 70 年代初以来总体呈上升趋势，尤其是在 1993～2006 年上升趋势显著，超过 95%

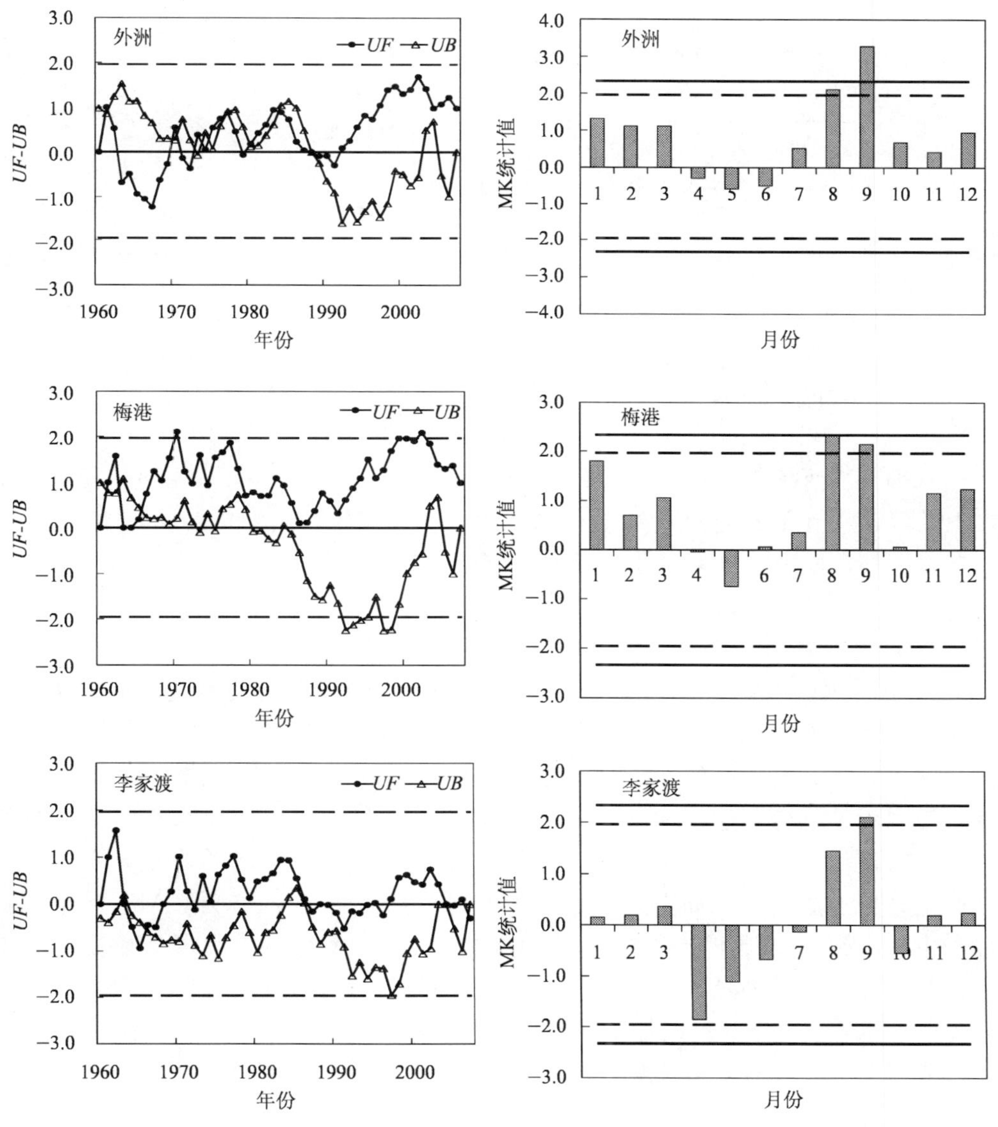

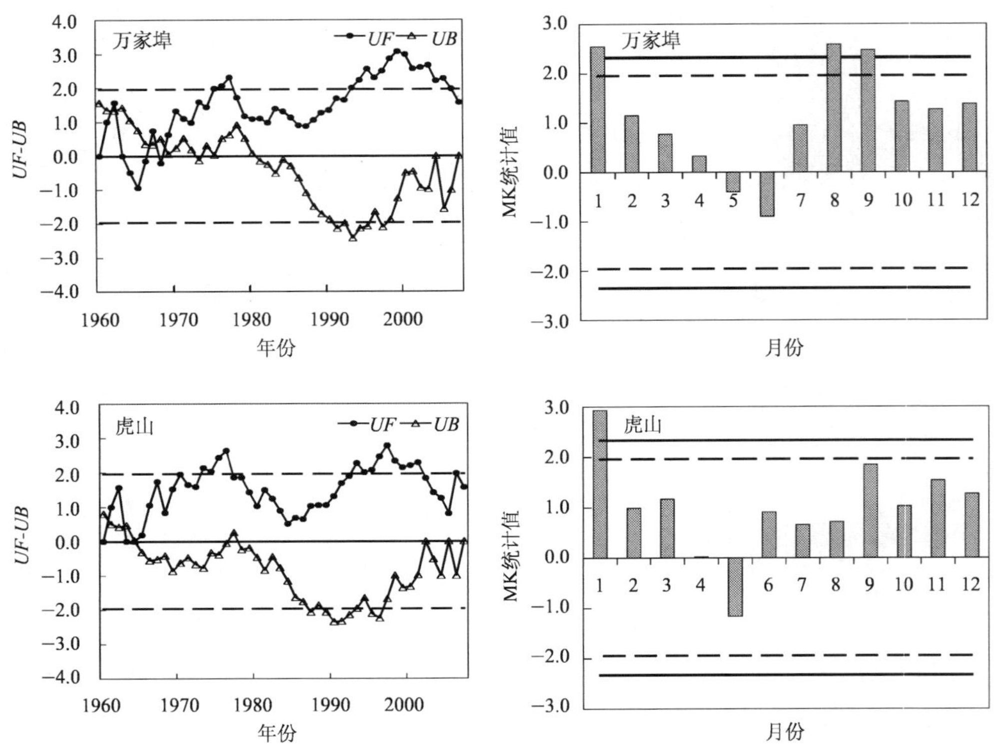

图 4-4　1960～2007 年鄱阳湖流域主要水文站径流 MK 趋势检测

（左图横虚线表示 95％显著性，右图横实线和横虚线分别表示 99％、95％显著性）

的置信水平。饶河昌江的虎山站年径流曲线的 *UF* 值一直大于 0，表明该站径流呈长期的上升趋势，并且在 70 年代中后期和 90 年代增加趋势较为显著。

各水文站月径流的年际变化也存在一定的差异，如图 4-4 右侧图所示。五河水系 1960～2007 年月平均径流量的非线性趋势总体仍然以递增为主，尤其在 1～3 月、7～12 月径流的 MK 统计量多为正值，表明不同程度的增加趋势。在此期间，修水和信江水系月径流中有 3 个月都呈现出统计意义上的显著增长，饶河和赣江水系也有超过 2 个月的径流呈现出 90％信度水平以上的显著增长。1 月信江、饶河和修水的径流增加趋势最为显著，其中饶河虎山站径流增加趋势超过 99％显著性水平，信江梅港站和修水万家埠站则分别达到 90％和 95％的显著性水平。各河流在 8 月和 9 月的径流增加均比较突出，赣江外洲站和修水万家埠站径流增加超过 95％的显著性水平，而信江梅港站更是达到 99％的显著性水平。五河水系径流在 4～6 月，MK 统计量多以负值为主，表明此段时间径流以减小趋势为主。4 月，除修水万家埠站径流呈增加趋势外，其余各水系月径流均以下降为主，其中抚河李家渡站径流的下降趋势达到 90％显著性水平。5 月各水系月径流均呈减少趋势，但不显著。6 月五河水系径流的变化趋势存在一定差异，其中赣江、抚河和修水径流呈弱减少趋势，而信江、饶河则为弱增长趋势。

4.2.2.3　年径流的枯丰水年周期变化及概率分布

径流变化往往表现出枯丰水年交替出现的过程，一段时期表现出径流比较丰沛，一段时期则表现出径流相对枯竭。为反映径流年际变化丰、枯交替变化的阶段性特点，计算径流模比系数（K）的差积曲线，将差积曲线的纵坐标表示成 $\Sigma(K-1)/C_v$，则差积曲线的上升段反映丰水期，下降段反映枯水期（蒋艳等，2005）。

以赣江外洲站和信江梅港站为例（图 4-5），其年径流枯、丰变化过程基本对应，可分为几个显著时段，其中 1962～1968 年、1983～1991 年和 2002～2007 年差积曲线呈明显的连续下降过程，表明该时期以枯水为主，而且曲线斜率的绝对值都较大，说明这三个时期两站径流减小速率特别快；1969～1982 年，径流年际变化较大，差积曲线不存在比较显著的上升或下降趋势阶段，说明此段时间总体为径流的平水期；1992～2001 年外洲站和梅港站径流差积曲线上升趋势明显，曲线斜率的绝对值较大，表明径流增加速率较快，为历时较长的丰水期。

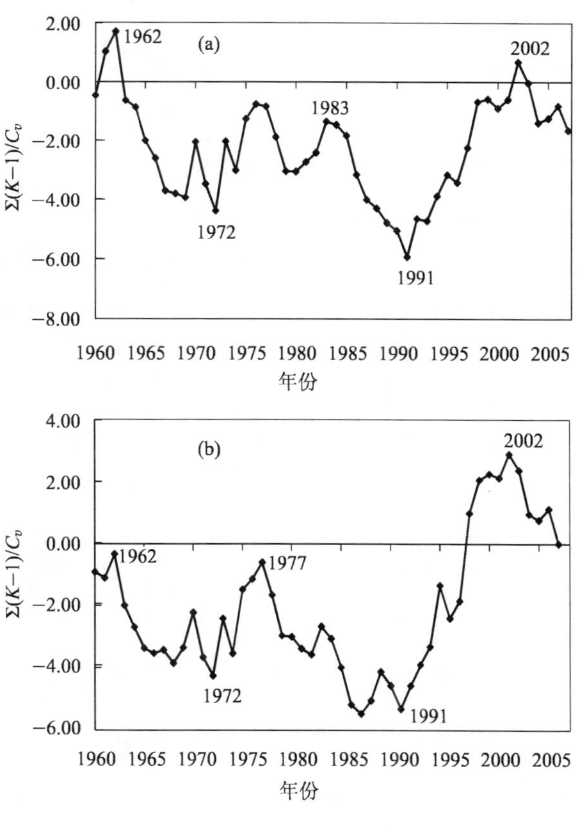

图 4-5　年径流模比系数差积曲线

（a）外洲站；（b）梅港站

流域径流呈枯水期和丰水期的交替出现，反映流域水文循环存在年代际尺度的周期变化。前面的分析说明五河水系径流在不同时期变化波动较大，各站径流大体呈现出

“增加—降低—增加—降低”的变化过程。不同年代五河水系主要水文站径流的统计结果显示，20 世纪 60 年代和 2000 年后的流域径流总体较小，20 世纪 80 年代次之，而 70 年代和 90 年代是流域径流相对较大的时期（表 4-5）。其中，20 世纪 70 年代五河径流分别在 60 年代基础上增加 15.2%、29.4%、18.5%、13.9%和 7.2%，平均增加约 18.5%。80 年代径流相对于 70 年代有所减小，各河流中以饶河减少最大，为 12.1%。然而，流域径流在 90 年代增加迅猛，径流量达到近几十年的最大，使得该时期内鄱阳湖区发生了接二连三的大洪水，造成了严重的社会经济损失（闵骞，2002）。20 世纪 90 年代各水系径流增加以饶河和信江为最，其在 80 年代的基础上分别增加 36.4%和 25.3%，最小的抚河增加了 7.1%。2000 年以来，河流径流均明显减小，其中抚河李家渡站和饶河虎山站径流量均小于 20 世纪 60 年代水平，表明整个流域又开始进入枯水期。

表 4-5 1960～2007 年鄱阳湖流域各河流径流量的年代际变化 （单位：mm）

河流	1960～1969 年	1970～1979 年	1980～1989 年	1990～1999 年	2000～2007 年
赣江（外洲）	760.70	876.37	813.04	954.88	823.44
信江（梅港）	1017.34	1158.76	1100.39	1378.05	1046.86
抚河（李家渡）	749.46	803.46	796.33	852.64	682.33
修水（万家埠）	810.02	1028.10	960.91	1264.51	858.64
饶河（虎山）	923.98	1195.28	1050.48	1432.41	876.49

以年径流多年平均水平为基准，将历年实测径流与平均径流作比较，并参照王维第等（1991）和张少文等（2005），确定鄱阳湖流域河川径流的丰枯标准，并计算各河流出现枯、平、丰水年的概率（表 4-6）。由表可知，鄱阳湖流域各河流出现偏枯水年的概率相对较大，信江和抚河出现枯水年概率大于出现丰水年概率，赣江、修水、饶河则相反。赣江和抚河出现平水年概率较大，信江出现偏枯水年和偏丰水年的概率较大。总体来看，鄱阳湖流域五河水系出现特大枯水年和丰水年的概率较大，出现平水年的概率略小，表明鄱阳湖流域易于出现严重的干旱和洪涝灾害。

表 4-6 鄱阳湖流域各河流年径流枯、平、丰概率分布

河流	枯水年 <−30%	偏枯水年 −30%～−10%	平水年 −10%～10%	偏丰水年 10%～30%	丰水年 >30%
赣江（外洲）	10.46	25.53	29.79	14.89	19.15
信江（梅港）	19.15	25.53	17.02	25.53	12.77
抚河（李家渡）	21.28	19.15	21.28	21.28	17.02
修水（万家埠）	10.64	36.17	17.02	14.89	19.15
饶河（虎山）	8.89	40.00	20.00	15.56	15.56

4.2.3 径流的周期变化

径流周期变化分析所采用的数据均基于月尺度平均数据，为消除径流序列中季节变

化及短期误差的干扰，须对序列进行标准化处理（王文圣等，2005）

$$R'_{i,j}=\frac{R_{i,j}-\overline{R}_j}{\sigma_j} \tag{4.10}$$

式中，$R'_{i,j}$为第 i 年第 j 月标准流量（m^3/s）；$R_{i,j}$为实测第 i 年第 j 月月平均径流量（m^3/s）；$\overline{R}_j$ 和 σ_j 分别为第 j 月月径流量的均值和均方差。则可得到标准化的月径流量序列 $\{R'_{i,j}\}|N$，N 为序列长度。$R'_{i,j}>0$ 说明该月径流量高于该月平均值，反之则说明低于该月平均值。

应用复 Morlet 小波对赣江外洲、抚河李家渡、信江梅港 3 个水文站的标准化月径流资料进行连续小波变换，分别绘制各站径流序列变换系数的实部和模的等值线图，以及小波方差图（图 4-6～图 4-8）。由图 4-6 可知，赣江外洲站径流时频等值线能量中心的频域尺度主要集中在 250～350 月、100～150 月、50～100 月和 50 月以下，其中 250～350 月尺度下，信号振荡最强烈，说明外洲站可能存在 250～350 月的主周期，同时也可能存在 100～150 月、50～100 月和 50 月以下左右的次主周期。与此对应，外洲站的小波方差图呈现出 4 个较为突出的波峰，其中最高的波峰值出现在尺度 270 月处，表明该站在

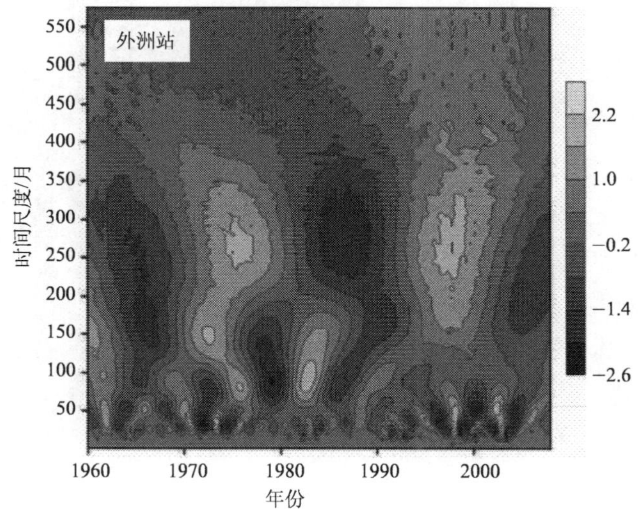

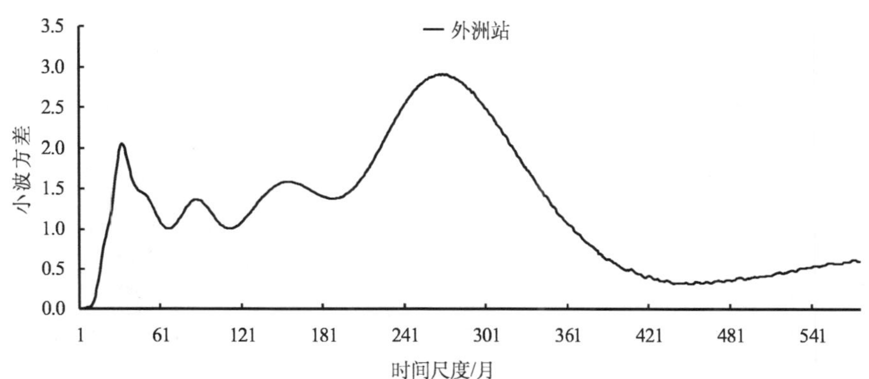

图 4-6　外洲站标准月径流序列的复 Morlet 小波变换系数实部时频图及小波方差图

该尺度下的周期振荡最强，因此外洲站月径流序列的第一周期应该为 270 月（约 23 年）。除此之外，同时还存在 154 月（约 13 年）、85 月（约 7 年）和 32 月（约 3 年）的次周期。图 4-7 所示抚河李家渡站的径流时频等值线能量中心的频域尺度主要集中在 250～350 月、100～150 月和 50 月以下，其中 250～350 月尺度下，信号振荡最剧烈，说明李家渡站和梅港站可能存在 250～350 月左右的主周期，同时可能存在 100～150 月和 50 月以下的次主周期。与之相应的李家渡站小波方差图存在 3 个较为明显的峰值，最高峰值出现在尺度 273 处，表明李家渡站的第一周期应该为 273 月（约 23 年），同时还存在 91 月（约 8 年）和 45 月（约 4 年）的次周期。与李家渡站相同，梅港站径流时频等值线能量中心的频域尺度也主要集中在 250～350 月、100～150 月和 50 月以下，其中 250～350 月尺度下，信号振荡最剧烈（图 4-8）。同时，小波方差图也存在 3 个较明显的峰，最高峰值出现在尺度 287 处，表明梅港站的第一周期应该为 287 月（约 24 年），此外，还存在 83 月（约 7 年）和 45 月（约 4 年）的次周期。

基于以上的小波分析，可以看出赣江外洲、抚河李家渡、信江梅港 3 个水文站的径流变化存在基本一致的 3 个周期，即 23～24 年、7～8 年和 4 年。

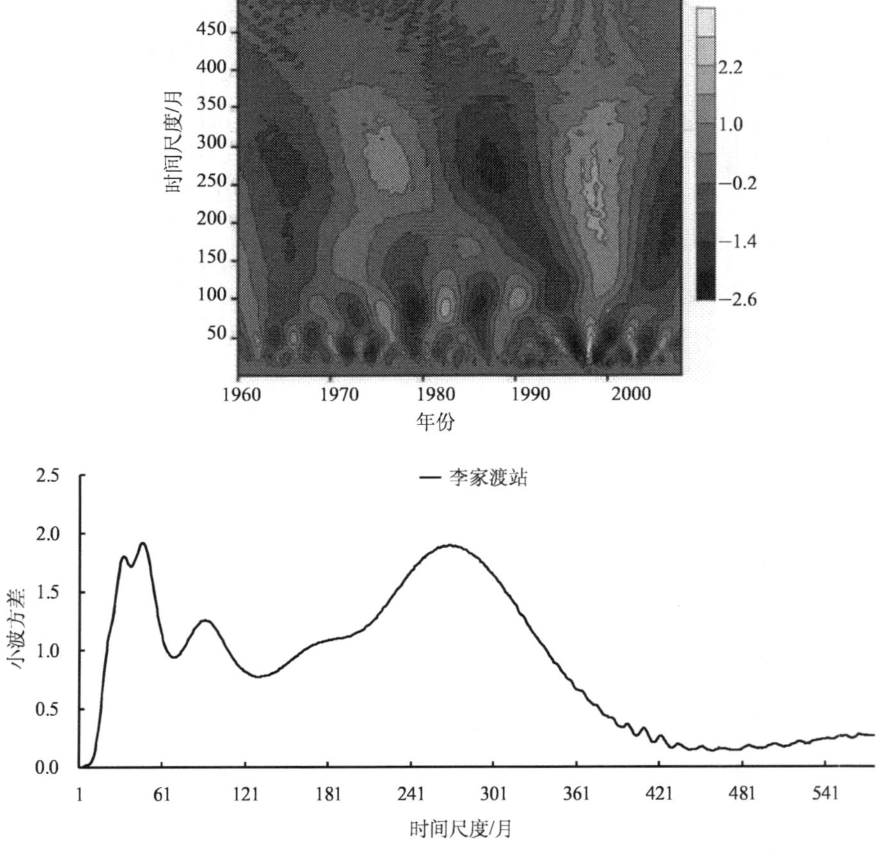

图 4-7　李家渡站标准月径流序列的复 Morlet 小波变换系数实部时频图及小波方差图

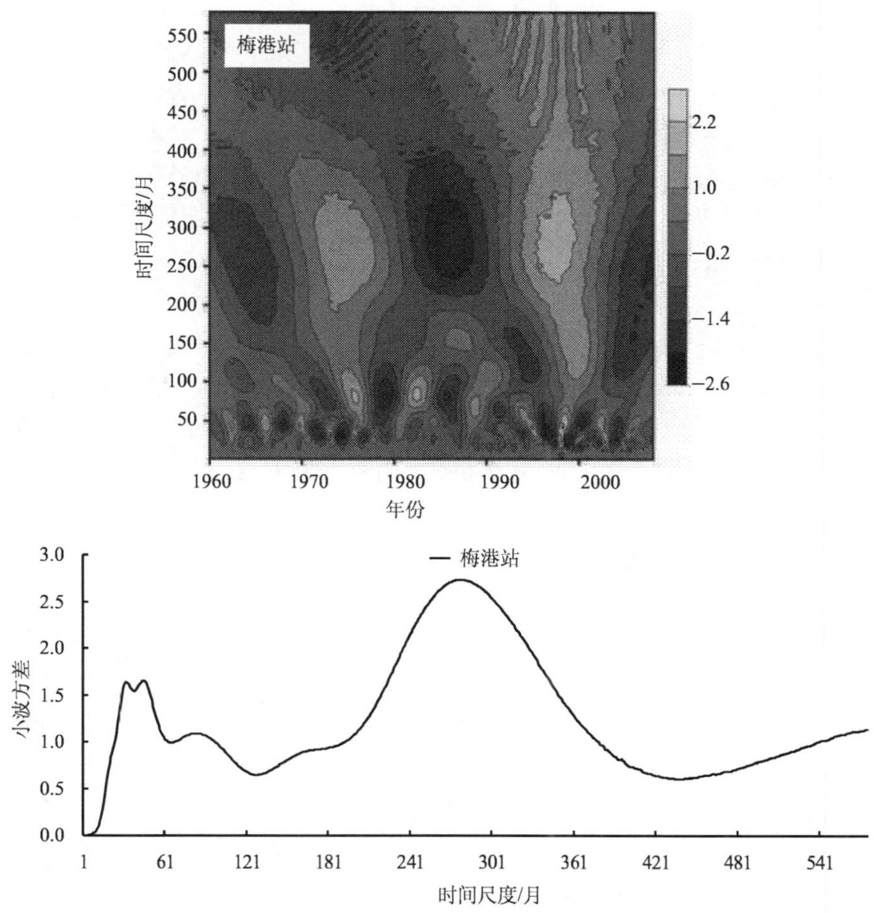

图 4-8　梅港站标准月径流序列的复 Morlet 小波变换系数实部时频图及小波方差图

4.2.4　径流系数的变化

径流系数可以很好地说明研究区的降水-径流关系。径流系数虽然在年内随机变化，不确定性很大，但是它确实存在着一定的区域和年际变化特点。其中，多年平均径流系数是个相对稳定值，它能综合反映流域内自然地理因素对降水形成径流过程的影响（郭华等，2007）。

1960～2007 年鄱阳湖最大的支流——赣江平均径流系数为 0.540。就赣江流域径流系数的年代际变化而言，20 世纪 60 年代为 0.515，70 年代为 0.553，80 年代为 0.527，90 年代为 0.568，2000～2007 年为 0.535。各年代径流系数变化中，20 世纪 60 年代最小，90 年代年代际距平最大，为 0.028，表明赣江流域 90 年代径流系数明显升高。

信江流域的多年平均径流系数为 0.610，相对于同期赣江流域的径流系数，高出 0.07。径流系数的年代际变化上，20 世纪 60 年代为 0.578，70 年代为 0.599，80 年代为0.615，90年代为0.662，2000～2007年为0.594。流域径流系数在前40年是不断升高的，特别是20世纪90年代增加尤为显著，距平为0.052，但2000年以后有所下降。

抚河流域平均径流系数为0.453，其中20世纪60年代为0.462，70年代为0.465，80年代为0.472，90年代为0.462，2000～2007年为0.403。在各年代径流系数的距平变化中，2000～2007年最小，为－0.05，20世纪80年代年代际距平最大，为0.021。抚河流域的径流系数在1960～2000年变化不大，略有降低，但2000～2007年下降幅度较大。

对于饶河流域，由于目前只有乐安江的水文资料，故暂只研究乐安江的径流系数情况。乐安江虎山站以上流域多年平均径流系数为0.633，其中20世纪60年代为0.588，70年代为0.657，80年代为0.613，90年代为0.726，2000～2007年为0.578。20世纪90年代年代径流系数最大，距平为0.093，同时，乐安江流域的径流系数比信江流域同期平均高出0.023。

修水流域多年平均径流系数为0.528，其中，修水上游高沙站以上流域径流系数为0.580，其重要支流潦水水系的径流系数为0.613。修水上游，20世纪60年代径流系数为0.517，70年代为0.606，80年代为0.560，90年代为0.628，2000～2007年为0.587，20世纪90年代年代际距平为0.048。潦水水系60年代为0.538，70年代为0.638，80年代为0.615，90年代为0.708，2000～2007年为0.569，其中20世纪90年代年代际距平为0.095，增加显著。

从各子流域多年平均径流系数来看（图4-9），信江和饶河流域的径流系数相对较大，都在0.60以上；而抚河流域的较小，不到0.50。就年代际变化而言（图4-10），五河水系中除抚河以外，各河径流系数均在20世纪90年代有明显升高，特别是饶河（乐安江）、信江及修水支流潦河流域升高比较显著，其次是赣江，而抚河流域变化不大。赣江流域与修水、饶河流域（乐安江）的变化趋势基本一致，20世纪70年代前径流系数较小，70年代有所上升，80年代下降，90年代上升较为明显，2000年以后又有所下降。信江流域与以上两个流域不同的是：20世纪60～80年代，径流系数变化不大，但90年代的径流系数较高，达到了0.66。修水流域的径流系数自20世纪60年代开始一直处于上升状态，90年代达到最高值。抚河流域的径流系数变化不同于其他四

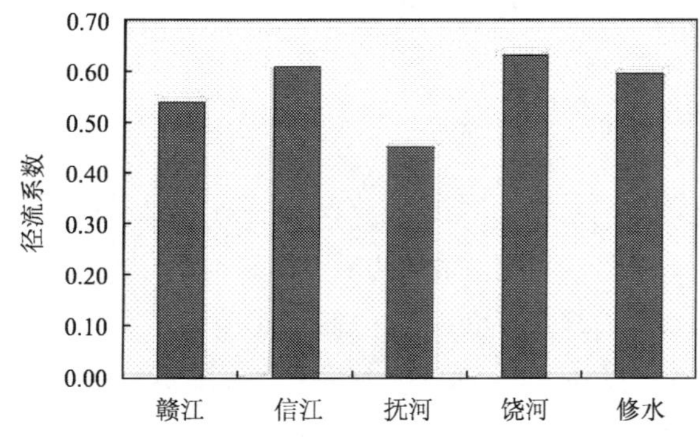

图4-9 鄱阳湖流域多年平均径流系数

河，径流系数在 20 世纪 60～80 年代变化不大，但 90 年代该流域径流系数却相对 80 年代下降了 0.01，2000～2007 年的径流系数又在 20 世纪 90 年代的基础上降低 0.06。

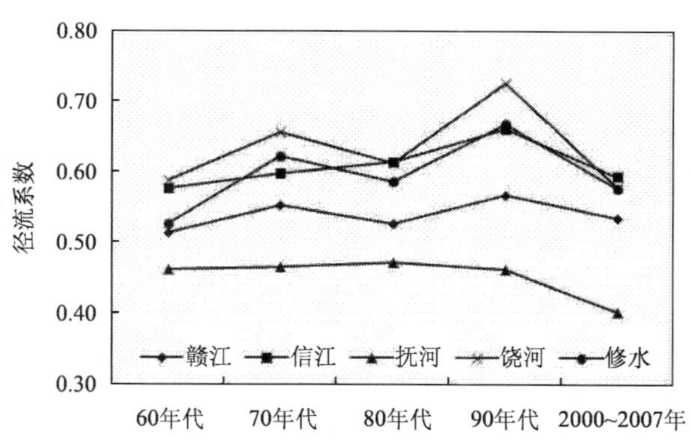

图 4-10　鄱阳湖流域径流系数的年代际变化

4.2.5　径流变化影响因子

径流的形成、变化规律受诸多因素的影响，一般可以归结为自然因素和人为因素两类。自然因素主要是指气候条件，其对水循环的影响是复杂的、多层次的，不同时空尺度的水循环都有其相应的气候背景。气候要素中的降水对水循环的影响最为直接，降水的形式、总量、强度以及时空分布特征对区域的水文循环有着明显的制约作用。此外，气候因子还通过发生在陆面和土壤中控制陆面与大气之间水分、热量和动量交换的陆面过程间接地影响水分循环，如气温、日照、风速和相对湿度对陆面蒸散发过程的影响等（刘昌明，2004）。

人类活动对水循环过程的影响也包括直接和间接两种方式。直接的方式如从河流或地下水含水层直接抽取水资源用于工农业生产和生活需求，间接方式包括对水循环的质量、数量、水循环环节和周期等方面的影响，比如引蓄水、拦河修坝、修建水库、废污水排放等水资源开发与利用。此外，人类活动对水分循环的影响还通过森林砍伐、水土保持、农业开发活动、城市化发展等土地利用的开发活动改变土地利用/覆被的特征，从而影响着水文循环的各个环节。

4.2.5.1　气候因素

根据 1960～2007 年鄱阳湖流域气象资料结果，流域降水总体都呈弱上升趋势，趋势性不明显，MK 检验统计值为 1.09。降水年际波动较大，不同时段的变化差异显著。图 4-11 所示的流域年平均降水曲线的 *UF* 值变化自 20 世纪 70 年代初以来开始大于 0，反映出降水过程在 60 年代以下降趋势为主，自 70 年代初开始呈长期的上升趋势。降水变化过程总体呈现出阶段性的上升和下降，反映出流域降水在不同时期总体以枯、丰交替的形式出现。其中 1962～1968 年、1984～1991 年和 21 世纪初的 2003～2008 年是三个典型的连续枯水段，而 1992～2002 年为持续时间较长的丰水段，1969～1983 年流域降水年际波动较大，趋势不明显，为平水段。鄱阳湖流域的降水过程，与图 4-4 所示的流域五河水系径流过程大体相当，存在年代际尺度枯、丰交替的周期变化。因此，在很大程度上来讲，20 世纪 90 年代罕见的鄱阳湖洪水事件，是流域降水丰水时期的具体表现，而 1963～1968 年、1983～1991 年以及 2003～2007 年的连续枯水年是水文丰枯交替枯水段的表现。

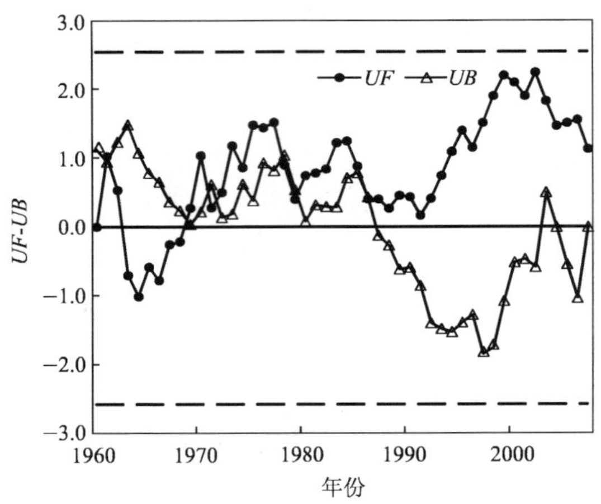

图 4-11　鄱阳湖流域降水的年际变化趋势

图 4-12 所示流域降水量和径流量的相关性极强。根据对降水和径流实测资料统计，1960～2007 年鄱阳湖五河水系修水、饶河、信江、抚河和赣江的年降水量与径流的相关系数分别为 0.89、0.88、0.94、0.91 和 0.89，均通过 99%的置信度检验，表明降水是影响流域径流变化的主要因素。

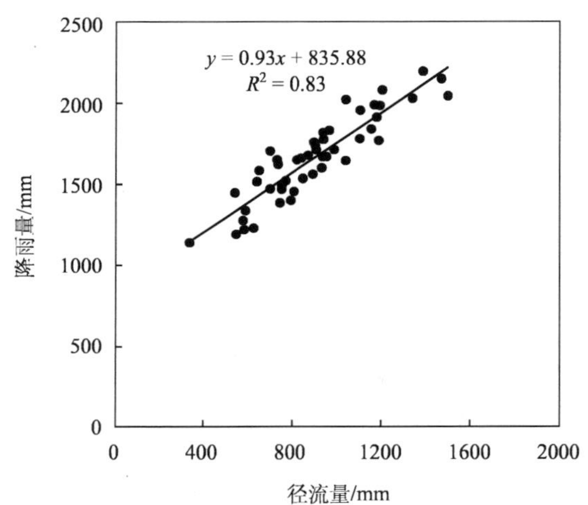

图 4-12　鄱阳湖流域降水与径流的相关关系

降水对径流系数的影响也很突出，图 4-13 和图 4-14 显示流域径流系数的年际变化过程与降水量密切相关，其相关系数为 0.66，通过 95%的置信度检验。根据前面对流域多年平均和年代际径流系数变化的分析，可知鄱阳湖五河水系的径流系数大多在 20 世纪 90 年代达到最大值，其中以饶河流域和信江流域的径流系数为最。有研究显示，20 世纪 90 年代流域径流系数增加突出，主要是由于降水量的增加，特别是流域夏季暴雨频率的增加，造成损失水量比重下降以及汇流时间缩短引起的（郭华等，2007）。其中 1991～2003 年夏季平均暴雨量、平均降水量分别比 1961～1990 年夏季平均暴雨量、平均降水量高出约 107.81 mm、156.48 mm，是引起鄱阳湖流域 20 世纪 90 年代出现多次洪涝灾害的主要因素。

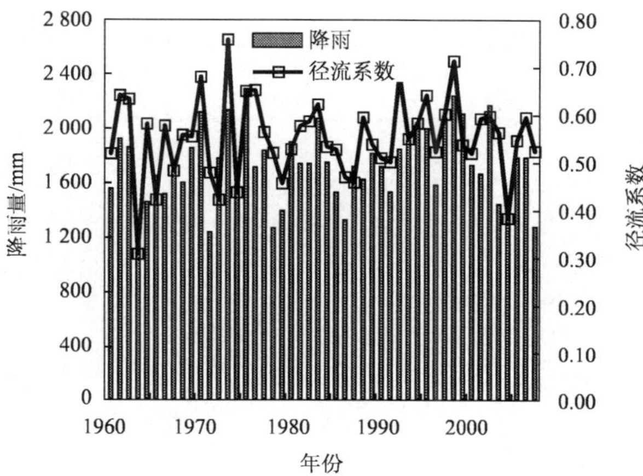

图 4-13　鄱阳湖流域年均降水量和径流系数变化

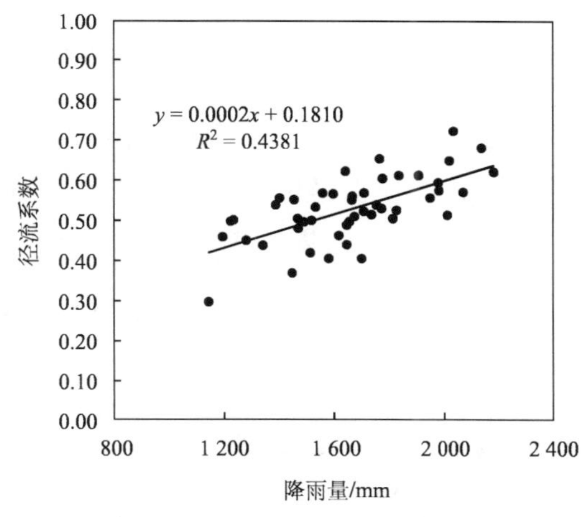

图 4-14　鄱阳湖流域年均降水量和径流系数的相关关系

相对降水来说，鄱阳湖流域气温上升趋势较为显著，MK 检验统计值为 3.80。但是在过去的近 50 年，流域平均气温的变化总体上经历了一个先下降后上升的过程（图 4-15）。其中，20 世纪 60～70 年代初流域气温处于下降趋势，70 年代和 80 年代流域气温变化不大，自 80 年代末开始流域气温开始呈现稳定增加趋势。气温的变化过程与降水过程不同，近 50 年流域年均气温经历了一次显著的波动。年均气温在 1997 年之前总体呈下降趋势，1997 年发生转折以后呈上升过程，并且上升趋势至今未减（图 4-15）。根据气温资料的统计结果可知，2000～2007 年鄱阳湖流域年均气温达 18.14℃，为近 50 年来最高，之前的 20 世纪 60 年代、70 年代、80 年代和 90 年代年均气温分别为 17.50℃、17.23℃、17.22℃和 17.71℃，其中 90 年代是流域气温升高最快的时期。

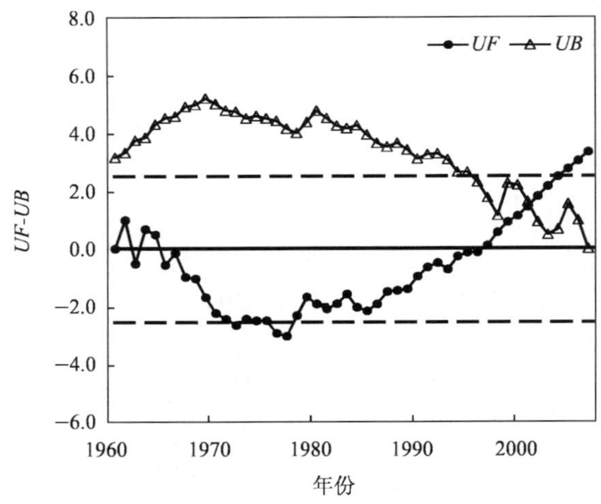

图 4-15 鄱阳湖流域年平均气温的年际变化趋势

统计显示流域年平均气温与径流的相关程度极低，1960～2007 年鄱阳湖五河水系的修水、饶河、信江、抚河和赣江的温度与径流的相关系数分别为 0.02、0.01、−0.06、0.01 和 0.02，没有统计意义的相关关系，但温度可以通过影响蒸发量和降水量而间接影响河流径流。

根据由彭曼公式（Monteith，1965）计算的流域潜在蒸发量的变化可知，流域多年的潜在蒸发过程呈长期的下降趋势（图 4-16）。潜在蒸发的下降趋势在 20 世纪 90 年代初期达到显著性水平，其中 20 世纪 90 年代流域年平均潜在蒸发比 1960～1989 年减少

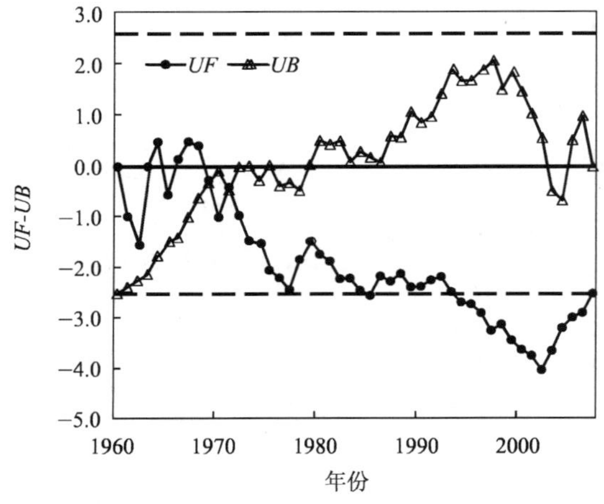

图 4-16 鄱阳湖流域潜在蒸发的年际变化趋势

约 4.7%。在流域尺度上，潜在蒸发量与径流量呈负相关关系（图 4-17），其相关系数为－0.45，通过 95%的置信度检验，说明流域潜在蒸发的长期减小趋势，在一定程度上对径流的增加有影响。同样，流域径流系数的变化与潜在蒸发也呈负相关关系，其中赣江流域蒸发量与径流系数的相关系数为－0.41，抚河流域、信江流域的蒸发量与各自径流系数的相关系数在－0.48 和－0.45 左右，均通过 95%的置信度检验。由此可见，蒸发量的变化对径流系数的影响虽然弱于降水量，但也是导致径流变化的重要因素。

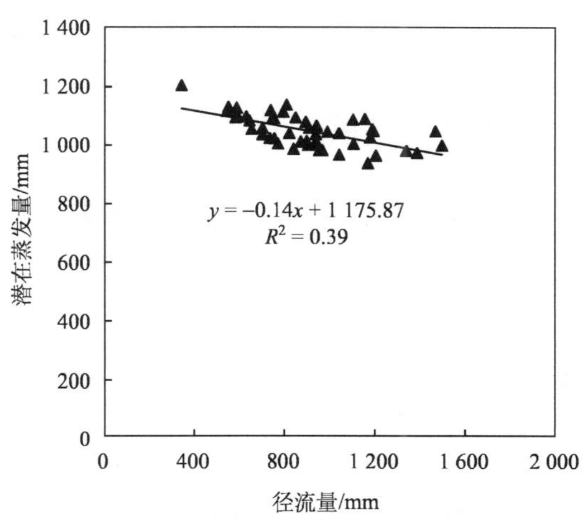

图 4-17　鄱阳湖流域潜在蒸发与径流的相关关系

4.2.5.2　人类活动因素

鄱阳湖流域人类活动对水资源变化的影响突出表现在三个方面：人为因素导致的流域下垫面地表覆被的变化、流域水利工程的建设和工农业用水损耗等。

首先，江西省是我国森林面积较大的省份之一，然而近 50 年，以耕地为主的流域植被覆盖率发生了很大的变化（图 4-18）。据相关统计，新中国成立初期（1949 年），江西省的森林覆盖率为 40.36%，后来由于政治原因、人口迅速增长和经济发展，流域的森林砍伐现象非常严重，森林覆盖分别下降至 20 世纪 60 年代的 37.3%、70 年代的 32.7%和 80 年代初期的 31.5%。自 1983 年开始，江西省开展了以山水综合治理为主的“山江湖工程”，森林覆盖率开始迅速提高，到 1996 年江西省森林覆盖率达到 53.3%，进入 21 世纪，森林覆盖率更是超过 60%，与此同时，流域水土流失状况也开始得到有效缓解。森林植被对保护生态环境、防止水土流失、增加土壤对水源的涵蓄能力具有重要作用。鄱阳湖流域水土流失最严重的时期是 20 世纪 70 年代中期到 80 年代末（图 4-18），水土流失主要分布在河流的中上游地区，其中以赣江流域为主，尤其是上游的贡水流域，其次是抚河、信江；再者是修水、饶河（左长清，1999；马逸麟等，2001）。由于植被稀少，山地对表面径流失去蓄、滞能力，从而导致降水后，径流量大、汇流快。此段时期内除了抚河流域径流系数有所上升之外，修水和信江变化不大，赣江和饶河（乐安江）流域却在下降。尽管 20 世纪 90 年代流域植被覆盖率大大提高，水土流失状况有效缓解，但是各流域的径流系数却在显著增加，特别是赣江上游和信江流域，对于这一现象除了20世纪90年代流域降水普遍较大外，新生林地的结构性矛盾严重削弱了森林保持水土、涵养水分的功能，也起了一定的促进作用（张强等，2011）。

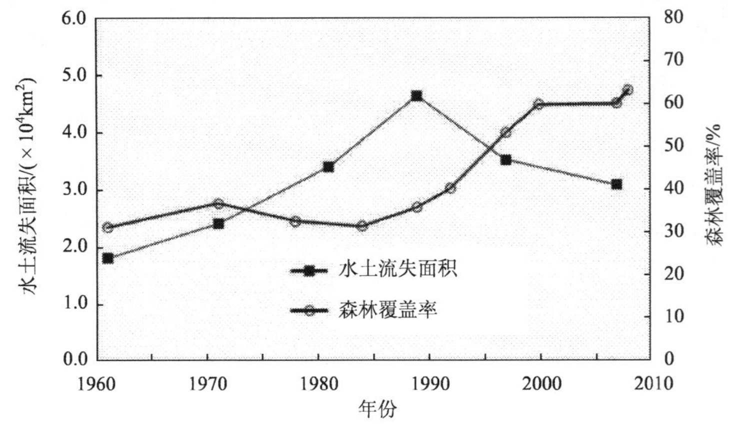

图4-18 近50年江西省水土流失面积与森林覆盖率变化
（部分数据来自江西省水土流失面积与森林覆盖率的相关报道）

其次，鄱阳湖流域河川径流总量丰富，但季节和年际变化较大，地区分布差异大，所以兴建了很多水利工程。自20世纪50年代开始到2001年，江西省境内共建成各类水库9603座。其中大型水库25座，中型水库238座，各类水库总库容达293×10^8 m^3（闵骞等，2011）。流域水库的分布以赣江流域最多，抚河流域除了有大型水库——洪门水库外，还有赣抚平原灌区，是水资源利用强度最大的流域，信江和饶河流域水库相对较少。水库对天然水量进行调蓄，不仅在时间上对水量进行再分配，以余补缺，还将极大的方便工农业取水，增加流域水资源的利用效率，势必对径流过程产生很大影响。如修河上游地形复杂，河道转折，水力资源丰富，在柘林修筑了拦河坝后，使修河干流上游成为巨大的水库，使得损失水量比例下降及汇流时间缩短。据分析，近50年，特别是20世纪90年代，修水流域上游的径流系数呈现非常显著的增加趋势，通过了99%的置信度检验，水利工程对此有较大的加强作用。另外，抚河流域的径流系数变化与其他4个流域尤为不同，年际、年代际变化均不明显，这与抚河中游建有金临渠、赣抚平原总干渠有关系。

另外，随着江西省社会经济的发展、人口的增多，工农业以及生活耗水量占地表水资源量的比重也呈现增大趋势。根据江西省水利厅网站公布的水资源公报计算的1999～2004年江西省耗水量的分配及其占地表水资源量的比例可知，在各年的耗水成分中，农业灌溉始终占据较大比例，均在70%左右；再加上林牧渔，农业用水耗水量占全年总耗水量的80%以上；工业用水占全年总耗水量的比例在10%左右，其余10%左右消耗于城镇和农村生活用水。随着江西省人口数量的增长和社会经济的发展，1999～2004年，江西省总耗水量占地表水资源量的比例也处于逐步上升的趋势，从7%左右上升到11%左右，这些都在一定程度上降低了流域地表径流的总量。

4.2.6　气候变化和人类活动影响因素的定量区分

4.2.6.1　定量区分方法

气候变化将导致降水和潜在蒸发能力的变化，从而引起流域水文水资源发生相应的变化。由于水文敏感性可以认为是流域多年平均径流的改变量对降水和潜在蒸发改变量的响应，因此流域尺度上气候变化所引起的径流改变分量，可通过降水、潜在蒸发以及径流的敏感性关系来确定，然后在此基础上分离出人类活动对径流变化的影响分量（Li et al.，2007；叶许春等，2009）。

对于一个自然闭合流域，其水量平衡表达式如下：

$$P = E + Q + \Delta S \tag{4.11}$$

式中，P 是降水量；E 是实际蒸散发量；Q 是径流量；ΔS 是流域土壤储水量的变化。对于一个长期的流域水量平衡，可以认为 ΔS 近似等于 0。

Zhang 等（2001）通过对流域尺度上植被变化引起蒸发量改变的研究，指出流域长期的年平均蒸散发很大程度上是由降水和潜在蒸散发决定的。流域长期的年平均蒸发量与降水和潜在蒸散发之间存在如下关系：

$$\frac{E}{P} = \frac{1 + w(E_0/P)}{1 + w(E_0/P) + (E_0/P)^{-1}} \tag{4.12}$$

式中，w 是植被可利用水系数，表示不同植被类型利用土壤水的相对差异（主要表现为植被根系深度的不同），在湿润或干燥的条件下，w 对潜在蒸发的影响很小。潜在蒸发量由彭曼公式（Monteith，1965）计算：

$$E_0 = \frac{0.408\Delta(R_n - G) + \gamma \dfrac{900}{T + 273}u_2(e_s - e_a)}{\Delta + \gamma(1 + 0.34u_2)} \tag{4.13}$$

式中，Δ 为饱和水汽压与温度关系曲线的斜率（kPa/℃）；γ 为干湿度表常数（kPa/℃）；R_n 为地表净辐射通量（$MJ/m^2 \cdot d$）；G 是土壤热通量（$MJ/m^2 \cdot d$）；T 为 2 m 高空气平均温度（℃）；u_2 为 2 m 高的风速（m/s）；e_s 为饱和水汽压（kPa）；e_a 为实际水汽压（kPa）。

在知道流域降水和潜在蒸发的情况下，公式（4.12）可用于无实测水文资料地区的水资源计算。根据前面分析的流域降雨-径流变化特征，选择鄱阳湖流域 1960～1969 年气候、径流条件为基准，分析其他时期流域气候变化和人类活动对径流变化的影响分量。依据 1960～1969 年气候、径流条件，在公式（4.11）、（4.12）和（4.13）的基础上，率定流域平均有效水系数 w 为 0.56。

由气候变化引起的流域降水或潜在蒸散发量的改变，是导致水量平衡变化的重要因素（Dooge et al.，1999），气候变化引起的流域多年平均径流改变量可由如下公式表示（Koster and Suarez，1999；Milly and Dunne，2002）：

$$\Delta Q_{clim} = \beta\Delta P + \gamma\Delta E_0 \tag{4.14}$$

式中，ΔQ_{clim}、ΔP 和 ΔE_0 分别是径流、降水和潜在蒸散发的改变量；β 和 γ 是径流对降水和潜在蒸散发的敏感性参数。该公式对水量变化受年降水控制的湿润地区的径流敏感性分析非常有用，可用于分析气候变化引起的水文响应、水资源对气候变化的敏感性等。其中β、γ可用如下公式来计算：

$$\beta = \frac{1 + 2x + 3wx}{(1 + x + wx^2)^2} \tag{4.15}$$

$$\gamma = -\frac{1 + 2wx}{(1 + x + wx^2)^2} \tag{4.16}$$

式中，x是干燥系数，即E_0/P。

对于具体流域，径流的改变是气候变化和人类活动综合作用的结果。这里假设径流量的改变量是气候变化引起的改变分量与人类活动引起的改变分量之和：

$$\Delta Q_{\text{obs}} = \Delta Q_{\text{clim}} + \Delta Q_{\text{hum}} \tag{4.17}$$

式中，ΔQ_{obs}是实测径流的改变量；ΔQ_{hum}是人类活动对径流改变的贡献。

以上各式中，流域平均径流采用各水文监测站径流及其控制面积的加权平均值，所有径流均以径流深度计。流域降水及潜在蒸发的计算采用各子流域内气象站数据的平均值。计算过程中，以1960～1969年为径流变化的基准期，分析其他年代气候变化和人类活动引起的流域径流的相对变化。

4.2.6.2 结果分析

根据上述定量评价方法，计算不同时代鄱阳湖流域气候变化和人类活动对径流变化的影响分量，其结果列于表4-7。由于没有修水和饶河流域出口控制站的水文资料，这里仅分析赣江、信江、抚河以及鄱阳湖流域平均情况下气候变化和人类活动的影响分量。

表4-7 鄱阳湖流域赣江、信江、抚河及流域平均状况下气候变化和人类活动对径流变化的影响分量

河流	时期	P /mm	E_0 /mm	Q /mm	β	γ	ΔQ_{clim} /mm	ΔQ_{hum} /mm	$\Delta Q_{\text{clim}}/\Delta Q$ /%	$\Delta Q_{\text{hum}}/\Delta Q$ /%
赣江	1960～1969	1444.18	1135.20	760.70	0.92	−0.46	—	—	—	—
	1970～1979	1541.33	1071.04	876.37			118.89	−3.21	102.78	−2.78
	1980～1989	1534.73	1066.64	813.04			114.83	−62.49	219.39	−119.39
	1990～1999	1671.09	1037.61	954.88			253.63	−59.44	130.62	−30.61
	2000～2007	1531.26	1065.86	822.97			112.00	−49.72	179.86	−79.85
信江	1960～1969	1735.99	1144.36	1017.34	1	−0.52	—	—	—	—
	1970～1979	1862.89	1096.17	1158.76			151.73	−10.31	107.29	−7.29
	1980～1989	1778.27	1054.10	1100.39			89.36	−6.13	107.60	−7.38
	1990～1999	2037.28	1025.69	1378.05			362.49	−1.78	100.49	−0.49
	2000～2007	1740.48	1066.05	1046.86			45.42	−15.90	153.86	−53.86
抚河	1960～1969	1580.16	1126.16	749.46	0.96	−0.49	—	—	—	—
	1970～1979	1649.39	1074.91	803.46			91.37	−37.36	169.20	−69.19
	1980～1989	1662.13	1054.64	796.33			113.48	−66.61	242.12	−142.12
	1990～1999	1807.94	1037.03	852.34			261.73	−158.54	254.40	−154.10
	2000～2007	1640.20	1078.75	682.33			80.68	−147.81	120.18	−220.18

续表

河流	时期	P /mm	E_0 /mm	Q /mm	β	γ	ΔQ_{clim} /mm	ΔQ_{hum} /mm	$\Delta Q_{clim}/\Delta Q$ /%	$\Delta Q_{hum}/\Delta Q$ /%
流域平均状况	1960～1969	1562.49	1110.05	802.61	0.97	−0.50	—	—	—	—
	1970～1979	1664.17	1052.21	921.54			126.86	−7.93	106.67	−6.67
	1980～1989	1652.35	1034.81	865.08			124.04	−61.56	198.56	−98.54
	1990～1999	1828.41	1015.69	1033.09			303.56	−73.01	131.71	−31.68
	2000～2007	1603.89	1049.17	837.19			70.16	−35.57	202.89	−102.86

注：ΔQ_{hum}表示由人类活动引起的年平均径流的改变量，由公式（4.17）计算；"—"表示起减小径流的作用。各子流域降水和潜在蒸发采用各子流域内部气象站计算数据的平均值。

由表 4-7 可以看出，不同时期鄱阳湖流域气候变化和人类活动对流域径流变化的影响及其空间差异具有以下特点：

（1）相对于基准期 1960～1969 年，在鄱阳湖流域及其主要水系赣江、信江及抚河中，尽管不同年代的气候变化和人类活动对径流变化的影响分量相差较大，但气候变化因素始终起着增大径流的作用，而人类活动则起着减小径流的作用。

（2）不同年代，各子流域气候变化对径流变化的影响分量不同，充分体现了不同子流域内部气候变化的差异，并在径流变化上产生反馈。例如，相对于基准期，1980～1989 年，气候变化引起径流改变最大的是赣江，达到 114.83 mm，其次为抚河 113.48 mm，信江最小为 89.36 mm。然而 1990～1999 年，气候变化引起径流改变最大的是信江，为 362.49 mm，其次为抚河 261.73 mm，赣江最小为 253.63 mm。

（3）不同子流域间人类活动对水资源的开发利用程度不同，其所造成的流量损失及其相对作用也不同。抚河流域水资源利用程度高，人类活动对径流的减小作用最为显著，其次为赣江流域，而信江流域最小。与基准期相比，2000～2007 年，抚河流域因人类活动因素造成流域径流减小 147.81 mm，而气候变化仅引起流域径流增加 80.68 mm。气候变化和人类活动的综合作用引起抚河径流量的减小，其相对贡献分别为 120.18%和 −220.18%，此时的人类活动作用已成为引起径流变化的主导因素。

（4）就鄱阳湖流域平均状况而言，气候变化是引起流域径流变化的主导因素，而人类活动则起着减小径流的辅助作用。2000 年以前的各个年代，气候变化和人类活动的综合作用引起的径流变化量总体呈增加趋势，并以 20 世纪 90 年代为最，2000 年以后有个减小的过程，但就其相对贡献而言，2000～2007 年要远大于其他年代。

4.3　流域径流过程模拟

4.3.1　流域分布式水文模型构建

4.3.1.1　模型输入数据

WATLAC 模型的输入数据主要有流域 DEM 数据、水系分布图、土地利用图、土壤分布图以及气象水文资料等。其中，流域土地利用分布见彩图 4-19。

其中，土地利用类型数据来源于遥感解译的1996年鄱阳湖流域1∶100万土地利用分布图。根据模型需要，采取一级和二级分类相结合的方法将原数据重新分为6类：耕地、林地、灌丛、草地、水体和建设用地，分别占流域面积的27.8%、48.7%、13.2%、4.0%、4.6%和1.7%（彩图4-19）。不同植被的透水率、最大根深、糙率参考陆面数据同化系统LDAS（land data assimilation system）确定。不同土地利用类型叶面积指数（LAI）的年内变化采用NOAA-AVHRR（national oceanic and atmospheric administration-advanced very high resolution radiometer）卫星的归一化植被指数（NDVI）资料反演的方式获得（Sellers et al.，1996）。

土壤数据来源于中国科学院南京土壤研究所提供的1∶100万鄱阳湖流域土壤数据库，(图1-5)（Shi and Yu，2004；Shi and Yu，2006）。根据所建模型的需要，将研究区内的主要土壤类型确定为8种：红壤、黄壤、黄棕壤、紫色土、石灰土、水稻土、冲积土（包括水体）和红壤性土，分别占研究区总面积的43.2%、6.5%、0.8%、1.4%。0.2%、21.0%、2.7%和24.2%。各种土壤类型的相关属性数据包括总孔隙度、田间持水量以及饱和渗透系数。

逐日降水资料取自流域内14个国家气象站（通过95%置信度检验），潜在蒸发量由Penman公式计算。选取鄱阳湖流域6个水文观测站的实测径流资料对模拟结果进行检验，分别是外洲站、峡江站、李家渡、梅港站、石镇街站和万家埠站，各水文站多年径流特征见表4-1。

由于WATLAC是基于网格的分布式水文模型，因此模型的输入数据如DEM数据、土地利用和土壤分布等，首先采用ArcGIS 9.0软件生成相同网格大小的栅格数据。网格单元的气象数据取自离该网格最近的气象站（即nearest-neighborhood方法），由模型自动识别。

4.3.1.2 模型构建

在大尺度流域，降水、蒸发和下垫面条件的空间分布不均匀性较大，水文过程模拟的准确性有赖于输入数据对流域特征的描述（Chaplot，2005；Ye et al.，2011a）。运用WATLAC模型以鄱阳湖信江流域为例分析了网格大小对流域水文过程模拟的影响，结果表明，尽管不同网格大小的模型模拟效果存在一定的差异，但1 km、2 km、4 km网格模型均能较好的表达流域的降水径流过程（叶许春和张奇，2010）。并且，在以前的研究中，刘健和张奇（2009）曾采用4 km网格建立了赣江流域分布式水文模型，具有一定的模拟精度。因此，基于对流域的尺度、模拟精度的需求以及计算效率的考虑，采用了4 km×4 km尺寸的网格单元对鄱阳湖流域进行离散。整个鄱阳湖流域共生成9937个单元，模型模拟流域陆地集水域面积15.90×10^4 km^2，包括赣江等五河干流及其36条主要支流，以及环湖区的两条入湖河流——西河和潼津水。

模型对地下水含水层系统作了简化处理，概化为一层潜水含水层，模拟地下水与河道之间的水量交换。含水层饱和渗透系数（K）和给水度（s）等物理参数主要通过模型率定确定。地表径流过程模拟以日为时间步长，地下水模拟采用1～15 d不等的变时间步长。

4.3.1.3　模型率定与验证

鄱阳湖流域径流水文模型的参数主要由两类组成，其中大多数土地利用参数、土壤参数和水文参数可根据或遥感信息或实测数据直接确定，而一些经验公式参数则需要利用实测水文站的径流资料进行率定。受流域研究资料的限制，模型的率定主要是在考虑流域整体水量平衡的基础上，考察流域内五河水系中 6 个水文监测站的日径流数据与模拟值之间的差异及其拟合程度。用 Nash-Sutcliffe 效率系数（E_{ns}）（Nash and Sutcliffe，1970）和多年径流相对误差（R_e）作为率定参数的目标函数：

$$E_{ns} = 1 - \frac{\sum_{i=1}^{n}(Q_o - Q_m)^2}{\sum_{i=1}^{n}(Q_o - \overline{Q}_o)^2} \tag{4.18}$$

$$R_e = \left[\frac{\sum_{i=1}^{n}Q_m - \sum_{i=1}^{n}Q_o}{\sum_{i=1}^{n}Q_o}\right] \times 100\% \tag{4.19}$$

式中，Q_o 为实测值；Q_m 为模拟值；$\overline{Q}_o$ 为实测值的平均值；n 为径流系列的长度。Nash-Sutcliffe 效率系数（E_{ns}）可以定量表征对整个模拟过程拟合好坏的程度，是描述模拟值对实测值的拟合精度的无量纲统计参数。如果 $E_{ns}=1$，说明模拟值和实测值完全吻合，如果 E_{ns}为负值，则说明模型的模拟值比直接使用实测平均值的可信度更低。多年径流相对误差（R_e）是模拟时段模拟值和实测值总和的误差，R_e 的绝对值越小，表示两者在总量上越接近；越大则表示两者的总量差别越大，模拟结果越差。

模型的率定期为 1991 年 01 月 01 日～1995 年 12 月 31 日，模型验证期为 1996 年 01 月 01 日～2001 年 12 月 31 日。模型的率定采用“试错法”（trial and error）。表 4-8 列出了率定期和验证期内分布于流域五河水系 6 个水文站日径流模拟的 Nash-Sutcliffe 效率系数（E_{ns}），以及相对误差（R_e）的统计结果。结果表明，基于 WATLAC 的鄱阳湖流域水文模型总体取得了较好的模拟效果。在所有模拟的 6 个水文站日径流过程中，率定期和验证期径流模拟的 Nash-Sutcliffe 效率系数为 0.63～0.88，表明模型运行稳定，能够充分再现流域的降水-径流过程。

表 4-8　鄱阳湖流域 6 个水文站径流模拟效果

水文站	子流域	率定期（1991 年 01 月 01 日～1995 年 12 月 31 日）		验证期（1996 年 01 月 01 日～2001 年 12 月 31 日）	
		E_{ns}	R_e/%	E_{ns}	R_e/%
外洲	赣江	0.79	−1.02	0.73	3.27
峡江	赣江	0.74	−10.38	0.65	−4.32
李家渡	抚河	0.82	16.16	0.85	11.30
梅港	信江	0.88	−1.30	0.84	−3.10
石镇街	饶河	0.81	−2.74	0.63	9.16
万家埠	修水	0.71	−13.64	0.68	−4.35

模拟结果显示，鄱阳湖流域多年平均降水量为 2757.36×10^8 m^3，其中入湖水量约为 1715.04×10^8 m^3，占总降水量的 62.1%。流域多年平均蒸散发量为 1042.32×10^8 m^3，占总降水量的 37.9%。模型模拟的实际蒸散发与基于互补关系的 GG 模型计算的实际蒸散发量（1077.64×10^8 m^3）（刘健等，2010）较为接近，偏差为 3.3%。

4.3.2 不同排放情景下流域径流预测

IPCC 第四次评估报告指出，近 100 年（1906～2005 年）全球地表温度上升了 0.74℃，气候系统的变暖毋庸置疑（秦大河等，2007）。随着全球气温的升高，水循环加快，全球水资源的时空分布特征将会改变。鄱阳湖流域是气候变化的敏感地区，也是长江中下游水旱灾害最为频繁的区域。20 世纪后 40 年中，尤其是 90 年代流域经历了快速的温度升高和降水量的大幅度增加，引起了流域频繁出现大洪水。进入 21 世纪，在温度持续升高、降水不断下降的新形势下，近年来鄱阳湖又出现的持续枯水事件，严重影响了流域的社会经济发展。洪、旱灾害不仅仅是局部区域的偶然事件，它与全球尺度的气候背景有关。许多学者认为，未来气候变暖有可能加剧水循环过程，进而使水旱灾害的频率和强度增加（Huntington，2005；Milly and Dume，2002）。在气候变化背景下，鄱阳湖未来的水资源状况，湖区的水旱灾害发展趋势，是地方水资源管理和水旱灾害防控必须面对的现实而又复杂的问题。

4.3.2.1 鄱阳湖流域未来气候情景的建立

1）ECHAM5 模式

在众多的全球气候模式中，ECHAM 是一款完全耦合大气和陆地表面系统的气候模式（Marie et al.，2008），是 IPCC 历次评估报告均采用的大气环流模式之一。ECHAM5 模式是德国马普气象研究所（Max-Planck Institute for Meteorology）在 ECHAM4 的基础上改进的最新一代大气环流模式，其在水循环方面做了一些改进，如新增了水汽半拉格朗日传输方程、具有代表性的陆面过程等，从而更好地反映流域内产流的空间特性（Roeckner et al.，2003）。有研究资料表明，ECHAM 模式能较好地模拟中国区域气候（许吟隆等，2005；刘波等，2008）。在鄱阳湖流域，郭华等（2008）根据气候模式的输出结果和历史观测的降水、气温数据的对比分析，指出 ECHAM5/MPI-OM 模式在鄱阳湖具有一定的模拟精度，并据此预估 3 种温室气体排放情景（SRES-A2、A1B 和 B1）下 21 世纪前 50 年的气候变化。

德国马普气象研究所运用 ECHAM5 模式采用 IPCC 气候变化情景，计算了长江流域 1941～2000 年试验期气象要素，并选用 IPCC 的 3 种排放情景：SRES-A2（高排放）、A1B（中等排放）和 B1（低排放）做了 21 世纪前 50 年气候变化预估试验（郭华等，2008）。ECHAM5 模式空间分辨率为 T63（相当于 1.875°×1.875°栅格），长江流域覆盖有 79 个格点，其中鄱阳湖流域覆盖有 7 个格点（图 4-20）。本节基于这一结果，依据工业革命前的温室气体排放情景为基准模拟的 20 世纪试验期（1960～2000 年）逐日降水、温度资料，以及采用 IPCC 三种排放情景（SRES-B1、A1B 和 A2）计算的模拟期（2011～2050 年）逐日温度、降水资料，分析评估不同排放情景下鄱阳湖流域入湖径流的可能变化。

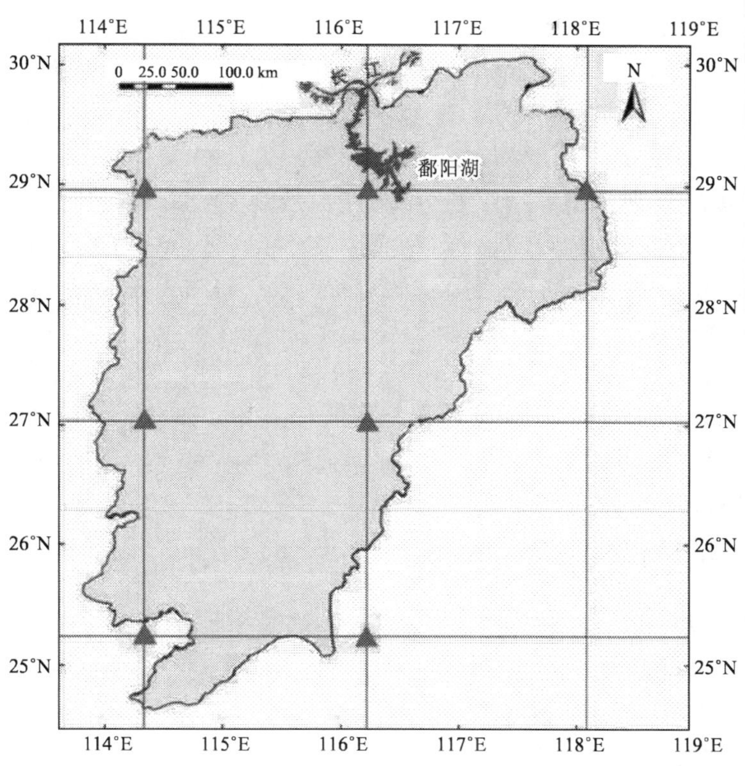

图 4-20　鄱阳湖流域附近 ECHAM5 模式的 7 个格点分布图
（三角符号所标注的位置）

2）Delta 降尺度方法

气候模式输出的信息空间分辨率较低，缺少区域气候信息，其应用受到限制，因此在实际应用中需要进行数据的降尺度处理。

Delta 方法是美国国家评价中心（http://www. nacc. usgcrp. gov）推荐应用的未来气候情景生成方法。Delta 方法是一种比较简单但是很常用的方法，即比较每个 ECHAM5 输出网格未来不同时期（2011～2050 年）月平均降水量与基准期（1961～2000 年）月平均降水量，计算降水量的变化比例，将这些变化比例乘上各个气象站基准期实测降水量，得到各站未来不同时期的降水量。值得注意的是使用 Delta 法计算未来降水量时，处在同一个 ECHAM5 输出网格内的气象站采用同一个变化比例，再将区域内所有气象站未来不同时期的降水用 GIS 方法进行内插，即可得到未来不同时期各个区域的降水量。Delta 方法在计算温度的变化时，与降水不同的是 ECHAM5 输出网格温度的变化选择温度的绝对变化量，将每个 ECHAM5 输出网格未来不同时期的逐月温度与基准期 GCM 模拟结果进行比较，得到各时期各个网格温度的变化量，将该变化量加到网格内各个气象站基准期的实测温度上。具体计算公式如下：

$$P_{f,d} = P_{o,d}\frac{\overline{P}_{f,m}}{\overline{P}_{b,m}} \tag{4.20}$$

$$T_{f,d} = T_{o,d} + (\overline{T}_{f,m} - \overline{T}_{b,m}) \tag{4.21}$$

式中，$P_{f,d}$为模拟的未来日降水量；$P_{o,d}$基准期内的观测的日降水量；$\overline{P}_{f,m}$为模拟期内 ECHAM5 计算的月平均降水量；$\overline{P}_{b,m}$为基准期内 ECHAM5 计算的月平均降水量。同样，$T_{f,d}$为模拟的未来日均温度；$T_{o,d}$基准期内的观测的日均温度；$\overline{T}_{f,m}$为模拟期内 ECHAM5 计算的月平均温度；$\overline{T}_{b,m}$为基准期内 ECHAM5 计算的月平均温度。

Delta 降尺度方法虽然结合气象站点的实测气候资料和气候模式输出的平均气候变化建立起了相应的气候情景，但是不可避免地存在许多局限性。如该方法假定当前气候的空间分布在未来各个时期是不变的，以此模拟的气候变化为相对变化而不是绝对变化（Hay et al.，2000）。然而，降尺度后的情景很好代表 GCM 或 RCM（区域气候模式）输出变化，并且其应用简单，因此，Delta 方法仍然得到了广泛的应用（Reynard et al.，2001；Akhtar et al.，2008；Marie et al.，2008）。

4.3.2.2 未来情景下流域温度和降水的潜在变化

根据 Delta 降尺度方法将 ECHAM5 模式的气候输出结果降尺度到鄱阳湖流域内分布的 14 个国家气象站上，获得各气象站 3 种不同排放情景（A2、A1B 和 B1）下 2011～2050 年的逐日温度、降水资料。

分别对 3 种气候情景下 2011～2050 年月平均温度和降水量进行统计，得到 3 种气候变化情景下流域月平均温度和降水相对于基准期 1960～2000 年历史实测数据的变化（图 4-21 和图 4-22）。由图可知，未来 40 年的气温在 3 种排放情景下都将迅速增加（图 4-21），相对 1961～2000 年流域的气温状况，A1B 情景下气温升高 0.51～1.42℃，A2 情景下气温升高 0.59～1.83℃，B1 情景下气温升高 0.56～1.75℃。在所有 3 种气候情景下，高 CO_2 排放情景（A2 情景）气温升高相对较大。在年内气温变化的各月当

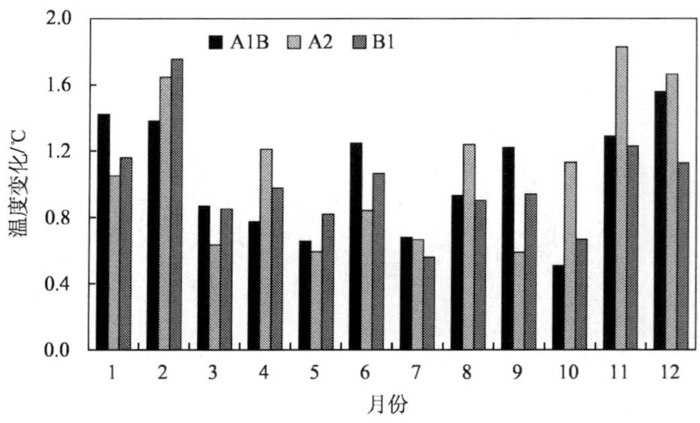

图 4-21 2011～2050 年 3 种气候变化情景下流域月平均温度的相对变化

中，11 月、12 月、1 月和 2 月这 4 个月的温度升高幅度要相对大于其他月份，这也表明在未来的温室气体排放持续的情况下，冬季气温升高的趋势将会更加的明显。

未来 3 种气候情景下降水的变化相对来说要比气温的变化稍显复杂，图 4-22 显示了 2011～2050 年月降水量的相对变化。总体来看，相对基准期 1961～2000 年，A1B 和 B1 情景下流域的年平均降水量都呈增加趋势，其增加幅度分别为 1.6%和 2.8%，而 A2 情景下流域年平均降水量呈减小趋势，减小幅度约 2.7%。在降水量的年内变化上，3 种气候情景下 3～8 月是降水量增加的主要月份，其中 6、7 月降水增加最为显著。从 9 月开始到翌年 2 月，各气候情景大多表现出降水量的减小，其中 9 月是 A2 和 B1 情景下降水量减小最大的月份，其减小幅度分别达到 31.7%和 24.9%，而 12 月是 A1B 情景下降水减小最大的月份，其减小幅度为 19.0%。

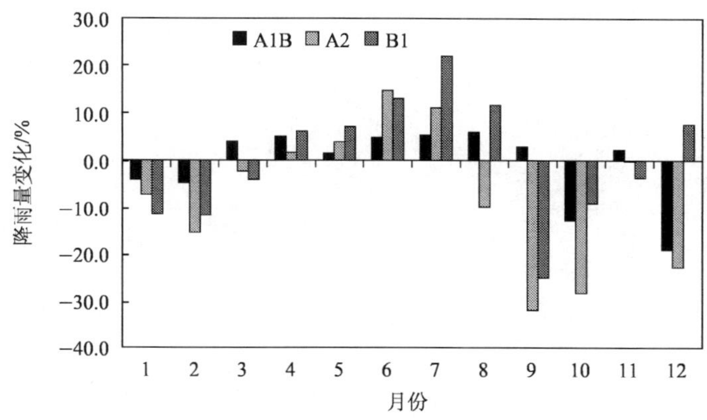

图 4-22　2011～2050 年 3 种气候变化情景下流域降水的相对变化

对流域降水的空间变化来看，A2 情景下流域南部减小幅度大于北部，东部大于西部，减小幅度最大的是赣江上游流域，减小幅度最小的是修水流域。A1B 情景下鄱阳湖流域北部以减小趋势为主（主要是修水、饶河和信江流域），而南部以降水增加为主（赣江和抚河流域）。B1 情景下流域降水的空间变化总体与 A1B 情景相当。

4.3.2.3　未来情景下流域产流量的时空变化

运用鄱阳湖流域分布式水文模型，分别在 A2、A1B 和 B1 这 3 种温室气体排放情景下的降水和蒸发（潜在蒸发的计算中仅考虑温度的变化，其他气象变量应用 1961～2000 年实测资料）驱动下，以 10 年为一个模拟期，模拟计算鄱阳湖流域 2011～2050 年逐日径流过程。同时，以此为基础，分析未来气候变化情景下流域产流量相对于基准期 1961～2000 年的时空变化情况。

其中，不同排放情景下流域日径流过程的对比分析，主要是基于日径流的超频率曲线。所谓的超频率（exceedance probability），是建立在多年日径流资料的统计基础上，为所有日数据序列中大于某一值的频率，具体表达式为

$$EP(Q_i) = \frac{n}{N} \times 100\% \tag{4.22}$$

式中，Q_i 为日径流量；n 为所有日径流序列中大于 Q_i 的样本数；N 为总的日径流数据样本数。

根据模拟结果，从入湖径流的长期变化趋势来看，2011～2050 年 A1B 和 B1 两种气候变化情景下，模型计算的入湖径流量相对于基准期 1961～2000 年表现出一定的增加趋势，而在 A2 情景下，模拟的年入湖径流量则呈减小的趋势（图 4-23）。统计结果显示，相对于基准期的流域入湖径流量，A1B 和 B1 两种气候情景下，多年平均入湖径流量将分别增加 2.9%和 6.5%，A2 情景下多年平均入湖径流量将减小 5.2%左右。

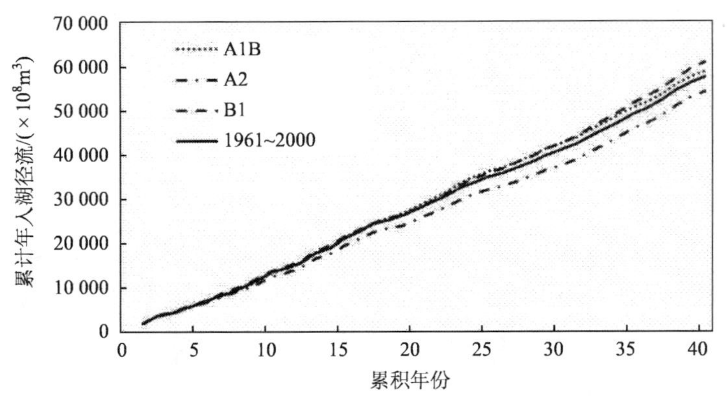

图 4-23　不同气候变化情景下流域累积入湖径流量相对于 1961～2000 年的长期变化趋势

在流域产流量的空间变化上，不同气候变化情景下五河水系入湖径流的变化也不相同（图 4-24）。相对于基准期，在 B1 情景下，模型预估的五河水系入湖径流均表现为增加的趋势，其中以赣江增加最少（3.2%），饶河增加最大（13.8%）。在 A1B 情景下，除信江水系的入湖径流呈减小外，其余四大水系的入湖径流均呈增加趋势，增加幅度以抚河为最，达到 11.7%。在 A2 情景下，五河水系中修水、赣江和信江的入湖径流呈减小状态，减小量分别为 3.2%、5.4%和 13.6%，而抚河、饶河水系入湖径流则呈轻微的增加趋势。这种五河入湖径流的空间差异，与流域降水的空间变化相对应，总体来说是东部变化大于西部，南部变化大于北部。

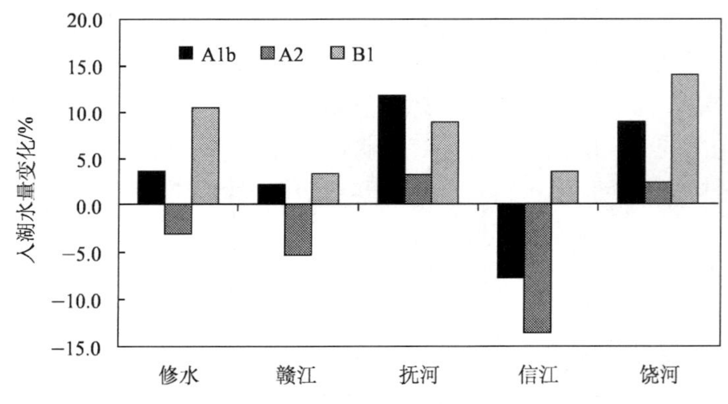

图 4-24　不同气候变化情景下五河子流域入湖水量的相对变化

气候变化将在较大程度上改变流域产流量的季节变化，具体表现为雨季流域的产流量在不断增加，而旱季的产流量却呈减小趋势（图 4-25），从而加剧流域内水旱灾害的程度。统计结果表明，1961～2000 年，鄱阳湖流域雨季 3～6 月，流域入湖径流量约占全年流域入湖总径流量的 58.8%。但是，在 3 种气候变化情景下，2011～2050 年雨季 3～6 月，流域入湖径流量分别占全年流域入湖总径流量的 61.2%、61.7%和 61.2%，比 1961～2000 年水平提高 2～3 个百分点。进一步分析流域入湖的日径流过程，发现在小于 50%超频率的日径流量上，模型计算的 2011～2050 年日入湖径流量要高于 1961～2000 年水平，尤其 A1B 和 B1 两种气候情景下，而对大于 50%超频率的日径流量，3 种气候情景下的模拟值要普遍低于 1961～2000 年水平（图 4-26）。根据日径流超频率的含义，则 Q5 和 Q95（指 5%和 95%超频率所对应的日入湖径流量）可分别代表流域雨季和枯季入湖径流的洪水和枯水极值。图 4-26 所示的日径流过程线可以看出，鄱阳湖流域在未来一段时间内水旱灾害的频率会增加，灾害程度也将会加剧。

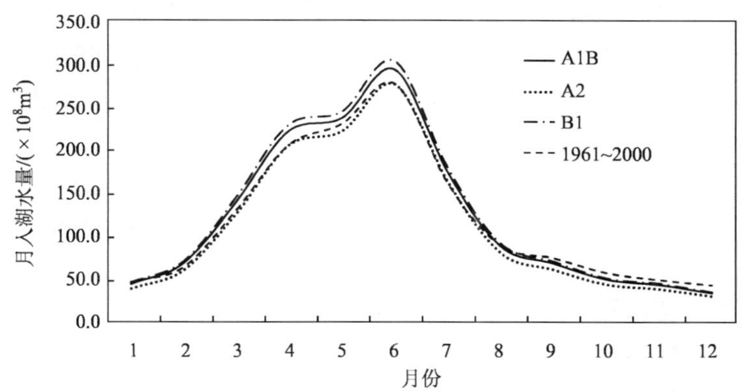

图 4-25　不同气候变化情景下流域月入湖径流量与基准期月入湖径流量的比较

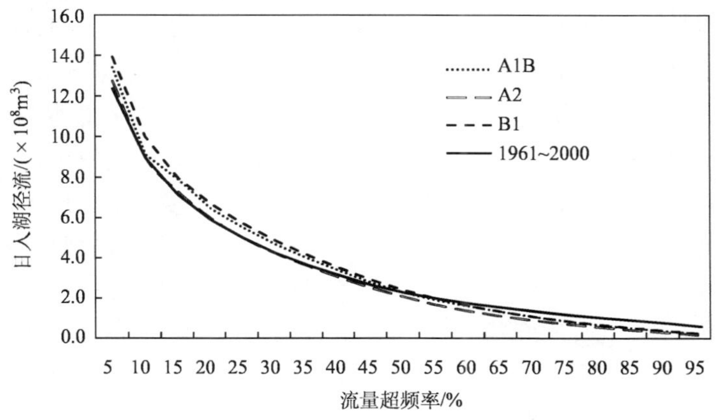

图 4-26　不同气候变化情景下日入湖径流超频率曲线与基准期内日入湖径流超频率曲线的比较

4.4 应对径流变化的对策与措施

随着环鄱阳湖地区经济与社会的快速发展，枯水季节的生活、工农业及生态环境用水需求与鄱阳湖自然洪枯水位变化之间的不协调关系日益突出（许继军等，2009；万小庆和许新发，2010）。在流域未来用水需求不断增长的条件下，气候变化也可能使得流域的水文情势更加严峻。因此，采取积极措施应对流域可能的水资源变化，不仅是由鄱阳湖流域水资源特点所决定，而且是受湖区不断加大的水旱灾害频率以及不断增长的水资源需求所决定。

针对鄱阳湖流域水资源时空分布不均的特点，可通过相关水利工程和非工程措施使水资源在空间和时间上合理的再分配来满足不同地区和季节的需要，现阶段的主要措施包括：

（1）加强流域水利工程体系建设，提高水资源调控硬件能力。一方面开展河湖整治，加固堤防，实施环湖区退田还湖以及加强主要河流中下游洼地的蓄滞洪区建设；另一方面对流域现有的主要河流上、中游水库进行改建和维护，发挥其调洪功能，缓解下游的防洪压力。

（2）加强土地利用类型的优化与控制，构建流域的生态屏障。尽管 20 世纪 80 年代以来，江西省开展了以山水综合治理为主的“山江湖工程”，森林覆盖率迅速提高，水土流失的面积也有所减小，但是在一些水土流失的重灾区，如赣江上游的贡水流域，抚河、信江、修水、饶河等局部地区水土流失现象依然严重，因此，应重点针对水土流失的重灾区，实施相应的小流域综合治理工程。在开展流域水土保持、植被恢复过程中应因地制宜的发展森林、耕地与草地等类型，同时应注重流域原生林的恢复与重建，从而增强林地的水源涵养功能。

（3）加强流域水资源综合管理体系建设，提高水资源软件调控能力。首先，进一步做好大中型水库的科学调度，挖掘水库防洪调度与兴利的潜力，是目前阶段比较切实可行的非工程措施之一。这方面的具体措施包括：建立五河-鄱阳湖-长江的一体化防洪、防旱安全体系；实行大中型水库多级汛限水位控制，或实施汛末提前蓄水；加强水库枯水期抗旱与生态调度分析。其次，增强流域尺度的灾情预警和防灾能力。利用现代预报技术，如卫星云图雷达测、雨水情遥测以及气象水文预报模型等手段，实现流域水文动态控制，结合全方位水文监测体系，及时掌握水情时空分布、变化过程和发展趋势，为防汛抗旱决策提供依据。最后，建立健全的风险管理补偿和保障机制。协调洪水资源利用效率与风险，并科学设计和制定水库洪水资源利用管理条例，逐步实现对洪水资源的依法科学管理和调度。

4.5 小　　结

本章运用长时间序列气象和水文观测数据，通过建立鄱阳湖流域水文模型，研究了流域径流的变化及其影响因素，模拟分析了未来情景下径流的变化趋势，得到以下结论：

（1）鄱阳湖流域河川径流总量丰富，但季节和年际变化较大，水旱灾害频繁。根据对1960～2007年鄱阳湖流域五河水系主要水文站径流资料的分析，在过去的近50年，除抚河外，五河水系径流总体呈长期的上升趋势，但趋势变化不显著。不同时期，“五河”径流变化存在着较大的波动，总体呈现出“增加—降低—增加—降低”的变化过程。在年代际尺度上，20世纪60年代和2000年后的流域径流总体较小，20世纪80年代次之，而70年代和90年代是流域径流相对较大的时期。流域各水系除抚河外，径流系数的变化大体与径流过程相似。流域径流的年代际变化过程，反映水文循环存在枯丰交替的周期变化。根据对外洲、李家渡和梅港三水文站径流的小波分析，可知三站径流变化均存在25～26年左右的主周期。各月径流的年际变化趋势显示，五河水系径流在1～3月、7～12月以增加趋势为主，而在4～6月大多呈现不同程度的减小趋势。

（2）鄱阳湖流域的变化特征是气候条件和人类活动等各种因素共同作用的结果。其中，流域降水与径流的相关性极高，是径流变化的主要影响因子。流域蒸发与径流呈负相关关系，潜在蒸发的长期下降趋势，在一定程度上对径流的增加起促进作用。此外，不同时期人类活动导致的流域下垫面地表覆被的变化、水利工程的建设和工农业用水损耗等也对水资源的变化的起着重要影响。基于径流对降水和潜在蒸散发的敏感关系，以1960～1969年为基准期，定量分析了不同时期流域气候变化和人类活动对天然径流的影响分量。结果表明，就鄱阳湖流域平均状况而言，气候变化是引起流域径流变化的主导因素，而人类活动则起着减小径流的辅助作用。但是，就不同子流域而言，由于其地理位置和人类活动对水资源开发利用的差异，气候变化和人类活动对水资源变化的影响分量也不相同。

（3）针对鄱阳湖流域集水面积大、空间变异性强，选择WATLAC水文模型建立了鄱阳湖流域径流模型。以1991～2001年流域五河水系6个水文站的实测日径流过程为基准，对模型进行率定和验证，结果表明模型整体精度较高，能较好的表达流域的降水—径流过程。模拟结果显示，降水的62.1％将直接转化为径流汇入鄱阳湖，而37.9％的水量将通过各种途径蒸发损失。该模型可用于预测气候变化对湖泊水量的影响研究。

（4）以德国马普气象研究所ECHAM5模式的输出结果为依据，通过Delta降尺度方法生成了3种温室气体排放情景（A2高排、A1B中排、B1低排）下鄱阳湖流域2011～2050年的气候变化情景。结果显示，3种气候情景下，流域月平均温度相对于基准期1960～2000年历史实测数据均有不同程度的升高，升高幅度为0.51～1.83℃。月平均降水的变化稍显复杂，3种气候情景下3～8月是降水量增加的主要月份，而9月到翌年2月，各气候情景大多表现出降水量的减小。未来气候条件下的水文模拟显示：相对于1960～2000年，A1B和B1两种气候情景下，流域入湖径流量将分别增加2.9％和6.5％，A2情景下多年平均入湖径流量将减小5.2％左右。日入湖径流的变化也显示，流域雨季入湖的洪水极值将增大，而枯季径流将减小。结果预示着鄱阳湖流域在未来一段时间内水旱灾害的频率会增加，灾害程度也将会加剧。

（5）针对鄱阳湖流域水资源的时空分布特点、用水需求以及未来气候变化情景下可能恶化的流域水文情势，鄱阳湖流域水资源调控应与湖区的水旱灾害防治相结合，通过相关水利工程和非工程措施促进流域水资源在空间和时间的合理再分配。主要措施可包括：加强水利工程体系建设，提高水资源调控硬件能力；加强土地利用类型的优化与控制，构建流域的生态屏障；加强流域水资源综合管理体系建设，提高水资源调控能力。

参考文献

丁晶，邓育仁. 1988. 随机水文学. 成都：成都科技大学出版社.

郭华，苏布达，王艳君，等. 2007. 鄱阳湖流域1955-2002年径流系数变化趋势及其与气候因子的关系. 湖泊科学，19（2）：163-169.

郭华，殷国强，姜彤. 2008. 未来50年鄱阳湖流域气候变化预估. 长江流域资源与环境，17（1）：73-78.

黄锡荃，李惠明，金伯欣. 1992. 水文学. 北京：高等教育出版社.

蒋艳，周成虎，程维明. 2005. 新疆阿克苏河流域年径流时序特征分析. 地理科学进展，24（1）：87-96.

李丽娇，张奇. 2008. 一个地表-地下径流耦合模型在西苕溪流域的应用. 水土保持学报，22（4）：56-61.

刘波，姜彤，任国玉，等. 2008. 2050年前长江流域地表水资源变化趋势. 气候变化研究进展，4（3）：145-150.

刘昌明. 2004. 黄河流域水循环演变若干问题的研究. 水科学进展，15（5）：608-614.

刘健，张奇，许崇育，等. 2009. 近50年鄱阳湖流域径流变化特征研究. 热带地理，29（3）：213-224.

刘健，张奇，许崇育，等. 2010. 近50年鄱阳湖流域实际蒸发量的变化及影响因素. 长江流域资源与环境，19（2）：139-145.

刘健，张奇，左海军，等. 2009. 鄱阳湖流域径流模型. 湖泊科学，21（4）：570-578.

刘健，张奇. 2009. 一个新的分布式水文模型在鄱阳湖赣江流域的验证. 长江流域资源与环境，18（1）：20-27.

马逸麟，魏源，黄韬. 2001. 长江中游江西江段环境地质问题及对防洪工程的影响. 江西地质，15（2）：107-111.

闵骞，闵聃. 2010. 鄱阳湖区干旱演变特征与水文防旱对策. 水文，30（1）：84-88.

闵骞，时建国，闵聃. 2011. 1956-2005年鄱阳湖入出湖悬移质泥沙特征及其变化初析. 水文，31（1）：54-58.

闵骞. 2002. 20世纪90年代鄱阳湖洪水特征的分析. 湖泊科学，14（4）：323-331.

闵骞. 2003. 平原湖区也须重视防灾旱——以鄱阳湖区为例. 中国减灾，3：39-41.

闵骞. 2006. 鄱阳湖区的干旱与变化. 江西水利科技，32（3）：125-128.

闵屾，刘健. 2011. 鄱阳湖区域极端降水异常的特征及成因. 湖泊科学，23（3）：435-444.

秦大河，陈振林，罗勇，等. 2007. 气候变化科学的最新认知. 气候变化研究进展，3（2）：63-73.

万小庆，许新发. 2010. 鄱阳湖环湖区水资源供需平衡分析. 人民长江，41（6）：43-47.

王怀清，赵冠男，彭静，等. 2009. 近50年鄱阳湖五大流域降雨变化特征研究. 长江流域资源与环境，18（7）：615-619.

王维第，孙汉贤，施嘉斌. 1991. 黄河上游连续枯水分析与设计实验. 水科学进展，2（4）：251-257.

王文圣，丁晶，李跃清. 2005. 水文小波分析. 北京：化学工业出版社：1-173.

魏凤英. 1999. 现代气候统计诊断与预测技术. 北京：气象出版社：69-72.

许继军，陈进，黄思平. 2009. 鄱阳湖洪水资源潜力与利用途径探讨. 水利学报，40（4）：474-480.

许吟隆，黄晓莹，张勇，等. 2005. 中国21世纪气候变化情景的统计分析. 气候变化研究进展，1（2）：80-83.

叶许春，张奇，刘健，等. 2009. 气候变化和人类活动对鄱阳湖流域径流变化的影响研究. 冰川冻土，31（5）：835-842.

叶许春，张奇，刘健，等. 2009. 气候变化和人类活动对鄱阳湖流域天然径流的影响. 冰川冻土，31（5）：835-842.

叶许春，张奇. 2010. 网格大小选择对分布式水文模型水文过程模拟的影响. 水土保持通报，30（3）：112-116.

张奇. 2007. 湖泊集水域地表-地下径流联合模拟. 地理科学进展，26（5）：1-10.

张强，孙鹏，江涛. 2011. 鄱阳湖流域水文极值演变特征、成因与影响. 湖泊科学，23（3）：445-453.

张少文，张学成，王玲，等. 2005. 黄河天然年径流长期丰枯状态变化特性研究. 人民黄河，27（5）：9-11.

朱宏富，金锋，李荣昉. 2002. 鄱阳湖调蓄功能与防灾综合治理研究. 北京：气象出版社.

左长清. 1999. 江西省水土保持工作现状与战略措施. 江西水利科技，25（4）：199-203.

Akhtar M, Ahmad N, Booij M J. 2008. The impact of climate change on the water resources of Hindukush-Karakorum-Himalaya region under different glacier coverage scenarios. Journal of Hydrology, 355: 14-163.

Chaplot V. 2005. Impact of DEM mesh size and soil map precision for the prediction of water, sediment and NO_3 loads in a watershed. Journal of Hydrology, 312 (1-4): 207-222.

Dai A, Trenberth K E, Karl T R. 1998. Global vaiation in droughts and wet spells. Geophysical Research Letters, 25: 3367-3370.

Dooge J C I, Bruen M, Parmentier B. 1999. A simple model for estimating the sensitivity of runoff to long-term changes in precipitation without a change in vegetation. Advances in Water Resources, 23 (2): 153-163.

Guo H, Hu Q, Jiang T. 2008. Annual and seasonal stream flow responses to climate and land-cover changes in the Poyang Lake basin, China. Journal of Hydrology, 33: 172-186.

Harbaugh A W. 2005. MODEFLOW-2005, the US Geological Survey modular ground-water model-the Grounder-Water Flow Process. US Geologic Survey Techniques and Methods 6-A16.

Hay L E, Wilby R L, Leavesley G H. 2000. A comparison of delta change and downscaled GCMs cenarios for three mountainous basins in the United States. Journal of American Water Resour Association, 36 (2): 387-397.

Huntington T G. 2005. Evidence for intensification of the global water cycle: review and synthesis. Journal of Hydrology, 319 (1-4): 83-95.

Koster R D, Suarez M J. 1999. A simple framework for examine the internal variability of land surface moisture fluxes. Journal of Climate, 12: 1911-1917.

Li L J, Zhang L, Wang H, et al. 2007. Assessing the impact of climate variability and human activities on streamflow from the Wuding River basin in China. Hydrological Processes, 21 (25): 3485-3491.

Marie M, Francois B, Robert L. 2008. Uncertainty of the impact of climate change on the hydrology of a nordic watershed. Journal of Hydrology, 358 (1-2): 70-83.

Milly P C D, Dunne K A. 2002. Macroscale water fluxes 2. Water and energy supply control of their inter-annual variability. Water Resources Research, 38 (10), 1206. DOI: 10. 1029/2001WR000760.

Monteith J L. 1965. Evaporation and environment. Symposia of the Society for Experimental Biology, 19: 205-234.

Nash J E, Sutcliffe J V. 1970. River flow forecasting through conceptual models. Part Ⅰ: A discussion of principles. Journal of Hydrology, 10 (3): 282-290.

Reynard N S, Prudhomme C, Crooks S M. 2001. The flood characteristics of large UK rivers: potential effects of changing climate and land use. Climatic Change, 48 (1-2): 343-359.

Roeckner E, Bauml G, Bonavetura L. 2003. The Atmospheric General Circulation Model ECHAM 5. Technical Report. PART h Model description. MPI Report No 349. Hamburg: Max-Planck-Institute for Meteorology.

Sellers P J, Los S O, Tucher C J. 1996. A revised land surface parameterization (SIB2) for atmospheric GCMs. Part Ⅱ: the generation of global fields of terrestrial biophysical parameters from satellite data. J. Climate, 9 (4): 706-737.

Shi X Z, Yu D S. 2004. Soil database of 1: 1000, 000 digital soil survey and reference system of the Chinese genetic soil classification system. Soil Survey Horizons, 45 (4): 129-136.

Shi X Z, Yu D S. 2006. Cross-reference system for translating between genetic soil classification of China and soil taxonomy. Soil Science of American Journal, 70 (1): 78-83.

Su B D, Jiang T, Shi Y F, et al. 2004. Observed precipitation trends in the Yangtze river catchment from 1951 to 2002. Journal of Geographical Science, 2: 204-218.

Ye X C, Zhang Q, Bai L, et al. 2011a. A modeling study of catchment discharge to the Poyang Lake under future climate in China. Quaternary International, 244 (2011): 221-229.

Ye X C, Zhang Q, Viney N R. 2011b. Effect of soil data resolution on hydrological processes modeling in a large humid watershed. Hydrological Processes, 25 (1): 130-140.

Zhang L, Dawes W R, Walker G R. 2001. The response of mean annual evapotranspiration to vegetation changes at catchment scale. Water Resources Management, 37 (3): 701-708.

Zhang Q, Li L J. 2009. Development and application of an integrated surface runoff and groundwater flow model for a catchment of Lake Taihu watershed, China. Quaternary International, 208 (1-2): 102-108.

Zhang Q, Werner A D. 2009. Integrated surface-subsurface modeling of Fuxianhu Lake catchment, Southwest China. Water Resources Management, 23 (11): 2189-2204.

Zhao G J, Hörmann G, Fohrer N, et al. 2009. Streamflow trends and climate variability impacts in Poyang Lake basin. Water Resources Management, 24 (4): 689-706.

第五章　鄱阳湖水量变化

鄱阳湖为中国第一大淡水湖。从卫星影像上看，鄱阳湖形似葫芦，被人们誉为长江水系上的“宝葫芦”。鄱阳湖区历来就是一块物华天宝、人杰地灵之地，素有“江南鱼米之乡”的雅称。一般所说的鄱阳湖区主要根据行政区划范围界定，包括南昌县、新建县、进贤县、德安县、星子县、永修县、湖口县、都昌县、鄱阳县、余干县10县及九江庐山区、共青开发区等，面积$1.98 \times 10^4 km^2$（彩图5-1）。根据江西省水利厅的界定，鄱阳湖区是指该鄱阳湖流域五个子流域的控制水文站以下、包括鄱阳湖体在内的空间范围，其总面积约$2.55 \times 10^4 km^2$。两种湖区的定义存在一定差异，前者根据行政区划进行划分，后者根据水文控制断面进行划分。在水量平衡分析中，本书涉及的鄱阳湖区都是指后者。

鄱阳湖的入流项包括“五河”径流和湖区降水，出流项包括由湖口排入长江和湖区蒸发，这些水文过程决定着鄱阳湖独特的水量变化和水位波动。受鄱阳湖流域汛期和上游长江流域汛期的叠加影响，鄱阳湖水位呈现明显的季节性变化，影响周围河流近湖区的水力坡降，从而影响湖泊与水系之间的物质交换速率。鄱阳湖水域面积随水位波动变化剧烈，湖区大片滩地呈现明显的季节性干湿交替变化，直接影响入湖物质的滞留与输送（彩图5-1）。鄱阳湖在水位21 m时，湖泊面积为2900 km^2；在多年平均最低水位10 m时，通江湖泊面积仅为150 km^2，而此时出露的洲滩湿地面积达2800 km^2，呈现“洪水一片、枯水一线”的景观。以湖口洪水位21.69 m计算，鄱阳湖的容积为$149.6 \times 10^8 m^3$（王苏民和窦鸿身，1998）。

据闵骞（2000）测算，1954年鄱阳湖水域面积5160 km^2，容积$370 \times 10^8 m^3$；1965年水域面积为4120 km^2，容积为$323 \times 10^8 m^3$；1976年水域面积为3914 km^2，容积为$293 \times 10^8 m^3$。自20世纪80年代以来，流域内社会经济的快速发展以及各种水利工程的建设，改变了鄱阳湖流域的下垫面特性以及鄱阳湖与周围水系的水交换关系，影响了流域的降水-径流关系和鄱阳湖的水量平衡。1978年流域森林覆盖率为33％，经过20世纪90年代人工造林绿化运动，森林覆盖率增加，2011年已上升到63％。截止2007年年底，建成大型水库25座，中型238座，相当于流域年均径流量的20％（江西省水利厅，2011）。地表覆被变化和水库建设，无疑会改变流域生态水文过程和水量平衡。全球变化引起的气候反常，进一步加剧了流域水量平衡关系的变化。近年来鄱阳湖又出现了持续低水位，2006～2007年出现了水位持续下降枯水事件（李世勤等，2008）。2007年12月，都昌水文站水位曾连续20多天低于历史最低水位，鄱阳湖几近枯竭，对湖区上千万居民的用水产生了巨大的威胁，同时导致了湖区大面积的水草和芦苇枯死，严重危及鄱阳湖湿地的生态安全。2009年秋季，鄱阳湖提前一个月进入枯水期，水域面积急剧缩小。当时正在进行的三峡水库175 m试验性蓄水，也不得不中途终止。由于三峡水库的几次蓄水都与鄱阳湖的枯水事件发生在相近时段，鄱阳湖枯水问题已经引起了多方争议。定性而言，鄱阳湖水量及其变化，主要取决于鄱阳湖流域的降水、蒸散、地表径流和地下水的入湖水量变化，同时也受与长江交换关系及其变化过程的影响。定量而言，由于因素较多且变化复杂，各种因素究竟在多大程度上导致了近年来鄱阳湖枯水干旱事件的频繁发生，亟待给出科学的阐释。

在流域水资源的研究中，传统的湖泊水量探测主要依靠测站点数据或大比例尺地形测绘来量算，但这些方法费时费力，而且很难在较大的时空尺度上开展。鄱阳湖作为一个大型的季节性湖泊，其典型特征是枯水期间水体分布支离破碎，南北水位差异明显，且由于沿湖水文观测站数量有限，传统的水位观测无法准确地反映出湖泊水位的整体情况，给鄱阳湖水量的估算带来很大困难。而水体遥感具有宏观性、动态性与实时性的优势，可望弥补传统地面观测的不足。随着卫星传感器技术的迅猛发展，遥感监测已经成为湖泊水量研究的必备手段之一（Alsdorf and Lettenmaier，2003）。

针对鄱阳湖水量变化问题，本章结合定量遥感反演方法获取了近数 10 年湖区水量，分析了鄱阳湖水量的多年变化过程和季节变化特征。运用水量平衡分析方法，研究了鄱阳湖的水量平衡变化，探讨影响湖泊水量平衡变化的相关因素，并提出应对湖泊水量变化的对策与措施。

5.1 数据资料与研究方法

本章使用的数据包括流域内国家级站点和环湖区的省级气象数据、五河七口的水位流量数据以及多源遥感数据。所使用的方法主要包括湖泊水量的定量遥感反演方法、误差分析以及湖泊水量平衡分析方法等。

5.1.1 数据资料

5.1.1.1 水文数据

水文数据包括鄱阳湖湖区内 4 个水位监测站（星子、都昌、棠荫、康山）的月水位数据，鄱阳湖出口——湖口水文站的月水位、流量数据，以及流域五河七站的日径流量数据。其中水位数据资料序列为 1960～2007 年，计算中年平均水位为年内逐月水位的均值。鄱阳湖流域由五个相互独立的子流域组成，但仅赣江、抚河、信江三个子流域在下游出口断面设有流量监测站，修水和饶河在其主要支流上设有监测站。根据资料搜集情况和各监测站的代表性，分别选取赣江流域外洲站、抚河流域李家渡站、信江流域梅港站、修水流域的万家埠和虬津站、饶河流域的虎山和渡峰坑站的月平均径流数据用于湖泊水量平衡的计算。其中修水虬津站（集水面积 9914 km^2）和饶河昌江渡峰坑站（集水面积 5013 km^2）均为河流下游主要控制站。流量数据资料序列为 1978～2007 年。

5.1.1.2 气象数据

鄱阳湖除五河水文站控制集水流域范围内分布的 14 个国家气象站的气象数据（第四章）之外，还包括湖区范围内波阳、德安、都昌、湖口、进贤、九江、南昌、南昌县、新建、星子、永修、余干共12个气象站1978～2007年实测日均降水、蒸发数据。湖区各气象站具体情况见表5-1。

表5-1　鄱阳湖区气象站点概况

ID	站台编号	站名	经度（E）	纬度（N）
1	58502	九江	116.00°	29.73°
2	58508	德安	115.77°	29.33°
3	58509	永修	115.82°	29.05°
4	58510	湖口	116.23°	29.73°
5	58514	星子	116.05°	29.45°
6	58517	都昌	116.20°	29.27°
7	58519	波阳	116.68°	29.00°
8	58606	南昌	115.92°	28.60°
9	58607	南昌县	115.95°	28.55°
10	58612	余干	116.68°	28.70°
11	58614	进贤	116.27°	28.38°
12	58693	新建	115.83°	28.70°

5.1.1.3　遥感数据

包括Landsat MSS/TM/ETM＋系列和Terra/MODIS多时相光学遥感产品数据。前者分辨率为30～80 m，时间段为1973～1999年；后者的空间分辨率为250～500 m，时间段为2000～2009年。

1）Terra/MODIS数据

MODIS拥有多种数据产品，本章使用了MOD 02和MOD 03（表5-2）。MOD 02为MODIS L1B数据产品，其主要特点为经过传感器标定但尚未进行大气校正，包含地理坐标信息但却与数据之间没有连接。MOD 02数据在使用前，需要利用地理定位文件MOD 03 _ L1A产品对其进行定位。

表5-2　与选用数据相关的MODIS产品

数据编号	数据内容	空间分辨率/m	产品级别
MOD 02 _ QKM	已校准的辐射值	250	1
MOD 02 _ HKM	已校准的辐射值	500	1
MOD 03 _ L1A	地理定位信息	250～1000	1

针对鄱阳湖区，收集了2000～2009年总计393景无云影像，数据分布如表5-3所示。2001年最多，为54景；2005年最少，为29景。在所有年份中，仅有15个月没有数据。3～5月平均每年约有8景，6～8月平均每年约有4景。9～11月数据最多，

2001 年 27 景，2006 年 11 景。12 月～翌年 2 月影像数量也较多，平均每年约 10 景。从总体上看，影像数量年内分布较为均匀，能够反映湖泊水体的季节性变化规律。

表 5-3　2000～2009 年 MODIS 无云影像数量随年份分布

年份	2000	2001	2002	2003	2004	2005	2006	2007	2008	2009	总计
数量	35	54	33	53	53	29	32	32	33	39	393

2）Landsat MSS/TM/ETM＋数据

美国国家航空航天局陆地资源卫星（Landsat）计划，自 1972 年先后发射了 7 颗陆地资源卫星，在地球环境与资源监测方面发挥了巨大的作用。Landsat 1～3 卫星携带了多光谱扫描仪（multi spectrum scanner，MSS）传感器，空间分辨率为 79 m。Landsat 4 和 Landsat 5 携带了主题成像仪（thematic mapper，TM）传感器，波段 1～5、7 的空间分辨率为 30 m，波段 6（热红外波段）的空间分辨率为 120 m。Landsat 7 携带了增强型主题成像仪（enhanced thematic mapper，ETM＋）传感器，第 6 波段（热红外波段）空间分辨率 60 m，1～5、7 波段空间分辨率为 30 m。Landsat 系列卫星传感器在波段选择上，均最大限度地实现监测不同类型的地球资源，其中 TM band4（0.76～0.90 μm）近红外波段对应 MSS band6（0.70～0.80 μm），在勾绘水体、区分土壤湿度及寻找地下水等方面具有优势（赵英时，2003）。

存档卫星数据可追溯至 20 世纪 70 年代初。本章收集了 Landsat 卫星发射之初至今、鄱阳湖范围内所有可获取的无云影像数据，总计 17 景（表 5-4）。主湖区影像数据获取时间包括 1973 年 12 月、1976 年 4 月、1979 年 8 月、1981 年 5 月、1984 年 8 月、1989 年 2 月和 1993 年 3 月，前 4 期影像为 MSS 数据，后 3 期影像为 TM 数据，用于 MODIS 数据之前的鄱阳湖水量反演。2000 年之后 TM/ETM＋数据共 10 景，用于与同日获取的 MODIS 影像提取水域面积进行误差分析。

表 5-4　Landsat 系列卫星特征及影像获取时间

卫星编号	运行日期	重返周期	传感器	轨道号	数据获取时间
Landsat 1	1972.7.23～1978.1.6	18 天	MSS	131/040	1973.12.24、1976.04.28、1979.08.29、1981.05.16
Landsat 2	1975.1.22～1982.2.25				
Landsat 5	1984.3.1 至今	16 天	TM	121/040	1984.08.06、1989.02.18、1993.03.09、2004.06.22、2004.10.28、2005.09.29
Landsat 7	1999.4.15 至今	16 天	ETM＋	121/040	2000.09.23、2001.01.29、2001.06.06、2001.09.10、2002.09.29、2003.02.20、2003.03.08

5.1.2　研究方法

本章主要使用的研究方法包括湖泊水量遥感反演和湖泊水量平衡分析方法，下面分别加以介绍。

5.1.2.1 湖泊水量定量遥感反演方法

利用水域分布范围和水位信息可反演获得湖泊的水量，简称水域面积-水位法（宋平等，2011）。其主要原理是利用遥感提取水域面积，结合水位观测站或遥感监测的水位空间分布情况，通过插值运算得到水深分布。将单个像元的面积与相应位置的水深相乘，得到单个像元内的蓄水量，最终累加得到整个湖盆的水量，如公式 5.1 所示：

$$V = \sum_{i=1}^{n} a^{*}(H_{i,s} - H_{i,b}) \tag{5.1}$$

式中，a 表示单个像元的面积（m^2）；n 表示水域像元的个数；$H_{i,s}$表示第 i 个水域像元的水面高程，即水位（m）；$H_{i,b}$表示第 i 个水域像元的湖底高程（m）；V 表示整个湖盆的水量（m^3）。水域分布-水位法估算水量的关键是获取水域分布和水位分布。

波段指数法是用于提取水域分布、精度较高而应用广泛的方法，包括比值植被指数（ratio vegetation index，RVI）、归一化差异植被指数（normalized difference vegetation index，NDVI）和归一化差异水指数（normalized difference water index，NDWI）等。波段指数法的物理基础是地物的光谱特征。卫星传感器主要通过接收和记录地球表面反射、发射的电磁波来获得地表各类地物的信息。地物对太阳光的吸收和反射程度不同以及地物结构、组成和物理、化学性质的差异，导致它们在卫星传感器上记录的电磁波谱信息也各不相同（童庆禧，1990）。波段指数法在多光谱波段范围内，寻找所要研究地类的最强反射波段和最弱反射波段，将反射率较强的波段放在分子上，较弱的放在分母上。通过比值运算增强两者的差距，使得感兴趣的目标地物在所生成的指数图像上得到最大程度的亮度增强，而其他地物作为背景信息受到抑制，从而达到突出目标地物信息的目的。其中，NDWI 指数利用绿光和近红外波段建立反差，可表示为

$$\mathrm{NDWI} = \frac{\mathrm{G} - \mathrm{NIR}}{\mathrm{G} + \mathrm{NIR}} \tag{5.2}$$

式中，G 和 NIR 分别代表绿光和近红外波段亮度值或反射率。在有植被覆盖的情况下，NDWI 一般为负值；而在有云、水、雪覆盖的情况下，NDWI 为正值。具体阈值会因所使用的影像不同而有所差异，Liu 等（2012）发现 90%以上的差异都是由于所获取影像的时相差异造成的，不会对水体提取结果产生太大的影响。目前 NDWI 指数已经被广泛地运用于植被、水体等地物的判别与监测中（Hui et al.，2008；谭衢林等，2006；Frappart et al.，2006；Jain et al.，2005）。

影像法是获取水位分布的一种简单实用方法，即借助较高分辨率的卫星影像获取清晰的水陆分界线或水域分布，进而结合地形图或 DEM 数据，获得水陆交界处的水位（Smith and Alsdorf，1998）。基于边界处的水位分布，利用空间差值方法即可获得水域的水位分布。影像法获取水位主要受到两方面条件的制约，一是水域分布的获取精度，二是 DEM 的精度。利用影像法获取水位时，需要针对相应的研究区域进行精度评价。

根据公式（5.1），水量估算误差 δV 可表示为

$$\delta V = a \sum_{i=n_0+1}^{n_0+\delta n} (H_{i_0,s} - H_{i,b}) + a \sum_{i=1}^{n_0} \delta h_i + a \sum_{i=n_0+1}^{n_0+\delta n} \delta h_i \tag{5.3}$$

式中，参数 n 和 $H_{i,s}$ 可通过遥感反演得到，而带有下标 0 的变量表示的是真值；$H_{i,b}$ 为实测 DEM 数据。可以看出，误差函数可以分为三个部分。在第一部分，由于（$H_{i_0,s}-H_{i,b}$）是常数，因此反演误差归结于水体像元的反演个数误差 δn。第二部分归结于水位反演造成的误差。第三部分属于 δn 与 δh_i 的综合误差。如果用 $\delta S=a\times\delta n$ 来表示面积反演误差，则水量估算的最大误差为

$$\delta V \leqslant |\delta S| \times (H_{i_0,s} - H_{i,b})_{\max} + S \times |\delta h_i|_{\max} + |\delta S \times (\delta h_i)_{\max}| \tag{5.4}$$

因此，可以分别从水域面积误差和水位误差及其联合误差对湖泊水量的反演误差进行估算。

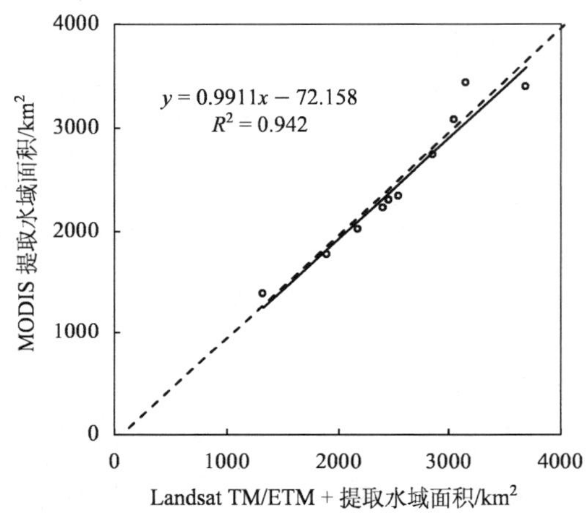

图 5-2 基于 Landsat TM/ETM+和 MODIS 所提取鄱阳湖水域面积的比较

本章利用所收集 2000～2005 年与 MODIS 同期的 10 景影像，对基于 MODIS 所提取的水面积进行了比较（图 5-2）。可以看出，MODIS 所提取的水域面积数据整体上高于 Landsat TM/ETM+的提取结果，如 2000 年 10 月 28 日基于 MODIS 提取水域面积为 2328 km²，而基于 Landsat TM/ETM+所提取的水域面积为 2545 km²，绝对量相差 217 km²，相对差异为 8.5%，为所有对比数据中的最大值。而 2001 年 1 月 29 日，基于 MODIS 提取的水域面积为 1376 km²，Landsat TM/ETM+提取的水域面积为 1327 km²，绝对量相差为 49 km²，相差 3.7%。基于 MODIS 反演水域面积的总体差异为（94.9±165.6）km²，相对差异小于 4%，最大相差幅度在 10%以内，这也反映了运用 MODIS 遥感数据提取鄱阳湖水域分布的可靠性。

水位分布是准确估算蓄水量的另一个关键参量。在鄱阳湖区由北向南选取湖口、星子、康山三个代表性地点。采用 2004 年的实测水位数据，同当日基于 MODIS 遥感反演获取的水位数据进行比较，以验证遥感反演水位精度。其中，每两个月选取一景检验影像，并将以吴淞高程为基准的水位数据转化为以 1985 国家高程为基准的数据。从趋势上看，反演水位与观测水位吻合较好，总体误差精度为（−0.1±0.7）m（图 5-3）。对同一天水域分布而言，1 月从北到南的水位误差逐渐增加，最低 1.9%，最高为 5.1%。3 月水位误差从北往南逐渐减小，最高为湖口 7.5%，最低的为康山 3.8%。7、9 月为丰水期，部分站点的误差较小，如 7 月星子站水位相对误差为 4.4%，9 月湖口水位相对误差为 2.9%。在 11 月枯水期，虽然星子站水位误差较小，但是湖口和康山的相对误差均较高，分别为 8.2%和 7.2%。从各个站点分布来看，遥感获取水位同实

测水位最大相差为 11 月 23 日的湖口，该处实际观测水位为 9 m，而当日 MODIS 遥感反演水位数据为 9.8 m，遥感反演水位值偏高 8.2%。5 月 22 日康山站水位反演为 12.7 m，相对于水位观测值偏低 7.7%。星子站 11 月 23 日两者最为接近，误差仅为 1.5%。以上结果表明，遥感获取水位虽有一定误差，但在一定程度上可以反映水位的南北分布特征，总体误差较小，最大误差在 10%以内，高于目前雷达高度计对陆地水体的平均观测精度，在现有条件下可作为获取鄱阳湖水域分布的有效手段。

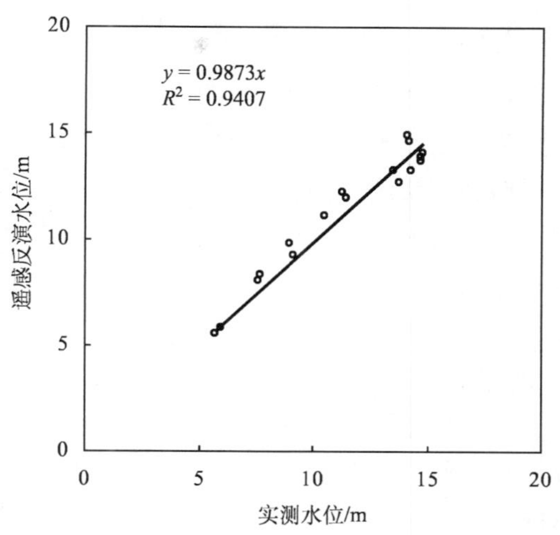

图 5-3　基于 MODIS 的反演水位与实测的水位对比

利用 2000～2005 年 MODIS 和 Landsat TM/ETM+影像，根据遥感所反演水域面积和水位的误差分布情况，可以对鄱阳湖的水量反演进行误差评价（表 5-5）。该期间最小水域面积为 1376.5 km^2，最大水域面积为 3409.9 km^2，平均水域面积 2459.9 km^2，标准差为 683.6 km^2；水量变化范围为 17.8×10^8～$141.0\times10^8 m^3$，均值为 $77.4\times10^8 m^3$，标准差为 $38.7\times10^8 m^3$，代表了鄱阳湖的主要变化区间。水域面积误差变化范围为－283.6～271.0 km^2。水位误差变化范围为－0.3～0.5 m，均值为 0.1 m，标准差为 0.3 m。根据水量误差的计算公式（5.3），水量的相对误差为－10.9%～12.4%，均值为－2.0%，标准差为 7.6%；绝对误差最小为 $-7.9\times10^8 m^3$，最大值为 $15.6\times10^8 m^3$，平均值为 $-2.0\times10^8 m^3$，标准差为 $7.6\times10^8 m^3$。这些结果表明，利用 MODIS 影像反演得到的湖泊水量精度达 85%，可以用来反映鄱阳湖水量及其动态变化过程。

表 5-5　基于 MODIS 遥感数据的鄱阳湖水量定量反演误差估算表

日期	MODIS 提取水域面积/km^2	反演湖泊水量 $V/(\times10^8 m^3)$	面积误差估计 $\delta S/km^2$	平均水位误差 δh/m	湖泊水量相对误差/%
2000-09-23	3409.9	141.0	271.0	0.3	12.4
2001-01-29	1376.5	17.8	48.7	0.5	9.9
2001-06-06	2725.7	87.7	－127.9	0.2	－2.0
2001-09-10	3401.5	104.3	－283.6	0.1	－6.4
2002-09-29	3077.8	126.5	35.5	－0.2	－1.3
2003-02-20	2010.2	56.2	－171.7	0.4	－2.9
2003-03-08	1766.1	33.6	－136.5	0.3	－3.4
2004-06-22	2214.8	68.5	－190.6	－0.1	－9.2
2004-10-28	2328.3	74.0	－217.1	0.2	－6.0
2005-09-29	2288.5	64.2	－176.9	－0.3	－10.9
均值	2459.9	77.4	－94.9	0.1	－2.0
标准差	683.6	38.7	165.5	0.3	7.6

5.1.2.2 湖泊水量平衡计算分析

鄱阳湖流域面积 $16.2\times10^4\mathrm{km}^2$，包括五河流域面积（为 $13.7\times10^4\mathrm{km}^2$）和湖区面积。根据全国水资源综合规划水资源分区（水利部水利水电规划设计总院，2003 年 5 月）划分，鄱阳湖环湖区（以下简称湖区）范围为：从赣江外洲水文站以下、抚河李家渡水文站以下、信江梅港水文站以下、乐安河石镇街水文站以下、昌江古县渡水文站以下、修水永修水文站以下至湖口县的湖口水文站，集水面积为 $2.1\times10^4\mathrm{km}^2$，约占鄱阳湖流域总面积的 13%。本书以此为参照，根据所搜集的水文数据，划分湖区范围为各流域下游水文站以下至鄱阳湖出口湖口站之间的广大区域，具体为：从赣江外洲水文站以下、抚河李家渡水文站以下、信江梅港水文站以下、乐安河虎山水文站以下、昌江渡峰坑水文站以下、修水虬津水位站以下、潦水万家埠水文站以下至湖口水文站之间，集水面积约 $2.55\times10^4\mathrm{km}^2$，占鄱阳湖流域总面积的 15.5%。由于乐安河虎山水文站、昌江渡峰坑水文站以及修水虬津水文站均处于石镇街水文站、古县渡水文站以及永修水文站的上游，因此本书划分的鄱阳湖环湖区面积较据全国水资源综合规划分区的范围略大。

在计算湖泊水量平衡时，主要从流域五河来水（基于水文站实测径流的计算）和湖区产水（基于相关的水文计算来间接推求）两方面来考虑。另外，鄱阳湖是连接长江的一个通江湖泊，在一定条件下存在与长江之间的水量交换。基于这样的事实，任一时段内，鄱阳湖的水量平衡方程可由下式表示

$$R_{\mathrm{ly}}+R_{\mathrm{hq}}+R_{\mathrm{cj}}-R_{\mathrm{ho}}+\varepsilon=\Delta W_{\mathrm{p}} \tag{5.5}$$

式中，R_{ly}为流域五河来水量［即流域五河水文控制站流量之和，$(\times10^8\mathrm{m}^3)$］；R_{hq}为湖区入湖水量$(\times10^8\mathrm{m}^3)$；R_{cj}为长江倒灌入湖水量$(\times10^8\mathrm{m}^3)$；R_{ho}为出湖水量［湖口水文站径流量，$(\times10^8\mathrm{m}^3)$］；ε 为计算误差项$(\times10^8\mathrm{m}^3)$；ΔW_{p} 是时段内湖泊水量的变幅$(\times10^8\mathrm{m}^3)$。其中，流域入湖水量可根据五河水文控制站实测流量进行计算，长江倒灌和出湖流量可根据湖口站的实测流量数据计算，湖泊水量的变化可通过鄱阳湖水位—容积曲线来计算。因此，对于鄱阳湖湖区产水量的计算，可用下式表示

$$R_{\mathrm{hq}}+\varepsilon=R_{\mathrm{ho}}-R_{\mathrm{cj}}-R_{\mathrm{ly}}-\Delta W_{\mathrm{p}} \tag{5.6}$$

鄱阳湖湖区包括水体和陆地两部分，因此，湖区产水量由这两部分组成

$$R_{\mathrm{hq}}=P_{\mathrm{p}}-E_{\mathrm{p}}+R_{\mathrm{fs}}\pm\varepsilon \tag{5.7}$$

式中，R_{fs}为湖区陆地产水量$(\times10^8\mathrm{m}^3)$；P_{p} 为湖面直接降水量$(\times10^8\mathrm{m}^3)$；E_{p} 为湖面直接蒸发量$(\times10^8\mathrm{m}^3)$；ε 为计算误差$(\times10^8\mathrm{m}^3)$。

鄱阳湖湖面降水和蒸发的计算分别采用鄱阳湖湖区周边 12 个国家气象站：九江站、湖口站、德安站、星子站、都昌站、南昌站、南昌县站、波阳站、余干站、进贤站、新建站、永修站降水和 20 mm 蒸发皿实测数据（表 3-2）。计算中以各气象站降水的月平均数据作为湖面降水，而湖面蒸发由各气象站的 20 cm 蒸发皿蒸发月平均数据乘以相应的折算系数来确定。湖面的降水和蒸发是鄱阳湖水量平衡中重要的组成部分，湖面的降水总量和蒸发水量分别为降水量、水面蒸发与湖泊面积的乘积。具体计算公式如下

$$P_{\mathrm{p}} = P \times A_{\mathrm{lake}} \tag{5.8}$$

$$E_{\mathrm{p}} = E_{20} \times A_{\mathrm{lake}} \times k \tag{5.9}$$

式中，P 为湖面降水实测数据（各气象站降水平均值，mm）；A_{lake}为鄱阳湖水体面积（km^2），可根据鄱阳湖水位-面积曲线计算；E_{20}为 20 mm 蒸发皿实测数据（各气象站蒸发皿蒸发平均值，mm）；k 为蒸发皿折算系数。为确定鄱阳湖的水面蒸发，江西省在都昌县城郊的小东湖（由鄱阳湖港汊筑坝而成，面积 2 km^2，水深约 4 m）内建立都昌蒸发试验站，进行地面与漂浮水面蒸发对比研究，进而推求出常用地面小型蒸发器 E601、ϕ80、ϕ20 的月蒸发量的折算系数（朱海虹和张本，1997）。

5.2　鄱阳湖水量变化

鄱阳湖作为与长江相连的通江湖泊，属于过水性、吞吐型、季节性的湖泊。鄱阳湖水位涨落受五河（赣、抚、信、饶、修）及长江来水的双重影响，有“高水是湖、低水似河”、“洪水一片、枯水一线”的特征。下面根据鄱阳湖的水位和水量数据，分析近30 年湖泊的年内年际变化过程及其规律。

5.2.1　鄱阳湖水位变化过程与特征

观测数据显示，鄱阳湖湖口、星子、都昌、棠荫、康山各站多年平均水位分别为12.87 m、13.39 m、13.81 m、14.57 m、15.17 m，但水位变幅大，湖区各站水位最大年变幅为 8.91～15.42 m。通常情况下，每年 12 月至翌年 3 月中旬，鄱阳湖水位较低，这个时期，五河为枯水期，长江水位亦为全年低水期。一般在 12 月底到 1 月初，湖泊水位达到低谷，湖面仅为狭长的通江水道。随着 4～6 月五河汛期的到来，流域来水逐月增多，湖区水位随之上升，同时长江水位因干流来量增大，亦不断升高。由于长江来水量大，江水位较湖水位上升快，形成湖比降越来越小，长江干流对湖口出流顶托影响逐渐加大。7～9 月，尽管五河汛期已过，但随着长江中上游汛期的到来，流经湖口的长江径流对鄱阳湖出流产生强烈的顶托作用，使得湖水位维持较高水平，湖面比降接近水平。据湖口站水文资料统计，7～9 月年最高水位出现的概率达 84.6%，其中 7 月出现概率为 67.3%，湖口站实测水位高于 20 m 的年份，均出现在 7～9 月，鄱阳湖区的洪涝灾害也要发生在这段时间内。从 10 月下旬开始，湖水位随长江水位的下降亦缓缓降落，11 月长江水位继续下降，湖面比降由接近水平逐渐转到最大。

受湖底地形及来水的影响，鄱阳湖水位的高程差异也较明显，从南到北，康山、棠荫、都昌、星子和湖口站水位依次递减（图 5-4）。在低水位时，各站水位相差较大，以 1 月为例，湖口与康山站水位差可达 5.31 m，这与低水位时湖泊呈河流相、水力梯度较大有关；随着 3～6 月湖泊水位的上升，湖泊内部各水文站水位差异不断减小，至高水位的 7～9 月，湖泊内部的水位差异非常微小。在某些特殊年份里，受长江强烈顶托发生倒灌的情况下，北面的湖口水位还会高于南边的水位。

鄱阳湖显著的水位季节性波动，反映出鄱阳湖水量年内变化的巨大差异。这种蓄水

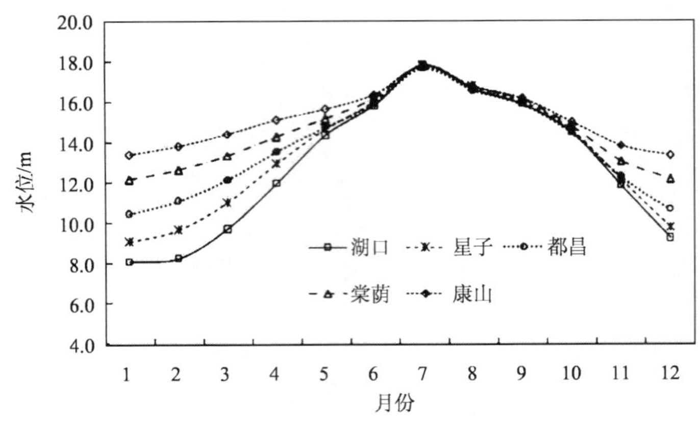

图 5-4　鄱阳湖各主要水文站月平均水位变化对比图（1960～2007 年）

量的变化过程影响着湖泊与周围水系之间的物质交换，以及湖区的生态过程、工农业用水需求等，因此开展鄱阳湖动库容的变化特征及其影响因素的研究具有重要的现实意义。

5.2.2　鄱阳湖水量变化过程与特征

5.2.2.1　近 30 年鄱阳湖水量变化过程和趋势

图 5-5 给出了利用多源遥感数据反演得到的 1973～2009 年鄱阳湖 9 月水量的变化情况。从图中可以看出，20 世纪 70 年代以来鄱阳湖水量总体呈现显著的下降趋势，平均下降速率大致为 $6.1\times10^8 m^3/a$。根据基本趋势可以将鄱阳湖水量变化分为三个阶段。第一阶段是在 20 世纪 80 年代初之前，在 1979 年鄱阳湖水量出现一个相对低的点，大小为 $162\times10^8 m^3$，文献资料表明当年长江流域发生了极为严重的多年极端干旱事件（长江水利委员会综合勘测局，2005）。1973、1976、1981 年均维持在 200×10^8 m^3 以上，目前数据显示最高值为 1986 年的 356×10^8 m^3。第二个阶段是 20 世纪 80～90 年代，水量基本维持在 200×10^8 m^3。据文献记录（闵骞，2011），20 世纪 90 年代为长江流域洪涝频发的 10 年，大的洪涝灾害在 90 年代便发生过 3 次，分别是 1995、1996 和 1998 年。由于无法获取这些年份的遥感影像，在图 5-5 未能予以反映。进入 21 世纪，水量仅为 103×10^8 m^3，不足 1986 年水量的 1/3。2000 年之后，均在 150×10^8 m^3 以下，湖泊水量出现明显的下降趋势，下降速率约为 $6.6\times10^8 m^3/a$。2006 年 9 月，湖泊水量甚至不足 40×10^8 m^3，这与当年发生的长江流域干旱和三峡蓄水存在一定的关系（李世勤等，2008）。

从成因上来看，1954～1997 年，由于湖区建圩，鄱阳湖水域面积缩小了 1300 km^2，容积减少了 80×10^8 m^3（闵骞，1998）。1998 年长江特大洪水发生之后，鄱阳湖区实行退田还湖，湖盆容积不再缩小（闵骞，2000）。因此，湖区水量从 20 世纪 70 年代的 300×10^8 m^3 下降到 90 年代的不足 200×10^8 m^3，再下降到 21 世纪的不足 100×10^8 m^3，除了湖区围垦之外，还存在其他因素，可能与区域气候变化和长江水情等因素存在一定的关系。

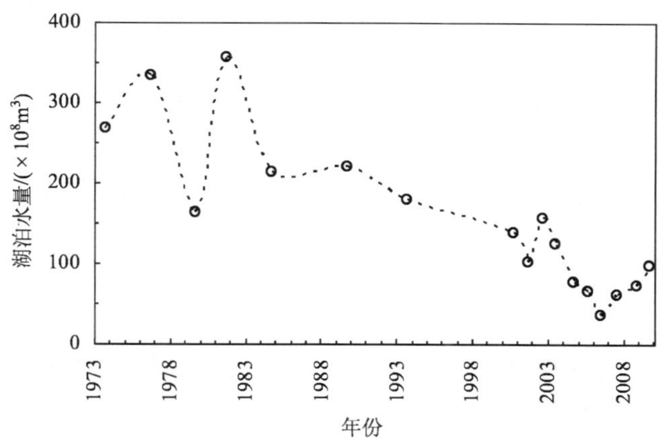

图 5-5　1973～2009 年鄱阳湖丰水期水量变化特征

5.2.2.2　鄱阳湖水量季节变化特征

鄱阳湖水量呈现明显的季节变化（图 5-6）。就平均情况而言，年初水量仅为 $20\times10^8\ m^3$ 左右，以后逐月增加，7 月达到 $100\times10^8\ m^3$ 左右，为年内第一个高峰，比年初水量增长了一倍。以后逐月下降，9 月为第二个高峰，但低于 7 月水量，到 12 月底水量降至 $30\times10^8\ m^3$ 以下。由于 4～6 月属于流域来水丰沛时期，而 7～9 月长江保持较高的水位，使得 5～10 月成为湖泊水量较高的月份。从最低水量来看，水量高峰并非在 7 月，而是 6 月，这表明 6 月流域来水最为丰沛，大量补给湖泊水量，不至于出现水量低值。就最高水量而言，其基本分布态势与多年平均情况一致，5～11 月都出现过 $100\times10^8\ m^3$ 以上的水量。从年际变幅来看，12～6 月的水量变幅相对较小，但是也在 $50\times$

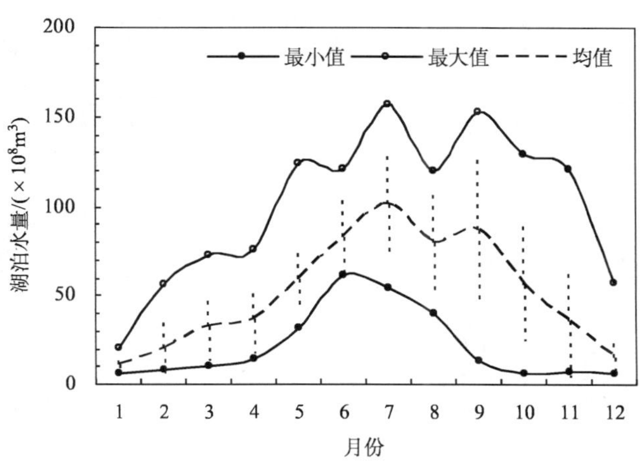

图 5-6　2000～2009 年鄱阳湖水量多年平均季节变化特征

10^8 m^3 左右；7～11 月变幅较大，在 100×$10^8$$m^3$ 以上；最大变幅出现在 9 月，达 130×$10^8$$m^3$。这些结果表明，上半年鄱阳湖水量相对稳定，而下半年水量变化差异很大。造成这种变化特征的内在原因，需要从湖泊水量平衡的角度进行深入的探讨。

5.3　鄱阳湖水量平衡变化

5.3.1　鄱阳湖水量平衡关系

5.3.1.1　鄱阳湖水量平衡

基于以上对鄱阳湖水量平衡组分的介绍，计算 1978～2007 年共 30 年的鄱阳湖水量平衡组成见表 5-6。由表可知，作为鄱阳湖唯一的出口，湖口站多年平均出流量为 1527.97×10^8 m^3。鄱阳湖流域五河七站多年平均入湖水量为 1229.81×10^8 m^3，占湖口出流量的 80.5%。通过湖区进入湖体的水量贡献为 273.12×10^8 m^3（其中湖区陆地入流量为 264.59×10^8 m^3，湖面降水量为 31.80×10^8 m^3，湖面蒸发消耗水量为 22.26×10^8 m^3），占湖口出流量的 17.8%。长江倒灌鄱阳湖水量的多年平均值为 25.11×10^8 m^3，仅占湖口出流水量的 2.1%。

鄱阳湖水量平衡组分的年际变化见图 5-7～图 5-9。由图 5-7 可知，鄱阳湖五河来水、湖区产流及湖口出流的年际变化具有相同的特征，其中各组分在 1998 年之前总体呈波动上升趋势，1998 年之后下降趋势明显。由于区间入湖净水量相对于五河入湖水量的比值相对较小，因此鄱阳湖总入湖水量的年内、年际变化与流域五河入湖水量的变化相似。1978～2007 年，流域五河来水量最大的年份是 1998 年的 2076.05×10^8 m^3，其次为 1983 年的 1628.20×10^8 m^3，入湖水量最小的是 2004 年的 732.82×10^8 m^3，其次是 1979 年的 791.12×10^8 m^3。湖口出湖水量最大的年份是 1998 年的 2646.49×10^8 m^3，其次为 1983 年的 2088.15×10^8 m^3，出湖水量最小的是 1979 年的 933.21×10^8 m^3，其次是1978 年的 965.18×10^8 m^3。

表 5-6　1978～2007 年鄱阳湖水量平衡分析表　　（单位：$10^8$$m^3$）

水量平衡组分	分项	最小值	最大值	平均值	标准偏差
收入项	五河入湖水量 R_{ly}	732.82	2076.05	1229.81	311.45
	长江倒灌水量 R_{cj}	0	113.87	25.11	28.53
	湖面直接降水量 P_p	14.43	60.93	31.80	10.56
	湖区陆面产水量和计算误差（R_{hc}+ε）	118.20	548.97	264.59	93.55
支出项	湖面直接蒸发量 E_p	14.70	29.69	23.26	3.38
	湖口出流量 R_{ho}	933.21	2646.49	1527.97	378.67
湖泊水量的变化	ΔW_p	−17.61	16.77	−0.079	7.51

如图 5-8 所示历年长江倒灌鄱阳湖水量的变化发展过程，总体呈一定的下降趋势，但是不同时期江水倒灌量的变化差异较大。在发生江水倒灌的各年中，倒灌量最少的一

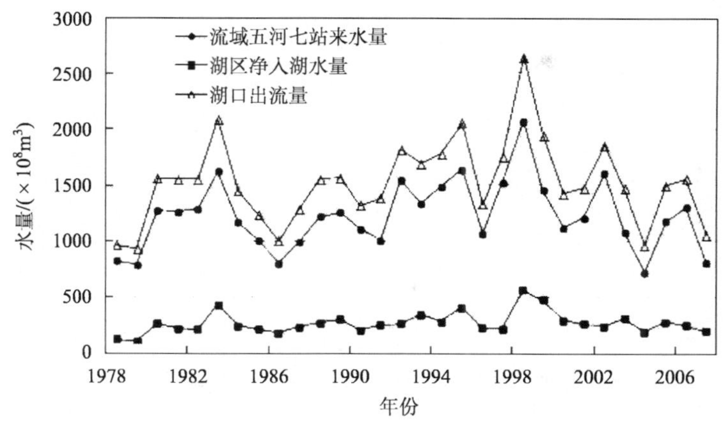

图 5-7　1978～2007 年鄱阳湖流域五河来水、湖区产流及湖口出流的年际变化

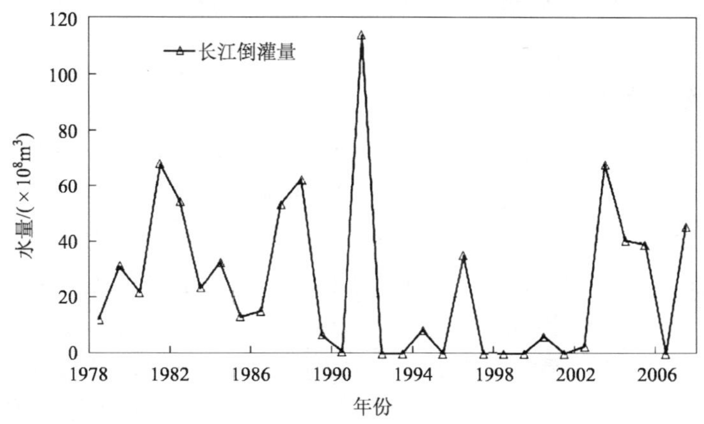

图 5-8　1978～2007 年长江倒灌鄱阳湖水量的年际变化

年是 1990 年，年倒灌水量为 $0.5\times10^8\mathrm{m}^3$；倒灌量最多的一年是 1991 年，年倒灌水量达到 $113.9\times10^8\mathrm{m}^3$。不同年代中，以 20 世纪 80 年代江水倒灌量最大，2000 年以后次之，20 世纪 90 年代江水倒灌量最小，其中 1992 年、1993 年、1995 年、1997 年、1998 年和 1999 年均未发生江水倒灌现象。长江倒灌鄱阳湖水量的多年平均值仅占湖口出流水量的 2.1%，说明在年际尺度上江水倒灌量对鄱阳湖水量平衡的影响作用很小。但是，作为通江湖泊，鄱阳湖与长江之间存在着密切的水力联系，长江径流对鄱阳湖出流的壅阻和顶托作用是影响鄱阳湖水量年内变化的重要因素。

湖面降水和蒸发量的年际变化过程见图 5-9，由图可知，1978～2007 年鄱阳湖湖面降水量的变化具有两个明显的拐点，分为三个阶段：湖面降水量在 1983 年达到一个高值后开始下降，随后逐渐升高，在 1998 年达到历史最大，之后又开始回落，尤其是 2002 年后湖面降水总量快速下降，在 2007 年达到历史第二低值。鄱阳湖湖面蒸发量的年际变化波动总体较小，长期呈微弱的下降趋势。从年际变化来说，大多数年份湖面降水量大于湖面蒸发量，只有 1978 年和 1979 年湖面蒸发水量大于降水总量，1982 年、1986 年、2001 年、2007 年共 4 年湖面蒸发水量与降水总量基本持平。总之，近 30 年湖面产水量为正值，而湖面降水是其趋势变化的主控因素。

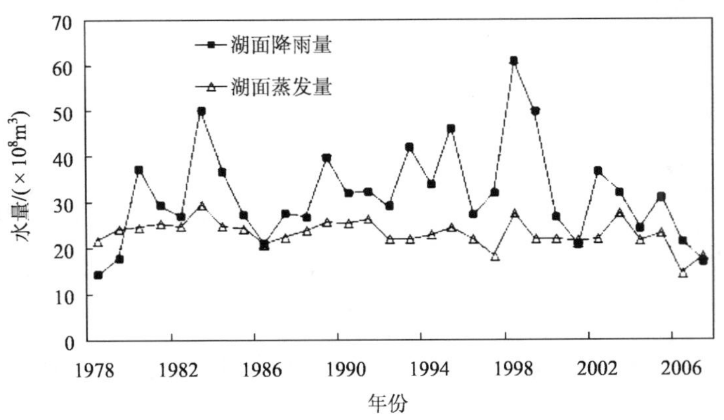

图 5-9　1978～2007 年鄱阳湖湖面降水和蒸发量变化过程

5.3.1.2　鄱阳湖水量收支的年内变化

图 5-10（a）显示了 1978～2007 年鄱阳湖总入湖和出湖水量的年内变化。由图可知，6 月是鄱阳湖总入湖水量最大的月份，平均入湖水量为 234.35×10^8 m^3，入湖水量最小的 12 月平均入湖水量为 43.13×10^8 m^3。湖泊来水量从每年的 3 月开始迅速升高，在 8 月开始快速下降。流域入湖水量最大的 4、5、6、7 月 4 个月，占全年入湖总量的 58.7%，而每年入湖水量最小的 4 个月（10、11、12 和翌年 1 月），占全年地表入湖总量的 14.4%。湖泊水量的年内变化中，最大出湖水量是 6 月的 206.96×10^8 m^3，最小的 1 月平均入湖水量为 55.29×10^8 m^3，出湖水量从 2 月后开始快速上涨，4～6 月出流量平稳且流量最大，占全年出湖水量的 39.3%，与流域来水量在 6 月后迅速下降不同的是，出流量的下降速度明显缓慢，11 月后出湖水量才显著减少，12 月～翌年 2 月是出湖水量最小的 3 个月，占全年出湖总水量的 11.6%。

由于鄱阳湖调蓄作用的存在，在流域来水和出湖水量的共同控制下，鄱阳湖蓄水变化量呈现出剧烈的年际和季节变化，入湖水量和出湖水量的差异是引起鄱阳湖水位上升或下降的直接原因。从鄱阳湖水量的年内变化来看［图 5-10（b）］，1～4 月湖泊水量变化稳定，只有少量减少或增加，7 月水量增加值最大，达到 68.64×10^8 m^3。7 月过后，

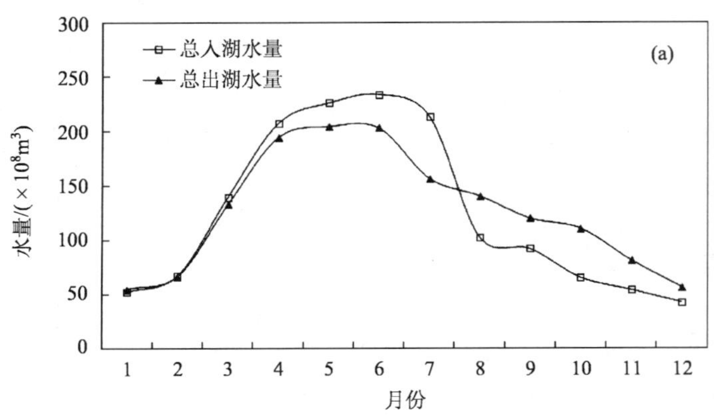

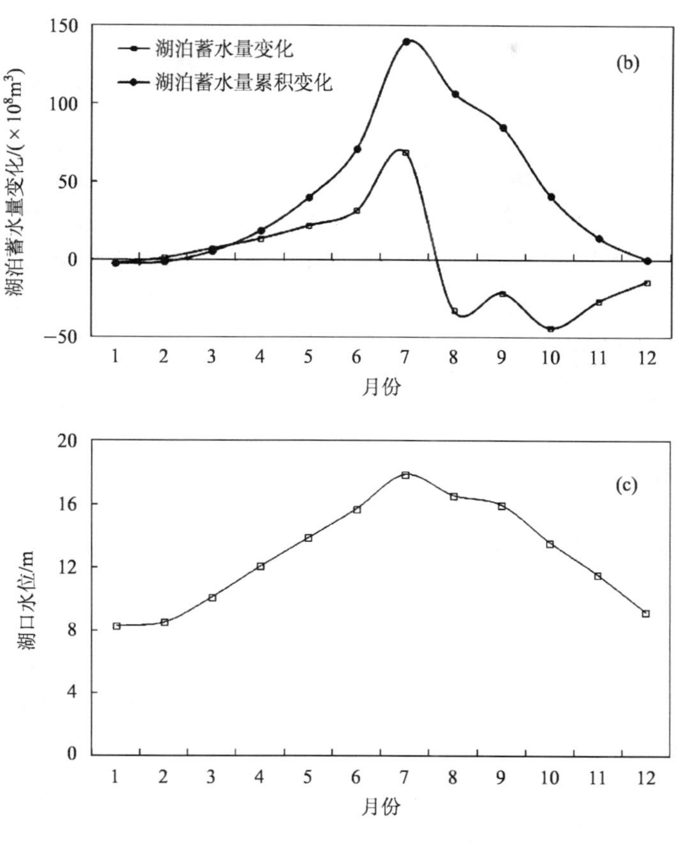

图 5-10　1978～2007 年鄱阳湖水量收支的年内变化

（a）鄱阳湖总入湖、出湖水量的年内变化；

（b）鄱阳湖水量的年内变化；（c）鄱阳湖湖口水位的年内变化

湖泊水量开始迅速减小，形成明显的漏斗状，最大降幅是 10 月的 44.34×10^8 m^3。每年的 1～7 月是鄱阳湖的涨水过程（总入湖水量大于总出湖水量），7～12 月是鄱阳湖的退水过程（总入湖水量小于总出湖水量）。与此对应，鄱阳湖水位变化也是 1～7 月水位上升，8～12 月水位下降［图 5-10（c）］。

5.3.2　水量平衡变化的影响因素

5.3.2.1　流域五河来水的影响

流域五河七站来水占总入湖水量的 80.5%，是鄱阳湖最主要的水量来源。它的季节性变化对湖泊水量平衡状态具有直接的影响，是引起鄱阳湖水位变化的关键因素。根据计算的流域五河七站年径流量的变化过程（图 5-11），可知流域径流量年际间差异较大，最小的 2004 年约 732.82×10^8 m^3，最大的 1998 年达 2076.05×10^8 m^3。但是，近 30 年流量变化过程的线性趋势可基于 1998 年流域的特大洪水事件分为两个阶段：一是 1998 年之前，流域五河径流量呈波动上升趋势，但其中也存在像 1978 年、1979 年、

1986 年等径流量异常偏低的年份。二是 1998 年之后五河径流量呈波动下降趋势，并且下降过程较之前的上升过程更为显著，其中 2004 年五河径流量为近 30 年的最低值。这种五河来水量的变化趋势也反映了鄱阳湖区自 20 世纪 90 年代丰水期之后，迅速转入了枯水阶段，并导致了 2003 年以来湖区出现有史以来最严重的连续枯水事件。

基于第四章对鄱阳湖流域径流影响因子的分析可知，鄱阳湖五河水系来水量的变化主要受控于流域气候变化的影响，并与降水和潜在蒸发的相关性较强，而人类活动仅起着较小的辅助作用。从流域水量平衡的观点来看，五河水系来水量的大小受流域降水和实际蒸发量大小的控制。刘健等（2010）曾选取应用范围较广的互补相关蒸发模型，估算了鄱阳湖流域的实际蒸发量。结果表明 1955～2001 年该流域蒸发量在计算时段内呈现长期的下降趋势，20 世纪 90 年代之后下降速度变缓，实际蒸发的变化趋势与潜在蒸发变化趋势基本一致，而与降水量的变化趋势相反。根据第三章的研究结果，2000～2010 年流域实际蒸散高于前期，也是五河水系来水量发生上述变化的重要因素。

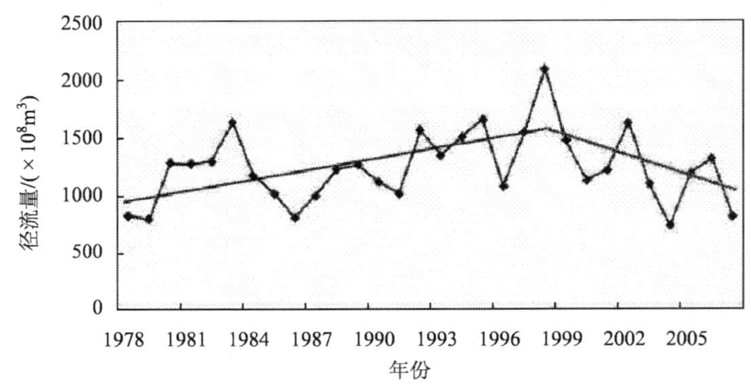

图 5-11　鄱阳湖流域五河七站来水的年际变化过程

流域实际蒸发机制复杂，影响因素众多，主要包括水量供应因素（土壤含水量）和相关的气候要素（如太阳辐射、气温、水汽压差以及风速等）（Gao et al.，2007）。有研究资料表明，在干旱和半干旱地区实际蒸发和降水的变化趋势相似，在湿润地区实际蒸发和潜在蒸发变化趋势一致，而潜在蒸发主要受太阳辐射、气温、水汽压差以及风速等影响（Cohen and Stanhill，2002）。Xu 等（2006）和 Gong 等（2006）分别对长江流域太阳净辐射、气温、水汽压差和风速对蒸发影响的定量研究发现，该流域的蒸发的下降主要是由太阳净辐射的显著下降引起的，其次是风速的下降。鄱阳湖流域气候变化趋势与长江流域气温、降水、暴雨、蒸发等时间变化趋势基本一致，在长江流域中比较突出（郭华等，2006）。鄱阳湖流域潜在蒸发呈长期的减小趋势，与实际蒸发的变化趋势基本一致，而与降水量的变化趋势相反。随着 20 世纪全球变暖的影响，作为长江流域重要组成部分的鄱阳湖流域气温也显著升高，尽管净辐射和风速显著下降，而气温升高仍然导致流域蒸散升高（参见第三章）。

5.3.2.2　湖区产水的影响

鄱阳湖区涉及南昌、九江、上饶 3 市的一些县区，为长江中下游五大平原之一，

2005 年末湖区共有耕地 5556 km^2，人口 1184 万，分别占江西省的 26.5%和 27.4%，粮食产量、生产总值分别占江西省的 29%、56%，在江西省及长三角经济带具有极为重要的地位。由于该区域城镇密集，工农业发达，区内水资源开发利用强度大。有调查研究揭示，2005 年环湖区各用水区域 2005 年用（需）水总量达 $49.04\times10^8\ m^3$，其中生活用水 $4.03\times10^8\ m^3$，占 8.19%；农田灌溉用水 $33.61\times10^8\ m^3$，占 68.24%；林牧渔业用水量 $1.11\times10^8\ m^3$，占 2.26%；工业用水量 $10.50\times10^8\ m^3$，占 21.31%（万小庆和许新发，2010）。因此，湖区产流量对保证区域工农业用水，为鄱阳湖提供水量补给具有重要意义。

环湖区是鄱阳湖流域降水低值区，多年平均降水量为 1400～1600 mm。湖区的降水、蒸发虽不能对鄱阳湖水量变化起主导作用，但也是鄱阳湖水量平衡中的重要组成部分，不能忽略。以湖区范围内波阳、德安、都昌、湖口、进贤、九江、南昌、南昌县、新建、星子、永修、余干 12 个气象站 1978～2007 年实测降水、蒸发皿蒸发资料分析 30 年来湖区降水、蒸发的变化过程，揭示湖泊水量变化与湖区降水、蒸发（蒸发皿蒸发）变化的响应关系。图 5-12 为湖区 12 个站点 30 年平均的降水量和蒸发量年内变化特征。由图可看出，湖区降水量在年内呈单峰型变化过程，1～6 月逐渐上升，7～12 月逐渐下降，峰值出现在 6 月，达 260 mm。就季节变化而言，夏季是湖区降水的高峰期，降水量占全年总量的 44.3%，其次是春季（21.4%）和秋季（23.1%），冬季降水最少，只占全年总量的 11.3%。湖区蒸发量年内变化特征与降水量基本一致，也呈单峰型过程，不同的是峰值出现在 7 月，达 220 mm，就季节变化而言，秋季是湖区蒸发的高峰期，蒸发量占全年总量的 40.8%，其次是夏季（27.3%），春季和冬季蒸发量较小，分别只占全年总量的 12.2%和 19.6%。同时，从图上也可看出，在 1～6 月，湖区平均降水量大于蒸发量，7～12 月，降水量小于蒸发量，尤其是秋季，不多的降水无法满足强烈的蒸发，遂表现出明显的秋旱过程，降水量与蒸发量的这种对应关系与鄱阳湖水位年内变化过程是一致的。

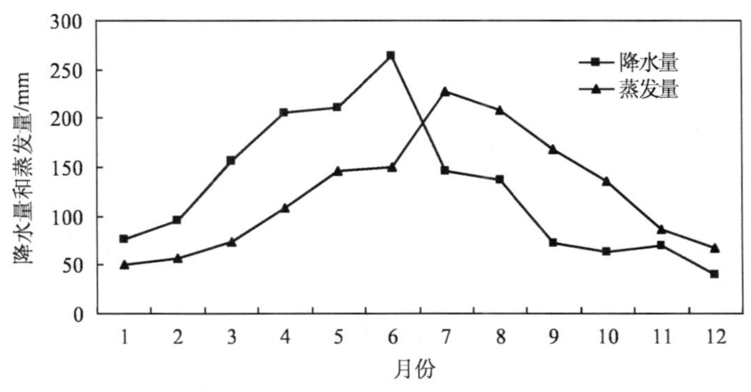

图 5-12　湖区降水量和蒸发量年内变化特征

湖区 1978～2007 年降水量和蒸发量的年际变化过程如图 5-13、图 5-14 所示。由图 5-13 可看出，湖区年降水量的变化过程与五河七站以上流域降水和径流量的变化过程基本一致，差别不大。湖区降水量的年际变化中，最小的 1978 年不足 1000 mm，最大的 1998 年达 2100 mm，30 年降水呈波动变化状态，也呈现出两个明显的阶段：1998 年之前，湖区降水呈波动上升趋势；1998 年之后则呈波动下降趋势，2007 年降水量已接近 30 年来最低值。同样，湖区蒸发年际变化也呈波动状态（图 5-14），但与降水量不同的是两者 30 年来的变化趋势正好相反，1998 年之前，蒸发量波动下降，但下降幅度较缓，1998 年之后，蒸发呈波动上升趋势，其中 2003 年达到 30 年来除 1978 年之外的历史高位。通常情况下，影响地表水体水面蒸发的主要气象因子是温度、湿度和风速（施成熙等，1984；朱岗昆，2000）。对于鄱阳湖区年蒸发量的总体下降趋势，有研究表明主要是由湖区气温升高、湿度增加共同作用造成的，其中气温升高使蒸发量增大，相对湿度增大则使蒸发量减小，而自 1980 年以来的湖区风速变化不大（闵骞等，2007）。

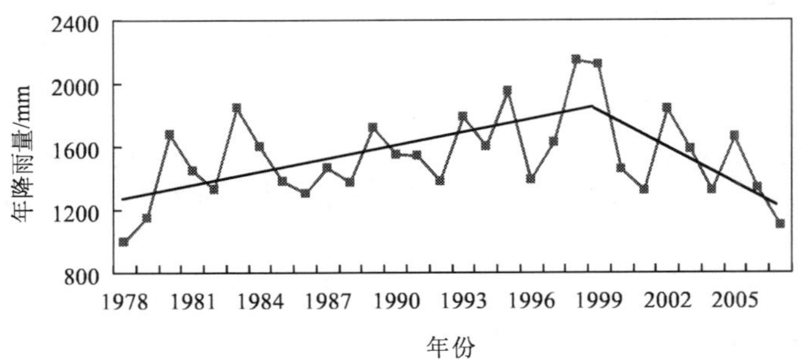

图 5-13　湖区平均降水量年际变化过程

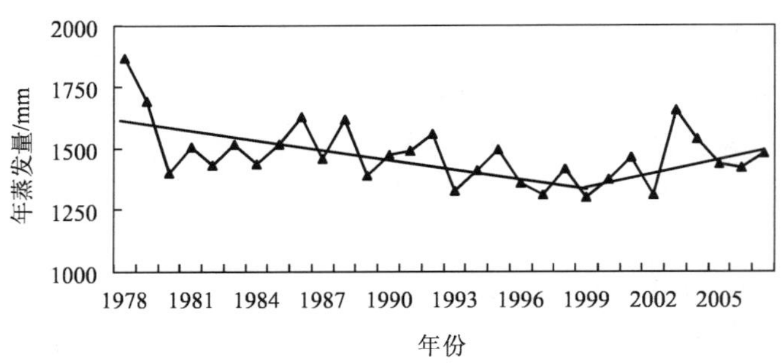

图 5-14　湖区平均蒸发量年际变化过程

降水量与蒸发量的比值大小可以反映相对湿润干旱情况，图 5-15 为湖区降水量与蒸发量比值（P/E）的变化过程。由图可看出，两者比值年际变化也较大，最低的 1978 年降水量仅为蒸发量的 0.53 倍，而最大的 1999 年降水量是蒸发量的 1.63 倍。同时可看出，P/E 值 30 年变化过程也与降水、蒸发相一致：在 1999 年之前，P/E 值呈波动上升趋势，逐渐从小于 1 变为大于 1，直至 1.6，在 1999 年之后，P/E 值呈波动下降趋势，从 30 年来的最高位逐渐减小到 1 以下，2007 年已接近历史最小值。湖区降水与蒸发的这一对应关系与鄱阳湖水位近 30 来的变化过程基本一致。

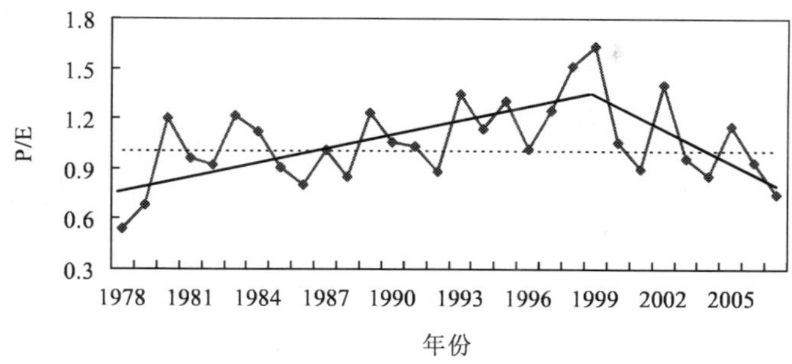

图 5-15 湖区降水量与蒸发量比值（P/E）的年际变化过程

5.3.2.3 江湖关系变化的影响

长江中游通江湖泊江湖关系的核心是长江和湖泊之间的水量交换，这种水量交换与长江干流和湖泊的水沙输移、河床和湖盆的地形演变等要素形成互馈影响关系。尽管长江倒灌鄱阳湖的水量相对于流域来水比例较小，但是鄱阳湖与长江之间存在着密切的水力联系，从而决定着鄱阳湖独特的水量变化和水位波动，影响了鄱阳湖流域水旱灾害的发生和发展。因此，长江与鄱阳湖的水文相互作用，以及由此造成的鄱阳湖水量平衡关系的变化，对于鄱阳湖区域生态管理和经济发展具有重要意义。

在江湖关系中，长江与鄱阳湖的相互作用表现在两个方面：一方面是长江对鄱阳湖的作用（以下简称长江作用），包括顶托和倒灌作用（Hu et al.，2007），较强的长江作用可使鄱阳湖水位升高。在每年的 7～9 月长江洪水期间，江水顶托作用十分强烈，使得鄱阳湖水位在此段时间内维持较高水平。一旦长江的顶托作用力大于湖水的下泄压力，即发生江水倒灌现象；另一方面是鄱阳湖对长江的作用（以下简称鄱阳湖作用），当鄱阳湖向长江大流量地持续汇流，鄱阳湖作用增强，造成长江下游流量增加（郭华等，2011）。

从近 50 年（1960～2007 年）长江对鄱阳湖的作用强度来看，整体呈减弱趋势，但存在较为明显的年代际波动（Hu et al.，2007；郭华等，2011）。图 5-16（a）中实心圆标注长江对鄱阳湖作用较强的年份，空心圆标注长江对鄱阳湖作用较弱的年份，由此图可知：长江对鄱阳湖作用有两个较强时期：20 世纪 60 年代初～20 世纪 60 年代末和 20 世纪 80 年代初～20 世纪 90 年代末。这两个时期五河入湖流量较少［图 5-16（b)］，鄱阳湖地区较为干旱，鄱阳湖对长江作用较弱。长江对鄱阳湖作用较弱的两个时期（图 5-16 中阴影部分）：20 世纪 60 年代初～20 世纪 70 年代末和 20 世纪 90 年代初～21 世纪初。这两个时期五河入湖流量较多［图 5-16（b)］，鄱阳湖对长江作用较强。这些结果指出长江与鄱阳湖的相互作用强度在年代际尺度上有一个此消彼长的关系，而这个关系与长江中上游和鄱阳湖流域的降水的年代际变化密切相关（郭华等，2011）。

2003 年三峡水库运行，4～6 月水库大量放水，7～9 月蓄水，10 月集中蓄水（2004～2006 年尤以 2006 年蓄水最多），11 月～翌年 3 月少量放水。水库通过调节长江中下游季节流量直接影响江湖作用和鄱阳湖的水位。这些影响叠加在气候变化的影响上

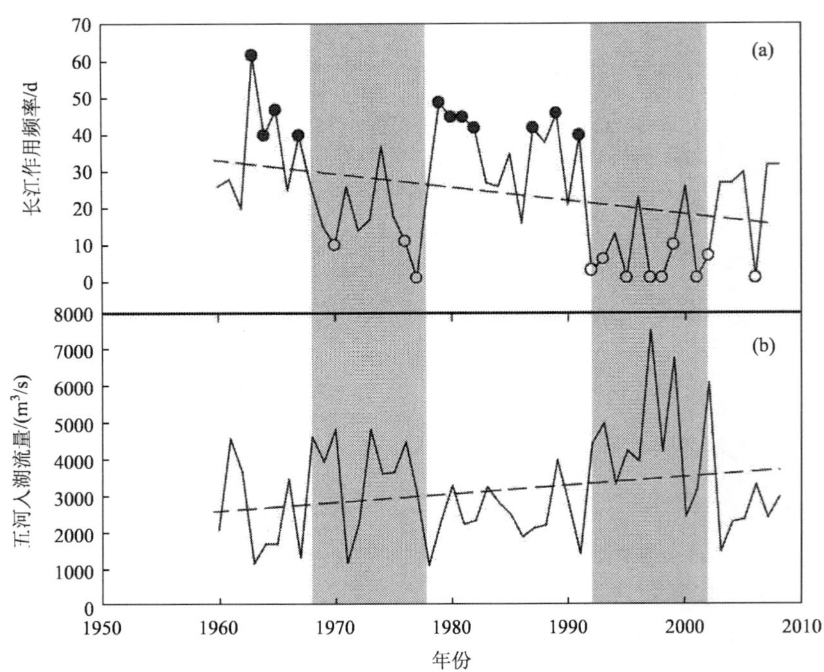

图 5-16 1960～2007 年每年长江对鄱阳湖作用较强的天数和五河入湖流量的年际变化［引自文献（郭华等，2011）图 2］

(a) 每年长江对鄱阳湖作用较强的天数；(b) 五河入湖流量的年际变化

使得江湖作用更加复杂。研究表明（郭华等，2011；Guo et al.，2012）：三峡水库初期调度运行对长江流量的影响较小，仅在 10 月较强蓄水时的影响较大，特别是 2006 年 10 月对径流量变化的影响比率达到－10.7%（表 5-10）。我们可以认为三峡水库的运行并没有改变长江与鄱阳湖作用的基本特征，即 7～9 月仍然是长江对鄱阳湖作用较强的季节，而 4～6 月是鄱阳湖对长江作用较强的季节。10 月的大量蓄水对减少长江流量有较显著的影响，使得 10 月长江对鄱阳湖的作用频率有明显减弱。所以，三峡水库放水和蓄水的量在年尺度上是平衡的，它是通过季节性的调节来影响主要由区域气候变化驱动的江湖作用的频率和强度。三峡水库运行对长江径流的影响随着离三峡水库的距离增大而减小。由于气候的不同，三峡水库运行的影响效果不同，总的来说三峡水库的初期运行的影响虽然并不明显，在多数季节三峡水库的影响不足以解释径流量变化的 10%（表 5-7），但是它在湿季和旱季对江湖作用的调节改变了洪水和干旱风险。

表 5-7 2004～2006 年气候和三峡水库对长江中游径流量的影响率

年份	月份	气候影响/%	三峡水库影响/%
2004	4～6	－1.2	0.3
	7～9	－5.0	－0.1
	10	－8.2	－2.1

续表

年份	月份	气候影响/%	三峡水库影响/%
2005	4～6	4.9	0.6
	7～9	−0.6	−0.1
	10	4.6	−1.3
2006	4～6	−8.4	0.7
	7～9	−40.4	−1.1
	10	−38.5	−10.7

注：引自文献（郭华等，2011）。

5.4　应对湖泊水量变化的对策与措施

鄱阳湖流域水资源总量巨大，但降水分配不均，水旱灾害频繁，流域季节性、区域工程性缺水问题突出。鄱阳湖区水、旱频繁，在自然条件下，鄱阳湖水量的绝大部分得不到利用，汛期鄱阳湖水量，在汛期后的一两个月很快流失，反而增加了长江下游的防洪负担。针对鄱阳湖区非涝即旱的局面以及近期因干旱导致的生态环境问题，应对湖泊水量变化应转变重防洪轻抗旱观念，流域水资源的综合利用、调控应与湖区的水旱灾害防治相结合，使两者能够得到统筹解决，实现灾害水向资源水和环境水方向的转化。

根据鄱阳湖水量平衡组成及其的影响因素，可通过相关工程措施改善湖泊水量的年内变化，尽可能合理的实现对流域水资源的利用。可能的措施包括：①重视和加强对五河上、中游水库大坝除险加固，以逐步抬高汛限水位，在保证安全的前提下多蓄水，增加水库水量。另外，通过在河流中上游区域新建水库，并实现梯级开发，有效拦蓄洪水，减轻下游的防洪压力。同时，可通过水库调蓄水量，在枯季放水，缓解下游旱情；②加强各河流中、下游丘陵平原区的农田、洼地蓄留工程以及蓄滞洪区建设，延长洪水在流域内的滞留时间，蓄水防旱；③在五河水系下游的冲积平原内进行河湖整治，加固堤防，同时改善湖区用水结构，积极实施湖区的节水、排水措施建设；④在三峡工程已经建成运行的情况下，应从流域综合管理的角度，积极探索水库群联合优化调度方案，尽可能减弱鄱阳湖干旱和洪水的程度。

5.5　小　　结

本章利用遥感反演技术分析了鄱阳湖水量的变化特征，并基于实测水文数据探讨和分析了鄱阳湖水量平衡的组成、变化及其影响因素，获得的主要认识有：

(1) 利用 MODIS 影像反演得到的湖泊水量精度达 85%，可以用来反映鄱阳湖水量及其动态变化过程。结果表明，鄱阳湖的多年平均水量呈现明显双峰型季节变化，分别为 7 月和 9 月。从年际变幅来看，上半年鄱阳湖水量相对稳定，而下半年水量变化差异很大。自 20 世纪 70 年代以来鄱阳湖水量总体呈现显著的阶段性下降趋势，平均下降速率大致为 6.1×10^8 m^3/a。2000 年之后，均在 150×10^8 m^3 以下，2006 年 9 月湖泊水量

甚至不足 $40\times10^8\ m^3$。

（2）基于实测数据计算的 1978～2007 年鄱阳湖水量平衡组成显示，作为鄱阳湖唯一的出口，湖口站多年平均出流量为 $1527.97\times10^8\ m^3$。鄱阳湖流域五河七站多年平均入湖水量为 $1229.81\times10^8\ m^3$，占湖口出流量的 80.5%。通过湖区进入湖体的水量贡献为 $273.12\times10^8\ m^3$，占湖口出流量的 17.8%。长江倒灌鄱阳湖水量的多年平均值为 $25.11\times10^8\ m^3$，仅占湖口出流水量的 2.1%。

（3）流域五河来水是鄱阳湖最主要的水量来源，其年内和年际变化主要受气候因素（降水和蒸发条件）的影响。环湖区的水资源利用强度大，湖区入湖水量除气候因素影响外，用水量的大小对湖泊水量的多少起着重要作用，尤其在每年的伏旱季节，这种影响尤其突出。在年际尺度上，尽管长江倒灌鄱阳湖水量对鄱阳湖水量平衡的影响较小，但是江湖关系对湖泊水量年内变化的影响至关重要。研究显示，近几十年长江对鄱阳湖的作用强度整体呈减弱趋势，不利于湖泊蓄水。近年三峡水库的初期运行对长江中游径流量及长江与鄱阳湖相互作用变化的影响虽然并不明显，但是在特殊年份，可能在蓄水季节进一步加剧鄱阳湖旱季的干旱程度，也可能因放水在春季较湿的特殊年份增加湖区初夏的洪涝的概率。

（4）针对鄱阳湖水量的变化特征及其影响因素，改善江湖关系和湖区用水是维护鄱阳湖区良好、健康的生态环境的关键，如从流域综合管理的角度进一步优化三峡的运行调度方案，最大限度减小其蓄泄水对鄱阳湖水位季节性变化的影响；在湖区加强节水措施建设、合理调整用水结构，并从洪水资源化角度采用相关的工程措施对汛期的洪水资源进行拦蓄利用，以满足不同季节经济社会及生态环境的用水需求。

参 考 文 献

长江水利委员会综合勘测局. 2005. 长江志：自然灾害. 北京：中国大百科全书出版社.

郭华，Hu Q，张奇. 2011. 近 50 年来长江与鄱阳湖水文相互作用的变化. 地理学报，66（5）：609-618.

郭华，姜彤，王国杰，等. 2006. 1961-2003 年间鄱阳湖流域气候变化趋势及突变分析. 湖泊科学，18（5）：443-451.

李世勤，闵骞，谭国良，等. 2008. 鄱阳湖 2006 年枯水特征及其成因研究. 水文，28（6）：73-76.

刘健，张奇，许崇育，等. 2010. 近 50 年鄱阳湖流域实际蒸发量的变化及影响因素. 长江流域资源与环境，19（2）：139-145.

闵骞. 1998. 鄱阳湖水情变化与围垦的关系. 防汛与抗旱，(2)：36-39.

闵骞. 2000. 近 50 年鄱阳湖形态和水情的变化及其与围垦的关系. 水科学进展，11（1）：76-81.

闵骞，时建国，闵聃. 2011. 1956-2005 年鄱阳湖入出湖悬移质泥沙特征及其变化初析. 水文，31（1）：54-58.

闵骞，苏宗萍，王叙军. 2007. 近 50 年鄱阳湖水面蒸发变化特征及原因分析. 气象与减灾研究，30（3）：17-20.

施成熙，卞毓明，朱晓原. 1984. 确定水面蒸发模型. 地理科学，4（1）：1-10.

宋平，刘元波，刘燕春. 2011. 陆地水体参数的卫星遥感反演研究进展. 地球科学进展，26（7）：731-740.

谭衢林，刘正军，胡吉平，等. 2006. 应用多源遥感影像提取鄱阳湖形态参数. 北京交通大学学报，30（4）：26-30.

童庆禧. 1990. 中国典型地物及波谱分析. 北京：科学出版社.

万小庆，许新发. 2010. 鄱阳湖环湖区水资源供需平衡分析. 人民长江，41（6）：43-47.

王苏民，窦鸿身. 1998. 中国湖泊志. 北京：科学出版社.

赵英时. 2003. 遥感应用分析原理与方法. 北京：科学出版社.

朱岗昆. 2000. 自然蒸发的理论及应用. 北京：气象出版社.

朱海虹，张本. 1997. 中国湖泊系列研究之五——鄱阳湖-水文、生物、沉积、湿地、开发治理. 合肥：中国科学技术大学出版社.

Alsdorf D E, Lettenmaier D P. 2003. Tracking freshwater from space. Science, 301: 491-494.

Cohen S, Stanhill G. 2002. Evaporative climate changes at Bet-Dagan, Israel, 1964-1998. Agricultural and Forest Meteorology, 111 (2): 83-91.

Frappart F, Do Minh K, L'Hermitte J, et al. 2006. Water volume change in the lower Mekong from satellite altimetry and imagery data. Geophysical Journal International, 167 (2): 570-584.

Gao G, Chen D L, Xu C Y, et al. 2007. Trend of estimated actual evapotranspiration over China during 1960-2002. Journal of Geophysical Research, 112, D11120: 1-8.

Gong L B, Xu C Y, Chen D L, et al. 2006. Sensitivity of the Penman-Monteith reference evapotranspiration to key climatic variables in Changjiang (Yangtze River) basin. Journal of Hydrology, 329 (3-4): 620-629.

Guo H, Hu Q, Zhang Q. 2012. Effects of the Three-Gorge Dam on Yangtze River Flow and Its Interaction with the Poyang Lake in China. Journal of Hydrology (Conditionally accepted).

Hu Q, Feng S, Guo H, et al. 2007. Interactions of the Yangtze River flow and hydrologic processes of the Poyang Lake, China. Journal of Hydrology, 347 (1-2): 90-100.

Hui F, Xu B, Huang H, et al. 2008. Modeling spatial-temporal change of Poyang Lake using multi-temporal Landsat imagery. International Journal of Remote Sensing, 29 (20): 5767-5784.

Jain S K, Singh R D, Jain M K, et al. 2005. Delineation of flood-prone areas using remote sensing techniques. Water Resources Management, 19 (4): 333-347.

Liu Y B, Song P, Peng J, et al. 2012. A physical explanation of the variation in threshold for delineating terrestrial water surfaces from multi-temporal images: effects of radiometric correction. International Journal of Remote Sensing, 33 (18): 5862-5875.

Smith L C, Alsdorf D E. 1998. Control on sediment and organic carbon delivery to the Arctic Ocean revealed with space-borne synthetic aperture radar: Ob'River, Siberia. Geology, 26 (5): 395.

Xu C Y, Gong L B, Jiang T, et al. 2006. Analysis of spatial distribution and temporal trend of reference evapotranspiration and pan evaporation in Changjiang (Yangtze River) catchment. Journal of Hydrology, 327 (1-2): 81-93.

第六章　鄱阳湖流域极端降水

鄱阳湖流域降水丰沛，时空分布不均，其特有的气候变化特征、地理环境和人类活动等因素叠加导致洪涝灾害频繁。王凤等（2008）根据鄱阳湖洪水位频率计算成果和湖区防洪标准等因素，将洪水划分为6个等级，其中2～5年一遇的洪水发生24次，造成的损失大约占历年总损失的1/3，5年一遇以上的洪水发生7次，但其造成的损失约占历年洪灾总损失的2/3。闵骞（2002）分析鄱阳湖洪水特征发现，20世纪90年代鄱阳湖平均水位超过近50年的任何10年，年最高水位出现近100年的最大值。尽管鄱阳湖的洪涝灾害受到多种因素叠加效应的影响，但气候变化很可能是对水循环产生影响的主导因素，继而影响水资源，造成旱涝灾害（Tao et al.，2003；Evans，1996；郭华等，2006）。郭华等（2006）研究发现，鄱阳湖流域气温和降水量在20世纪90年代出现显著的上升趋势。王怀清等（2009）研究近50年鄱阳湖五大流域降水量变化特征发现，各流域年降水量、暴雨日数总体呈波动上升趋势，20世纪90年代以来暴雨日数异常偏多的概率最大；他还指出由于近50年鄱阳湖流域降水量时间分布不均的情况加剧，导致旱涝灾害风险可能增加。

极端事件频率和强度的变化对自然和社会带来的冲击远大于气候平均变化（IPCC，1996）。全世界许多区域的研究（IPCC，2001）都表明降水事件频率的变化要么就很小，要么就很大，往往总降水量有一个增加，强降水量就会以更大的比例增加。Meehl、Karl及Zwiers等10多位科学家联合署名在美国气象学会的会刊上发表了多篇论文呼吁加强对极端气候事件的研究（Karl et al.，1996；Easterlling et al.，2000；Meehl et al.，2000）。气象灾害是影响我国的主要自然灾害之一，由暴雨导致的洪涝灾害又是最严重且发生频率较高的气象灾害。早在20世纪七八十年代，陶诗言等（1979，1980）就对暴雨做了系统性的研究，但以前的研究，都把强降水事件称之为暴雨，近十几年，极端降水的概念才被广泛应用。十年来，国内外已有许多专家学者对极端事件进行了分析（翟盘茂等，1999；Zhai et al.，2005；杨莲英，2003；赵庆云等，2005；江志红等，2007；Kunkel et al.，1999；Trenberth，1999；Dai et al.，1998；Groisman et al.，1999）。Karl和Knight（1998）基于降水量分布的第90个百分位值定义了极端强降水事件，通过研究美国降水量的变化趋势发现，1910年以来美国降水量增加了10%，而这些降水量的增加主要来自于强降水和极端降水事件的增加。Tank和Konnen（2003）研究了欧洲降水极值指标的变化趋势，发现区域平均降水极值指标在1946～1999年出现湿润趋势。严中伟和杨赤（2000）研究指出，在很多情况下，极端气候变化可以达平均气候变化的5～10倍，而另一些情形下，极端气候完全逆平均气候而变化，说明了极端气候独特的研究价值。近年来，气候变暖导致极端气候事件的增加越来越受到全球各界的普遍关注。在气候变暖的大背景下，中国的极端降水事件趋多、趋强，尤其在长江以南地区极端降水表现最为明显（秦大河，2005）。

Su 等（2004）分析了长江流域的降水事件，发现极端降水事件的频数和强度在长江流域均呈现出增加趋势。鄱阳湖位于长江中下游地区，极端降水事件也成为导致洪涝灾害发生的主要原因之一。而以往对鄱阳湖的研究当中，分析鄱阳湖区域极端降水的工作相对较少。另外，以往在分析极端降水事件时，全年（或全研究时段）使用同一个阈值，这样往往会使得检测得到的极端降水事件只出现在夏季（或降水量最大的月份），因此下面我们分析鄱阳湖极端降水特征时，每个月分别定义一个极端降水阈值。现有的极端降水的研究中，比较关注极端降水现在和未来的趋势变化，对于极端降水异常时所对应的大尺度环流特征方面的分析较少。本章通过分析鄱阳湖近 50 年的极端降水事件，挑选出典型极端降水偏多年和偏少年，讨论出现极端降水异常的原因。

6.1　数据资料与研究方法

6.1.1　数 据 资 料

本章运用国家气象信息中心提供的 1960～2007 年鄱阳湖流域地面气候资料高密度台站逐日降水量数据。在资料选取时，进行了质量控制，剔除在研究时间段内有缺测值以及迁过站的台站。研究区域为 111.5°～120.5°E，24°～32°N，与第二章的定义一致。基于上述条件，在研究区域内选取了 286 个台站，与第二章中选取的站点一致（图 2.1）。此外，本章在鄱阳湖及其周边区域范围内（115°～117.5°E，28°～30°N，下面简称鄱阳湖湖区）选取了 28 个台站（图 6-1），在本章中给予分析。另外，在分析大气环流形势时使用了美国 NCEP/NCAR 再分析资料中 1960～2007 年的月平均高度场、地面气压场、比湿场以及风场资料（网格距为 2.5°×2.5°）。

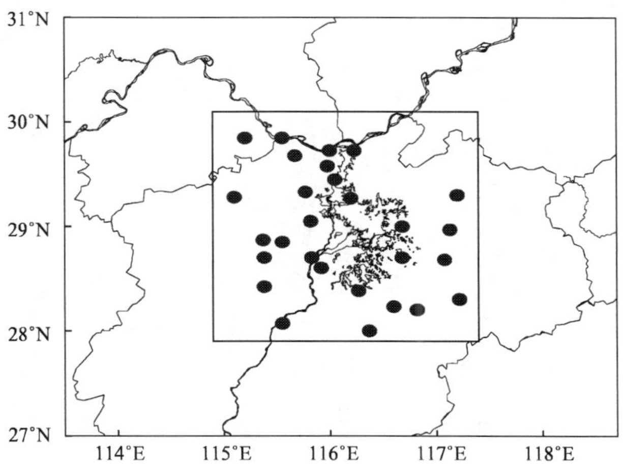

图 6-1　鄱阳湖湖区 28 个站点分布图

6.1.2　极端降水的定义

以往关于极端降水事件的研究中，多以台站定义暴雨的标准来定义极端降水（张永领和丁欲国，2004；孙凤华等，2006；张文等，2007），或者全年只采用一个极端降水阈值（山崎信雄等，1999；任朝霞和杨达源，2007），这样往往使得极端降水事件只出现在夏季，而其他季节不能客观地被检测出来，这也是极端降水事件的研究时间段主要集中在夏季的主要原因。春秋冬三季的极端降水强度虽然不如夏季大，但其对人们的生产生活也会产生比较大的影响。IPCC 第 4 次评估报告（Solomon et al.，2007）基于气象要素的概率分布，定义大于等于第 90 个（小于等于第 10 个）百分位的事件为极端事件，目前国内外在气候极值变化研究中最多见的即采用这种方法来定义阈值（Tank and Konnen，2003；Schmidli and Frei，2005；Zolina et al.，2005）。因此本章运用百分位值的方法来定义极端降水阈值。为了增强多雨季节与少雨季节的时间可比性，每个月分别定义一个极端降水阈值，即选用各月第 90 个百分位对应日的降水量值作为极端强降水阈值（下面极端降水即指极端强降水），具体方法参见文献（闵屾和钱永甫，2008）。图 6-2 为鄱阳湖各月极端降水阈值的变化曲线，由图可见极端降水阈值呈现单峰型变化，在 6 月达到极大值，为 43.4 mm；另外，12 月的阈值最小，为 12.8 mm。

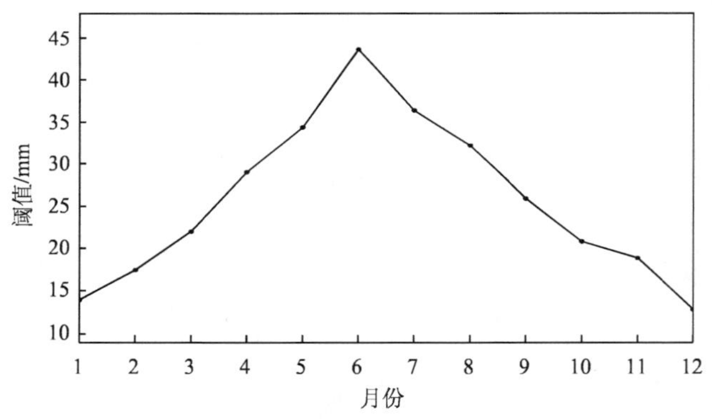

图 6-2　极端降水阈值的季节变化

下面在研究各月极端降水时分别使用其对应的阈值来检测极端降水事件。定义某日降水量超过对应的极端降水阈值为发生一次极端降水事件，定义某个研究时间段内发生极端降水的总次数为极端降水频数，定义各次极端降水量之和为极端降水总量，定义极端降水总量与极端降水频数的比值为极端降水强度，定义极端降水总量与所有降水量之和的比值为 hp90。

6.1.3　研 究 方 法

本章中极端降水量的趋势变化用最小二乘法进行线性拟合得到，周期变化采用小波分析方法，空间插值采用Cressman 客观分析方法，方法的具体介绍参见 2.1.2 节。

6.2　流域极端降水事件的气候特征

6.2.1　极端降水事件的空间分布

6.2.1.1　年平均分布

首先给出研究区域内多年平均各极端量的空间分布（图 6-3）。年极端降水总量的极大值区域出现在江西的东北部附近，中心极大值大于 1100 mm，研究区域南部及东南部的年极端降水总量也较多，基本在 700 mm 以上，年极端降水总量从极大值区域向西向北逐渐减少，极小值小于 400 mm［图 6-3（a）］。年极端降水总频数的分布形势与年极端降水总量基本一致［图 6-3（b）］，东南部极端降水频数较多，西部和北部较少，极大值在 22 次以上，而极小值小于 6 次，江西地区的极端降水频数基本在 16 次以上。年极端降水强度呈纬向带状分布，中部区域相对较弱，南北两侧相对较强，极大值大于

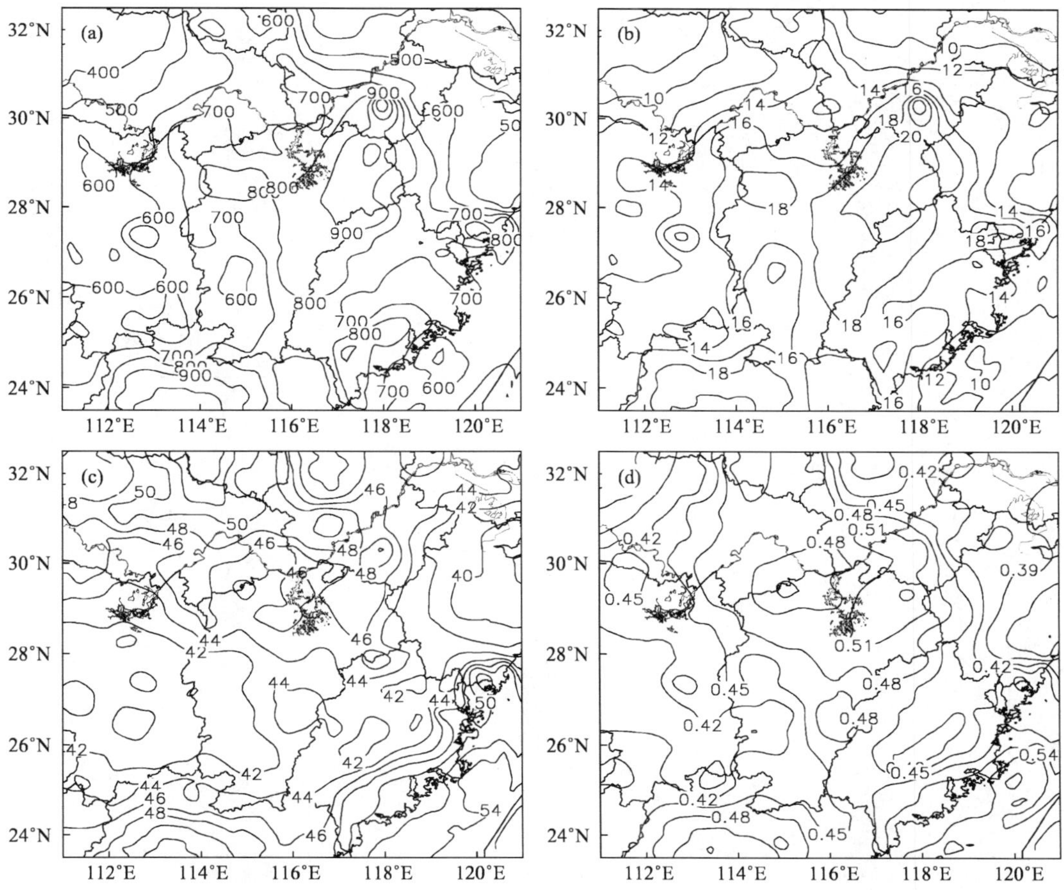

图 6-3　鄱阳湖流域及其周边地区多年平均极端量的空间分布

(a) 极端降水总量（mm）；(b) 极端降水总频数（d）；(c) 极端降水强度（mm）；(d) hp90（%）

54 mm，极小值小于 40 mm，江西地区的极端降水强度大约在 40～46 mm［图 6-3（c)］。hp90 的极大值出现在江西东北部，达 54%，极小值出现在西北角，小于 33%，江西大部分地区的 hp90 大于 45%，仅在江西西部小部分区域小于 42%［图 6-3（d)］。

6.2.1.2　季节分布

从鄱阳湖流域及其周边地区四季极端降水总量的空间分布图可见，春季极端降水总量的分布形势与全年基本类似，极大值位于研究区域的西南部，中心值大于 450 mm，次大值区域位于江西东部，中心值大于 350 mm，极端降水总量由极大值中心向西向北逐渐减少，极小值在 50 mm 以内；江西地区春季极端降水总量基本在 250 mm 以上［图 6-4（a)］。夏季极端降水总量存在几个大值区，首先是研究区域的东北部，中心值达 550 mm，其次为研究区域的东部地区，中心值达 450 mm，第三大值区位于研究区域的南部，中心值达 400 mm，其余大部分地区夏季极端降水总量基本均在 300 mm 以内［图 6-4（b)］。秋季极端降水总量相对较小，极大值区位于研究区域的东部，中心

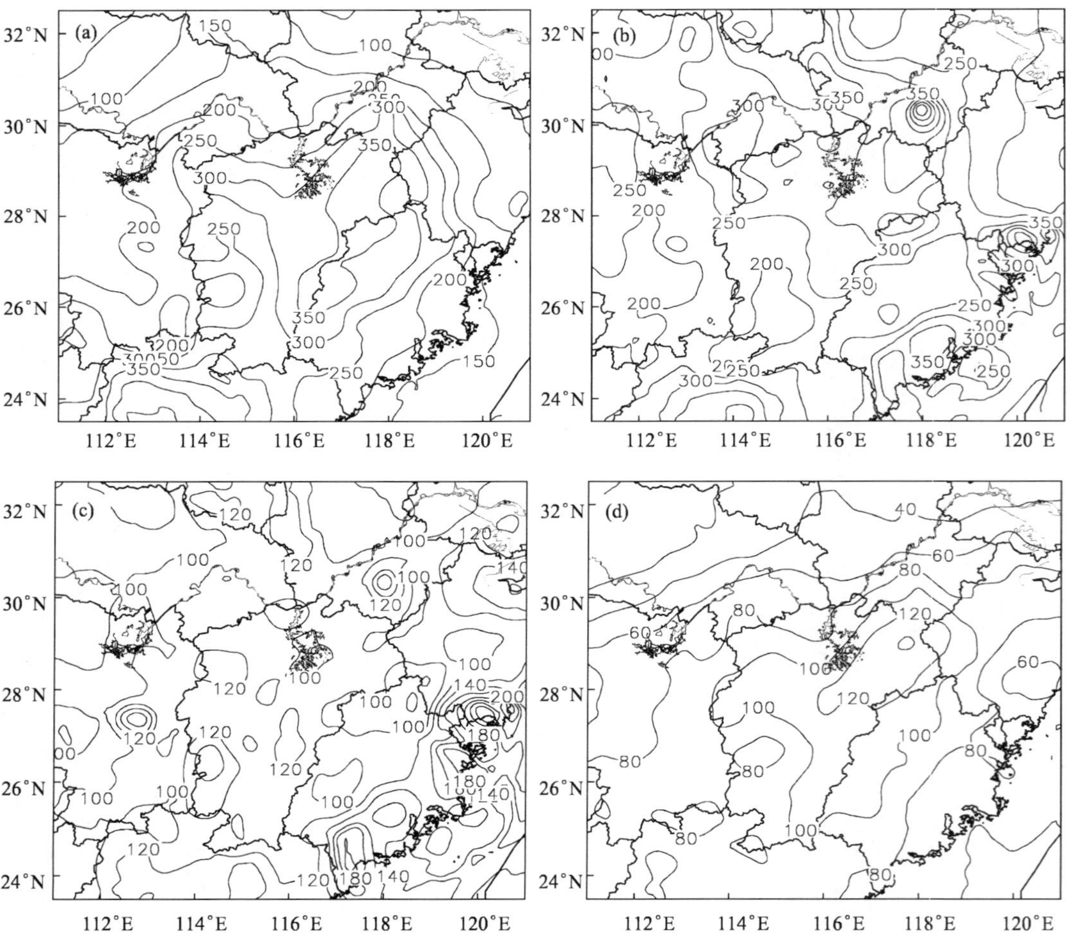

图 6-4　鄱阳湖流域及其周边地区四季极端降水总量（mm）的空间分布

(a) 春季；(b) 夏季；(c) 秋季；(d) 冬季

值在 240 mm 以上，次大值区位于研究区域的东南部，中心值在 200 mm 以上，江西省的极端降水总量均在 120 mm 以内［图 6-4（c）］。冬季极端降水总量的极大值区位于江西东北部，中心值在 140 mm 以上，极端降水总量由极大值区向西向北逐渐减少，极小值小于 20 mm，可见冬季分布形势与春季基本类似；江西地区冬季极端降水总量基本在 80 mm 以上［图 6-4（d）］。

鄱阳湖流域及其周边地区春季极端降水频数存在 2 个极大值区域，分别位于研究区域的西南部以及江西东部，中心值均为 8 次，极端降水频数由极大值区向西向北逐渐减少，极小值小于 2 次；江西地区春季极端降水频数基本在 5 次以上［图 6-5（a）］。夏季极端降水频数的分布形势与极端降水总量类似，其存在几个大值区，首先为研究区域东北部的大值区，中心值大于 8 次，其次为研究区域的东部及南部，中心值在 6 次以上，第三为研究区域的东南部地区，中心值达 5.5 次以上，其余大部分地区夏季极端降水频数在 4 次以内［图 6-5（b）］。秋季极端降水频数的极大值位于研究区域的东部，中心值大于 4.5 次，江西地区秋季极端降水频数在 3 次以内［图 6-5（c）］。冬季极端降水频数基本呈

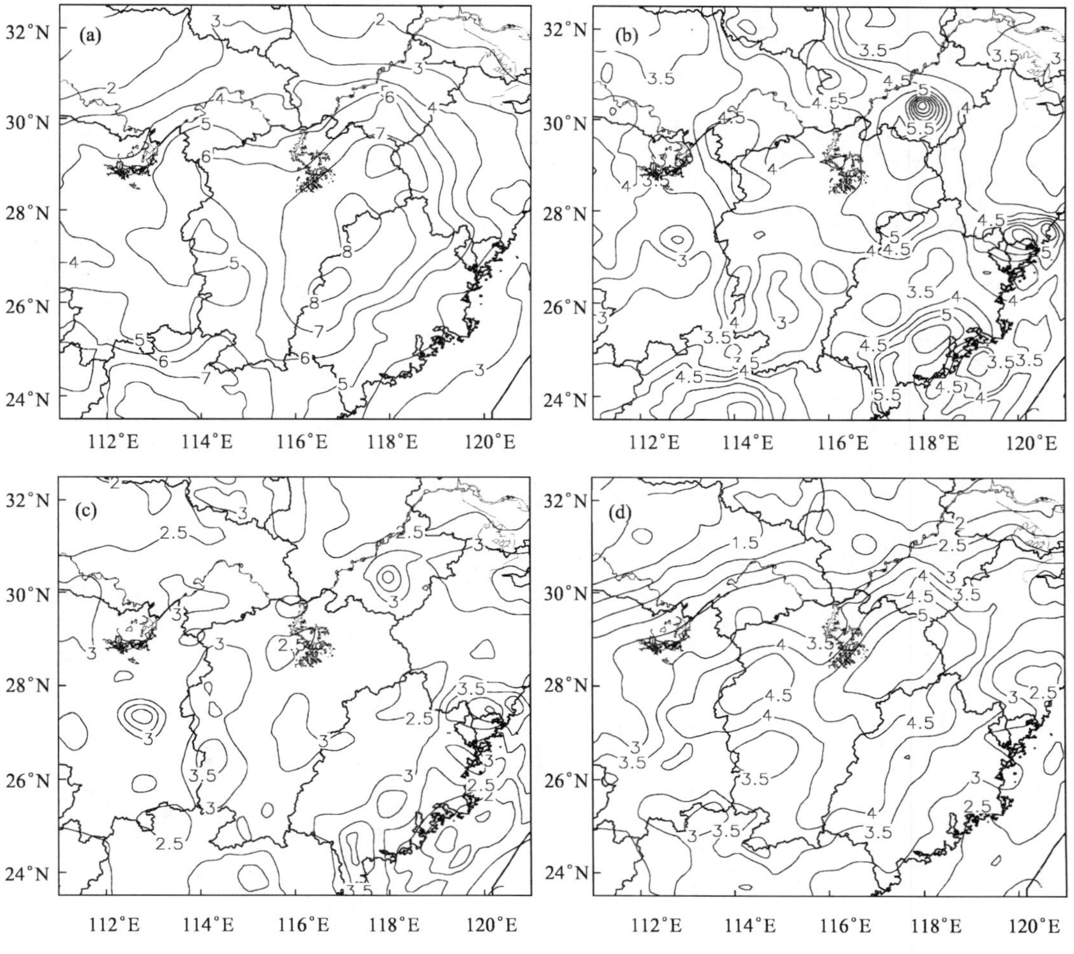

图 6-5　鄱阳湖流域及其周边地区四季极端降水频数（d）的空间分布

(a) 春季；(b) 夏季；(c) 秋季；(d) 冬季

纬向分布，江西及其周边地区极端降水频数相对较多，基本在 3.5 次以上，极大值位于江西东北部，中心值大于 5 次，极小值位于研究区域的北部，小于 0.5 次［图 6-5（d）］。

春季鄱阳湖流域及其周边地区极端降水强度的极大值区域出现在研究区域的西南部，中心值达 54 mm，极小值区位于整个区域的东北角以及西北角，小于 38 mm；江西地区极端降水强度约为 40～48 mm［图 6-6（a）］。夏季鄱阳湖流域及其周边地区极端降水强度均在 55 mm 以上，极大值达 70 mm，极大值主要出现在研究区域东南部、江西东北部以及研究区域北部［图 6-6（b）］。秋季极端降水强度的极大值出现在研究区域东南部地区，极大值达 55 mm，大部分内陆地区秋季极端降水强度均在 40 mm 以内［图 6-6（c）］。冬季极端降水强度呈现出南强北弱的分布形势，极大值位于研究区域南部，达 28 mm，极小值位于研究区域北部，小于 19 mm，江西地区冬季极端降水强度约为23～27 mm［图 6-6（d）］。

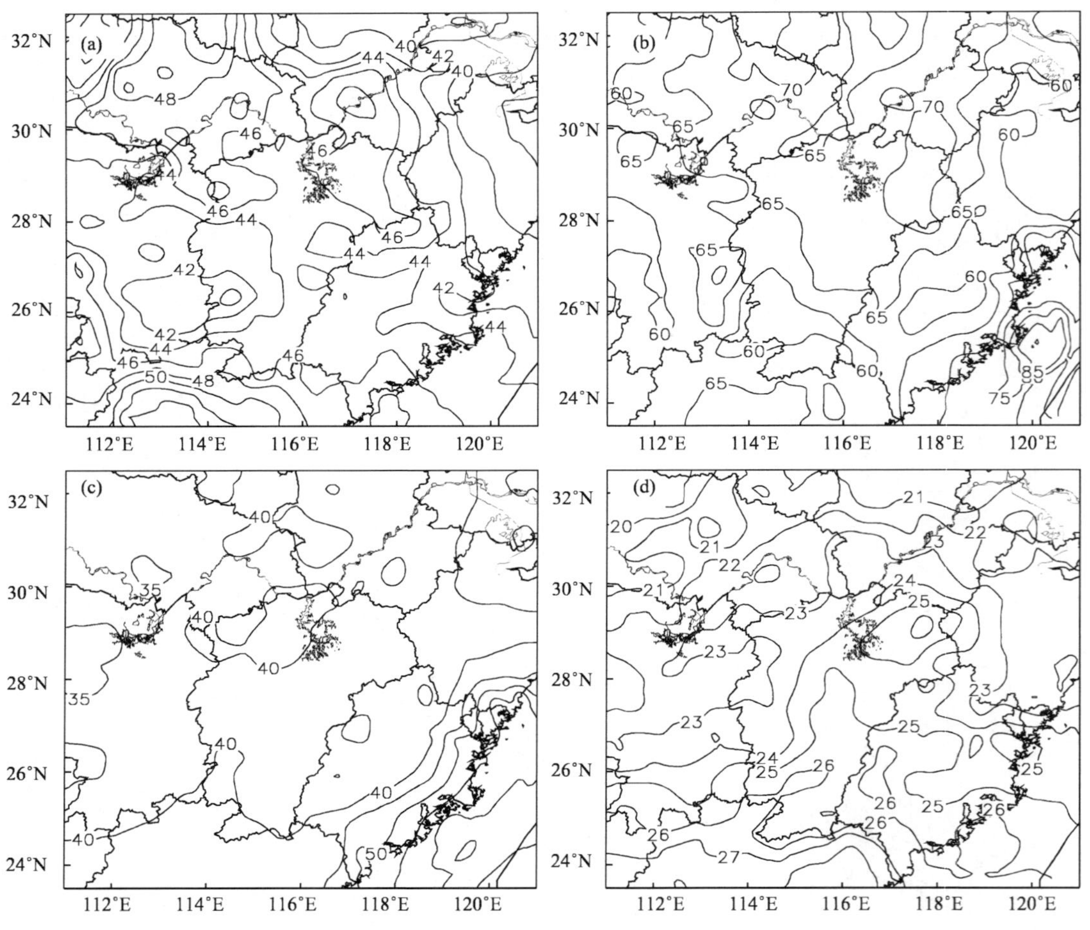

图 6-6　鄱阳湖流域及其周边地区四季极端降水强度（mm）的空间分布

（a）春季；（b）夏季；（c）秋季；（d）冬季

鄱阳湖流域及其周边地区春季 hp90 呈现出南部中部较大、东北部和西北部相对较小的形势，极大值出现在研究区域南部，达 55%，次大值位于江西东部，大于 50%，极小值位于研究区域北部，小于 20% [图 6-7 (a)]。夏季 hp90 在南部以及东部相对较小，在江西北部及其以北地区相对较大；江西地区夏季 hp90 极大值大于 55%，极小值小于 40% [图 6-7 (b)]。秋季 hp90 的极大值出现在研究区域东南部，大于 65%，次大值区位于研究区域南部，中心值大于 60%，极小值区出现在研究区域北部，小于 40%；江西地区秋季 hp90 大约为 45%～60% [图 6-7 (c)]。冬季 hp90 的分布形势与春季类似，极大值位于研究区域南部，中心值大于 55%，次大值区出现在江西东北部，中心值大于 50%，极小值区位于研究区域北部，小于 10%；江西地区冬季 hp90 大约为 40%～55% [图 6-7 (d)]。

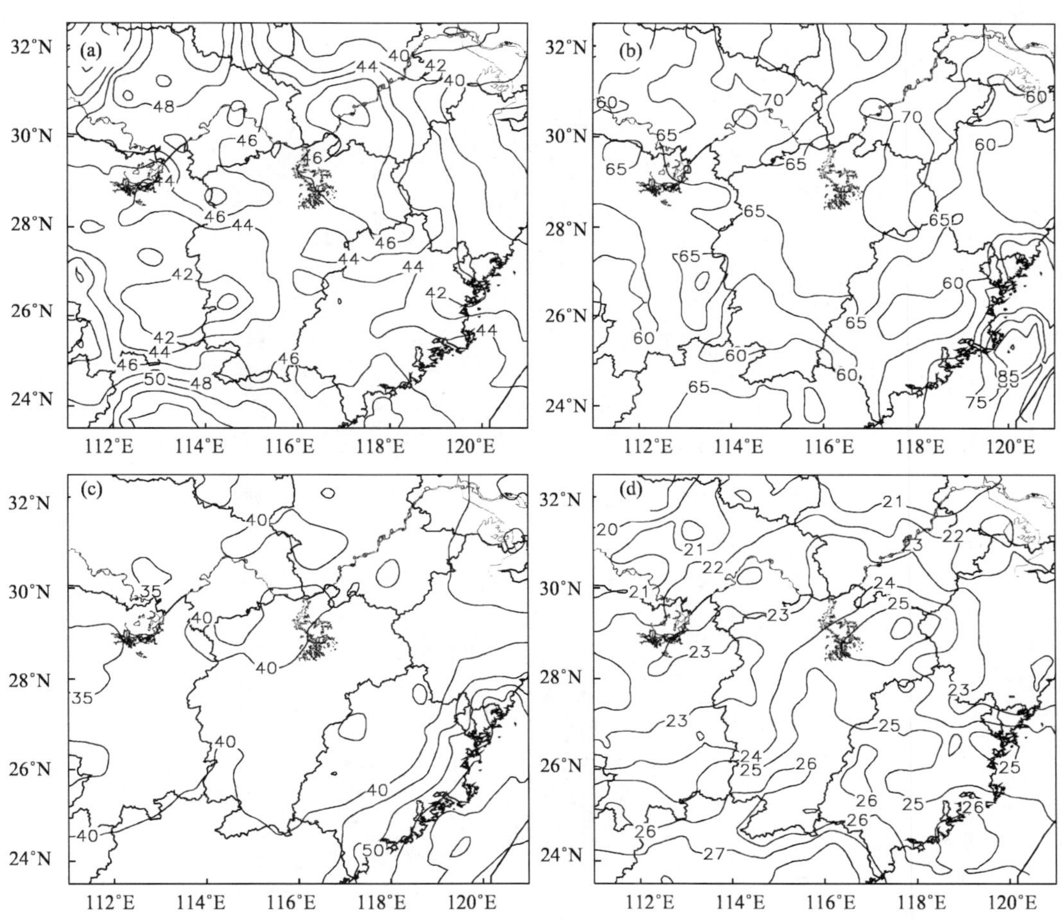

图 6-7　鄱阳湖流域及其周边地区四季 hp90 (%) 的空间分布

(a) 春季；(b) 夏季；(c) 秋季；(d) 冬季

6.2.1.3　月分布

为了进一步认识各极端变量的空间分布，我们对各变量分别进行了经向和纬向平均，得到各极端变量纬向和经向分布的逐月变化。由极端降水总量纬向分布逐月变化可知 [图 6-8 (a)]，4～7 月极端降水总量值相对较大，极大值出现在 6 月，各纬度带极端降水总量基本均在 90mm/月以上，1、11 和 12 月极端降水总量值均较小，基本均小于 30 mm/月；从地理位置上来看，极大值区域位于 29°N 附近，6 月该纬度带附近的中心值大于 150 mm/月，次大值区域出现在 26°N 以南地区，该地区 5 月极端降水总量达 110 mm/月以上，8 月达 90 mm/月以上；随着纬度的北移，极端降水总量出现极大值的月份有推后的现象。从极端降水总量经向分布逐月变化图可见［图 6-8 (b)］，极大值出现在 6 月，各经度带极端降水总量基本均大于 70 mm/月以上，极小值出现在 1、11 和 12 月，各经度带极端降水总量基本均小于 30 mm/月以上；从地理位置来看，1～6 月极大值区出现在 117°～118°E，其中 6 月极端降水总量最大，中心值在 150 mm/月以上，8～9 月极大值区出现在 119°～120°E，其中 8 月中心值大于 90 mm/月。

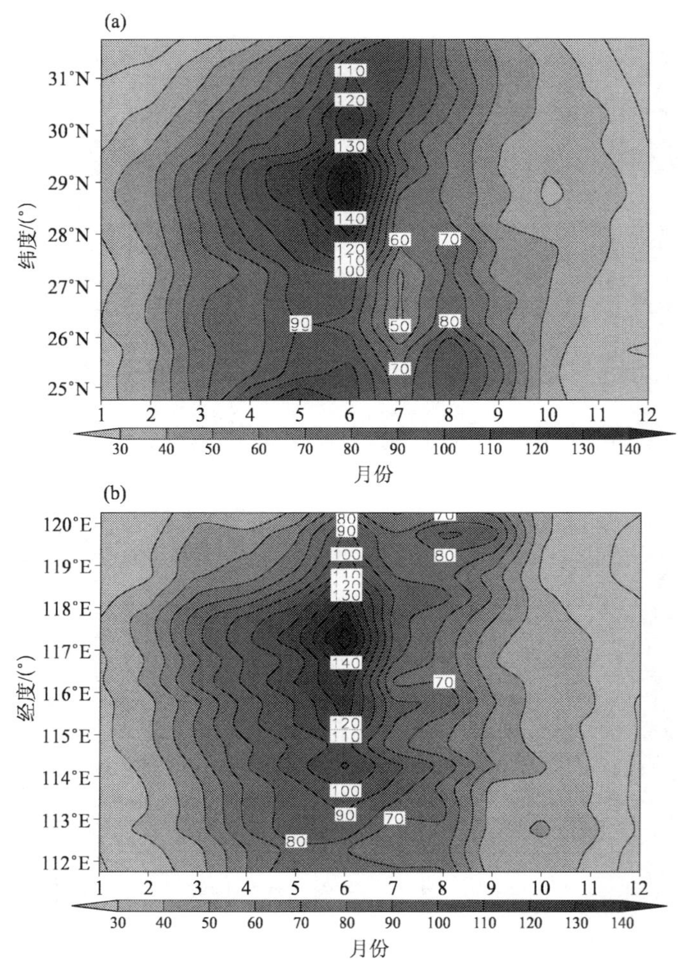

图 6-8　鄱阳湖流域及其周边地区极端降水量（mm）的逐月变化分布图

（a）纬向；（b）经向

图 6-9 为极端降水频数纬向和经向分布的逐月变化。由图 6-9（a）可见，春季极端降水频数相对较多，在 30°N 以北地区基本均大于 1.6 次/月，30°N 以北地区 6～7 月的

极端降水频数相对较大，10～12 月极端降水频数相对较少，大部分地区均在 1 次/月以内；上半年中（1～6 月），27°～30°N 附近的极端降水频数相对较大，极大值区域出现在 28°～29°N 附近的 3～4 月，达 2.2 次/月以上，次大值区域 25.5°N 以南的 4～5 月，达 2 次/月以上，另外，8～9 月 27°N 以南地区的极端降水频数也相对较大。由图 6-9（b）可知，2～6 月极端降水频数相对较多，且极大值区域位于 116°～118°E，其中 3 月极端降水频数达到最大，在 2.2 次/月以上，另外，8～9 月 119°E 以东地区极端降水频数也相对较大，中心值在 1.4 次/月以上；10～12 月极端降水频数相对较少，基本均在 1 次/月以内。

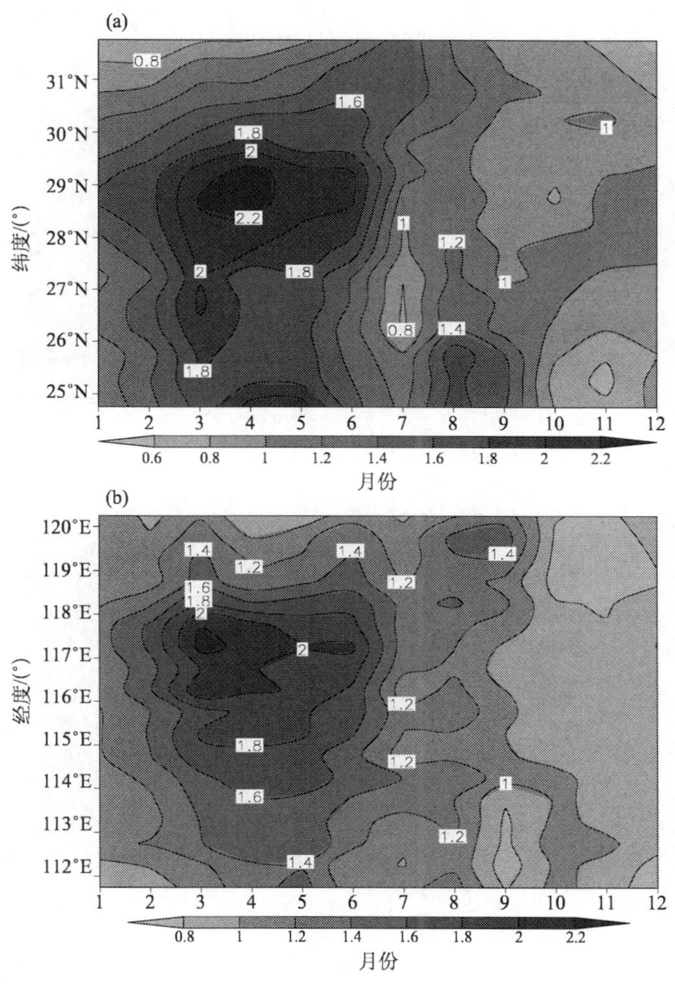

图 6-9　鄱阳湖流域极端降水频数（d）的逐月变化分布图

（a）纬向；（b）经向

由极端降水强度经向平均的逐月变化图可见［图 6-10（a）］，极端降水强度从 1 月开始逐渐增大，到 6 月达到极大值，之后再逐渐减小，6 月除 26°～27°N 以外，其他各纬度带极端降水强度均在 70 mm 以上，极大值出现在 29°N 和 30°N 附近，中心值在 75 mm以上；极端降水强度在秋冬季节基本呈现出南强北弱的分布形势，在春夏季节 26°～27°N 附近相对较弱，其南北两侧相对较强。由极端降水强度纬向平均的逐月变化可见［图 6-10（b）］，极端降水强度逐月大小变化与经向平均类似，6 月最大，各经度带基本均大于 65 mm，极大值位于 117°～118°E，中心值大于 75 mm；1～5 月极端降水强度的经向差异不明显，基本均在 5～10 mm 以内，8～12 月经向振荡变化比 1～5 月明显，基本呈现出东部相对较大，西部相对较小的分布形势。

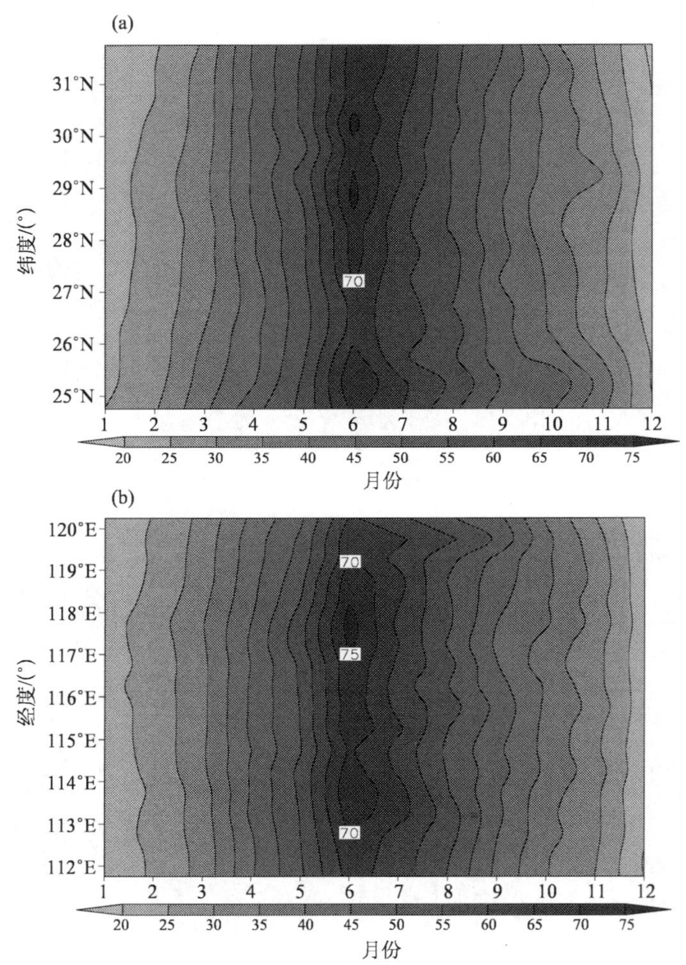

图 6-10　鄱阳湖流域及其周边地区极端降水强度（mm）的逐月变化分布图

（a）纬向；（b）经向

hp90 在 8～12 月相对较大，在各个纬度上基本均大于 45%，极大值出现在 26°N 以南的 10 月和 12 月，中心值大于 60%；5～7 月，28°N 以北的地区 hp90 值也相对较大，基本均在 45%以上，极大值出现在 30°N 以北的 7 月，中心值大于 54%以上；极小值区出现在 30°N 以北的 1～4 月，中心值小于 30%［图 6-11（a）］。由 hp90 纬向平均的逐月变化图可见［图 6-11（b）］，7～12 月值相对较大，各经度带 hp90 基本均在 45%以上，极大值区出现在 119°～120°E 的 9 月，中心值大于 57%以上；1～6 月中部地区 hp90 值也相对较大，东西两侧相对较小，极小值区位于 119°～120°E，其中 4 月 hp90 值小于 30%。

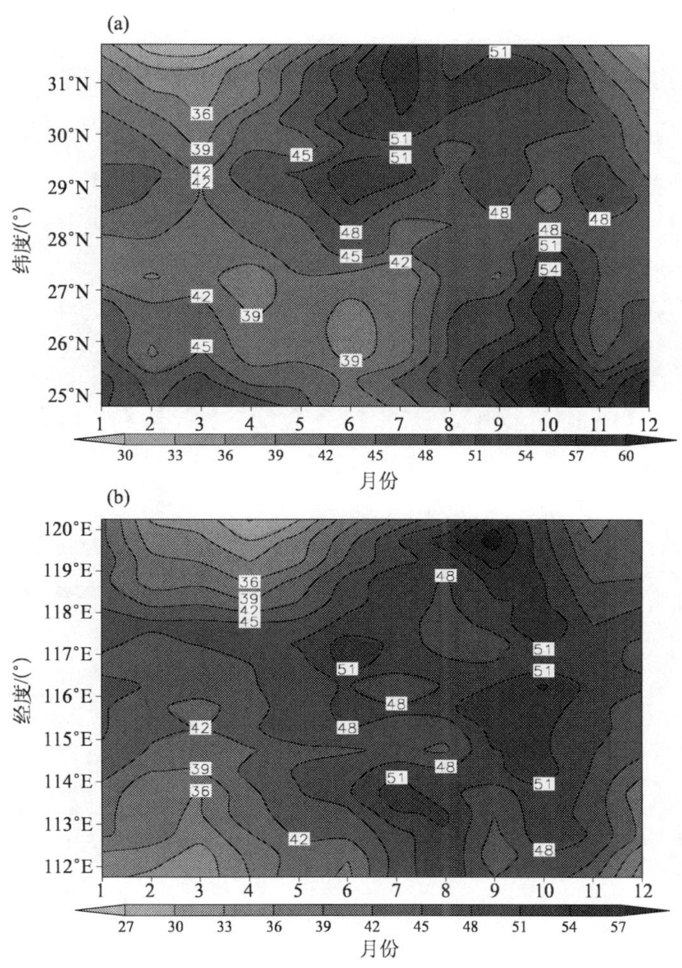

图 6-11　鄱阳湖流域及其周边地区 hp90（%）的逐月变化分布图

（a）纬向；（b）经向

6.2.2　极端降水事件的时间变化

由鄱阳湖流域及其周边地区平均极端降水总量的季节-年际变化图可见（图 6-12），极端降水总量存在明显的季节变化，4～7 月极端降水总量相对较多，基本在 70 mm/月以上，1 月和 11～12 月极端降水总量相对较少，基本在 30 mm/月以内；另外，极端降水总量存在明显的年际、年代际变化，20 世纪 90 年代极端降水总量明显偏多，6 月中心值达 130 mm/月。为了更清楚地看出鄱阳湖流域及其周边地区的季节以及年际变化形势，下面分别给出多年平均的逐月变化曲线以及季节平均的年际变化曲线。从图 6-13可知，鄱阳湖流域及其周边地区区域平均极端降水总量呈现出单峰型变化，6 月极端降水总量最大，为 111.5 mm，极小值出现在 12 月，为 18.6 mm。图 6-14 中横直线为鄱阳湖流域及其周边地区多年平均年极端降水总量，约为 670.1 mm；由图可见 20 世纪 90 年代以前年极端降水总量虽然呈现出明显的年际变化（折线），但主要以偏少年份居多，20 世纪 90 年代年极端降水总量总体偏多，21 世纪以来，又有偏少的趋势（虚线），在整个 48 年中年极端降水总量呈现出增加的趋势，且增加趋势能通过 95％的信度检验。

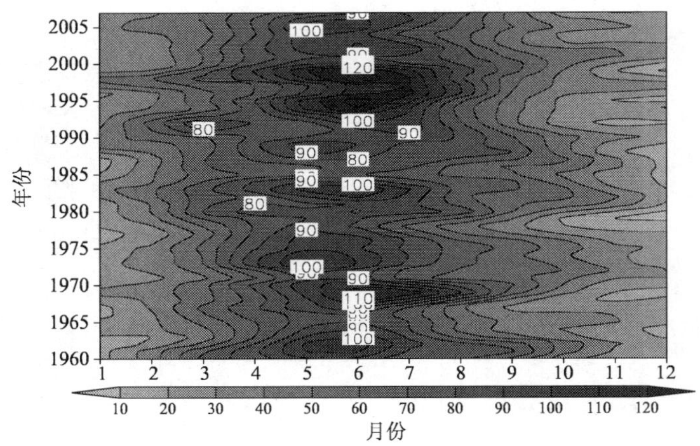

图 6-12　鄱阳湖流域及其周边地区极端降水总量（mm）的季节-年际变化

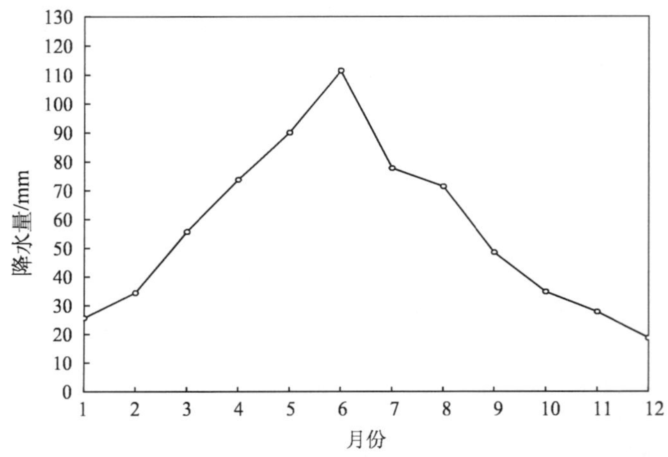

图 6-13　鄱阳湖流域及其周边地区多年平均极端降水总量（mm）的逐月变化

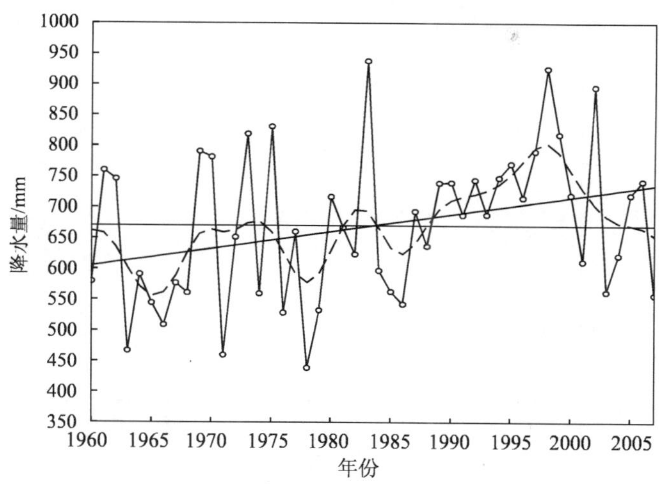

图 6-14　鄱阳湖流域及其周边地区平均年极端降水总量（mm）的年际变化（折线）、11 年滑动平均（虚线）以及趋势变化（斜直线）

图 6-15 为鄱阳湖流域及其周边地区平均极端降水频数的季节-年际变化图，由图可见，极端降水频数存在明显的季节和年际变化，春季极端降水频数相对较多，基本均大于 1.4 次/月，10～12 月相对较少，基本均小于 1 次/月；另外，20 世纪 90 年代极端降水频数明显偏多，极大值出现在 20 世纪 90 年代早期的 3 月，中心值达 2.4 次/月，20 世纪 90 年代后期 1～8 月极端降水频数均在 1.4 次/月以上。由多年平均鄱阳湖流域及其周边地区极端降水频数逐月变化曲线可见（图 6-16），3～6 月极端降水频数相对较多，均在 1.5 次/月以上，极大值出现在 3 月为 1.65 次/月，极小值出现在 12 月，为 0.86 次/月。由图 6-17 可见，鄱阳湖流域及其周边地区年极端降水总频数年际变化比较明显（折线），图中横直线为研究区域内多年平均年极端降水总频数，约为 15 次；20 世纪 90 年代以前，年极端降水总频数存在振荡的年代际变化形势，20 世纪 90 年代主要以偏多为主，21 世纪以来，又有减少的趋势（虚线），1960～2006 年，年极端降水总

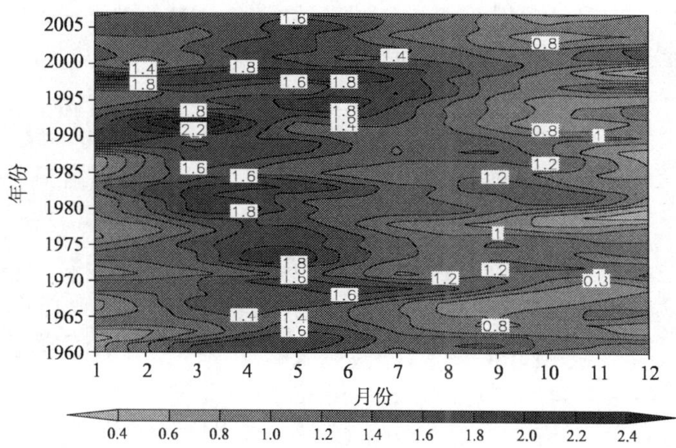

图 6-15　鄱阳湖流域及其周边地区极端降水频数（d）的季节-年际变化

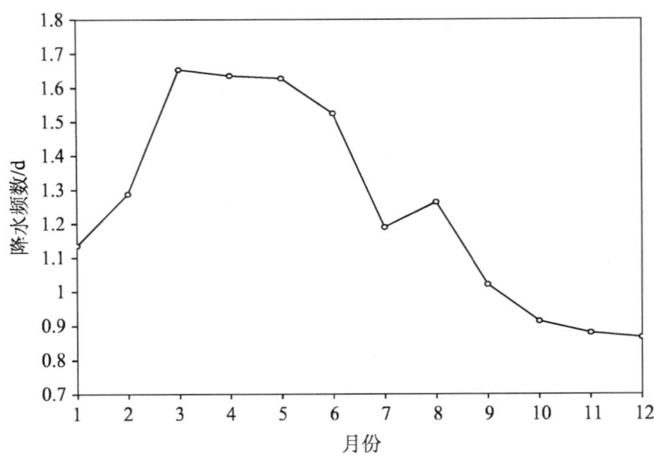

图 6-16　鄱阳湖流域及其周边地区多年平均极端降水频数（d）的逐月变化

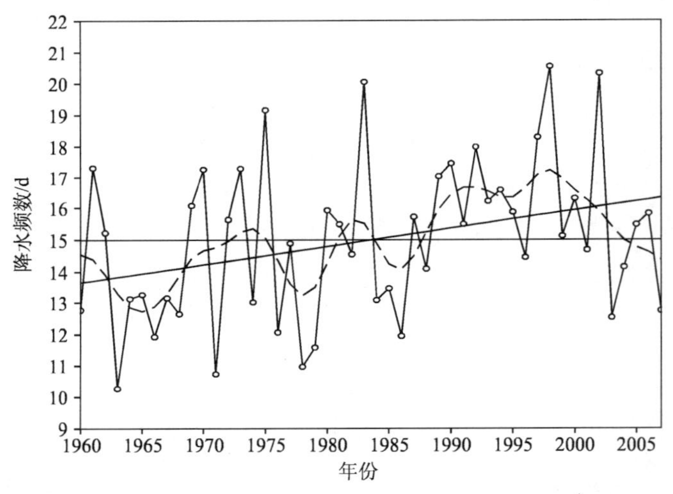

图 6-17　鄱阳湖流域及其周边地区平均年极端降水总频数（d）的年际变化（折线）、11 年滑动平均（虚线）以及趋势变化（斜直线）

频数呈现出线性增加的变化趋势，且这种增加趋势能通过 95％的信度检验。

鄱阳湖流域及其周边地区平均极端降水强度的季节-年际变化相对极端降水总量和频数来说较规律，其虽然也存在明显的年际变化，但变化幅度相对较小，一般为 5～10 mm，且年际变化有比较规律的延续性，1～5 月的年际变化比较一致，8～12 月的也比较一致（图 6-18）。从鄱阳湖流域及其周边地区多年平均逐月极端降水强度变化曲线可见（图 6-19），1 月极端降水强度较小，约为 22.6 mm，之后强度逐渐增大，到 6 月达到极大值，约为 73.2 mm，然后极端降水强度再逐渐减小，到 12 月份仅为21.5 mm。图 6-20 中横直线为研究区域内多年平均年极端降水强度，约为 44.6 mm，从图中可以看出，年极端降水强度存在明显的年际变化（折线），但围绕平均值上下振荡，变化幅

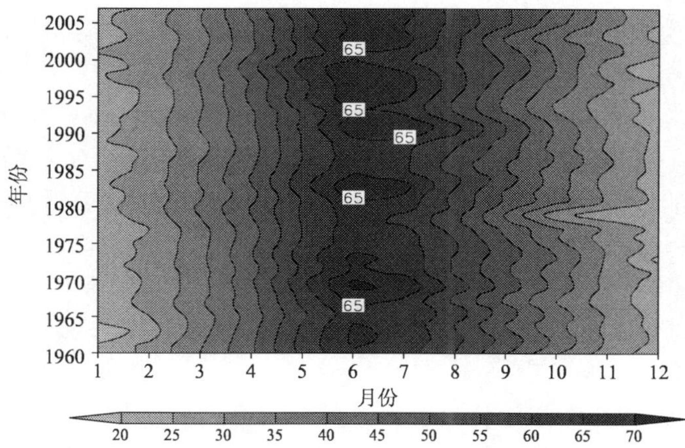

图 6-18　鄱阳湖流域及其周边地区极端降水强度（mm）的季节-年际变化

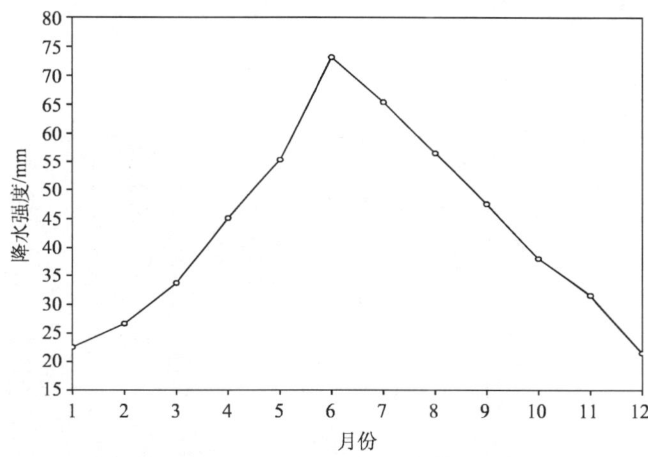

图 6-19　鄱阳湖流域及其周边地区多年平均极端降水强度（mm）的逐月变化

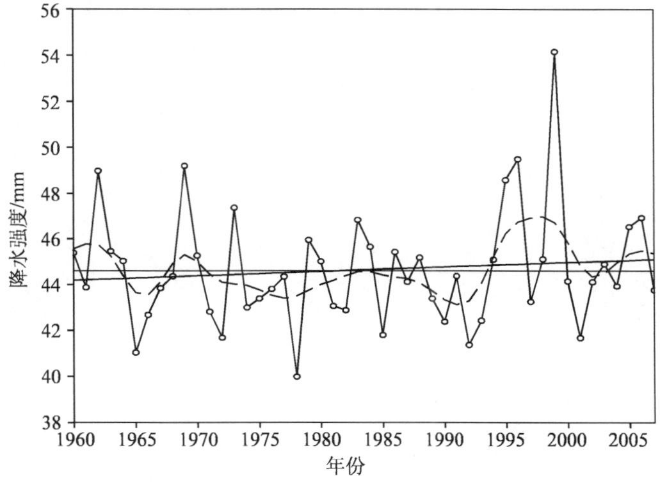

图 6-20　鄱阳湖流域及其周边地区平均年极端降水强度（mm）的年际变化（折线）、11 年滑动平均（虚线）以及趋势变化（斜直线）

度不大，其中，1999 年的年极端降水强度比较突出，高达 54.2 mm；鄱阳湖流域及其周边地区年极端降水强度在整个 48 年呈现出增大的趋势，但是线性变化趋势并不显著。

鄱阳湖流域及其周边地区平均 hp90 存在明显的季节变化，在夏季秋季相对较大，冬季春季相对较小；另外，hp90 还存在明显的年际、年代际变化，20 世纪 90 年代以来，大部分月份的 hp90 值在 40%以上，而且 hp90 大于 50%的月份也明显比 20 世纪 80 年代以前要多，说明极端降水总量在降水量中的比重加大，降水有极端化发展的趋势（图 6-21）。由多年平均鄱阳湖流域及其周边地区 hp90 值的逐月变化可见(图 6-22)，极小值出现在 3 月，约为 40.6%，之后逐渐增大，到 7 月到达第一个极值点，约为 49.8%，然后 8 月略有降低直到 9 月达到最大值，约为 51.3%，之后再逐渐减小，到 12 月约为 45.3%。图 6-23 为鄱阳湖流域及其周边地区平均 hp90 的年际变化（折线）、11 年滑动平均（虚线）以及线性趋势变化（斜直线），图中横直线为多年平均的 hp90 值，约为 45%，从图中可以看出，在 1987 年以前，hp90 值基本以偏少为主，之后以偏多为主，在整个 48 年，研究区域内的 hp90 值呈现出非常显著的增加趋势，且这种增加趋势能通过 99%的信度检验。

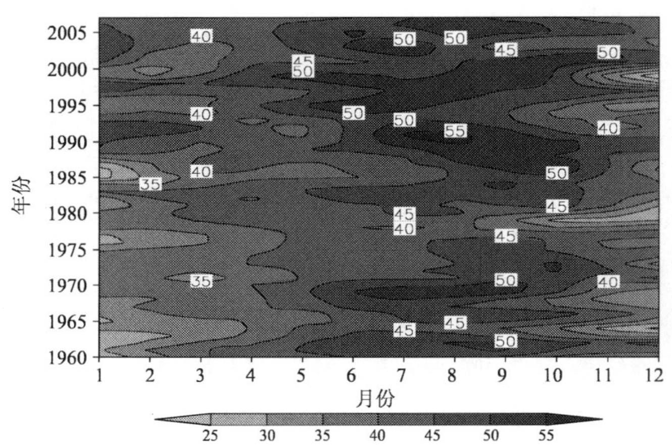

图 6-21 鄱阳湖流域及其周边地区 hp90（%）的季节-年际变化

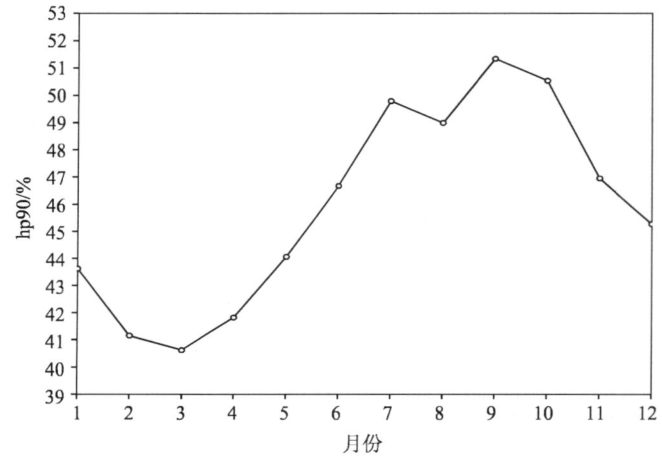

图 6-22 鄱阳湖流域及其周边地区多年平均 hp90（%）的逐月变化

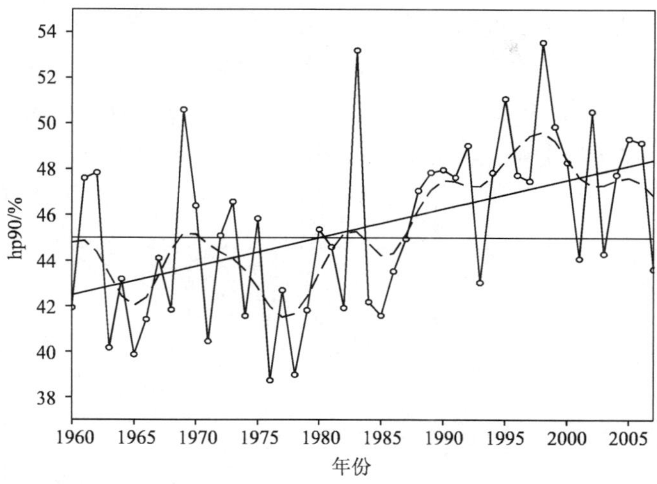

图 6-23　鄱阳湖流域及其周边地区平均 hp90（%）的年际变化（折线）、11 年滑动平均（虚线）以及趋势变化（斜直线）

6.2.3　极端降水事件的趋势变化

鄱阳湖流域及其周边地区大部分站点的年极端降水总量呈增加趋势，约占总站点数的 91.3%，但显著增加的站点并不多，且分布比较零散，出现减少趋势的站点主要分布在区域北部；江西地区除两个站点呈减少趋势以外，其余站点均呈不同程度的增加趋势；研究区域内年极端降水总量的平均变化趋势约为 27.6 mm/10a（图 6-24）。从四季极端降水总量的趋势变化可见，春季出现增加趋势的站点相对较多，约占站点总数的 61.5%；江西地区有较多站点呈现增加趋势，出现减少趋势的站点主要分布在江西中部 28°N 附近区域；研究区域内春季极端降水总量的平均变化趋势约为 4.1 mm/10a [图 6-25 (a)]。夏季约有 88.1%的站点极端降水总量呈增加趋势，但增加趋势能通过信度检验的站点并不多；夏季极端降水总量平均的变化趋势约为 15.8 mm/10a [图 6-25 (b)]。秋季极端降水总量出现增加趋势的站点数并不多，仅占站点总数的 41.3%，但分布比较

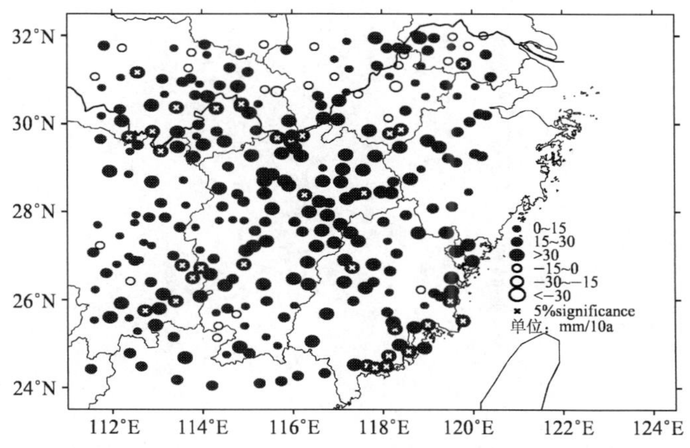

图 6-24　鄱阳湖流域及其周边地区年极端降水总量的趋势变化分布

集中，主要出现在江西中部、北部及其附近区域，另外，研究区域东南部站点的极端降水总量也出现增加趋势，其余大部分地区秋季极端降水总量以减少趋势为主；秋季极端降水总量的平均变化趋势约为－1.4 mm/10a［图 6-25（c)］。冬季仅有一个站点极端降水总量出现减少趋势，剩余 285 个站点均呈现出增加趋势，在江西地区呈现显著增加趋势；研究区域内冬季极端降水总量的平均变化趋势约为 9.4 mm/10a［图 6-25（d)］。

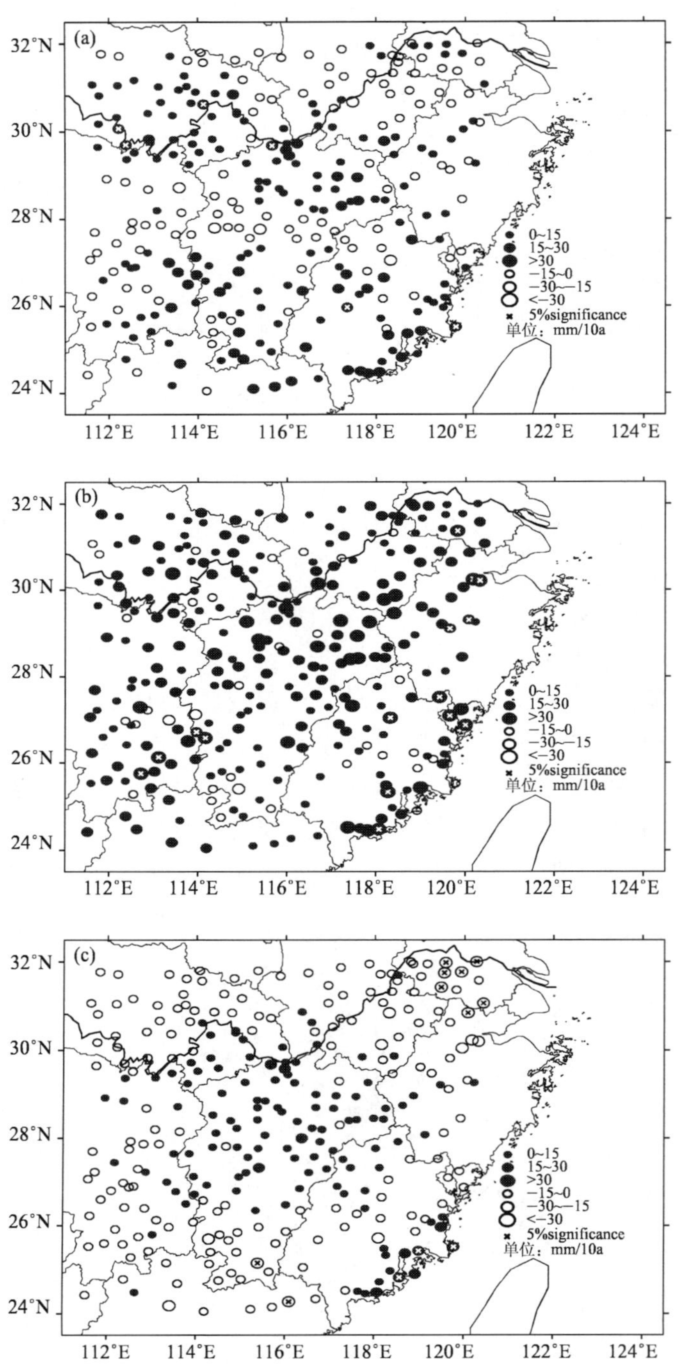

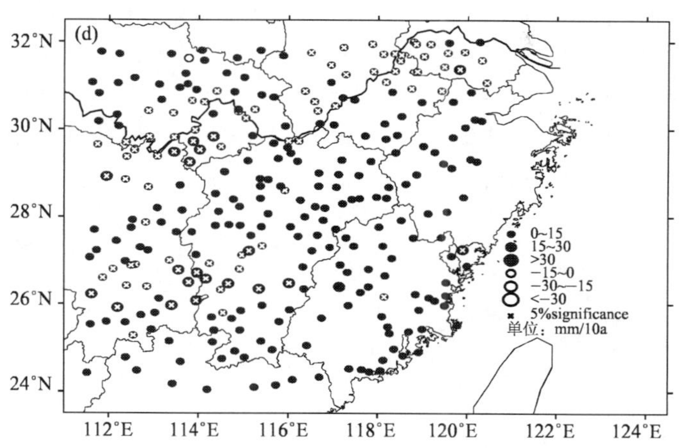

图 6-25 鄱阳湖流域及其周边地区四季极端降水总量的趋势变化分布

(a) 春季；(b) 夏季；(c) 秋季；(d) 冬季

鄱阳湖流域及其周边地区年极端降水频数的趋势变化分布形势与年极端降水总量基本一致，约有 92%的站点年极端降水频数呈现增加趋势，出现显著增加趋势的站点比年极端降水总量的略多，约为 17.8%；江西地区除两个站点呈现减少趋势以外，其余站点均呈现不同程度的增加趋势，呈现显著增加趋势的站点主要分布在鄱阳湖湖区附近；研究区域内年极端降水总量的平均变化趋势约为 0.57 d/10a（图 6-26）。由图 6-27 可见，四季极端降水频数的分布形势也与极端降水总量类似。春季约有 61.2%的站点出现极端降水频数增加趋势，江西地区出现增加趋势的站点主要分布在鄱阳湖湖区周边以及南部地区；春季极端降水频数的平均变化趋势约为 0.07 d/10a［图 6-27（a)］。夏季大部分站点的极端降水频数呈现出增加趋势，仅有约 12.2%的站点呈现减少趋势，江西地区呈现减少趋势的站点也比较少且主要出现在其南部；夏季极端降水频数的平均变化趋势约为 0.23 d/10a［图 6-27（b)］。秋季大部分站点的极端降水频数呈现出减少趋势，约占站点总数的 67.1%，出现增加趋势的站点数虽然不多但分布比较集中，主

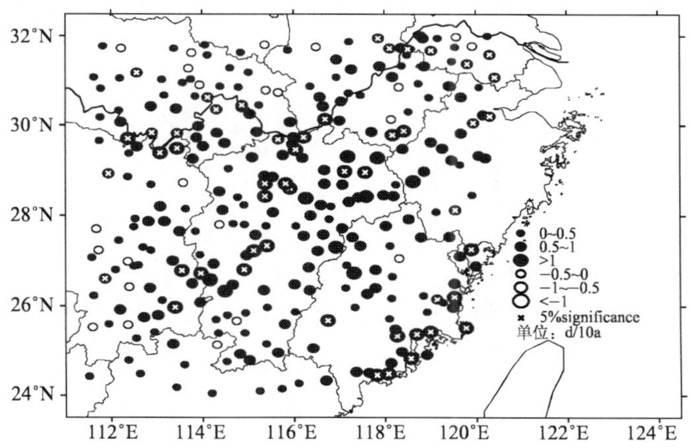

图 6-26 鄱阳湖流域及其周边地区年极端降水频数的趋势变化分布

要出现在江西中部、北部及其附近区域，另外，研究区域东南部地区站点的极端降水总量也出现增加趋势。秋季极端降水频数的平均变化趋势约为－0.08 d/10a［图 6-27 (c)］。冬季极端降水频数呈现出明显的增加趋势，仅有 2 个站点极端降水总量出现减少趋势，江西省内站点的增加趋势能通过 95％的信度检验；鄱阳湖流域及其周边地区冬季极端降水频数的平均变化趋势约为 0.35 d/10a［图 6-27 (d)］。

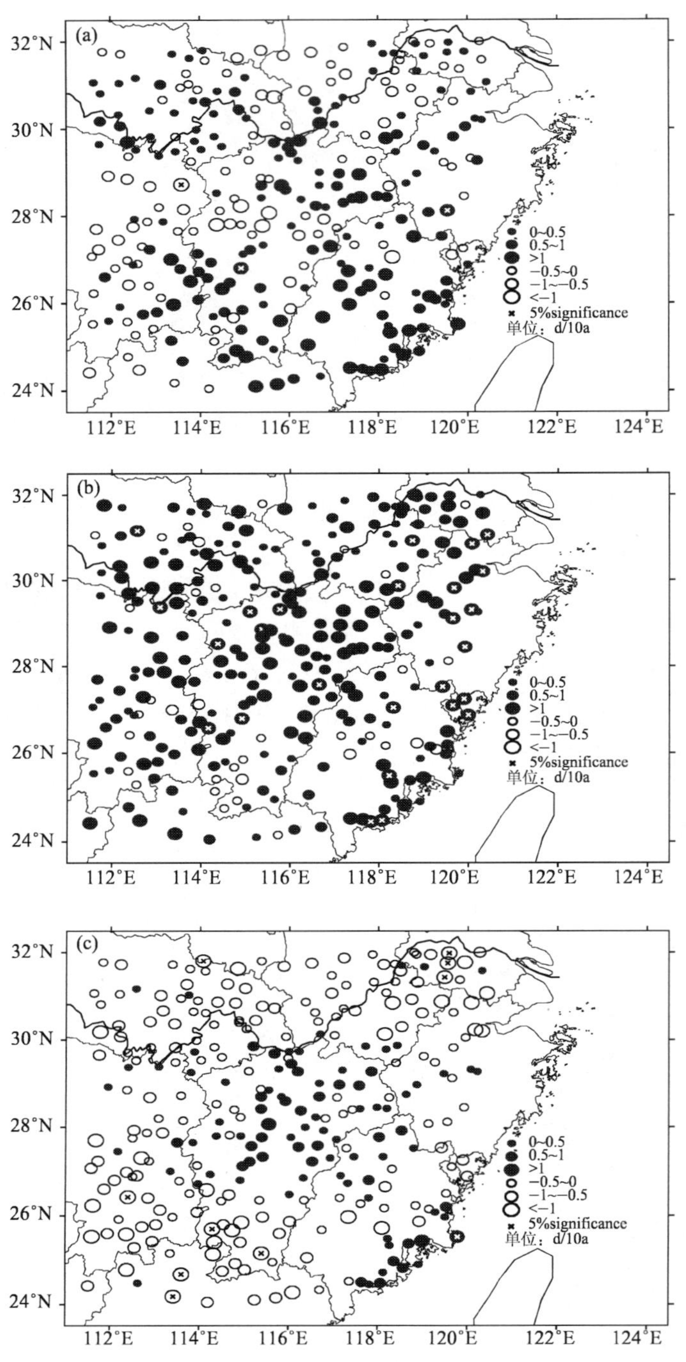

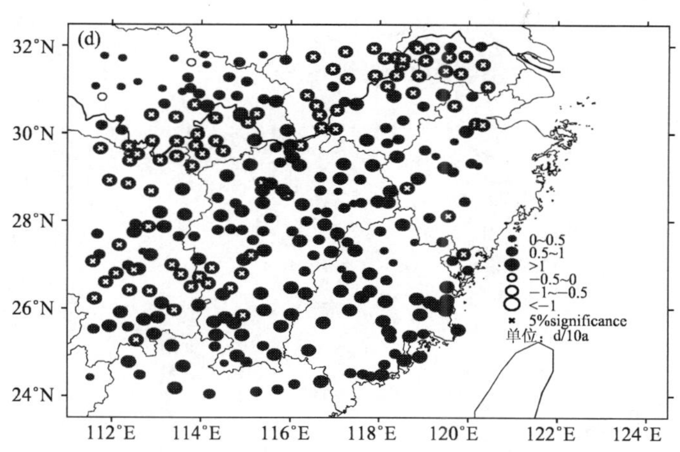

图 6-27　鄱阳湖流域及其周边地区四季极端降水频数的趋势变化分布

(a) 春季；(b) 夏季；(c) 秋季；(d) 冬季

鄱阳湖流域及其周边地区年极端降水强度的趋势变化分布与年极端降水总量、年极端降水频数差别较大，年极端降水强度出现增加趋势的站点约占总站点数的 57%，出现增加趋势的站点与减少趋势的站点交叉分布在鄱阳湖流域及其周边地区；鄱阳湖流域及其周边地区年极端降水强度的平均变化趋势约为 0.12 mm/10a（图 6-28）。春季约有 66.1%的站点极端降水强度呈现出增加趋势，江西呈现增加趋势的站点主要分布在南部和北部，仅有少数几个站点的增加趋势能通过 95%的信度检验；春季极端降水强度的平均变化趋势为 0.63 mm/10a［图 6-29（a）］。夏季极端降水强度出现增加趋势的站点与出现减少趋势的站点交叉分布在鄱阳湖流域及其周边地区，出现增加趋势的站点略多，约为 55.6%；夏季极端降水强度的平均变化趋势为 0.39 mm/10a［图 6-29（b）］。秋季出现增加趋势的站点约占 56.3%，主要分布在研究区域北部、东南部和江西北部及其附近区域；秋季极端降水强度的平均变化趋势为 0.39 mm/10a［图 6-29（c）］。冬

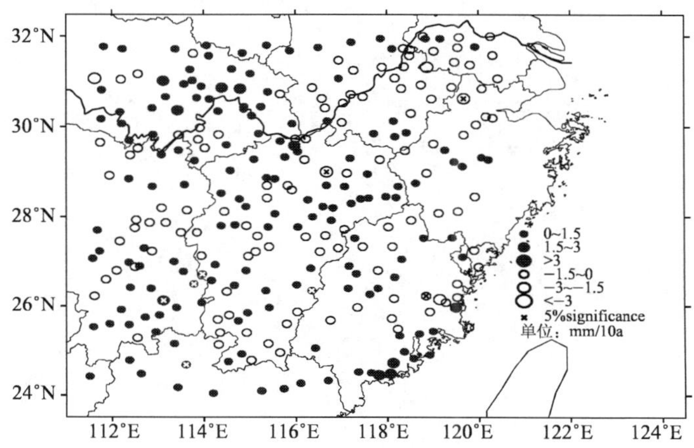

图 6-28　鄱阳湖流域及其周边地区年极端降水强度的趋势变化分布

季极端降水强度的增加趋势比较明显，约有 85.7%的站点极端降水强度增加，且江西南部以及研究区域东南部有不少站点的增加趋势能通过 95%的信度检验；研究区域内冬季极端降水强度的平均变化趋势为 0.82 mm/10a［图 6-29（d）］。

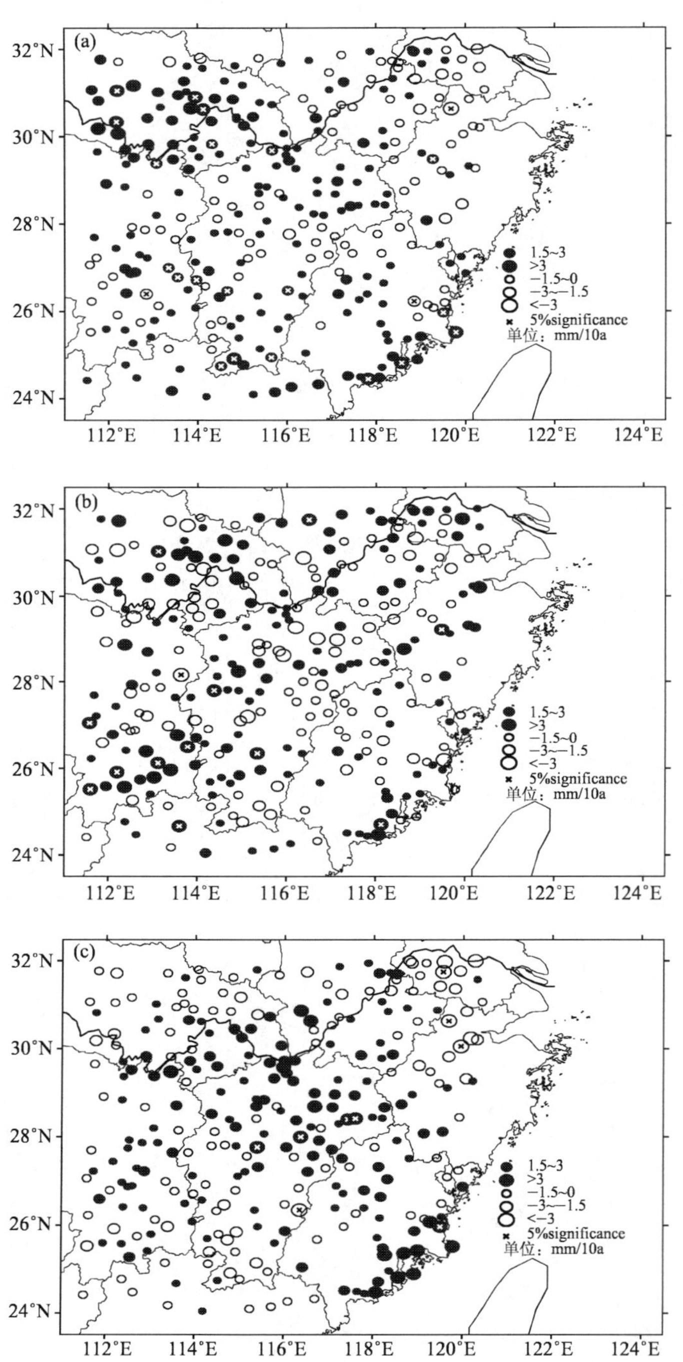

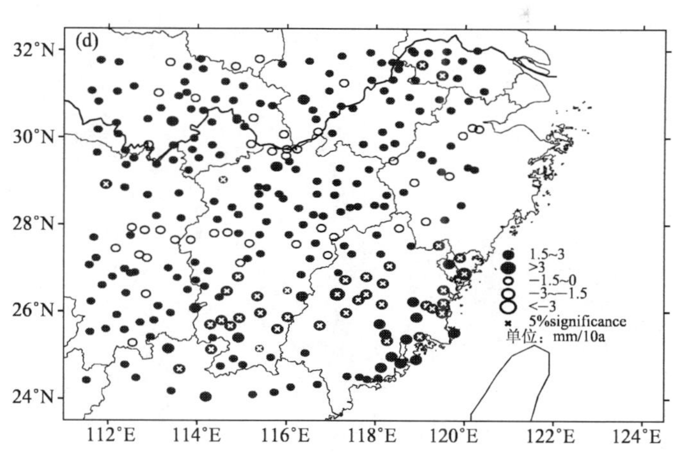

图 6-29　鄱阳湖流域及其周边地区四季极端降水强度的趋势变化分布
(a) 春季；(b) 夏季；(c) 秋季；(d) 冬季

鄱阳湖流域及其周边地区 hp90 的趋势变化分布与年极端降水总量、年极端降水频数类似，约有 88.1%的站点呈现出增加趋势，出现显著增加趋势的站点比年极端降水总量、年降水频数的略多，约为 22.4%；出现减少趋势的站点主要分布在区域北部和西部；区域内 hp90 的平均变化趋势约为 1.2%/10a（图 6-30）。春季 hp90 的变化趋势以增加为主，约有 79.4%的站点呈现增加趋势，鄱阳湖湖区及其南部的站点呈现出显著的增加趋势；减少趋势仍主要出现在研究区的北部和西部；春季 hp90 的平均变化趋势约为 1.3%/10a [图 6-31 (a)]。夏季 hp90 出现增加趋势的站点与出现减少趋势的站点同时散布在鄱阳湖流域及其周边地区，但出现增加趋势的站点相对较多，约为 74.8%；夏季 hp90 的平均变化趋势约为 1%/10a [图 6-31 (b)]。秋季 hp90 出现增加趋势的站点主要分布在区域中部以及东南部，江西中部和北部基本呈现出增加趋势，且鄱阳湖湖区附近不少站点的增加趋势能通过 95%的信度检验。秋

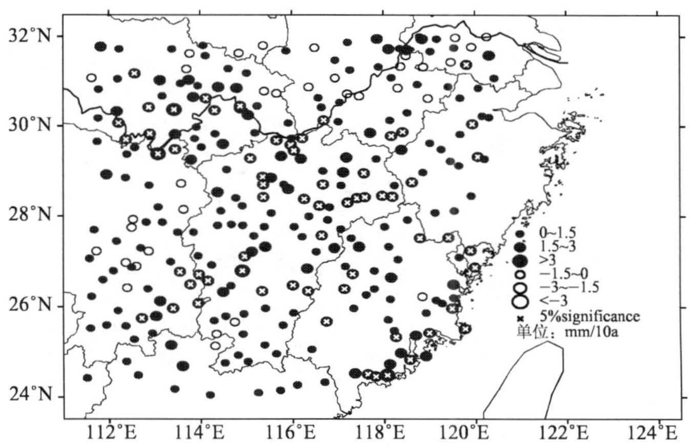

图 6-30　鄱阳湖流域及其周边地区年 hp90 的趋势变化分布

季 hp90 的平均变化趋势约为 0.8%/10a [图 6-31 (c)]。冬季大部分站点 hp90 均呈现出增加趋势，出现显著增加趋势的站点主要分布在研究区的南部，北部也有部分站点的hp90 呈现信度超过 95%的增加趋势；冬季 hp90 的平均变化趋势约为 2.4%/10a [图 6-31 (a)]。

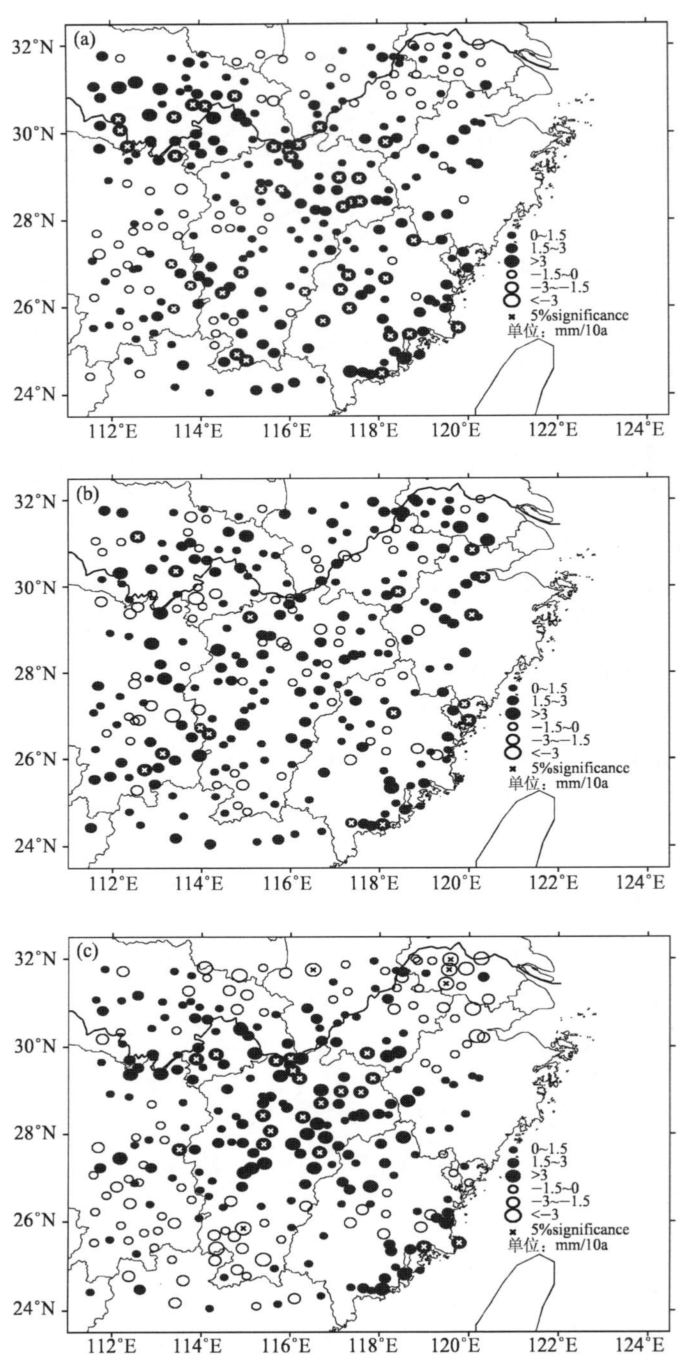

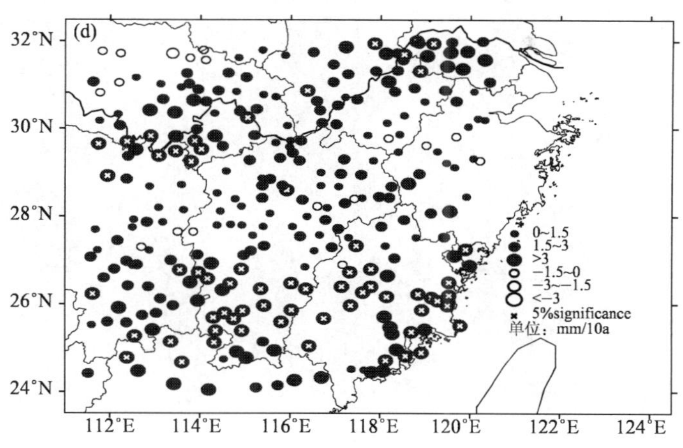

图 6-31　鄱阳湖流域及其周边地区四季 hp90 的趋势变化分布
(a) 春季；(b) 夏季；(c) 秋季；(d) 冬季

6.3　极端降水典型事件与成因分析

上一节主要从总体上分析了鄱阳湖流域及其周边地区极端降水的气候特征，其中鄱阳湖流域及其周边地区选取的是 111.5°～120.5°E，24°～32°N 的大范围。下面简单分析鄱阳湖湖区 115°～117.5°E，28°～30°N 这一小范围的特征，并选取典型年份进行成因分析。

6.3.1　鄱阳湖湖区极端降水的时空分布特征

由鄱阳湖湖区平均极端降水总量的季节-年际变化可知（图 6-32），4～7 月鄱阳湖极端降水总量相对较多，且存在较为明显的年代际变化，20 世纪 90 年代至 2000 年，4～7 月极端降水总量明显偏多，另外，8 月极端降水总量也呈现增加的趋势。鄱阳湖湖区多年平均的极端降水总量呈现出单峰型变化（图 6-33），4～7 月的极端降水量值较大，月平均值均达 80 mm，极大值出现在 6 月，约为 150.3 mm。图 6-34 为鄱阳湖湖区平均 4～7 月极端降水总量的标准化距平（折线）以及 11 年滑动平均（虚线）曲线，由图可见其存在较为明显的年代际变化特征，20 世纪 60 年代中前期以及 70 年代末至 90 年代初期，鄱阳湖湖区 4～7 月极端降水总量偏少，60 年代末至 70 年代中期偏多。20 世纪 90 年代初至 21 世纪初，其又经历了一个从偏多转为偏少的时期。由鄱阳湖湖区 4～7 月极端降水总量的小波分析可知（图 6-35），其存在 2～4 年的短周期，且在 20 世纪 90 年代至 21 世纪初能通过 95％的信度检验。另外，从图中看出还存在 20 年左右的长周期，其能谱显示从 1970 年至 21 世纪初该年代际变化周期能通过显著性检验，但由于本书讨论的时间序列较短，因此还需要更长的时间序列来进一步证明该周期的可靠性。

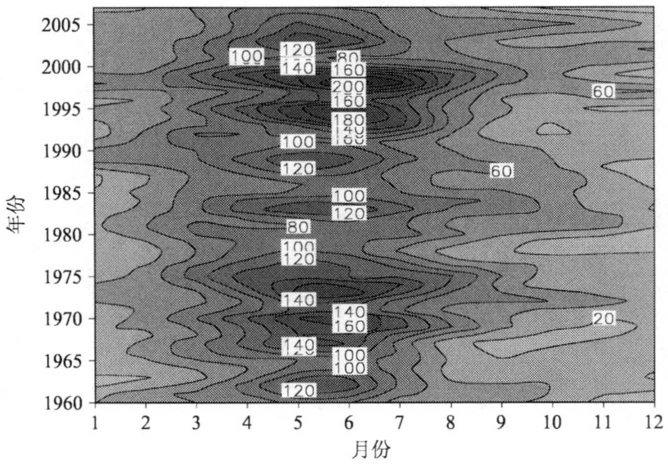

图 6-32　鄱阳湖湖区平均极端降水总量（mm）的季节-年际变化

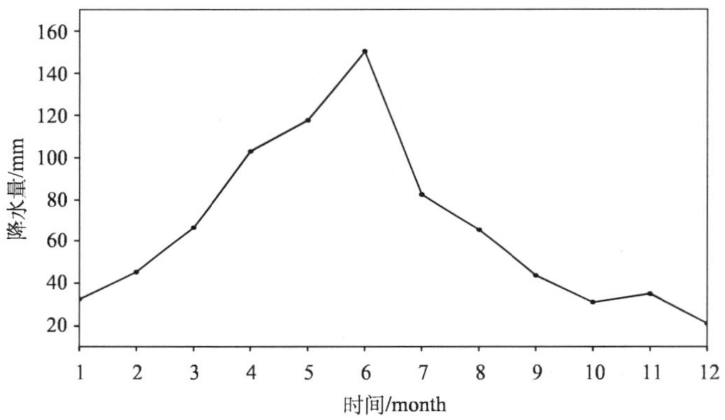

图 6-33　鄱阳湖湖区多年平均极端降水总量（mm）的逐月变化

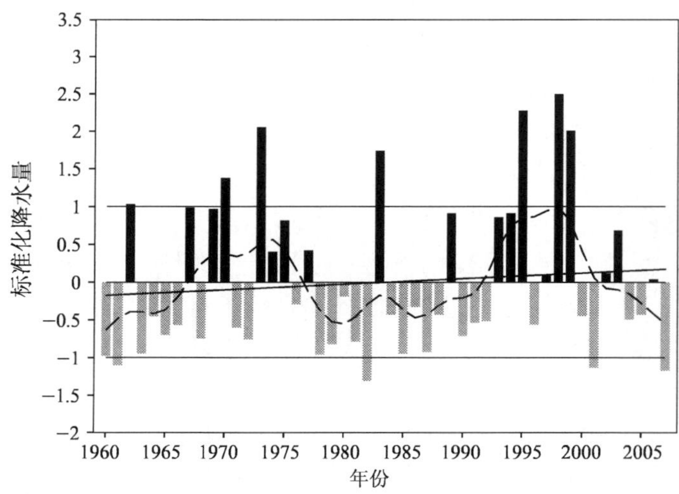

图 6-34　鄱阳湖湖区 4～7 月极端降水总量标准化距平以及 11 年滑动平均曲线

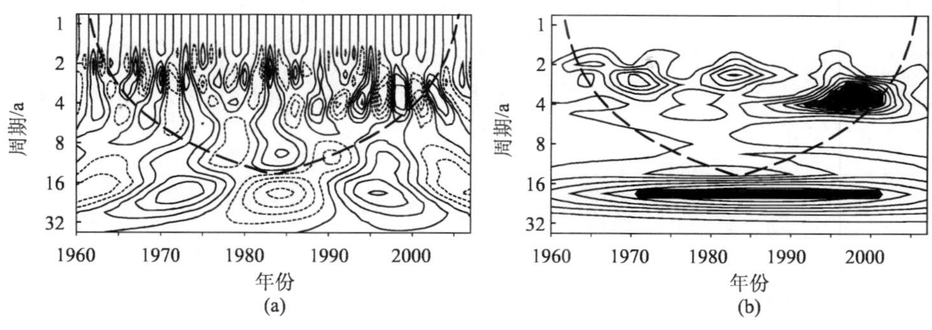

图 6-35　鄱阳湖湖区 4～7 月极端降水总量的小波分析图

(a) 小波分析的实部；(b) 能谱分析（阴影表示能通过 95%的信度检验）

为了进一步分析鄱阳湖湖区 4～7 月极端降水总量的变化，我们以滑动的方式每 10 年求一个标准差，即 1960～1969 年、1961～1970 年、…、1998～2007 年，得到一个标准差序列，为了方便比较，这个标准差序列中的均值为 1960～2007 年的总体平均值。从图 6-36 中可见，20 世纪 80 年代之前，鄱阳湖湖区 4～7 月极端降水总量的变率基本在 40～45 mm，但从 80 年代中期至 90 年代经历了一个先减小再急速增大的一个过程，尤其是从 1990～1999 年、1991～2000 年、…、1995～2004 年的 6 个 10 年变率高达 60 mm，说明鄱阳湖湖区 20 世纪 90 年代至 21 世纪初降水极端变率加大，出现旱涝灾害的可能也增大。同时，从图 6-34 中也可以看到，20 世纪 90 年代以来出现了三个极端降水总量异常偏多年（标准化距平≥1），分别为 1995 年、1998 年、1999 年，其中以 1998 年的极端降水总量值最大，两个极端降水总量异常偏少年（标准化距平≤－1），分别为 2001 年和 2007 年。

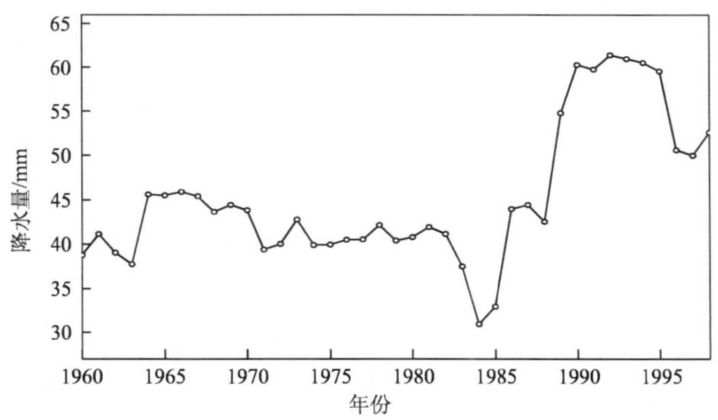

图 6-36　鄱阳湖湖区 4～7 月极端降水总量（mm）10 年滑动的标准差变化

表 6-1 为鄱阳湖湖区 4～7 月极端降水总量异常年份表，从表中可知，20 世纪 90 年代以来极端降水异常事件出现的频率明显增加，尤其是 6 月，出现了 5 个极端降水偏多年和 4 个极端降水偏少年，其中 3 个偏多年（1995 年、1998 年、1999 年）与 4～7 月一致，1 个偏少年（2001 年）与 4～7 月一致。从表中也可看出，只有 6 月同时存在与

4～7 月一致的极端降水偏多年和偏少年，且鄱阳湖湖区 6 月极端降水量与整个 4～7 月极端降水总量的相关系数为 0.82。由于 20 世纪 90 年代以来 3 个极端降水偏多年中以 1998 年极端降水量最大，因此下面重点分析鄱阳湖湖区 1998 年 6 月和 2001 年 6 月极端降水分布特征的差异。

表 6-1　鄱阳湖湖区 4～7 月极端降水异常年份表

	偏多年	偏少年
4 月	1975，**1983**，1989，1994，**1995，1999**	**1961**，1972，**1982**，1985，1988，1993
5 月	**1962**，1967，1969，**1970**，**1973**，**1983**，2004	1965，1966，1976，1981，**1982**，1986，1990，**2001**，**2007**
6 月	1967，**1973**，1994，**1995**，**1998**，**1999**，2003	1965，1968，1991，**2001**，2002，2004
7 月	1969，**1970**，1974，**1983**，1993，1997，**1998**	1960，1967，1971，1978，**1982**，1988
4～7 月	1962，1970，1973，1983，1995，1998，1999	1961，1982，2001，2007

注：表中黑体字表示各月极端降水量异常与 4～7 月极端降水总量异常一致的年份，下划线表示 20 世纪 90 年代以来的极端降水异常年份。

图 6-37 为鄱阳湖湖区 28 个站点 1998 年和 2001 年 6 月极端降水量的分布。从图中可以看到，1998 年鄱阳湖湖区 26 个站点的极端降水量在 200 mm 以上，其中 10 个站点超过 400 mm，最大的极端降水量达 831.2 mm［图 6-37（a）］。从图中 400 mm 分界线可以看出，极端降水量相对较小值主要出现在鄱阳湖湖区中心附近及其周边的西北部地区，这些区域地势相对较低，说明地形对极端降水有一定的影响。2001 年鄱阳湖湖区 9 个站点的极端降水量在 100 mm 以上，其中只有一个站点超过 200 mm，且有 10 个站点的极端降水量为 0［图 6-37（b）］。从图中 0 分界线可知，无极端降水的站点主要出现在鄱阳湖周边的西北部地区。

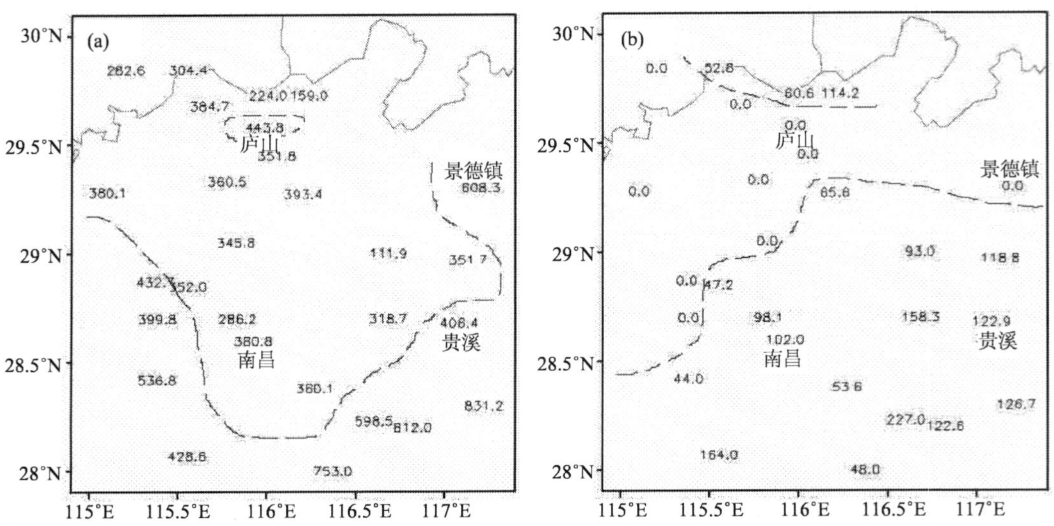

图 6-37　鄱阳湖湖区 28 个站点 6 月极端降水总量（mm）的空间分布

（a）1998 年；（b）2001 年

通过分析鄱阳湖湖区 28 个站点 1998 年和 2001 年 6 月极端降水量占总降水量的比例（图 6-38），发现它们的空间分布型与同年极端降水总量的分布基本一致。1998 年有 25 个站点极端降水量占总降水量的 60%以上，其中有 8 个站点达 80%，最大值为 88.8%；而 2001 年仅有 2 个站点极端降水量占总降水量的 60%以上，有一半站点极端降水量占总降水量的比值小于 30%。

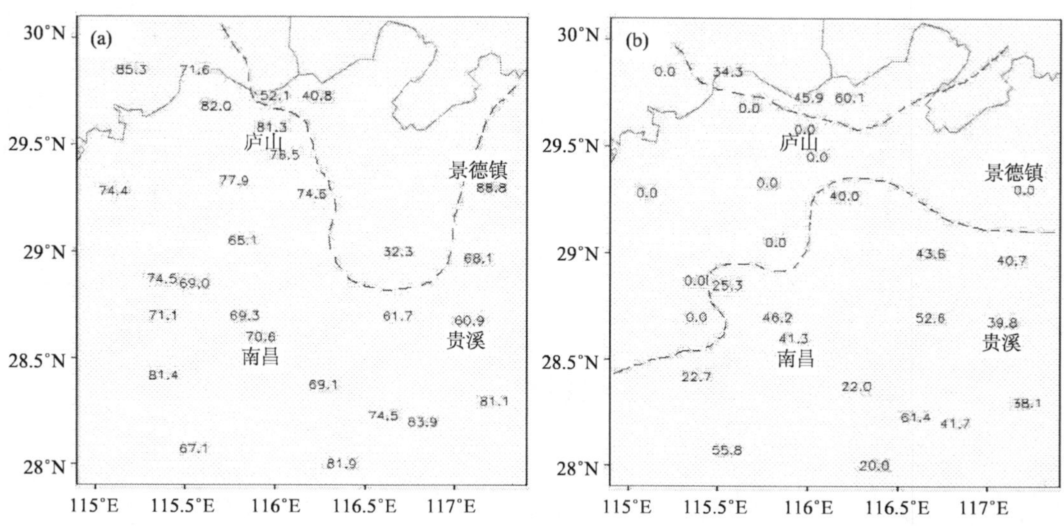

图 6-38　鄱阳湖湖区 28 个站点 6 月极端降水总量占总降水的比例（%）的空间分布
（a）1998 年；（b）2001 年

1998 年 6 月鄱阳湖湖区 25 个站点发生极端降水事件 3 次以上（含 3 次），其中 18 个站发生 5 次以上（含 5 次）极端降水事件［图 6-39（a）］，而 2001 年 6 月仅有 1 个站点发生 3 次极端降水事件，另外，8 个站点出现 1 次，10 个站点一次都没有［图 6-39（b）］。由于极端降水事件是小概率事件，根据我们对极端降水事件的定义，降水事件中只有 10%为极端降水事件，分析 1998 年 6 月鄱阳湖湖区的极端降水事件发现，其中有 21 个站点极端降水事件占降水事件的 20%以上，最大的比例为 36.4%；而 2001 年 6 月有 21 个站点极端降水事件出现的比例小于 10%，比例大于等于 10%的站点主要出现在东南部。

从图 6-37 和图 6-39 可以看出，无论是偏多年还是偏少年，鄱阳湖湖区极端降水总量与极端降水频数的空间分布型大致相同，均呈现出东南部极端降水偏多，西北部偏少，以及湖区周边偏多，湖区附近相对偏少的形势。这与我国降水呈现东南-西北走向的特点相吻合，也符合地形影响降水的特点。

鄱阳湖湖区 1998 年 6 月区域平均降水总量为 569.8 mm，其中约 70%是由于极端降水造成，且极端降水事件出现的概率为正常情况的 2 倍以上，而 2001 年 6 月鄱阳湖湖区平均的降水总量为 204.1 mm，仅为 1998 年的 1/3，其中约 26%为极端降水量，且极端降水事件出现的概率为正常情况的 3/5。

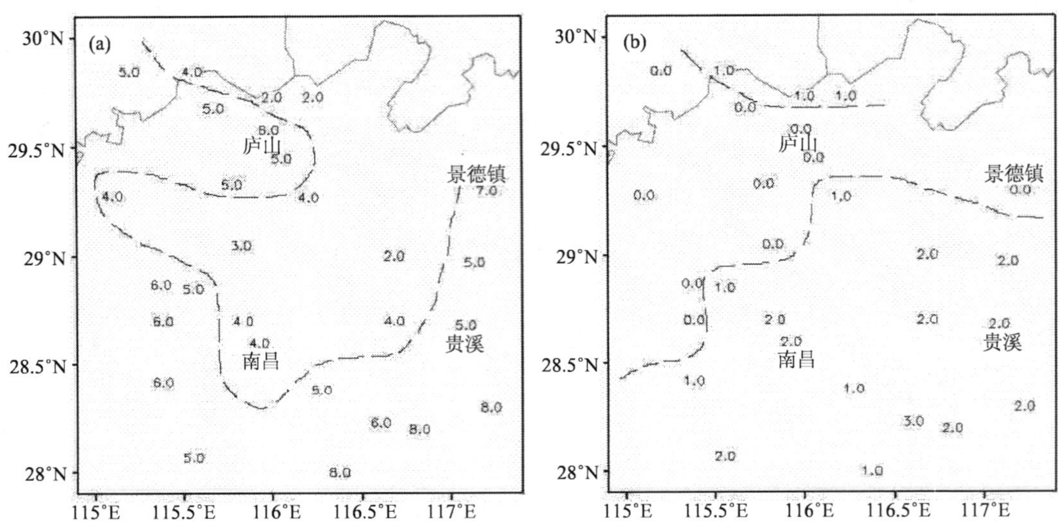

图 6-39 鄱阳湖湖区 28 个站点 6 月极端降水频数（d）的空间分布

(a) 1998 年；(b) 2001 年

6.3.2 1998 年和 2001 年极端降水异常的成因分析

由以上分析可知，鄱阳湖湖区无论是降水量、极端降水量还是极端降水事件出现的频率均存在很大的差异，这些差异是如何造成的？下面分别以 1998 年和 2001 年极端降水为典型案例，从大气环流和水汽输送等方面讨论出现这种差异的原因。

6.3.2.1 高度场

多年平均 6 月 500 hPa 高度场上，欧亚大陆中高纬度地区为“两脊一槽”的大气环流形势，从 1998 年的距平场可知，欧洲东部为正距平，贝加尔湖至西西伯利亚地区为负距平，鄂霍次克海附近为正距平［图 6-40（a）］。这种“＋ － ＋”的距平分布形势说明 1998 年 6 月 500 hPa 高度场上欧亚大陆中高纬度大气环流经向发展，形成双阻（乌拉尔山阻塞高压和鄂霍次克海阻塞高压）的环流形势，同时贝加尔湖大槽发展加深，鄱阳湖位于槽的东南侧，发展加深的贝加尔湖大槽容易引导西西伯利亚冷空气南下与南方暖湿空气交绥于鄱阳湖地区。从图 6-40（b）中可见，2001 年 6 月 500 hPa 距平场上呈现出“－ ＋ －”的分布形势，与 1998 年正好相反，说明 2001 年 6 月 500 hPa 高度场上欧亚大陆中高纬度大气环流纬向发展，而高空槽脊系统的减弱不利于鄱阳湖地区降水的发生。

多年平均 6 月 100 hPa 高度场上，欧亚大陆基本上被南亚高压控制。从 1998 年距平场可见［图 6-41（a）］，整个欧亚大陆均为正距平，说明南亚高压偏强，高层辐散偏强，有利于产生强的上升运动。2001 年 100 hPa 高度距平场上［图 6-41（b）］，东亚地区为负距平，西亚至欧洲地区为正距平，说明南亚高压偏西，中国上空南亚高压偏弱，

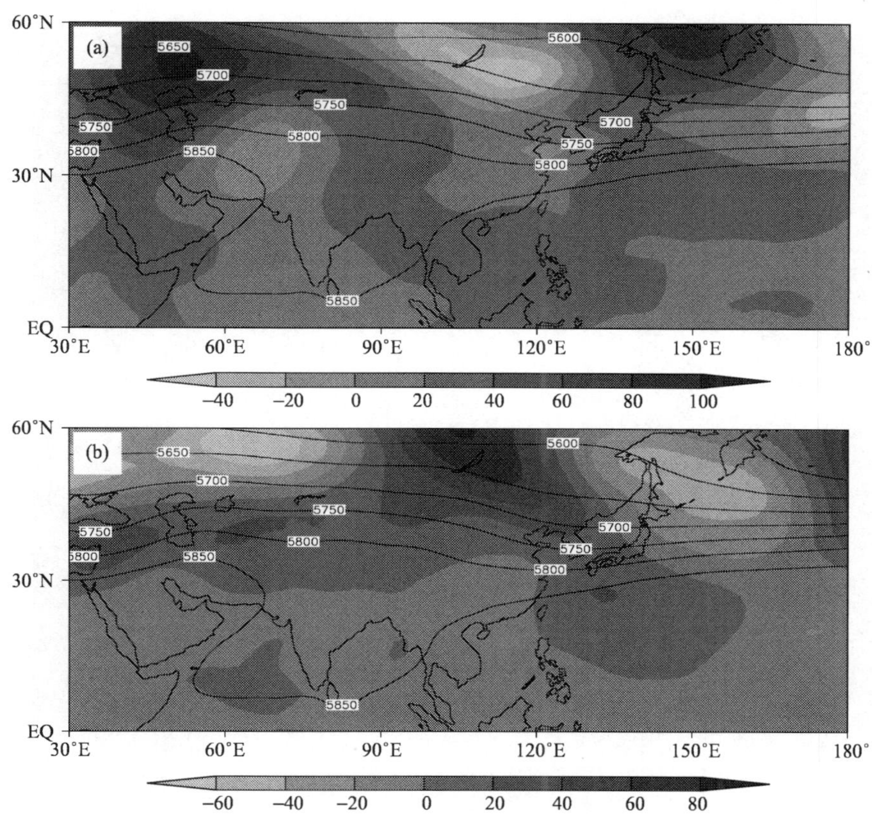

图 6-40　6 月 500hPa 高度距平场［等值线为多年平均 6 月 500hPa 高度场（gpm）］
（a）1998 年；（b）2001 年

不利于产生强的上升运动。

6.3.2.2　散度场和垂直风场

从 1998 年 6 月 850 hPa 散度距平场可见［图 6-42（a）］，鄱阳湖湖区为负距平，而在 100 hPa 上，该地区为散度正距平［图 6-42（b）］，说明鄱阳湖湖区低层气流辐合偏强，高层气流辐散偏强，这种高低层配置容易导致鄱阳湖湖区上升气流的增强。强烈的上升气流是产生极端降水的必要条件，因此给出 110°～120°E 范围内平均的垂直环流距平场（图 6-42，阴影区为垂直上升的距平气流）。选取的鄱阳湖湖区位于 28°～30°N，从图中可见，1998 年 6 月，鄱阳湖湖区从低层到高层 100 hPa 均出现偏强的垂直上升气流［图 6-43（a）］。6 月是长江中下游地区降水最大的月份之一，因此鄱阳湖湖区 6 月多年平均的垂直风速为负，极大值出现在 400 hPa，大约为－0.063 Pa/s，而 1998 年该区域垂直风速的极大值达－0.096 Pa/s，约为平均值的 1.5 倍，其他层次的情况也类似。

2001 年 6 月，鄱阳湖湖区低层散度距平为正，高层为负，这与 1998 年的情况相反（图 6-44），由垂直距平环流场也可以看见，鄱阳湖湖区从低层到高层均出现垂直气流

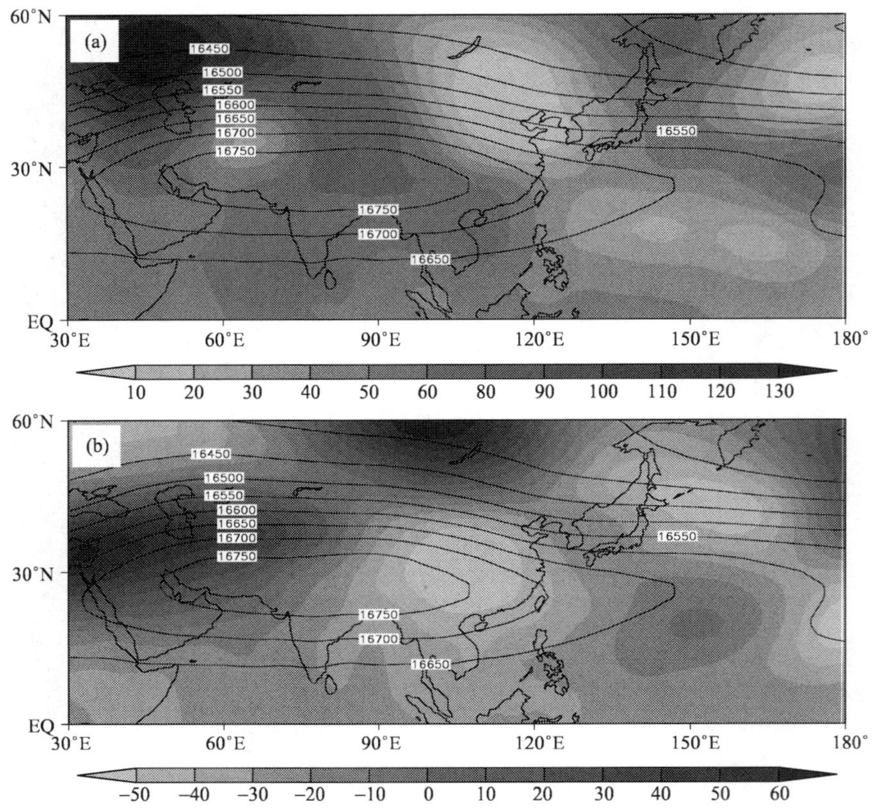

图 6-41　6 月 100 hPa 高度距平场［等值线为多年平均 6 月 100hPa 高度场（gpm）］

(a) 1998 年；(b) 2001 年

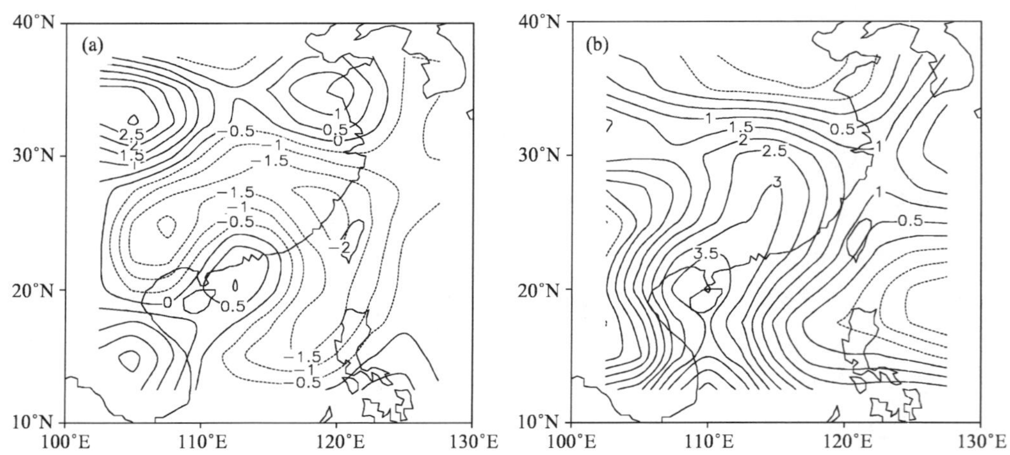

图 6-42　1998 年 6 月散度距平场（$10^{-6}s^{-1}$）

(a) 850 hPa；(b) 100 hPa

的正距平［图 6-43（b）］，正距平的极大值出现在 700～850 hPa，约为 0.01Pa/s，说明 2001 年鄱阳湖湖区低层辐合偏弱，高层辐散偏弱，同时垂直上升气流也偏弱，这种形势不易为极端降水的产生提供有利的动力条件。

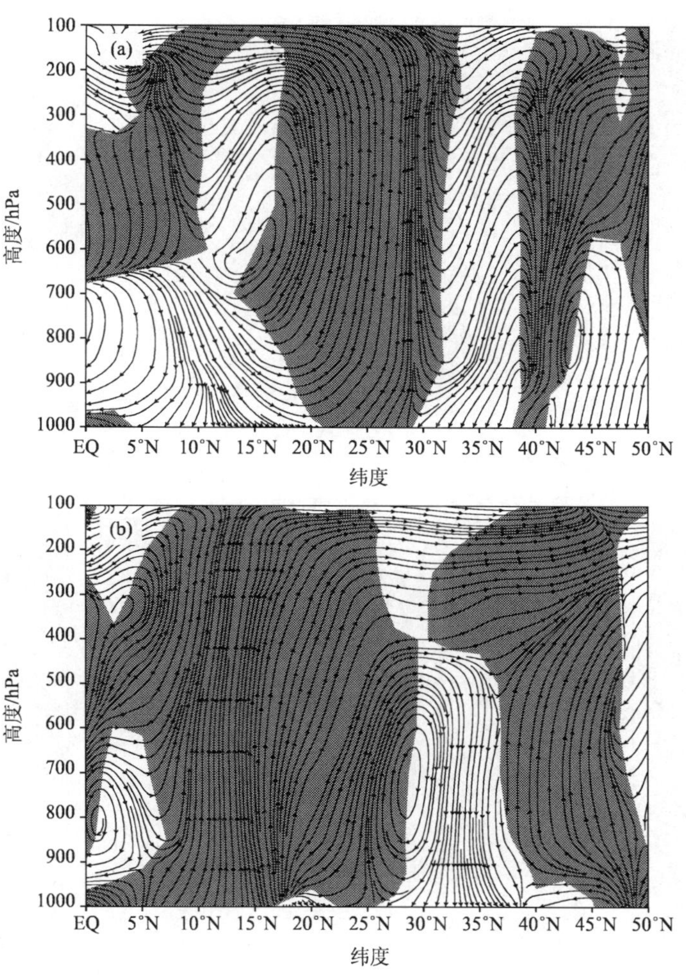

图 6-43　6 月 110°～120°E 范围内平均的垂直环流距平场（阴影为垂直上升气流差）
（a）1998 年；（b）2001 年

6.3.2.3　水汽输送

鄱阳湖湖区 6 月的水汽主要来自孟加拉湾和西太平洋地区，为了看出 1998 年和 2001 年的水汽输送差异，给出水汽输送距平场（图 6-45）。从图 6-45（a）中可见，1998 年 6 月的水汽输送距平场上西太平洋地区有一条明显的水汽输送带能把水汽输送到鄱阳湖湖区。多年平均 6 月鄱阳湖湖区水汽通量的模约为 21.8，而 1998 年 6 月鄱阳湖湖区水汽通量的模约为 31.5，比平均值多 9.7，说明 1998 年鄱阳湖湖区水汽来源充足，为极端降水的产生提供了有利的水汽条件。

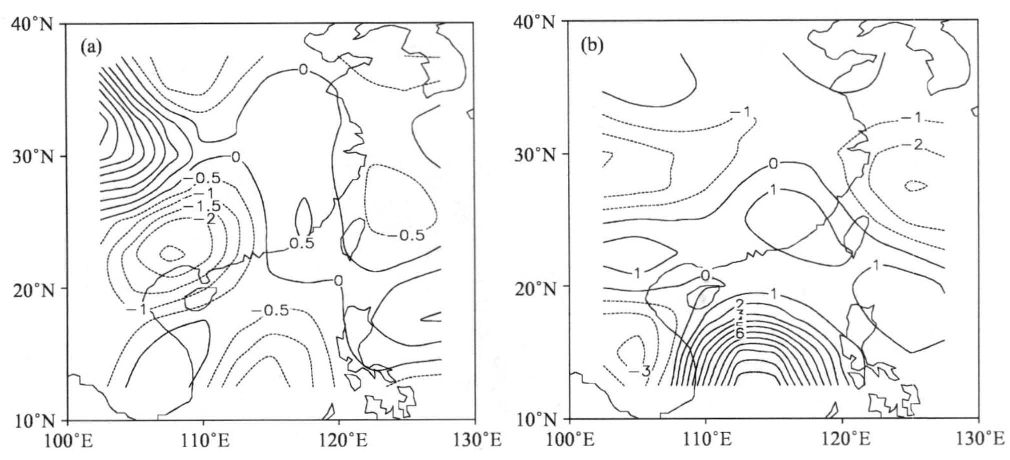

图 6-44　2001 年 6 月散度距平场（$10^{-6}s^{-1}$）

(a) 850hPa；(b) 100hPa

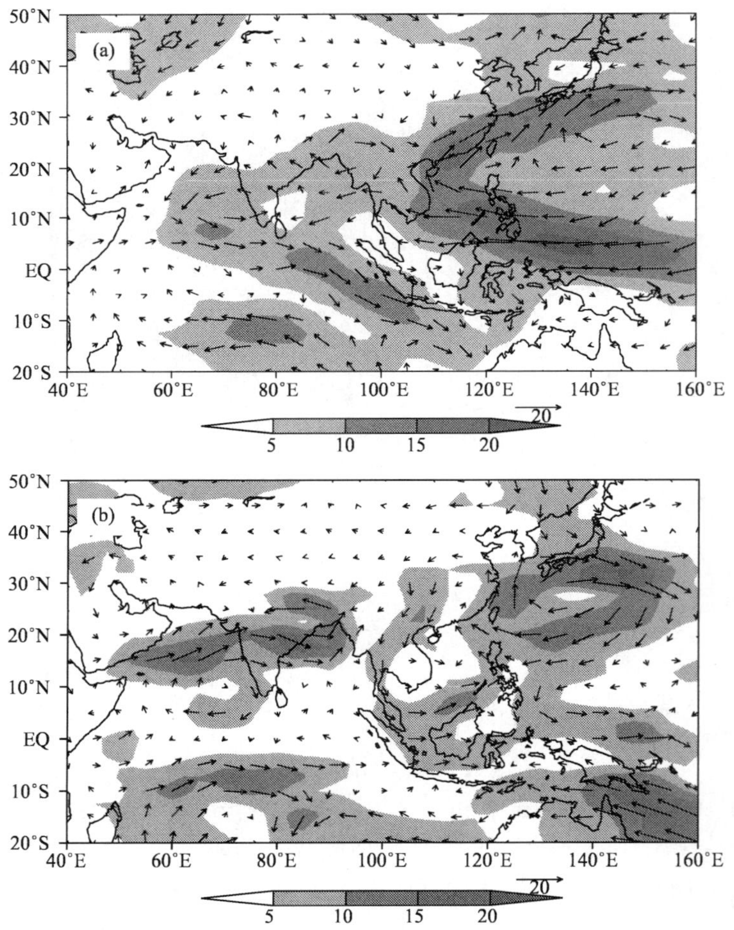

图 6-45　6 月整层积分（从地面到 300 hPa）的水汽通量距平场（$kg \cdot m^{-1} \cdot s^{-1}$）

(a) 1998 年；(b) 2001 年

2001 年 6 月，西太平洋地区也存在一个水汽输送带，但由于偏东风距平气流不够强，大部分水汽只能到达中国东部沿海地区，而到达鄱阳湖湖区的水汽偏少［图 6-45(b)］。2001 年 6 月鄱阳湖湖区平均的水汽通量模约为 20.8，比多年平均值偏少，从而不利于极端降水的产生。

6.3.3　1954 年极端降水异常特例分析

1954 年长江中下游出现了近 100 年间最大的洪水，据不完全统计，位于长江中下游的湖南、湖北、江西、安徽、江苏 5 省，有 123 个县市受灾，淹没耕地 4755 万亩，受灾人口 1888 万人，死亡 3.3 万人，京广铁路不能正常通车达 100 天，直接经济损失 100 亿元。

1954 年汛期雨季来得早，暴雨过程频繁，持续时间长，降水强度大，笼罩面积广，长江干支流洪水遭遇，枝城以下 1800 km 河段最高水位全面超过历史最高纪录。长江中下游整个梅雨期长达 60 多天。5～7 月 3 个月内共有 12 次降水过程，其中 6 月中旬至 7 月中旬 5 次暴雨，强度及范围都比较大，是该年汛期暴雨全盛阶段。在全流域普降大雨的情况下，鄱阳湖水系的赣江等河在 6 月初和 7 月初也发生了较大洪水。

之前分析了 1960～2007 年极端降水的气候特征，但并未包含 1954 年在内。考虑到 1954 年洪水的典型性，下面分析 1954 年鄱阳湖极端降水的特征。由于 20 世纪 50 年代气象站点并不多，因此鄱阳湖湖区周边只选取到 4 个站点，分别为九江（58502）、景德镇（58527）、南昌（58606）以及贵溪（58626）。

由前面的分析可知，鄱阳湖流域及其周边地区 4～7 月极端降水量相对较多。表 6-2～表 6-4 给出了 1954 年 4 个站点 4～7 月各自的极端量。4 月，4 个站点出现极端降水的频数分别为 1～4 次，极端降水总量与极端降水频数成正比，频数最少的是南昌，极端降水总量为 32.9 mm；频数最多的是贵溪，极端降水总量为 161.8 mm；景德镇极端降水总量占降水总量的比例最大，约为 53.5%，比例最小的是南昌，约为 14.8%。5 月极端降水事件比 4 月明显增多，4 个站点极端降水频数分别为 4～7 次，频数最多的是依然是贵溪，极端降水总量为 407.5 mm，且其极端降水总量占降水总量的比值高达 71.2%；频数最少的是南昌，其极端降水总量占总降水的量比值也最小，但仍然大于 50%；极端降水总量最少的为九江，为 262.1 mm。6 月 4 个站点的极端降水频数在 4～5次，虽然没有 5 月多，但是极端降水总量较大，除景德镇以外，其余 3 个站点的极端降水总量均在 350 mm 以上，其中，贵溪达 463.6 mm；景德镇极端降水总量占总降水量的比值为 51.3%，是 4 个站点中最小的地区，其余 3 个站点均在 60%以上，最大值为九江，达 71.6%。7 月，景德镇和南昌的极端降水频数为 4 次，其余两个站点为 6 次；南昌极端降水总量相对较小，为 281.6 mm，贵溪最大，高达 643.4 mm；4 个站点极端降水总量的比值均大于 60%，最小值出现在景德镇，为 67.5%，最大值出现在贵溪，高达 90.2%，说明 4 个站点 7 月的降水以极端降水事件为主。

从以上分析可见，4 个站点 6～7 月的极端降水相对较强。下面分析 1954 年 6～7 月平均的大气环流特征。

表 6-2　鄱阳湖 4～7 月极端降水频数

	4 月	5 月	6 月	7 月
九 江	2	5	4	6
景德镇	3	6	4	4
南 昌	1	4	4	4
贵 溪	4	7	5	6

表 6-3　鄱阳湖 4～7 月极端降水量

	4 月	5 月	6 月	7 月
九 江	76.1	262.1	357	327.4
景德镇	157.8	335.1	256.1	344.6
南 昌	32.9	332.4	390.4	281.6
贵 溪	161.8	407.5	463.6	643.4

表 6-4　鄱阳湖 4～7 月的 hp 比值

	4 月	5 月	6 月	7 月
九 江	38.1	62.3	71.6	78.4
景德镇	53.5	62.8	51.3	67.6
南 昌	14.8	56.6	68.2	72.7
贵 溪	43.9	71.2	67.6	90.2

多年平均 6～7 月 500 hPa 高度场的分布与 6 月基本类似，但相较 6 月，孟加拉湾大槽发展加深，中高纬地区的槽脊系统也发展加强。根据 1954 年 500 hPa 高度距平场可知，欧洲东部和鄂霍次克附近为正距平，两者之间为负距平，这种分布形势有利于欧亚大陆中高纬度地区形成双阻形势，引导更强冷空气南下；孟加拉湾以及中国东部地区均为负距平，说明孟加拉湾大槽以及东亚大槽均加深发展，有利于西南暖湿气流北上与北方冷空气汇合，这样的形势有利于鄱阳湖地区降水偏多［图 6-46（a）］。多年平均6～7 月 100 hPa 高度场上，南亚高压占据整个欧亚大陆，从 1954 年距平场可见，东亚地区为正距平，其西面为负距平，说明南亚高压中心位置偏东，这种形势有利于鄱阳湖流域及其周边地区产生强的上升运动［图 6-46（b）］。

由 1954 年 6～7 月平均的散度距平场分布可见，850 hPa 散度距平场上长江流域均为负距平，鄱阳湖湖区附近为负值中心［图 6-47（a）］，在 100 hPa 上，长江流域均为散度正距平［图 6-47（b）］，说明鄱阳湖湖区低层气流辐合偏强，高层气流辐散偏强，从而容易使得该地区上升气流增强，这与 1998 年的情况类似。图 6-48 给出110°～120°E 范围内平均的垂直环流距平场，由图可见，鄱阳湖湖区附近从低层 800 hPa 左右到高层 100 hPa 基本均为偏强的垂直上升气流，这与散度距平场的结果一致。从之前的分析我们知道，鄱阳湖湖区 6 月垂直风速极大值出现在 400 hPa，约为－0.063 Pa/s，而 7 月多年平均垂直风速仍为负，但数值略小，极大值约为－0.049 Pa/s。1954 年 6 月鄱阳湖湖区垂直风速的极大值约为－0.091 Pa/s，7 月极大值为－0.060 Pa/s，这也说明

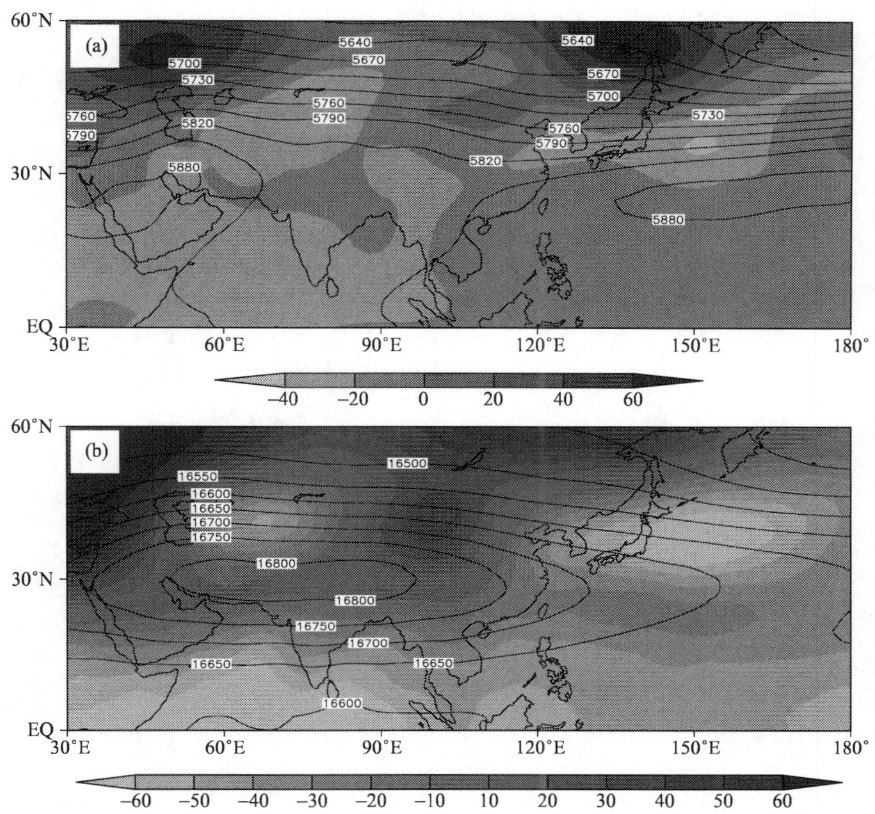

图 6-46　1954 年 6～7 月平均高度距平场

［等值线为 6～7 月多年平均 500 hPa（a）和 100 hPa（b）高度场（gpm）］

（a）500 hPa；（b）100 hPa

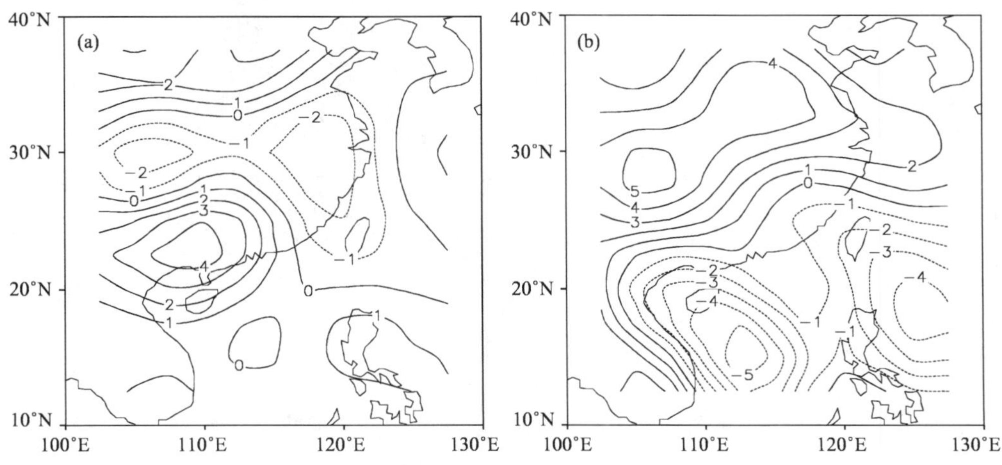

图 6-47　1954 年 6～7 月平均散度距平场（$10^{-6}\,s^{-1}$）

（a）850 hPa；（b）100 hPa

1954 年 6～7 月鄱阳湖湖区存在偏强的上升气流。

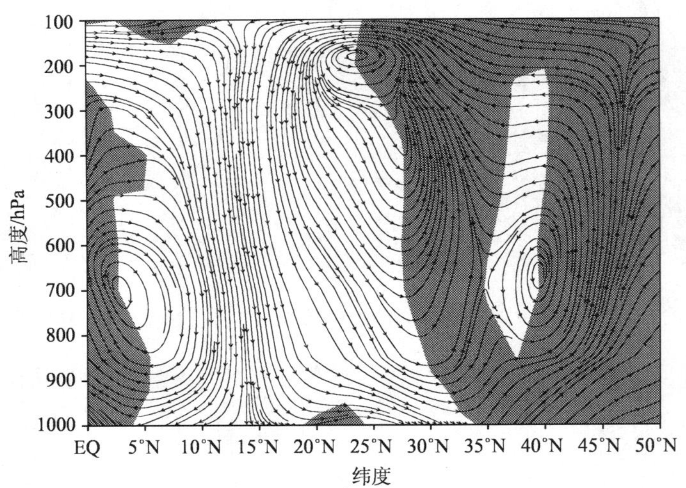

图 6-48　1954 年 6～7 月 110°～120°E 范围内平均的垂直环流距平场（阴影为垂直上升气流差）

1954 年 6～7 月平均的水汽输送距平场分布形势与 1998 年 6 月类似，低纬西太平洋地区为反气旋性距平环流，其提供了一条明显的水汽输送带将大量的水汽输送到鄱阳湖地区（图 6-49）。鄱阳湖湖区多年平均6～7月水汽通量的模约为 23.3，而 1954 年 6～7月平均水汽通量的模约为 43.7，是多年平均值的近 2 倍，这说明 1954 年 6～7 月鄱阳湖湖区水汽来源充足，能够为极端降水的产生提供必要的条件。

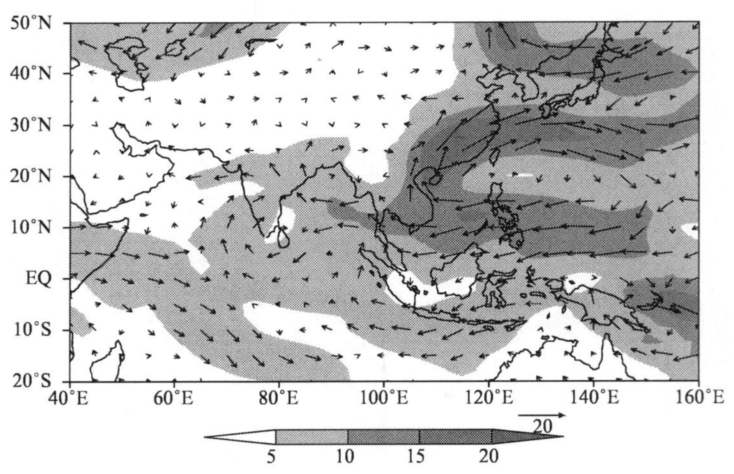

图 6-49　1954 年 6～7 月整层积分（从地面到 300 hPa）的水汽通量距平场（kg · m^{-1} · s^{-1}）

强降水的产生需要有利的大气环流背景场。1954 年 6～7 月和 1998 年 6 月 500 hPa 高度场上乌拉尔山高脊和鄂霍次克海高脊发展，东亚大槽和贝加尔湖大槽加深，有利于分裂小槽东移和引导冷空气南下，为极端降水的产生提供了有利的环流背景。而 2001

年6月中高纬地区环流经向发展，不利于冷空气南下。

形成强降水过程不仅需要有利的大气环境背景场，还需要强烈的上升运动。1954年6～7月和1998年6月850 hPa高度场上西太平洋副高增强，使得副高西北侧的西南气流增强北上与由贝加尔湖低槽引导南下的偏北风气流交绥于长江流域，同时对应高层南亚高压增强，从而使得鄱阳湖地区产生强烈的上升运动。而2001年6月，西太平洋副高位置相对偏东，且贝加尔湖低槽减弱，使得北方冷空气不易到达鄱阳湖区域，同时对应高层南亚高压偏弱偏西，从而使得鄱阳湖地区上升运动减弱。

大量的水汽通量辐合是产生强降水的必要条件，如果没有强大的水汽通量辐合，即使其他条件皆具备也只能产生较小的降水。孟加拉湾和西太平洋为鄱阳湖地区的水汽源地，1954年6～7月和1998年6月由于西太平洋副高的增强，大量的水汽由西太平洋副高西北侧的西南气流输送到鄱阳湖区域，使得到达鄱阳湖地区1954年的水汽比气候平均态多了近一倍，而1998年约为气候平均态的1.5倍，这为极端降水的产生提供了必要的条件。而2001年6月西太平洋副高位置相对偏东，大量的水汽只能输送到东部沿海地区，而达到鄱阳湖地区的水汽相对较少，从而不利于极端降水的发生。

6.4　流域极端降水变化的影响与适应

鄱阳湖流域及其周边地区极端降水频率和强度的变化是造成该区旱涝灾害增多的重要原因。20世纪90年代区域内极端降水事件呈现明显的增多趋势，2000年以来干旱又十分显著。频繁的旱涝灾害已对该区的自然生态系统和社会经济系统产生严重影响，给鄱阳湖流域及其周边地区社会、经济和环境的可持续发展带来了严峻挑战，引起了社会各界的广泛关注。极端降水事件的影响是多方位、多尺度和多层次的。为了尽可能减少旱涝灾害的不利影响，迫切需要对鄱阳湖流域及其周边地区极端降水的影响因子及其影响机制进行更深入的研究。在对极端降水的成因机理有了深入认识的基础上，我们就能运用模式模拟预估其未来变化，以采取适当的行之有效的措施适应，减少可能的灾害损失。

应对该区域极端降水变化的可能措施包括：①加大水利基础设施的投入，包括水库、堤防、分蓄滞洪区的建设，使其具有足够的坚固性、可靠性与可恢复性，对于适应当前的极端天气气候变化及未来的极端天气气候变化都是十分重要和不可缺少的；②加强水资源涵养林和水土保持建设规划，调整种植结构，增加薪炭林、防护林及水源涵养林的比重，注重林地在环境建设中的整体功能和效应，实施生物措施与工程措施相结合的方法，积极修筑固坡工程，以防治水土流失；③加强农业气象灾害的预测预警，提高农业气象服务水平，建立应对极端天气气候事件的农业服务体系，解决信息传递最后一公里的难题；④重视极端天气气候事件的科学研究，部署和实施鄱阳湖流域极端天气气候事件观测系统、综合影响评估系统等重大工程建设和科学研究计划，形成应对极端天气气候事件的综合科技支持体系（林而达等，2007）；⑤进一步完善气候影响评估业务系统，提高极端降水天气气候事件对生态环境的评估和预评估能力，加强极端气候事件的预评估、跟踪评估及灾后评估工作（毛留喜等，2003）。

6.5 小　　结

本章利用中国国家气象信息中心提供的鄱阳湖流域及其周边地区 1960～2007 年的地面高密度台站气候资料，及美国 NCEP/NCAR 全球再分析资料（包括 1960～2007 年的日平均高度场、地面气压场、比湿场以及风场资料等），通过定义极端降水总量、极端降水频数、极端降水强度，以及极端降水总量与总降水量的比值（hp90 值）这 4 个物理量，研究了鄱阳湖地区极端降水的季节、年际、年代际变化及其趋势，并重点分析了 3 个典型极端降水事件的成因机制，得到如下结论：

（1）鄱阳湖流域及其周边地区多年平均极端降水总量和极端降水强度均呈现出单峰型变化形势，极大值出现在 6 月，分别为 111.5 mm 和 73.2 mm；极端降水频数极大值出现在 3 月，为 1.65 次；hp90 极大值出现在 9 月，为 51.3％。4 个极端变量均呈现出比较明显的年际、年代际变化，在 1960～2007 年 4 个极端变量均呈现出线性增加的变化趋势，且除极端降水强度外，其余三变量增加趋势显著。年极端降水总量的极大值区域出现在研究区的东北部、东南部和西南部，并从极大值区域向西向北逐渐减少；年极端降水总频数的分布形势与年极端降水总量基本一致，东南部较多，西部和北部较少；年极端降水强度呈现纬向带状分布，中部区域相对较弱，南北两侧相对较强；hp90 的极大值出现在鄱阳湖湖区以北，极小值出现在研究区的西北角。

（2）鄱阳湖流域及其周边地区大部分站点的年极端降水总量呈现出增加趋势，其区域平均的变化趋势为 27.6 mm/10a，4 个季节中只有秋季呈现出减少的趋势。极端降水频数的趋势变化分布与极端降水总量基本一致，年极端降水频数区域平均的变化趋势为 0.57 d/10a。极端降水强度以及 hp90 四季均以增加趋势为主，区域平均的年变化趋势分别为 0.12 mm/10a 和 1.2％/10a。说明鄱阳湖流域及其周边地区的降水有极端化发展的趋势。

（3）鄱阳湖湖区（115°～117.5°E，28°～30°N）4～7 月极端降水总量存在 2～4 年左右的短周期能通过显著性检验，其在整个 48 年的线性变化趋势并不显著，但通过分析 10 年滑动的标准差发现，近十几年来，鄱阳湖湖区 4～7 月极端降水总量的变率存在比较显著的增加趋势。

（4）对鄱阳湖湖区 28 个站点的分析发现，1998 年和 2001 年 6 月极端降水存在明显的差异。另外，由于 1954 年为长江流域典型洪水年，因此对 1954 年的极端降水特征也进行了分析。1954 年 6～7 月以及 1998 年 6 月鄱阳湖地区极端降水异常偏多，区域平均降水总量分别为 535.5 mm 和 569.8 mm，其中约 70％以上是由于极端降水造成，且极端降水事件出现的概率为正常情况的 2 倍以上，而 2001 年 6 月鄱阳湖区域平均的降水总量为 204.1 mm，仅为 1998 年的 1/3，其中约 26％为极端降水量，且极端降水事件出现的概率为正常情况的 3/5。通过分析大气环流场以及水汽输送等方面的差异，发现 1954 年 6～7 月和 1998 年 6 月 500hPa 高度场上中高纬环流纬向发展，850 hPa 高度场上西太平洋副高增强，使得副高西北侧的西南气流增强北上与由贝加尔湖低槽、东亚大槽引导南下的偏北风气流交绥于长江流域，并且增强的西南气流把大量的水汽带到鄱阳湖地区，同时对应高层南亚高压增强，从而使得鄱阳湖地区有充足的水汽来源并产生强烈的上升运动。而 2001 年 6 月 500 hPa 高度场上中高纬地区环流经向发展，850 hPa 西太平洋副高位置相对偏东，水汽不易达到鄱阳湖地区，且贝加尔湖低槽减弱，使得北方冷空气不易到达鄱阳湖区域，同时对应高层南亚高压偏弱偏西，从而使得鄱阳湖地区大气的上升运动减弱。这就是鄱阳湖流域及其周边地区极端降水变化的大气环流背景及其动力机制。

（5）加强防洪、抗旱、供水等方面基础设施建设是提高适应极端天气气候变化的根本保障。洪涝灾害和湖泊的调蓄能力减退，是影响湖区生态环境质量的主要因素。因此，需要抓紧实施“退田还湖，平垸行洪”，有效增加鄱阳湖的调蓄容积，采取加高加固圩堤、做好分蓄洪区建设、积极疏浚河道等措施，有效地减轻鄱阳湖流域极端降水带来的洪涝灾害；另外，加快湖区周边的森林植被恢复与保护，提高公众的防灾减灾意识等，对于减少极端降水带来的洪涝灾害也具有十分重要的作用。

参考文献

郭华，姜彤，王国杰，等. 2006. 1961-2003 年间鄱阳湖流域气候变化趋势及突变分析. 湖泊科学，18（5）：443-451.

郭华，姜彤，王艳君，等. 2006. 1955-2002 年气候因子对鄱阳湖流域径流系数的影响. 气候变化研究进展，2（5）：217-222.

江志红，丁裕国，陈威霖. 2007. 21 世纪中国极端降水事件预估. 气候变化研究进展，3（4）：202-207.

林而达，许吟隆，吴绍洪. 2007. 气候变化国家评估报告（Ⅱ）：气候变化的影响与适应. 气候变化研究进展，z1：6-11.

毛留喜，程磊，任国玉. 2003. 气候变化影响评估及其战略对策. 中国软科学，12：132-135.

闵骞. 2002. 20 世纪 90 年代鄱阳湖洪水特征的分析. 湖泊科学，14（4）：323-330.

闵屾，钱永甫. 2008. 我国近 40 年各类降水事件的变化趋势. 中山大学学报（自然科学版），47（3）：105-111.

秦大河. 2005. 中国气候与环境演变评估（Ⅰ）：中国气候与环境变化及未来趋势. 气候变化研究进展，1（1）：4-9.

任朝霞，杨达源. 2007. 近 40a 西北干旱区极端气候变化趋势研究. 干旱区资源与环境，21（4）：10-13.

山崎信雄，何金海，周兵. 1999. 中国和日本气候极端降水研究. 南京气象学院学报，22（1）：32-38.

孙凤华，吴志坚，杨素英. 2006. 东北地区近 50 年来极端降水和干燥事件时空演变特征. 生态学杂志，25（7）：779-784.

陶诗言. 1980. 中国之暴雨. 北京：科学出版社.

陶诗言，丁一汇，周小平. 1979. 暴雨和强对流天气的研究. 大气科学，3：227-238.

王凤，吴敦银，李荣昉. 2008. 鄱阳湖洪涝灾害规律分析. 湖泊科学，20（4）：500-506.

王怀清，赵冠男，彭静，等. 2009. 近 50 年鄱阳湖五大流域降水变化特征研究. 长江流域资源与环境，18（7）：615-619.

严中伟，杨赤. 2000. 近几十年我国极端气候变化格局. 气候与环境研究，5（3）：267-272.

杨莲英. 2003. 新疆极端降水的气候变化. 地理学报，58（4）：577-583.

殷剑敏，苏布达，陈晓玲，等. 2011. 鄱阳湖流域气候变化影响评估报告. 北京：气象出版社：158-159.

翟盘茂，任福民，张强. 1999. 中国降水极值变化趋势检验. 气象学报，57（2）：208-216.

张文，寿绍文，杨金虎. 2007. 长江中下游地区汛期极端降水量的异常特征分析. 气象，33（3）：61-67.

张永领，丁欲国. 2004. 我国东部夏季极端降水与北太平洋海温的遥相关研究. 南京气象学院学报，27（2）：244-251.

赵庆云，张武，王式功，等. 2005. 西北地区东部干旱半干旱区极端降水事件的变化. 中国沙漠，25（6）：904-909.

Dai A, Trenberth K E, Karl T R. 1998. Global variations in droughts and wet spells. Geophysical Research Letters, 25: 3367-3370.

Easterlling D R, Evans J L, Groisman P Y, et al. 2000. Observed variability and trends in extreme climate events: a brief review. Bulletin of the American Meteorological Society, 81 (3): 417-425.

Evans T E. 1996. The effects of changes in the world hydrological cycle on the availability of water resources//Bazzaz F, Sombroek W. Global Climate Change and Agricultural Production. Chichester, UK: John Wiley and Sons: 15-48.

Groisman P Y, Karl T R, Easterling D R, et al. 1999. Changes in the probability of heavy precipitation: important indicators of climatic change. Climatic Change, 42 (1): 243-283.

IPCC. 1996. Climate Change 1995: The Science of Climate Change. New York: Cambridge University Press: 141-193.

IPCC. 2001. Climate Change 2001: The Scientific Basis. Cambridge: Cambridge University Press: 156-159.

Karl T R, Knight R W. 1998. Secular trends of precipitation amount, frequency, and intensity in the United States. Bulletin of the American Meteorological Society, 79 (2): 231-241.

Karl T R, Knigth R W, Easterling D R, et al. 1996. Indices of climate change for the United Stated. Bulletin of the American Meteorological Society, 77: 279-292.

Kunkel K E, Pielke Jr R A, Changnon S A. 1999. Temporal fluctuations in weather and climate extremes that cause economic and human health impacts. Bulletin of the American Meteorological Society, 80: 1077-1098.

Meehl G A, Karl T R, Easterlling D R, et al. 2000. An introduction to trends in extreme weather and climate events: observations, socioeconomic impacts, terrestrial ecological impacts, and model projections. Bulletin of the American Meteorological Society, 81 (3): 413-416.

Schmidli J, Frei C. 2005. Trends of heavy precipitation and wet and dry spells in Switzerland during the 20th century. International Journal of Climatology, 25: 753-771.

Solomon S, Qin D H, Manning M, et al. 2007. Climate Change 2007: The Scientific Basis Contribution of Work Group Ⅰ to the Fourth Assessment Report of the Intergovernmental Panel on Climate Change. Cambridge University Press.

Su B D, Jiang T, Shi Y F, et al. 2004. Observed precipitation trends in the Yangtze River catchment from 1951 to 2002. Journal of Geographical Sciences, 2: 204-218.

Tank A M G K, Konnen G P. 2003. Trend in indices of daily temperature and precipitation extremes in Europe. Journal of Climate, 16: 3665-3680.

Tank A M G K, Konnen G P. 2003. Trends in indices of daily temperature and precipitation extremes in Europe. Journal of Climate, 16: 3665-3680.

Tao F L, Yokozawa M, Hayashi Y, et al. 2003. Future climate change, the agricultural water cycle, and agricultural production in China. Agriculture, Ecosystems and Environment, 95: 203-215.

Trenberth K E. 1999. Conceptual framework for changes of extremes of the hydrological cycle with climate change. Climatic Change, 42: 327-339.

Zhai P M, Zhang X B, Wan H, et al. 2005. Trends in total precipitation and frequency of daily precipitation extremes over China. Journal of Climate, 18: 1096-1108.

Zolina O C, Simmer A K, Gulev S. 2005. On the robustness of the estimates of centennial-scale variability in heavy precipitation from station data over Europe. Geophysical Research Letters, 32, L14707, Doi: 10.1010/2005GL023231.

第七章　鄱阳湖流域极端干旱

干旱是近地表在一定时期内、一定自然条件下区域水分收支不平衡或供需不平衡所形成的水分短缺现象。由于干旱成因复杂多样，关注角度不同，干旱分类和监测方法都不尽一致。干旱一般分为四种类型，即气象干旱、水文干旱、农业干旱及社会经济干旱（Heim Jr，2002）。其中，气象干旱是干旱产生的基本背景条件，常表现为降水亏缺。水文干旱是长期气象干旱的结果，直接表现为河道径流过少或河湖水位过低。农业干旱是气象干旱的主要体现，多表现为土壤水分或植物含水量不足。社会经济干旱是干旱所产生的社会经济影响，常以人畜饮水困难数目和经济损失量等来表示。本章主要讨论气象干旱、水文干旱和农业干旱。

自然界导致干旱发生的因素多且复杂，近几十年严重干旱频繁发生，已列为世界性的重大自然灾害，影响了人类社会、经济的可持续发展，威胁着人类赖以生存的自然环境（Shelton，2009）。干旱的影响几乎遍及全世界，在季风区和干旱区最为突出。相对于洪水灾害而言，干旱灾害的发展过程缓慢，历时较长，且初期进程不容易发觉。由于干旱的强度和危害是一个逐渐积累的过程，其影响程度更深、范围更广。干旱不仅直接影响人们用水安全和粮食安全，连续性的干旱也可能会改变下垫面条件（如植被条件、土壤理化性质），进而影响地表产汇流过程，同时也伴生水环境、水生态和水沙过程的改变，诱发一系列次生的生态、环境和社会问题（翁白沙，2010）。由于旱灾不具有突发性，对干旱发生和发展过程的研究更应给予足够的重视。

中国是一个干旱频繁发生的国家，而长江流域自古以来就是一个旱灾频发的流域。根据史光前等（2010）研究，1959年、1960年、1963年、1972年、1978年、1988年、2006年、2007年、2009年发生了全流域性的严重干旱灾害。长江流域的干旱范围有所扩大，但扩大的趋势并不明显，其中1951～1966年和1992～2001年为上升阶段，而1967～1981年和2002～2005年为下降阶段（王志伟等，2007）。在长江流域中下游地区，500多年以来的旱灾记录表明，每2～3年发生一次干旱事件，每7～8年发生一次重旱或以上等级的干旱事件（长江水利委员会综合勘测局，2005）。在长江中游地区，存在着准20年、准10年、准5年的旱涝周期变化。20世纪80年代以前，以偏旱型为主，而到80年代以后转变为以偏涝型为主，同时长江中游地区准2年气象干旱的周期特征表现不再明显（吴贤云等，2006）。21世纪前5～10年属于降水正常及偏多期，而在10～20年代可能会出现少雨干旱期（冯晓黎和李霏霏，2008）。

由于地处长江中游地区，鄱阳湖流域也是频频遭受旱灾的地区之一，其中鄱阳湖区是流域内最大的重旱区（江西省水利厅，1995；闵骞，2006）。湖区以水灾为主，水旱灾害频繁，其中洪涝灾害是鄱阳湖区长期以来的关注问题（毛端谦，1992；闵骞和汪泽培，1994）。近年来，由于湖区干旱发生的强度和频度都有明显的增加，并造成了巨大的社会经济损失，而逐渐成为人们关注的焦点。根据鄱阳湖区的史料记载和气象水文数据，在千年尺度上，21世纪鄱阳湖区发生严重干旱的频率仍处于正常偏少的阶段（闵骞和闵聃，2010）。近50年来鄱阳湖区的气象干旱，经历了20世纪60年代的频发期和20世纪90年代的间歇期。到了21世纪初，湖区气象干旱进入了第二个频发期，且正处于上升阶段。对于水文干旱而言，与湖区气象干旱基本一致，但水文干旱比气候干旱的发展态势强烈，这可能与人类活动加剧有着较大的关系（闵骞和闵聃，2010）。典型的极端水文干旱事件包括2003年、2006～2007年连旱、2009年等。例如，2006年5月底开始，鄱阳湖区星子站观测到水位持续低于多年平均水位，到7月底与多年平均水位差达到了2 m，并持续数月。2007年12月，都昌水文站的水位连续20多天低于历史最低水位。2009年，鄱阳湖提前一个月进入枯水期，水位下降，水域面积急剧缩小。长江上游三峡水库蓄水试验不得不在临近尾声的情况下终止，未能达到原计划175 m坝上水位的蓄水目标。近年来鄱阳湖区频繁发生的一系列极端干旱事件，严重地影响了当地居民的生产生活及生态安全，受到包括*Science*在内等国内外媒体的广泛关注（Jiao，2009）。与此同时，三峡水库蓄水运行是否影响鄱阳湖区的干旱发生、发展和消退过程，产生了多大程度的影响，这些问题引起了国内外强烈的争议。

针对鄱阳湖区近年干旱频发问题，本章基于鄱阳湖流域的气象水文资料，通过气象和水文干旱指数等来反映干旱强度，运用小波分析、趋势分析和突变分析等分析方法，阐述近50年气象干旱和水文干旱的周期性、趋势性和突变性。从流域水循环角度，结合长江水位变化对鄱阳湖水位的影响，研究人类活动和气候变化因素对近年来干旱频发的影响。结合野外调查手段和遥感反演技术，分析典型干旱事件的发生发展过程。在剖析典型极端干旱事件的基础上，提出应对干旱变化趋势的适应性对策和应对人为因素影响的综合措施。

7.1　数据资料与研究方法

7.1.1　数据资料

研究资料包括流域内气象和水文数据、长江干流水文数据和多源遥感数据。气象数据包括降水和气温等，为1960年1月1日～2010年12月31日鄱阳湖流域13个国家气象站点的逐日降水和温度数据。气象观测站点包括位于鄱阳湖区的南昌和波阳站，位于修水流域的修水站，位于赣江流域的樟树、宜春、吉安、遂川和赣州站，位于抚河流域的南城、广昌站，位于信江流域的贵溪、玉山站，以及位于饶河流域的景德镇站。水文数据包括鄱阳湖湖口的水位和流量数据、长江上游宜昌站流量数据、三峡水库逐日水位和流量数据、九江水位和流量数据等。除三峡水库数据始于2002年1月1日外，其他数据时间段为1960年1月1日～2010年12月31日。第四章的图4-1显示了相关气象站和水文站点分布。遥感数据采用MODIS数据产品，包括MOD 02、MOD 03、MOD 04、MOD 05和MOD 11，用于提取和反演湖泊蓄水量和流域蒸散以及干旱分布情况。关于流域蒸散反演的详细说明参见第三章中有关资料与方法的章节内容，关于湖泊水量反演的详细介绍参见第六章中有关内容。

7.1.2 研究方法

本章运用标准化干旱指标分别描述降水和河湖水量亏缺，以衡量干旱的起始时间和历时以及干旱的强度和严重程度。利用小波分析方法研究包括非稳态过程在内的干旱周期性，运用偏 Mann-Kendall 检验方法来分析干旱的长期变化趋势。结合长江与鄱阳湖交界处（湖口）水位与流量的变化，分析其对湖泊水量的影响和对鄱阳湖区干旱的作用。从流域水循环角度，结合流域降水的观测数据和流域蒸散的遥感反演数据，探讨气候和人类活动对水文干旱的影响程度，阐明近年来鄱阳湖区水文干旱频发的复合成因。

7.1.2.1 干旱指标

截至目前，人们已经提出了 100 多种干旱指标（王劲松等，2007；张强等，2011）。例如，气象干旱常用指标包括帕尔默干旱指数、标准降水指数和 Z 指数等（Palmer et al.，1965；McKee et al.，1993），水文干旱常用月径流量占平均径流量的百分比等，农业干旱则采用作物水分指数和土壤水分距平等（张强等，2011）。为了监测区域干旱，人们发展了遥感干旱指数，主要有水分亏缺指数 WDI（Moran et al.，1994）、温度植被旱情指数（Sandholt et al.，2002）、TVDI 作物缺水指数 CWSI（Idso et al.，1986）和热惯量等（Watson et al.，1971；Carlson，1986）。本章从流域水量收支的角度出发，同时考虑气象干旱、水文干旱与农业干旱的时序发展关系，选择标准化干旱指数来分别描述降水和河湖水分亏缺，同时选用遥感干旱指数来描述地表干旱的空间演变过程。

1）气象干旱

气象干旱亦称大气干旱，指某时段内区域降水量低于多年平均水平而造成的水分短缺现象。气象干旱通常主要以降水短缺作为指标，包括降水距平、累计降水距平、降水成数、帕默尔干旱强度指数（Palmer drought severity index，PDSI）和标准化降水指数（standardized precipitation index，SPI）等（张强等，2011）。

SPI 指数仅使用降水数据，计算简单，可用于分析不同时间尺度的干旱。自 McKee 等（1993）提出之后，在干旱现象研究中得到了广泛的应用（Hayes et al.，1999；Guttman et al.，1998；Guttman et al.，1999；Cancelliere et al.，2007；袁文平和周广胜，2004；王彦集等，2007；韩萍等，2008；白永清等，2010）。SPI 指数的基本原理是通过检验适合月尺度降水量的分布形式，如伽马分布或皮尔森-Ⅲ型分布，用该分布的概率函数求累积概率，然后转化成标准正态分布。以伽马分布（Γ）为例，假设某一时段的降水量为 x，则其概率密度函数可表示为（Lloyd-Hughes and Saunders，2002）

$$g(x)=\frac{1}{\beta^{\alpha}\Gamma(\alpha)}x^{\alpha-1}\mathrm{e}^{-\frac{x}{\beta}},\quad x>0 \tag{7.1}$$

$$\Gamma(\alpha)=\int_0^{\infty}x^{\alpha-1}\ \mathrm{e}^{-x}\mathrm{d}x \tag{7.2}$$

式中，α 是伽马函数 $\Gamma(\alpha)$ 的形状参数；β 是尺度参数；α 和 β 的最优值可通过极大似然

估计法求得。对于给定月时间尺度的累积概率为

$$G(x)=\int_0^x g(x)\,\mathrm{d}x=\frac{1}{\hat{\beta}^{\hat{\alpha}}\Gamma(\hat{\alpha})}\int_0^x x^{\hat{\alpha}}\mathrm{e}^{-x/\hat{\beta}}\,\mathrm{d}x \tag{7.3}$$

令 $t=\frac{x}{\hat{\beta}}$

$$G(x)=\frac{1}{\Gamma(\hat{\alpha})}\int_0^x t^{\hat{\alpha}-1}\mathrm{e}^{-t}\mathrm{d}t \tag{7.4}$$

考虑到实际降水量可能为 0，累积概率可表示为

$$H(x)=q+(1-q)G(x) \tag{7.5}$$

式中，q 是降水量为 0 的概率。在计算过程中，

当 $0<H(x)\leqslant 0.5$ 时，$\mathrm{SPI}=-\left(t-\frac{c_0+c_1t+c_2t^2}{1+d_1t+d_2t^2+d_3t^3}\right)$，$t=\sqrt{\ln\frac{1}{H(x)^2}}$ (7.6)

当 $0.5<H(x)\leqslant 1$ 时，$\mathrm{SPI}=t-\frac{c_0+c_1t+c_2t^2}{1+d_1t+d_2t^2+d_3t^3}$，$t=\sqrt{\ln\frac{1}{[1.0-H(x)]^2}}$ (7.7)

式中，$c_0=2.515\ 517$；$c_1=0.802\ 853$；$c_2=0.010\ 328$；$d_1=1.432\ 788$；$d_2=0.189\ 269$；$d_3=0.001\ 308$。

根据 SPI 指数的大小，可以将干旱事件按照强度分为轻旱（mild）、中旱（moderate）、重旱（severe）和特旱（extreme）（McKee et al.，1993），其中每个等级分别对应着不同的概率分布范围。轻旱事件的发生概率为 34.1%，中旱事件的发生概率为 9.2%，重旱事件的发生概率为 4.4%，特旱事件的发生概率为 2.3%。如果以月降水量为基本时间尺度，轻旱事件、中旱事件的概率相当于每半年、每年一遇，而重旱事件、特旱事件的概率则相当于每两年、每四年一遇。干旱强度越大的干旱事件，发生的概率就越小（表 7-1）。

表 7-1　基于 SPI 指数的气象干旱等级划分（据 McKee et al.，1993）

SPI 指数	概率分布	干旱等级
(−1.0, 0.0]	34.1%	轻旱
(−1.5, −1.0]	9.2%	中旱
(−2.0, −1.5]	4.4%	重旱
≤−2.0	2.3%	特旱

干旱的严重程度不但取决于干旱强度，还取决于干旱历时，即干旱时间的长短，是干旱强度和干旱历时的乘积（Keyantash et al.，2002）。干旱历时越长，强度越大，干旱就越严重，可表示为（McKee et al.，1993）

$$DM=-\sum_{j=1}^{k}\mathrm{SPI}_{ij} \tag{7.8}$$

式中，j 是单位时间尺度为 i 个月干旱事件的起始时间（月份）；k 为结束时间。

闵骞（2006，2007）采用 7～10 月累积蒸发量和累积降水量之比作为气象干旱指

数，结合有效干旱天数，分析了1953～2003年鄱阳湖区历年气象干旱的季节性和年际变化。由于湖区干旱不仅取决于该地区的降水和蒸发，还取决于流域来水和江湖水量交换，而流域来水取决于流域的气象条件，需要从流域尺度上来回答流域来水的变化规律和演变趋势。从流域水量收支的角度出发，本章采用SPI指数来分析近50年来鄱阳湖流域气象干旱的变化规律。

2）水文干旱

水文干旱表现为河川径流、水库或者湖泊蓄水量、地下水水位等低于其常年水平，主要特征是在特定时段内区域水量的减少。代表性的水文干旱指数包括流量距平、帕默尔水文干旱指数（Palmer hydrological drought severity index，PHDI）、地表水供给指数（surface water supply index，SWSI）和标准化径流指数（standardized runoff index，SRI）以及第5、10、15、20、25个百分位等（孙荣强，1994；袁文平和周广胜，2004；Shukla and Wood，2008；Marengo et al.，2011）。其中，SRI指数与SPI指数的原理相同，后者用于描述降水异常，而前者用于描述径流量或者河湖的水位异常。

毛端谦（1992）依据《江西省气候史料》和《中国近五百年旱涝分布图集》，利用鄱阳湖区某年出现偏旱和干旱的水文站数目，建立了旱灾指标，并结合湖区历年受灾面积，分析了鄱阳湖区12世纪至19世纪80年代的水旱变化特征。闵骞（2006，2007a）选用都昌多年平均水位作为鄱阳湖枯水位的分界值，考虑湖水变化对湖周边地区饮水和提水工程的影响，选用7～10月枯水位持续天数作为水文干旱指标，分析了近50年鄱阳湖区干旱的季节性和年际变化特征。李世勤等（2008）运用流域降水量、流域五河来水径流量和星子水位，分析了2006年鄱阳湖区枯水特征及其成因。闵骞和闵聃（2010）运用干旱出现年数分析了过去1000年水文干旱演变特征；基于都昌水位划分了鄱阳湖区的水文干旱等级，分析了1953～2007年干旱变化趋势，并与长期气候干旱进行了比较分析。

从水循环角度来看，在流域尺度上应采用湖口径流量来表征鄱阳湖流域径流的总体状况。然而，由于鄱阳湖出湖径流受到长江水体的强烈顶托，甚至会发生江水倒灌，基于湖口流量计算的标准化径流指数（SRI），不能合理地反映流域水文状态的亏缺程度。在长江水体的顶托作用下，鄱阳湖湖面的南北水位在丰水期相差不大，但在枯水期呈现明显的南北梯度差异，南部康山与北部湖口水位相差可达6 m，无论星子还是都昌，其水位都会与湖口水位存在明显的差异性（图6-4）。由于湖口水位与鄱阳湖蓄水量密切相关，直接反映着湖泊水量的多寡，所以本章采用湖口水位来衡量鄱阳湖水量状况。根据湖口水位计算其标准化指数，来反映鄱阳湖区的水文干旱情况。

3）农业干旱

农业干旱是指土壤水分长期低于作物需水量，植物得不到正常的水分供应而导致的干旱（王劲松等，2007）。它通常以土壤含水量和植物生长形态为特征，所以有时也称土壤水分干旱或作物干旱。常用的农业干旱指数包括土壤含水量和作物水分指数（crop moisture index，CMI）（袁文平和周广胜，2004；王劲松等，2007；张强等，2011）。

前者可用土壤相对含水量（=土壤含水量/土壤田间持水量）或者土壤含水量距平来表示。一般认为当土壤相对含水量<40%时，作物会受旱严重；当土壤相对含水量为40%～60%时，会出现作物旱象；当土壤相对含水量为60%～80%时，不会限制作物的正常生长。作物水分指数（CMI）以周为时间单位计算温度、降水量和土壤水分状况，用来监测作物生长情况，但不适于监测长期干旱。

由于降水分布的非均一性，土壤质地、土壤水分和地形条件的空间异质性，加上作物类型的多样性，点位观测方式很难全面地反映大范围的农业干旱状况。遥感多时相、多光谱、高分辨率、宏观监测的特性，可以用来监测农业干旱的发生、发展和消退过程。其中，可见光-近红外-热红外方法利用地面温度（land surface temperature，LST）随土壤水分增加而降低的特性，结合归一化差异植被指数（normalized difference vegetation index，NDVI）所反映的植被生长状况和覆盖信息，构建LST/NDVI指数，以反映干旱在空间分布上的发生、发展情况（王鹏新等，2003；田国良等，2006）。当地表相对湿润时，吸收的太阳能主要用于蒸发，土壤与冠层温度差异小，LST/NDVI直线接近水平线；在干旱发生时，土壤含水量低，裸土表面由于迅速干燥而蒸发量变小，吸收的太阳能主要用于地表升温，而植被则利用根层的水分以维持较高的蒸腾速率和较低的冠层温度，所以LST/NDVI指数可综合反映区域的土壤湿度状况。此外，微波遥感方法利用土壤介电常数和后向散射系数，建立与土壤水分之间的关系，定量反演土壤含水量，具有较高的精度，可以直接用于农业干旱监测。由于微波遥感不受光照条件限制，对云层、地表植被和土壤都具有一定的穿透力，可以全天候地工作。

对于鄱阳湖区，现有的干旱研究基本上局限于气象干旱和水文干旱内容。闵骞（2003，2007a）报道了近50年来鄱阳湖区包括农业干旱在内的受灾情况，以及2003～2006年的江西省的农业旱情损失。目前尚未见关于鄱阳湖区农业干旱发生、发展和消退过程的研究。本章利用多源遥感数据和LST/NDVI指数，结合微波遥感反演的土壤水分数据，分析鄱阳湖区农业干旱的时空演变过程和规律，探讨其形成机制，为抗旱规划制定等提供科学依据。

7.1.2.2 小波分析方法

闵屾和刘健（2011）利用小波分析方法，分析了极端降水总量的周期变化。本章使用小波分析方法（详细介绍参见2.1.2.2节），对鄱阳湖流域降水的SPI指数和湖口水位的SRI指数的周期性变化进行分析，从两者一致性和差异性角度，辨析干旱变化过程中气候变化和人类活动的作用，判别近年来鄱阳湖区干旱频发的成因和趋势。

7.1.2.3 趋势分析方法

在时间序列数据的变化趋势和突变检验研究中，Mann-Kendall（MK）趋势分析方法是使用最为广泛的一种非参数统计方法。该方法人为因素少，可用于非正态分布的数据。关于此方法详细介绍，可参见2.2节的详细介绍。考虑到时间序列数据与其他因素的相关性，Libiseller和Grimvall（2001）提出了偏MK检验方法，并逐渐在水文气象等环境因素分析研究中得到了推广。由于水文干旱与多种因素有关，本章采用偏MK

检验方法。基于流域降水 SPI 和湖口水位 SRI 指数，分析气象干旱和水文干旱的长期变化趋势，为理解湖区近年干旱频发的现象及其成因，提供一个历史参照背景。

7.1.2.4　流域水量收支法

在各种干旱中，气象干旱的发生往往先于其他干旱，但是气象干旱并不一定会导致河湖水量明显减少等水文干旱，以及土壤水分不足等农业干旱。水文干旱与农业干旱比气象干旱更为直观，与人们的生产生活更为密切，因此更受关注。河流干涸和湖泊萎缩是流域水量收支的结果。流域的水量收支可以表示为

$$\Delta S = P - ET - D \tag{7.9}$$

式中，ΔS 为流域水分储量的变化；P 为流域的降水量；ET 为流域的蒸散量；D 为流域内外的径流交换量。在一定时间尺度内（如月、季度、年度），各个水分分量可用等效水柱高度（mm）或者体积（m^3）来表示。ΔS 是指以各种形式储存在流域中的水分，包括河流和湖库中的水量、土壤水分含量和地下水量等。从流域水量收支各个分量变化中可以找到干旱产生的原因，并识别各个水分分量所造成的影响。

流域降水量和湖口径流量可从气象站和水文站获取，流域蒸散量可以从遥感反演获取（参见第三章）。需要注意的是，蒸发皿蒸发量难以代表不同地表覆盖类型下的实际蒸发量，所以不宜用蒸发皿蒸发代替流域实际蒸发；同时，潜在蒸发表示的是蒸散能力，不能代表实际蒸发，不可直接用于流域水量收支分析。在流域水量平衡分析中，要使用实际蒸发量，而不是蒸发皿蒸发或潜在蒸发。运用实测降水和湖口径流以及流域实际蒸散，结合土壤水分变化，通过流域水分收支分析，可以鉴别近年来鄱阳湖区水文干旱频发的原因。

7.2　近 50 年极端干旱事件变化过程与成因

本节首先针对鄱阳湖流域，分析其近 50 年极端干旱事件的周期变化规律和长期变化趋势。其次重点针对鄱阳湖区，阐明其近 10 年极端干旱事件频发过程，分别从流域水分收支平衡和长江来水的作用，揭示近年湖区干旱频发的复合原因。

7.2.1　极端干旱事件长期变化规律与气候成因

降水亏缺是其他各种干旱的根本原因，河湖干涸等水文干旱直接关系到人们的生产生活。本节着重分析气象干旱和水文干旱的发生程度、周期和长期变化趋势，以及水文干旱与气象干旱之间的关系，为探讨近 10 年鄱阳湖区干旱频发的自然机制和人为成因提供一个基本背景。

7.2.1.1　气象干旱 SPI 指数

SPI 指数小于－2.0 的降水属于特旱。按照这个标准，1960～2010 年鄱阳湖流域经历了 17 月次特旱时期。其中，20 世纪 60 年代出现 5 月次，包括 1963 年 1 月、1964 年

11 月、1965 年 1 月和 1966 年 8 月；70 年代出现 4 月次，包括 1971 年 7 月、1973 年 12 月、1974 年 9 月和 1979 年 10 月；80 年代出现 3 月次，包括 1986 年 5 月和 8 月以及 1987 年 12 月；90 年代出现 2 月次，1991 年 6 月和 1999 年 2 月。进入 21 世纪以来出现 3 次特旱，包括 2001 年 9 月、2003 年 7 月和 2007 年 5 月。可以看出，流域的降水特旱较多地发生在 3、4 月份，但在其他月份也都会发生特旱。从年代上来看，20 世纪 60 年代特旱出现的月次数最多，到 70 年代、80 年代趋于减少，90 年代次数最少，而在 21 世纪前 10 年出现增多趋势。强度最大的干旱发生在 1963 年 1 月份，其 SPI 指数为 －3.36，对应的发生概率为 0.000 4，相当于 200 年一遇。

SPI 指数大于－2.0 而小于－1.5 的降水属于重旱。在过去 50 年间，鄱阳湖流域经历了 27 月次重旱，月次数明显地多于特旱。其中，20 世纪 60 年代 4 月次，70 年代 7 月次，80 年代 5 月次，90 年代 4 月次，21 世纪以来 7 月次，总体发展趋势与特旱情况基本一致。至于中旱情况（SPI 大于－1.5，小于－1.0）共出现 42 月次，其中 20 世纪 60 年代 12 月次，70 年代 8 月次，80 年代 10 月次，90 年代 5 月次，21 世纪 7 月次。而轻旱（SPI 大于－1.0，小于 0.0）则几乎每年都有发生。从干旱总量上来看，20 世纪 60 年代降水干旱出现的月次最多，90 年代最少，21 世纪与 80 年代的情况相当［图 7-1（a)］。

根据 SPI 指数，过去 50 年出现中旱等级以上的干旱共 83 月次，其中中旱 40 月次，重旱 27 月次，特旱 16 月次。从季节分配上来看，全年所有月份均出现过干旱，平均每个月出现过 7 月次干旱，以 2、7、11 月最多，3、9 月最少［图 7-1（b)］。中旱主要发生在 2、7、11 月，重旱主要发生在 2、3、6、10、11 月。特旱主要发生在 1、5、7、8、9、12 月，但是从来没有在 3、4 月出现过。由此可见，鄱阳湖区干旱在季节分配上具有较大的复杂性。

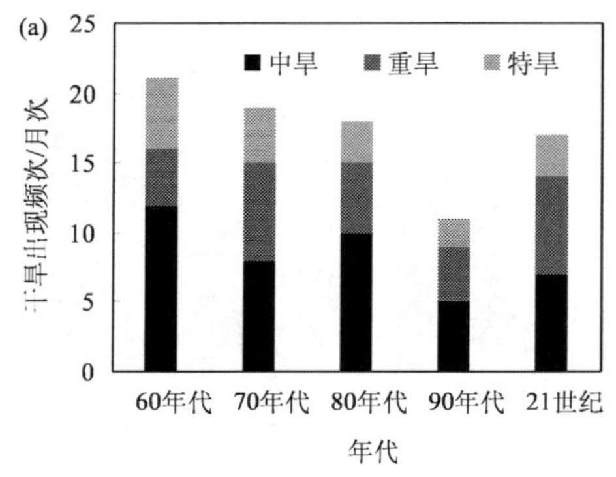

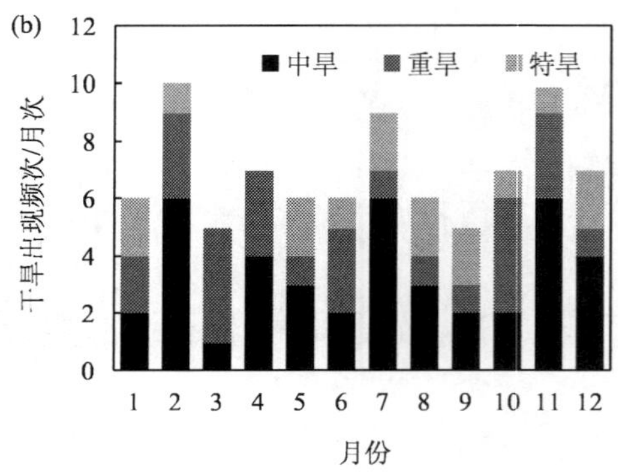

图 7-1　1960～2010 年鄱阳湖流域降水干旱月次分布图

(a) 年代；(b) 季节

根据小波分析结果，SPI 存在一个主周期和两个次周期。主周期为 18 年（216 个月），次周期分别为 6 年（72 个月）和 3 年（36 个月）。从彩图 7-2 看，18 年周期表现得最为明显，在过去 50 年中先后经历了从干旱、湿润、干旱、湿润、干旱的发展过程。当前所处的干旱时段大约始于 2003 年，目前处于本次干旱时段的后期，大致会延续到

2013年前后，以后则会进入湿润阶段。在6年周期尺度上，从20世纪60年代中期到80年代中期这一时期呈现比较明显的干湿交替，以后6年周期表现不再明显。在3年周期尺度上，有两个时期干湿交替表现得比较明显，即从60年代中期到70年代中期以及从90年代到21世纪10年代中期，这两个时段恰好处于18年主周期的湿润阶段。根据现有资料，还不清楚3年周期与18年周期现象之间存在什么样的机制关系。

从长期变化趋势来看，在年际尺度上，SPI指数呈现微微增高的趋势，即干旱程度趋于减轻，然而这一趋势在统计学上并不显著（$p=0.602$）。在季节尺度上（图7-3），3、4、5、9、10月呈现降低趋势，10月相对降低得最为明显，但即使在90%水平上其统计意义仍不显著（$p=0.110$）。在其他月份，SPI则呈现增加的趋势，以8月相对表现得最为明显，其统计水平接近95%（$p=0.068$）。由此可见，降水的季节性分配存在一定程度的变化，春季和秋季降水趋于减少，而夏季和冬季降水趋于增加。

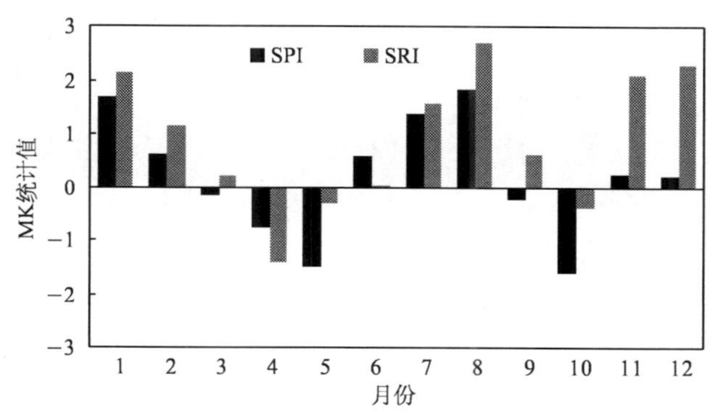

图7-3 1960～2010年鄱阳湖流域降水SPI指数和湖口水位SRI指数的MK趋势检验图

7.2.1.2 水文干旱SRI指数

从图7-4可以看出，1960～2010年鄱阳湖流域经历了13月次特旱时期，低于降水特旱的17月次。20世纪60年代出现3月次，仅仅出现在1963年3、4、7月。在出现降水特旱的1964年11月、1965年1月和1966年8月，都没有水文特旱出现。70年代出现2月次，包括1971年8月和1972年9月，而在出现降水特旱的1973年12月、1974年9月和1979年10月，都没有水文特旱出现。在80年代和90年代，即使出现了6月次降水特旱，但是没有出现水文特旱。进入21世纪以来出现7月次特旱，包括2006年8～11月、2007年5月和2009年10～11月，多于同期总计3月次的降水特旱。除了2007年5月，在降水特旱发生的2001年9月和2003年7月，都没有水文特旱发生。从季节分布上看，除了6、12和1月之外，在其他各个月份都发生过水文特旱。从年代上看，20世纪60年代和70年代总计出现6次水文特旱，80年代和90年代没有水文特旱发生，而在21世纪出现的水文干旱达到了7月次，不但远多于前期水文干旱，也多于同期降水干旱。与降水特旱不同，强度最大的水文干旱发生在2006年10月，SPI指数为−3.19，出现概率为0.000 7，相当于百年一遇。

在过去50年间，鄱阳湖流域经历了29月次水文重旱，月次多于特旱情况，与同期降水重旱相当。其中，20世纪60年代6月次，70年代11月次，80年代2月次，90年代4月次，21世纪以来6月次，总体分布趋势与水文特旱一致。水文中旱情况共计50月次，其中20世纪60年代10月次，70年代15月次，80年代8月次，90年代4月次，21世纪13月次。至于轻旱，则几乎每年都有发生。从干旱总量上看，70年代水文干旱出现的月次最多，90年代最少，21世纪与70年代的情况相当，但特旱明显增多。与图7-2进行比较可见，水文干旱的总体分布趋势明显地不同于降水干旱［图7-4（a）］。水文干旱在数量上比降水干旱出现的多，这意味着水文干旱不仅仅取决于降水匮缺情况，还受到其他因素的影响。

根据SRI指数，过去50年出现中旱等级以上的水文干旱共92月次，其中中旱50月次，重旱29月次，特旱13月次。从季节分配上来看，全年所有月份均出现过干旱，平均每个月份出现过7～8月次干旱，以3月份最多，6、7、10月次之，8月最少［图7-4（b）］。中旱主要发生在3月，6、7、10月次之，8月没有中旱出现。重旱主要发生在1、2、4、6、8、12月。特旱主要发生在8、9、10月，在1、2、6、12月没有出现过。鄱阳湖区水文干旱在季节分配上也具有较大的复杂性，既与降水干旱存在一致性，同时也存在一定的差异性。

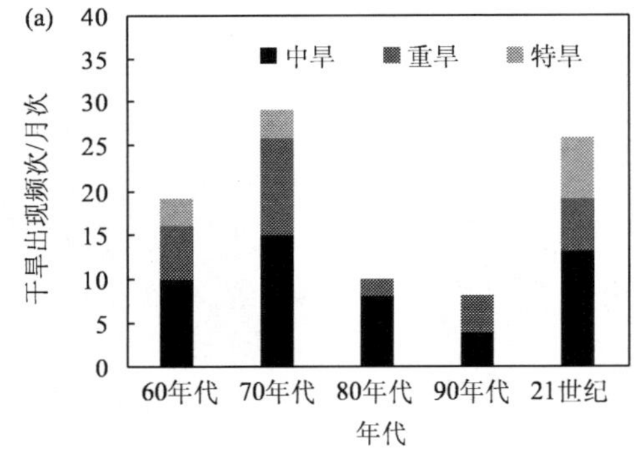

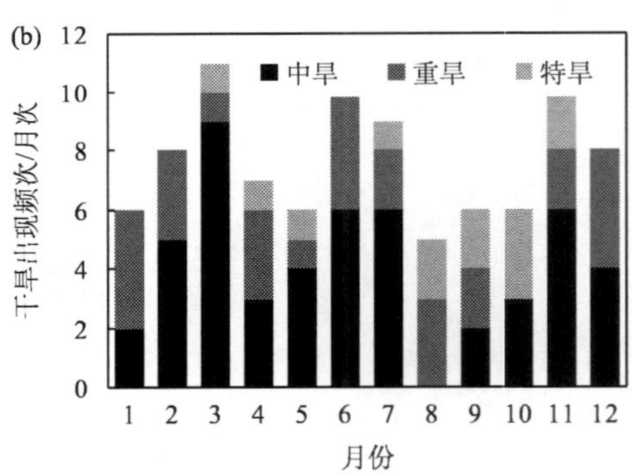

图7-4　1960～2010年鄱阳湖流域水文干旱出现月次分布图

（a）年代；（b）季节

从周期分析结果来看，水文干旱SRI指数存在一个主周期、一个次周期和一个强度较弱的次周期。主周期为6年（72个月），次周期为20年左右，弱次周期为2年。从彩图7-5看，6年周期最为清晰，主要出现在70～90年代中期，呈现明显的干湿交替变化。在这之前或之后，6年周期都比较弱。20年周期表现得不是很规则，在过去50年中大致先后经历了干旱、湿润、干旱、湿润、干旱的发展阶段，与降水干旱的18年周期发展趋于一致。当前所处的水文干旱阶段大约始于2003年，目前正处于本次干旱时段的后期，大致会延续到2013年前后，以后将会进入湿润阶段。在2年周期尺度上，干湿交替频繁，但有时不是很明显。在2年、6年和20年周期现象之间，不存在像降水干旱那样的隶属关系。

从趋势分析来看，在年际尺度上，SRI指数呈现微微增加的趋势，与降水SPI一致，即干旱程度趋于减轻，这一趋势接近 90%的置信水平（p=0.104）。在季节尺度上，SRI 变化趋势与 SPI 大体一致，4、5、10 月呈现降低趋势，10 月相对降低得最为明显（p=0.153）（图 7-3）。与降水 SPI 不同的是，3、9 月 SRI 趋于增加。其他月份与降水 SPI 一致，呈现增加趋势，其中 8 月增加相对表现得最为明显。11、12 月 SRI 的增加，要比降水干旱 SPI 明显得多。在 95%水平上，1、8、11、12 月的增加趋势显著，p 值分别为 0.034、0.007、0.035 和 0.023。这说明除了 4、5、10 月的水文干旱趋于加重之外，其他月份的干旱都会有所减轻，其中 8 月和 11～翌年 1 月水文干旱减轻的程度比较显著。

根据 SPI 和 SRI 指数变化情况，鄱阳湖流域的水文干旱一般比降水干旱滞后 1～2 个月。从以上分析可以看出，水文干旱的强度及出现时间与降水干旱并非完全一致。降水干旱多由气候因素造成，而水文干旱则取决于多种因素，包括降水、蒸散、河湖关系等。相对于降水而言，地表径流是一个响应因素。根据偏 MK 趋势分析，流域降水 SPI 和湖口水位 SRI 两者之间存在十分显著的相关关系（p=0.004）。虽然 3、9 月份流域降水 SPI 的变化趋势与湖口水位 SRI 相反，但就总体而言，SPI 仍是影响 SRI 季节性变化的最重要因素。

降水干旱和水文干旱既相互联系，又有所区别。虽然两者存在相似的周期变化，但主次周期不同。进入 21 世纪以来，虽然降水干旱月次数有所增加，但是水文干旱的频次和强度却增加得更为明显，这是因为湖口水位不但受到流域来水的影响，也受到长江来水的作用。在流域来水丰沛的情况下，如果长江来水亏欠，湖口水位将会处于低水位状态。湖口长江的顶托作用减弱，会有更多的湖水流入长江，使得湖水趋于枯竭，湖区水文干旱仍然可能发生。总之，水文干旱比降水干旱更为复杂，需要从多个角度、多种层面对其成因机制进行系统全面的分析。尤其是近 10 年来，虽然流域降水有所增加，湖区水文干旱非但没有缓和，反而频频发生，引起世人关注。

7.2.2　近 10 年来鄱阳湖区极端干旱频发及其成因

鄱阳湖区水文干旱现象主要表现为：相比正常的情况，湖区水域面积急剧缩小，湖区周边的饮水、提水工程（如自来水厂取水口）无法直接从湖中取水；湖区出现大面积的裸露洲滩，并因地表水分蒸发而出现大范围的土壤板结；滩地低洼之处随处可见因水分枯竭而干死的小型鱼类和贝类；湖区渔民无鱼可捕，而渔船搁置在滩地之上。

7.2.2.1　鄱阳湖水文干旱变化

湖泊水域面积是表征湖泊状态的最直接、最重要的指标。由于围垦造田等原因，1954～1997 年自然通江的湖泊面积缩小近 1300 km^2（毛端谦和刘春燕，2002）。考虑到有些湖汊和港汊处于围控状态，无论在丰枯水期仍然可与鄱阳湖主体连通，本章所指的湖泊面积包括位于湖区内的所有水体面积。根据卫星影像的解译结果，12 月处于枯水季的湖泊水域面积呈现逐年缩小的趋势（图 7-6）。2000 年的湖泊最小面积为 1459 km^2，2001 年因干旱而缩小到 954 km^2，2002 年因流域降水丰沛而恢复到 1629 km^2，2003 年因遭遇流域干旱而再度缩小到 1022 km²。2004 年及以后年份的湖泊最小面积都在 900 km² 以下。尤其是 2006 年缩小到 716 km²，2009 年仅为 653 km²，与丰水期 3000 km² 面积相比（朱海虹和张本，1992），不到丰水期面积的 1/4。如果去掉围垦水域，鄱阳湖主体的水域面积就更小。由于鄱阳湖区地处湿润地区，年降水量十分丰沛，但是近年来枯水期湖泊出现大部分干涸的现象。同时，位于宜昌以上 37 km、长江上游干流的三峡水库于 2003 年开始蓄水运行。水库蓄水会截留长江上游来水，对长江中下游的干流水位产生一定的影响。而且，三峡水库蓄水一般在 9 月中旬开始，正好处于鄱阳湖水位下降进入枯水期阶段，自然难免与鄱阳湖区发生的连年极端干旱事件联系在一起。近年来关于三峡是否造成了鄱阳湖区干旱成为国内外舆论争议的焦点。

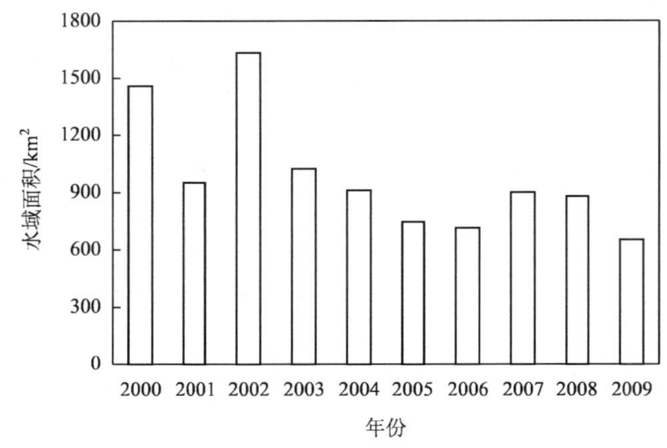

图 7-6　2000～2009 年鄱阳湖区 12 月枯水期最小水域面积的年际变化

在河流水位分布中，可以定义小于等于 25% 百分位的水位为极端干旱事件水位（Marengo et al.，2011）。按照这一定义，湖口的相应水位为 9.46 m。根据鄱阳湖区水域面积与湖口水位之间的统计拟合关系 $y=-2.667\ 8x^3+104.41x^2-1\ 092.1x+4\ 365.6$（$p<0.01$），对应于 9.46 m 水位的鄱阳湖区水域面积为 1120 km²。结合图 7-6 可以看出，除了 2000 年和 2002 年湖区最小面积在这一面积之上以外，其他年份的最小水域面积皆低于 979 km²，其中 2005 年、2006 年和 2009 年分别为 744 km²、716 km² 和 653 km²，屡创新低。根据卫星影像所反映的湖区水域面积大小，每年水域面积低于 1120 km² 的起始日期存在比较大的差异（图 7-7）。由于缺乏 2000 年和 2002 年的卫星影像，无法确定该年份的起始日期。2001 年为第 331 天，而 2003 年为第 360 天，以后每年的起始日期总体呈现提前的趋势，2004～2009 年分别为第 307、324、306、300、302、289 天。2009 年极端干旱事件始于 10 月中旬，比 2003 年提前 2 个多月，比 2005 年提前 1 个多月，当年湖区的水域总面积不足 700 km²，为 2000 年以来最小。

这一现象可以从湖口水位变化得到进一步的证实。图 7-8 显示了 2000～2010 年鄱阳湖区极端水文干旱事件的开始日期、结束日期和干旱持续时间。干旱事件的起始时间呈现一定的波动，例如 2002 年秋冬季节，由于流域来水和长江水位较高，湖口水位直到 2003 年 1 月 21 日才低于 9.46 m，所以 2002 年湖泊干旱出现的起始时间比其他年份

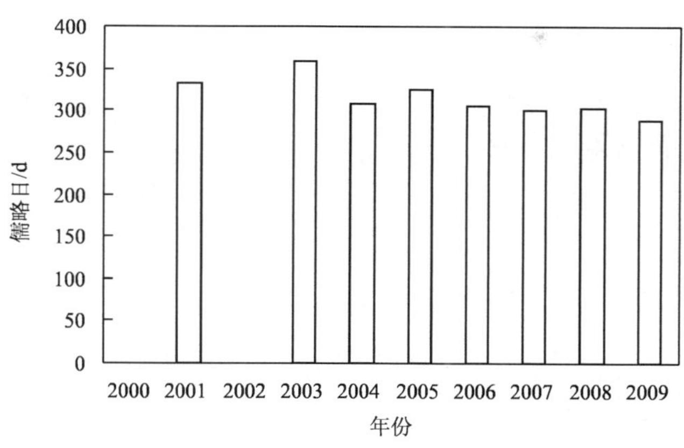

图 7-7　2000～2009 年鄱阳湖区水域面积低于 1120 km² 的起始日期变化

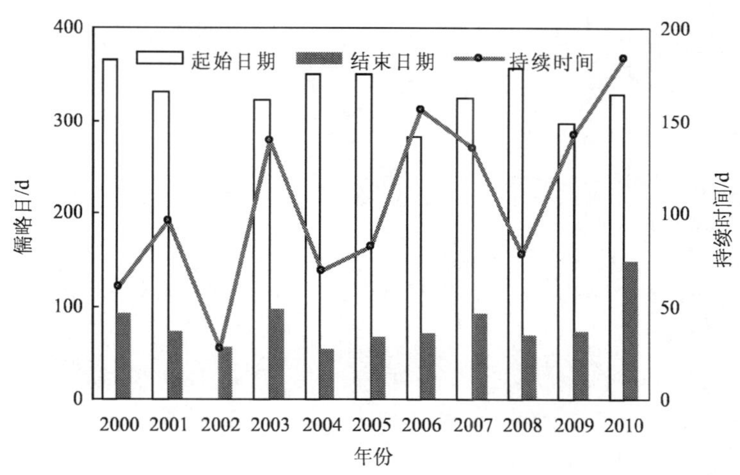

图 7-8　2000～2010 年鄱阳湖区水文干旱起始和结束日期以及干旱持续时间变化

晚。2006 年和 2009 年干旱出现时间分别为 9 月 29 日和 10 月 16 日。2003 年、2007 年和 2010 年出现在 11 月中旬，其他年份出现在 12 月。就总体而言，湖区干旱基本出现在每年 10 月底。从结束日期上来看，2002 年和 2004 年出现在翌年 2 月中旬，其他年份出现在翌年 2 月底以后，其中 2000 年、2003 年、2007 年出现在翌年 3 月底，而 2010 年出现在翌年 5 月份。可见，干旱结束日期平均出现在 2 月中下旬，在总体上出现逐渐延后的趋势。从持续时间上来看，2002 年最短为 27 天，2010 年最长为 184 天，平均为 106 天。虽然干旱的持续时间长短呈现 2～3 年的波动，但在总体上呈现逐渐加长的趋势。

水文干旱导致鄱阳湖出现大部分干涸现象。虽然湖口水位在很大程度上表征了鄱阳湖区水量的多寡，由于鄱阳湖水位受到流域来水和长江来水的共同作用，所以鄱阳湖区的干旱并非仅仅由流域水分亏缺所引起的。为了明晰鄱阳湖区干旱发生的本质原因，需要从流域水量收支和长江来水变化这两个角度进行分析。

7.2.2.2 流域水分盈亏

水文干旱在物理本质上是流域水分发生了亏缺而产生的一种现象。根据流域的水分收支情况，可以判断流域水分亏缺的程度。根据降水、蒸散和湖口径流等水文要素资料，运用水量平衡分析方法，可以获得流域水分盈亏变化，判断流域是否发生了干旱，是否是引起鄱阳湖干涸的唯一原因。

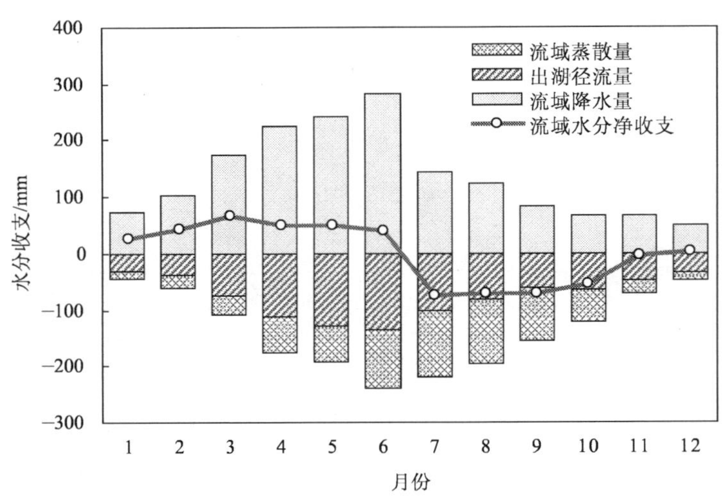

图 7-9 1960～2010 年鄱阳湖流域多年平均的水分收支逐月分布

根据 1960～2010 年观测数据，流域年降水量和出湖径流量的多年平均值为 1635.9 mm和 908.8 mm。从流域年水量收支平衡的角度推算，流域多年平均蒸散量为 727.1 mm。将遥感反演得到的 2000～2010 年逐月蒸散量进行归一化，结合流域多年蒸散量，可以获得流域多年平均的逐月蒸散量。设定大气降水为流域水分的收入项（为正值），出湖径流和流域蒸散为流域水分的支出项（为负值），可以获得流域水分收支的逐月分布情况（图 7-9）。可以看到，流域降水主要分布在 3～6 月，多年平均月降水量为 180～280 mm。出湖径流呈现类似的逐月分布情况，逐月径流量在总体上低于逐月降水量，平均约为降水量的 50%～60%。流域蒸散量在上半年一般低于降水量和径流量，7 月蒸散量为全年最高，7～9 月蒸散量高于径流量，10～12 月呈现逐月降低的趋势。从流域水分收支的角度来看，1～6 月为水分盈余阶段，总盈余额为 274.5 mm，逐月平均盈余 45.7 mm，3 月盈余值最高，为 65.4 mm。而 7～12 月为水分亏缺阶段，总亏缺额为 274.5 mm，平均每月亏缺 45.7 mm，7～9 月亏缺最多，约为 70 mm。从流域水分收支的逐月分布来看，7～10 月发生流域干旱的可能性最大。

从年际变化上来看，2000～2010 年流域逐年水分收支情况差异较大（图 7-10）。在这 11 年中以流域水分亏缺为主，包括 2001 年、2003 年、2005～2009 年。其中，2003 年的亏缺最大，为 343.6 mm，占流域年均降水量的 21.0%。其次是 2007 年，为 223.1 mm，约占年均降水量的 13.6%。2006 年最低，水分亏缺为 37.0 mm，其他年份为 37～78 mm，约占年降水量的 2.3%～4.1%。流域水分亏缺数据基本上表征了流域出现的极端干旱事件，尤其是 2003 年和 2007 年鄱阳湖流域发生了极为严重的干旱事件。

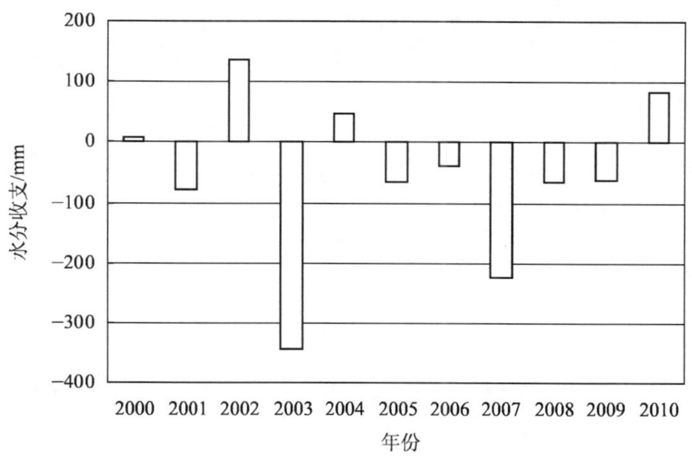

图 7-10　2000～2010 年鄱阳湖流域逐年水分收支状况

从单个流域水文要素来看，降水、蒸散和径流在不同年份里所起的作用并不相同。参照流域降水、出湖径流和流域蒸散的多年月平均值，可以得到这些分量的逐年逐月变化距平。距平正负反映该分量对流域水分收支的贡献是增大还是减少，距平大小则反映该分量对流域水分收支的增减程度。从图 7-11 可以看出，流域降水逐月变化距平范围为－154～127 mm，出湖径流逐月变化距平范围为－87～100 mm，流域蒸散逐月变化距平范围为－10～18 mm。降水变化范围最大，其中 2002 年和 2010 年以盈余为主，而 2003 年、2007 年和 2009 年以亏缺为主，无论是降水盈余还是降水亏缺，对流域水分收支的影响都非常明显。其次为出湖径流，变化波动小于降水，其中 2002 年和 2010 年径流量多于往年，而 2004 年、2007 年和 2009 年的径流量少于往年。流域蒸散的距平变化范围最小，波动很小，但是逐月距平基本上为正值，表明近 10 年来流域蒸散普遍地高于多年平均水平。

降水、蒸散和径流在不同年份里各分量所起的致旱作用并不相同。图 7-12 反映了近 10 年出现干旱的年份中，这三个分量影响流域水分收支的情况。就流域干旱最为严重的 2003 年而言，6～12 月的降水量普遍低于多年平均水平，亏缺严重；全年流域的蒸散量普遍高于多年平均值；1～4 月的出湖径流也高于多年平均值。降水是该年影响流域干旱的最重要因素，其次是流域蒸散。2005 年干旱发生的主要原因是降水亏缺。2006 年的逐月降水量普遍地多于多年平均值，一方面 4～10 月流域蒸散量高于往年，另一方面由于长江水位异常偏低，3～8 月出湖径流多于往年，因此该年干旱发生的主要原因在于径流和蒸散，而非降水。2007 年 1～7 月降水量大大低于往年，2～11 月的蒸散则高于往年，逐月出湖径流普遍低于往年，因此降水和蒸散是导致该年度干旱的主要原因。2008 年和 2009 年的致旱因素以降水亏缺和蒸散较高为主，出湖径流低于往

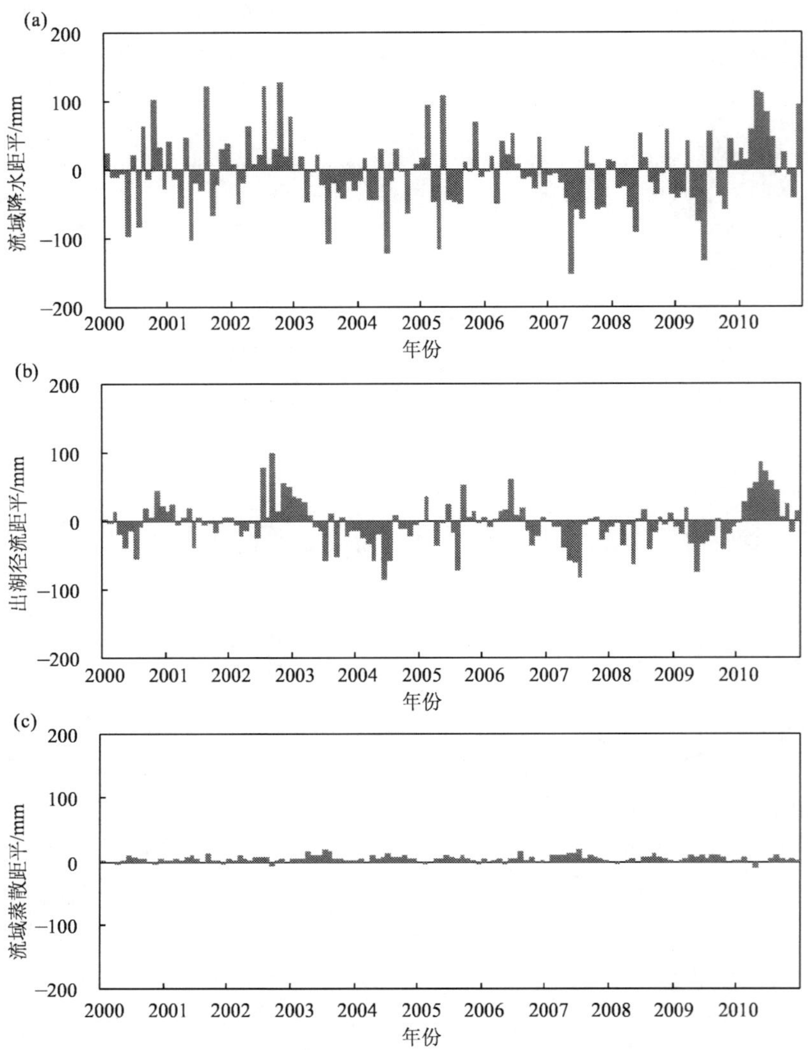

图 7-11 以 1960～2010 年多年平均为参照基准，2000～2010 年降水、径流和蒸散的距平变化

(a) 流域降水；(b) 出湖径流；(c) 蒸散

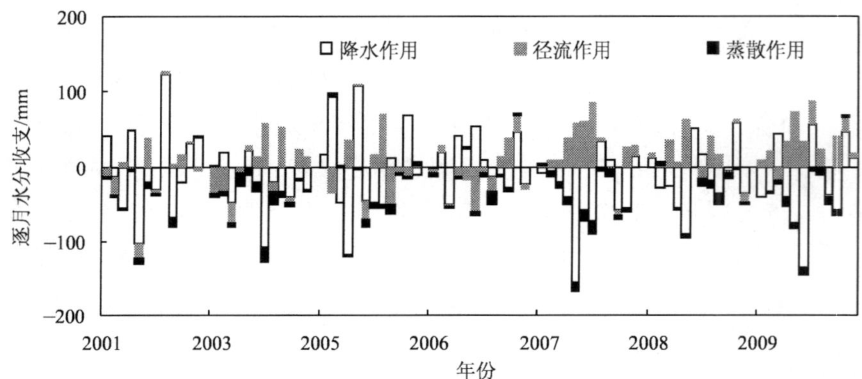

图 7-12 鄱阳湖流域干旱年份流域降水和蒸散及出湖径流的致旱作用

年，没有对流域水分收支造成明显的负面影响。近10年流域水文循环的变化情况表明，流域降水亏缺仍然是基本的致旱因素，流域蒸散量的增加起到一定的增强作用。出湖径流所起的作用比较复杂，在多数情况下它的致旱作用程度一般会次于流域降水作用。

从流域尺度上看，下垫面变化可能会改变流域水循环。对于降水而言（详见第二章），截至目前，还没有十分充分的证据可以表明一个流域下垫面的变化可以明显地改变流域降水量的季节分配和长期变化趋势。对于蒸散（详见第三章），由于不同下垫面的物理性质差异，蒸散量会出现明显的差异。尽管鄱阳湖流域经过20世纪90年代的植树造林运动，但20多年森林覆盖率保持相对稳定。虽然20多年城镇化速度加快，但其所占流域的面积比例很小，不足以对流域蒸散量造成显著的影响。因此，近10年下垫面变化对于流域蒸散量的影响较小。对于入湖径流（详见第四章），虽然下垫面透水性等物理特性变化会改变地表径流的形成和分配过程，进而改变入湖洪峰出现的早晚和快慢，但对年径流总量的影响不大。总而言之，近年流域降水、蒸散和入湖径流的变化更多地归因于气候因素，出湖径流则主要受长江与湖泊之间相互作用的影响。

7.2.2.3　长江来水作用

根据图7-10，只有2003年和2007年流域水分亏缺严重，占流域年降水量的21%和13.6%。其他年份只占2.3%～4.1%，比例很小，但是湖泊干旱程度仍然表现得非常严重，原因在于鄱阳湖不但受入湖水量的影响，还受到出湖水量的影响，而出湖径流取决于湖泊和长江之间的相互作用。如果长江水位较高，可以阻碍湖水外流入江；反之，长江顶托作用减弱，湖水会顺势而下流入长江。根据湖口水位的变化过程，可以了解长江水情的变化情况。图7-13给出了2000～2010年湖口水位的逐月变化。从水位距平来看，2001年、2004年、2006年、2007年和2009年均低于多年平均值，平均为−0.46 m、−0.94 m、−1.64 m、−1.29 m和−1.22 m，最低值分别达到−3.1 m、−2.1 m、−5.5 m、−3.7 m和−4.6 m，表明这5年长江中上游来水偏少，与新闻媒体关于长江流域遭受极端干旱事件的报道相吻合，其中2006年、2007年和2009年长江流域发生了大范围、严重的干旱灾害（史光前等，2010）。长江中上游来水减少，使得

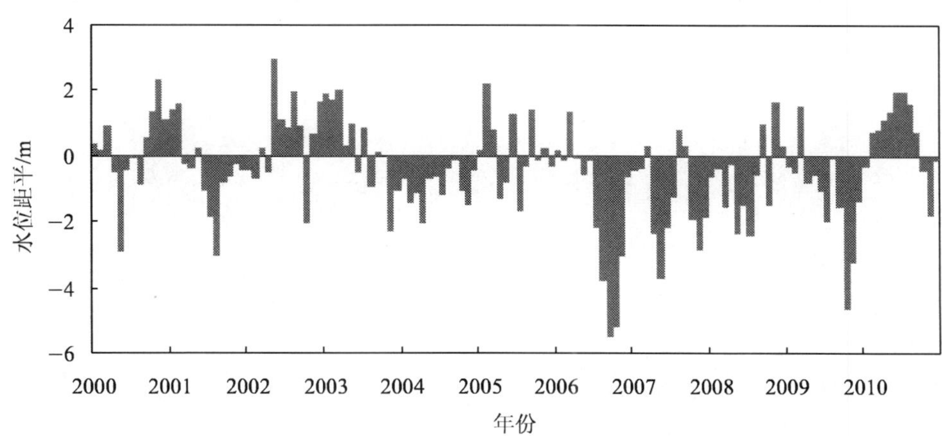

图7-13　2000～2010年湖口逐月水位距平（相对于1960～2010年多年均值）

湖口水位偏低，湖水流入长江而缩小，局部地区表现为干涸。在流域出现水分亏缺的情况下，会加重湖泊干旱的程度和范围。即使在没有出现流域水分亏缺的情况下，长江水位偏低也有可能会引起湖泊面积缩小而导致湖区旱象。可以看出，鄱阳湖区干旱既与流域水分收支亏缺有关，又与长江来水变化有密切的关联。

由于长江的顶托作用使得湖口的水位-流量关系变得十分复杂，一般无法直接利用这一关系来估算因湖口水位变化而引起的湖口流量变化。考虑到湖泊水体与地表水分以及地下水等都属于流域的水分储量，但是缺乏流域土壤水分和地下水数据，这里采用年降水量与流域蒸散量之差作为流域的水分收入项，采用湖口年出湖水量作为流域的水分支出项，而湖口成为流域唯一的水分出口。在流域收支平衡的理想情况下，流域的水分收入项应该等于水分支出项。如果出现收入项大于支出项的情况，表明出流偏多，反之则偏少。湖口出流偏多或者偏少取决于湖泊与长江的关系变化，即长江顶托作用的强弱变化。因此，流域水分的实际收入项与支出项之间的水量差异就表明长江顶托作用对流域水分收支的距平贡献大小。如果两者之差为正值，表明长江顶托作用强化了对自由湖泊水体的维持；反之，则表明长江顶托作用弱化，自由湖水流入长江。

图 7-14 给出了 2000～2010 年流域水分收入项和支出项的逐年变化情况。2000 年水分收入项和支出项为负距平，分别为－23.7 mm 和－30.0 mm，长江的顶托作用距平为 6.4 mm。2001 年流域的水分收入项为负距平，出现－73.6 mm 的水分亏缺；而流域的水分支出项距平为正，比多年平均水平多出 3.6 mm，说明流域来水减少，出流水量并未减少反而有所增加；长江的顶托作用距平为－77.2 mm，长江并未强化对流域水量收支平衡的维持。2002 年流域的水分收入项和支出项皆为正距平，收入项距平为 377.7 mm，大于 239.3 mm 的支出项，说明尽管流域水分收入增加，但出流水量并未超出收入水量，长江顶托作用强化，距平为 138.4 mm。2003 年流域水分收入项和支出项皆为负距平；收入项为－385.6 mm，大大低于多年平均水平，表明流域发生了极端气象干旱事件；尽管流域水分收入项大大减小，但出流水量仅仅比多年平均水平小 42.0 mm，说明长江并未因流域水分收入减少而大幅减少湖水出流，其顶托作用距平为

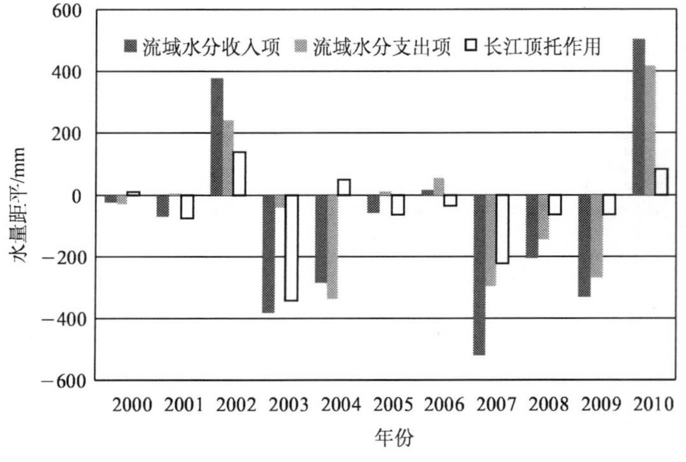

图 7-14　2000～2010 年鄱阳湖流域水分收支和长江顶托作用的逐年距平变化

－343.6 mm，相当于流域多年平均降水量的 21%。2004 年流域的水分收入项和支出项都大幅地低于多年平均水平，距平分别为－288.2 mm 和－335.7 mm，流域发生较严重的气象干旱；流域水分收入项的减少幅度小于支出项的减少幅度，长江顶托作用为 47.5 mm，在一定程度上减缓了湖泊干旱。2005 年流域的水分收入项距平为－60.3 mm，而支出项为 6.0 mm，长江顶托作用为－66.3 mm，未能起到加强维护湖泊水体的作用。2006 年流域的水分收入项距平为 17.0 mm，支出项高于多年平均水平 54.0 mm，尽管这是流域的一个平水年，但长江的顶托作用有所弱化，出湖水量高于往年而出现湖泊干旱。2007 年流域的水分收入项为－519.7 mm，流域发生了严重的气象干旱，支出项比往年大幅减少，但是幅度小于收入项，长江的顶托作用较弱，其距平为－233.1 mm，相当于流域多年平均降水量的 13.6%。2008 年流域的水分收入项距平为－207.7 mm，流域出现气象干旱；出湖水量减少，支出项距平为－142.9 mm，长江的顶托作用为－64.8 mm。2009 年流域的水分收入项距平为－334.9 mm，发生了严重的气象干旱；同年出湖水量相应地大幅度减少，距平为－271.6 mm，但是长江顶托作用仍然属于较弱情况，距平为－63.3 mm。2010 年流域的水分收入项和支出项都大幅增加，分别为 500.8 mm 和 417.8 mm，长江顶托作用距平为 83.0 mm。综合上述分析可见，流域的水分收支有着复杂的组合，湖泊干旱既受到流域气象干旱的影响，也受到长江顶托作用强弱变化的影响，而顶托作用变化可以调节流域的水分收支平衡，可强化或者减轻湖泊干旱的程度。

以上关于流域水分收支变化和长江顶托作用的综合分析结果清晰地表明，湖泊干旱既取决于流域降水量、蒸散量和出湖径流量，也取决于湖泊和长江之间的相互作用。长江的顶托作用通过影响出湖流量而影响流域水分收支平衡，而湖泊是流域土壤水分和地下水等水分储量的集中体现。2003 年、2004 年、2007 年、2008 年、2009 年发生的极端干旱事件主要由流域水分收入项的大幅度减少所造成的，而长江水情变化在多数情况下加剧了流域水分收支的不平衡。2006 年在流域降水正常情况下，仍然出现了水分收支亏缺而表现为湖泊干旱。近年来频发的湖泊极端干旱现象除了与流域本身的降水量和蒸散量变化有关之外，长江水情变化的影响不可忽视，深入系统地揭示长江水情变化规律及其成因必将有助于全面地认识鄱阳湖水情的长期发展趋势。

7.3 典型极端干旱事件成因分析

为了更为深入地理解鄱阳湖流域的干旱事件发生、发展过程及其机制，本章选取 2003 年和 2006 年发生的水文干旱，作为典型的极端干旱事件进行剖析。2003 年干旱事件的主要特点在于流域降水干旱，而 2006 年流域降水充沛但仍然表现为湖泊干旱。通过对这两个年份的典型干旱事件进行分析，探讨气象干旱、水文干旱和土壤水分干旱在发展过程上的转承关系，以深入认识鄱阳湖区水文干旱形成的复杂机制。

7.3.1　2003 年极端干旱事件

从气象干旱的角度来看，2003 年的全年降水量为 1354.5 mm，比多年平均降水量偏低约 17.2%。从总量上看，降水属于干旱年份，但是上半年和下半年的降水量特点差异很大。上半年 1～6 月降水量分别为 74.1 mm、123.3 mm、127.7 mm、223.2 mm、264.3 mm、259.3 mm，3 月降水偏低 47.3 mm，但上半年总体上接近多年平均水平［图 7-15（a）］。7 月降水仅有 35.6 mm，比多年平均水平低 109.1 mm，减少近 7 成。8 月降水量有所增大，但仍比多年平均水平低 20.8 mm，9～12 月的降水量持续低于多年平均水平，到 12 月底全年降水累积距平达到－281.4 mm［图 7-15（b）］。从流域蒸散的情况来看，全年蒸散量为 832.3 mm，比多年平均蒸散量 728.1 mm 高出 104.2 mm，约占多年平均水平的 14%。在季节分配上，2003 年的逐月蒸散量与多年平均水平大体一致，呈现夏季高、冬季低的单峰分布形态。在量值上，2003 年所有月份的蒸散量均较高，其中 4～9 月分别高出 17.6 mm、11.3 mm、10.3 mm、18.5 mm、17.2 mm，约占当月蒸散量的 9%～21%，7～10 月蒸散量大于当月降水量，这些都说明 2003 年蒸散强烈。蒸散累积距平逐月增大，到 12 月底达到最大。结合降水量负距

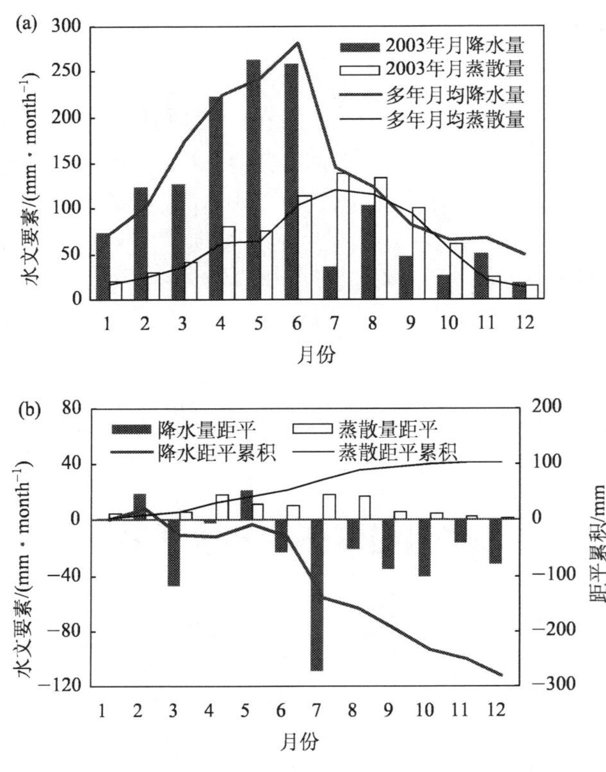

图 7-15　2003 年流域降水量与蒸散量的季节变化特征（相对于 1960～2010 年多年均值）及其累积量

（a）逐月变化；（b）距平

平，由降水不足和蒸散强烈所产生的流域水分亏缺从 3 月开始出现，到 7 月水分亏缺急剧拉大，12 月达到 385.6 mm，约占正常年份流域水分补给的 23.6% [图 7-15 (b)]。这些分析表明，2003 年下半年流域气象干旱程度十分严重。

从出湖径流的角度来看，2003 年全年出湖流量为 865.8 mm，比多年平均水平低 42.0 mm。1～4 月的径流量分别为 66.9 mm、71.0 mm、102.7 mm、121.3mm，高于多年平均水平，这与 2002 年流域降水丰沛（2057.2 mm）有关，延续了前一年出湖径流的态势。5、6、8、10 月的径流量接近多年平均水平，而 7、9 月的出湖径流要比多年平均水平小得多，原因在于这两个月出现了多次江水倒灌 [图 7-16 (a)]。从图中还可以看出，7、9 月的湖口水位高于往年，并非因为流域水分收入严重亏缺而低于往年，这也间接表明湖口水位受到长江水情的制约。由于江水倒灌和较高的长江水位，在 10 月底以前鄱阳湖区的水域面积得以维持在 1180 km^2 以上，直至进入 11 月水面面积才低于 1120 km^2，进入枯水期。鄱阳湖水体的这些变化在正常波动范围之内，所以该年度没有出现湖泊提前干涸等现象。可见，虽然流域水分收入是湖泊水体的重要水源，但由于长江水情的影响，流域发生的严重气象干旱并非一定会导致湖泊干旱的发生。

从土壤干旱的角度来看，一般来说气象干旱会引起土壤水分亏缺。土壤水分亏缺会

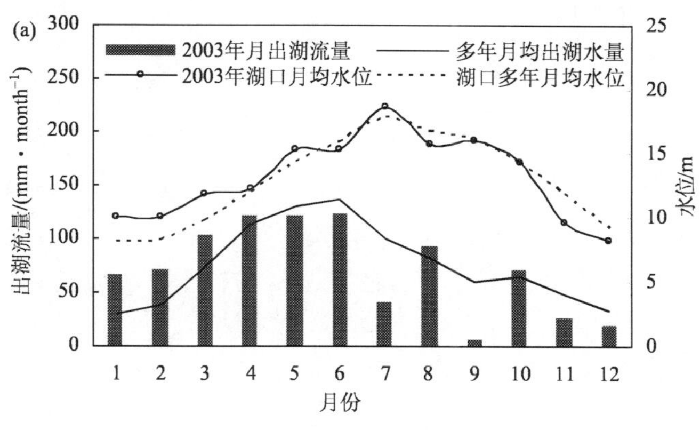

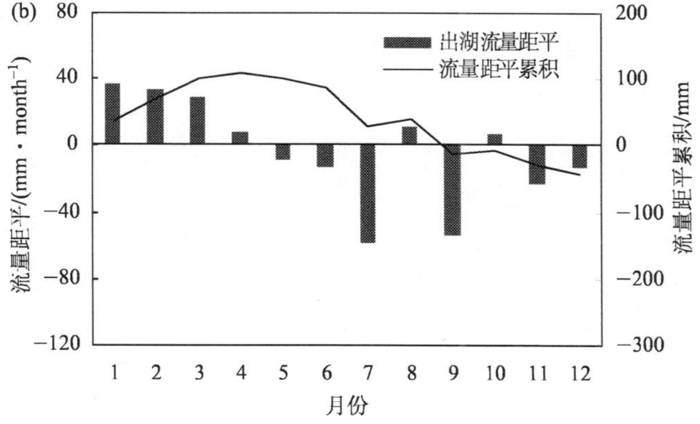

图 7-16　2003 年湖口水位和出湖流量的季节变化特征（相对于 1960～2010 年多年均值）及其累积量

(a) 逐月变化；(b) 距平

降低地表和地下径流补给，进而影响河湖水文干旱。由于目前缺乏土壤水分空间分布数据，还无法直接分析土壤水分的时空变化。本章采用 LST/NDVI 指数来表征土壤水分干旱，该指数的高低反映了土壤水分干旱的严重程度。彩图 7-17 表明，9 月整个湖区的土壤水分干旱已经比较严重，主要分布在湖泊周边的岗地，其中位于湖区西南部、南昌地区附近的旱象最为严重，但湖区水域面积仍然保持在 2700 km^2 的水平。10 月，湖区土壤水分干旱程度进一步加重，水域面积出现一定程度的萎缩，但仍然保持在 2100 km^2 左右。到了 11 月，整个湖区的干旱更为严重，鄱阳湖主体几近干涸而成为河道，仅在围控的湖汊和港汊以及湖心地区还存在着一部分水域，其他地方基本上出露而呈现旱象，河道周边地区的旱情最为严重。至 12 月，在湖区的东北位置也发展出现了一个条带状分布地域，其干旱程度与河道接近。

以上综合分析结果来看，2003 年的极端干旱事件在气象、水文和土壤方面有各自不同的表现形式。气象干旱特征最为明显，主要发生在下半年，其根本原因在流域降水稀少而地表蒸散强烈，流域水分严重亏缺。其次为土壤水分干旱，9～12 月湖区旱情严重程度持续发展，鄱阳湖主体干涸。由于长江顶托作用的影响，在 10 月底以前流域气象干旱并没有影响到鄱阳湖的水情。总之，2003 年鄱阳湖流域发生的极端干旱事件基本上属于气象干旱，并非单一的湖泊干旱事件。

7.3.2 2006 年极端干旱事件

2006 年极端干旱事件的最大特点是流域降水略多于多年平均水平，但是却出现了十分严重的湖泊干旱，即湖区水域面积全年不足 1700 km^2。最大水域面积出现在 5 月，10 月初即进入枯水期，水域面积不足 1120 km^2，11 月的水域面积不足 700 km^2，为 1950 年以来同期最小面积。

气象资料显示，2006 年全年降水量为 1696.7 mm，比多年平均水平高出 60.8 mm。从季节分配上看，1～7 月降水量分别为 68.9 mm、123.0 mm、125.2 mm、265.7 mm、266.1 mm、334.8 mm、153.8 mm，除 1 月降水偏低 4.1 mm、3 月降水偏低 49.9 mm 外，其他月份均高于多年月平均水平。下半年各月份降水略低于多年平均水平，其中 8～10 月、12 月分别低于同期 13.5 mm、12.4 mm、27.7 mm、23.8 mm，10 月降水多于同期 46.9 mm [图 7-18 (a)]。从降水距平累积情况看，从 4 月开始全年降水距平由负转正 [图 7-18 (b)]。从流域蒸散来看，全年蒸散量为 771.9 mm，高出多年平均水平 43.8 mm。流域蒸散的季节分配与多年平均水平一致，除了 5、11 月之外，其他月份都高于多年平均水平。最大差异是 17.7 mm，出现在 8 月，而与其他月份的差异都在 6.1 mm 以下，说明 2006 年蒸散略高于多年平均水平，但不至于造成流域出现气象干旱。

出湖径流资料显示，2006 年全年出湖流量为 924.8 mm，比多年平均水平 907.8 mm略高。1～3 月的径流量接近多年平均水平，4～8 月分别高出同期 13.0 mm、18.0 mm、60.5 mm、8.5 mm、20.6 mm，其中 6 月表现最为突出 [图 7-19 (a)]。除 3 月略高于多年平均水平之外，上半年湖口水位基本接近多年平均水位，6 月水位达到

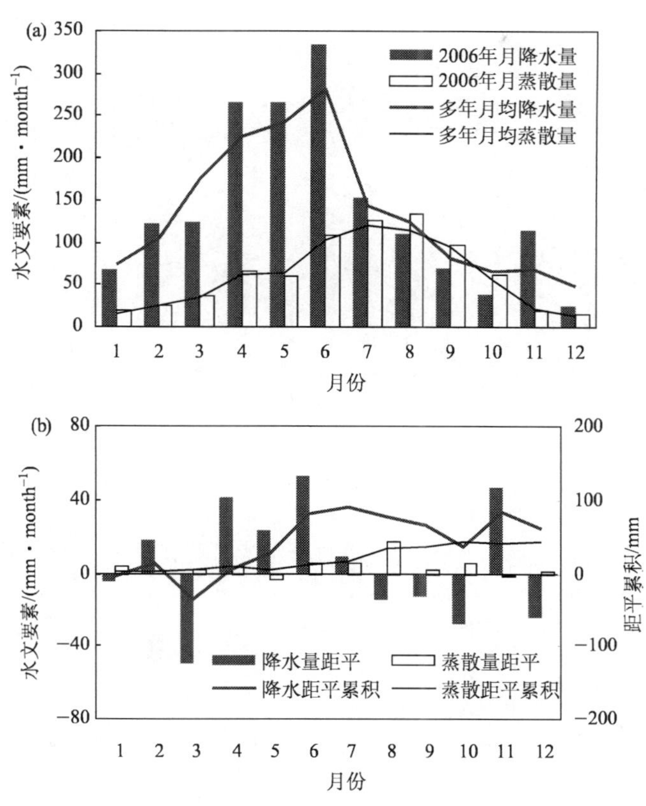

图 7-18　2006 年流域降水量与蒸散量的季节变化特征（相对于 1960～2010 年多年均值）及其累积量

（a）逐月变化；（b）距平

最高 15.6 m。6 月流量突出是与流域来水过多、还是与同年 6 月长江上游三峡水库蓄水有着更为密切的关系，目前还缺乏充分的证据。从 7 月起水位开始下降，各个月份的水位都明显地低于多年平均水平，最大水位差达 5 m。7～12 月的出湖流量分别为 108.3 mm、102.1 mm、46.0 mm、27.1 mm、27.3 mm、39.8 mm，距平分别为 8.5 mm、20.6 mm、－13.6 mm、－37.4 mm、－21.7 mm、6.6 mm，总体低于多年平均水平。尽管出湖流量并未明显增大，同期湖泊水域面积大大低于往年而出现严重的湖泊干旱，其根本原因在于湖口水位过低，难以维持湖体水量，出湖水量总体高于往年，从而导致湖泊自 6 月最高水位之后一直处于萎缩状态。这再次表明，尽管流域来水是湖泊水体的重要水源，长江水情足以在流域没有发生气象干旱的情况下导致湖泊萎缩而表现为湖泊干旱。从这个意义上讲，2006 年极端干旱事件属于由湖泊干旱引起，而非气象干旱或土壤水分干旱原因。

通过对 2003 年和 2006 年极端干旱事件的深入分析，可以看出 2003 年极端干旱事件属于典型的气象干旱，而 2006 年干旱事件属于湖泊干旱。极端的流域气象干旱不一定会导致湖泊干旱事件的发生，而即使没有极端气象干旱发生也会出现极端湖泊干旱事件。湖口长江的顶托作用直接影响流域水分收支平衡，在干旱事件的发生发展过程中起

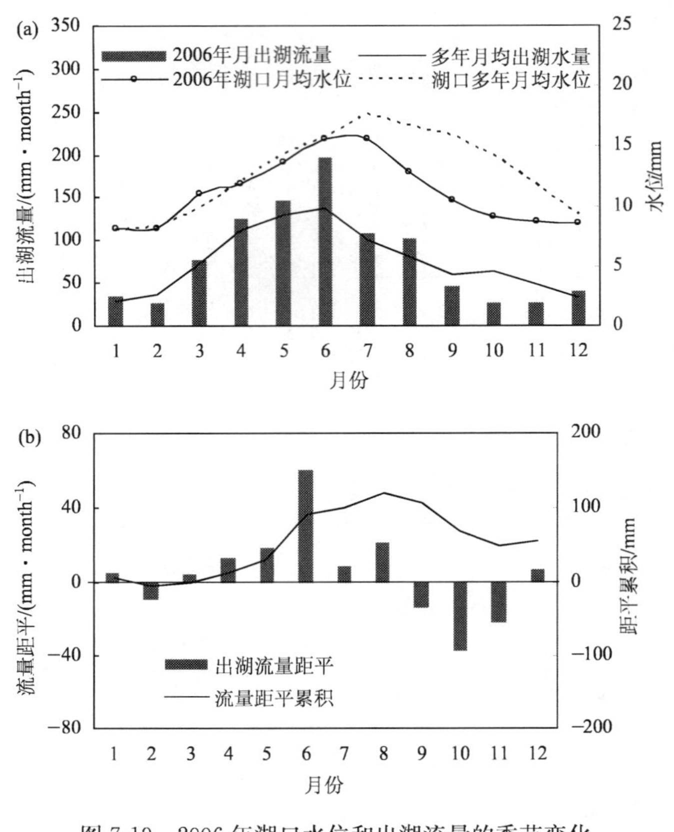

图 7-19　2006 年湖口水位和出湖流量的季节变化特征（相对于 1960～2010 年多年均值）及其累积量

（a）逐月变化；（b）距平

着重要作用，甚至能扭转流域水分收支的盈亏状态。

7.4　应对流域极端干旱事件的对策与措施

基于长期观测资料的流域水文要素分析表明，鄱阳湖流域的气象干旱和水文干旱呈现明显的周期性变化。目前该区域正处于干旱阶段，并可能会持续到 2013 年前后。因此，地方部门要有充分的抗旱思想准备，并结合当地具体情况，制定好应对极端干旱事件的对策和措施。而近 10 年极端干旱事件频发现象，既有着深刻的长周期气候背景，同时也是长江与鄱阳湖水情综合作用的结果。对于单独的极端干旱事件，必须系统地分析流域水文要素和长江水情的复合影响，识别引起气象干旱或水文干旱的内在原因，从而为开展富有成效的抗旱防旱行动提供科学依据。

结合闵骞和闵聃（2010）的建议，目前鄱阳湖流域需要尽快建立、健全气象干旱和水文干旱监测体系。首先，按照国家防汛抗旱总指挥部办公室《全国旱情监测规划》的要求，建立包括土壤墒情、降水、蒸发、流量、水位、水质、地下水、水库蓄水等指标在内的、全方位的干旱监测指标体系。其次，深入开展降水干旱、江-河-湖水文干旱及其变化过程的研究。近10年江-河-湖枯水变化出现日期提前、时段拉长等异常情况，尤其是江河低水位与流量不一致、鄱阳湖低水位与入、出湖流量不协调的情况极为显著，应对其形成原因作深入分析研究，以摸清其发展趋向，便于有关部门制定有效的应对措施（闵骞和闵聃，2010）。再次，从江-河-湖水位与流量和土壤墒情等方面，建立干旱预警指标体系，建立和实行干旱预测预报制度，提前把握干旱的发展趋势。综合考虑江-河-湖枯水形势、当地需水情况、引水工程取水高程要求、生态安全保障需求等多种自然、社会、经济因素，可设置江-河-湖枯水警戒水位（或流量）与抗旱保证水位（或流量），对于主动抗旱和领导决策具有操作性很强的现实意义。另外，由于江湖相互作用对鄱阳湖干旱过程影响明显，需要切实加强长江中上游水库的枯水期生态调度研究。以往研究多关注汛期的水库防洪调度，在实际防洪调度中发挥了极其重要的作用，但是关于枯水期水库抗旱调度问题，目前尚缺乏系统而深入的研究，需要予以高度重视，以消减长江来水变化等多种不确定性因素的影响。

7.5 小　　结

本章运用长期观测资料和遥感反演数据，结合标准化干旱指数，运用小波分析方法和趋势分析方法，解析了过去50年鄱阳湖流域气象干旱和水文干旱的周期变化规律和长期变化趋势。针对近10年鄱阳湖区干旱频发现象，从流域水分收支和长江来水作用角度，揭示了降水、蒸散、径流和长江顶托作用对湖区干旱的影响。以2003年和2006年极端干旱事件为例，分析了湖区干旱的发生、发展过程及其机制。通过这些研究，得到以下结论：

（1）鄱阳湖流域降水干旱SPI指数存在一个18年主周期和6年、3年的次周期，水文干旱SRI指数存在一个6年的主周期、20年的次周期和2年的弱次周期。在过去50年中，该流域先后经历了干旱-湿润-干旱-湿润-干旱的发展过程。当前所处的干旱时段大约始于2003年，目前处于本次干旱时段后期，大致会延续到2013年前后，以后会进入湿润阶段。在月尺度上，SRI一般比SPI滞后1～2个月。在过去50年中，两者在季节分布上发生了变异，春季和秋季发生干旱的可能性增大。

（2）近10年鄱阳湖水文干旱起始日期提前，鄱阳湖枯水期的最小水域面积明显地减小，枯水期拉长。虽然干旱持续时间的长短呈现2～3年的波动，但在总体上呈现逐渐加长的趋势。从流域水分收支的角度来看，近10年以水分亏缺为主，流域降水亏缺是基本的致旱因素，流域蒸散量增加则起到一定的增强作用，而出湖径流所起的作用比较复杂，在多数情况下它的致旱作用程度一般会次于流域降水作用。另外，长江顶托作用强弱变化可以调节流域的水分收支平衡，可强化或者减轻湖泊的干旱程度。2003年、2004年、2007年、2008年、2009年发生的极端干旱事件主要由流域水分收入项的大幅度减少所造成的，而长江水情变化在多数情况下加剧了流域水分收支的不平衡。

（3）2003年和2006年极端干旱事件分别是气象干旱和水文干旱的典型代表案例。

2003年干旱发生在下半年，气象干旱特征十分明显，降水稀少，地表蒸散强烈，流域水分严重亏缺，9～12月湖区旱情严重程度持续发展。受长江来水顶托作用的影响，在10月底以前流域的气象干旱并没有严重影响到鄱阳湖水情。2006年流域降水属于较往年偏多的年份，流域蒸散略高于往年，但不至于导致气象干旱，而下半年湖口水位过低，出湖水量高于往年，导致湖泊萎缩而表现为湖泊干旱。湖口长江的顶托作用直接影响流域水分收支平衡，在干旱事件的发生发展过程中起着重要作用，甚至能扭转流域水分收支的盈亏状态。

（4）有关鄱阳湖流域干旱成因机制的研究结果，明晰了流域气象干旱与湖泊干旱之间的关系以及长江水情变化所扮演的重要角色，为应对未来的干旱变化和制定合理的抗旱防旱对策与措施提供了科学的依据。鄱阳湖流域目前正处于干湿交替周期中的干旱阶段，并会延续到2013年前后，地方政府部门要做好抗旱思想准备，并结合各地具体情况，制定预防对策措施。同时，需要尽快建立、健全气象干旱和水文干旱监测体系，深入研究干旱的形成机制，建立和实行干旱预测预报制度，切实加强长江中上游水库的枯水期生态调度研究，保护好作为中国第一大淡水湖的鄱阳湖。

参考文献

白永清，智协飞，祁海霞，等. 2010. 基于多尺度SPI的中国南方大旱监测. 气象监测，30（3）：292-300.

长江水利委员会综合勘测局. 2005. 长江志：自然灾害. 北京：中国大百科全书出版社.

冯晓黎，李霏霏. 2008. 长江流域中下游历史旱涝演变特征研究. 中国农村水利水电，12：89-91.

韩萍，王鹏新，王彦集，等. 2008. 多尺度标准化降水指数的ARIMA模型干旱预测研究. 干旱地区农业研究，26（2）：212-218.

江西省水利厅. 1995. 江西水旱灾害. 北京：科学出版社.

李世勤，闵骞，谭国良，等. 2008. 鄱阳湖2006年枯水特征及其成因研究. 水文，28（6）：73-76.

刘昌明，郑红星. 2003. 黄河流域水循环要素变化趋势分析. 自然资源学报，18（2）：129-135.

刘敏，沈彦俊，曾燕，等. 2009. 近50年中国蒸发皿蒸发量变化趋势及原因. 地理学报，64（3）：259-269.

柳钦火，辛景峰，辛晓洲，等. 2007. 基于地表温度和植被指数的农业干旱遥感监测方法. 科技导报，25（6）：12-18.

毛端谦. 1992. 鄱阳湖区水寒灾害灾情分析. 江西师范大学学报（自然科学版），16（3）：234-240.

毛端谦，刘春燕. 2002. 鄱阳湖湿地生态保护与可持续利用研究. 热带地理，22（1）：24-27.

闵骞. 2003. 平原湖区也须重视防旱——以鄱阳湖区为例. 中国减灾杂志，（3）：39-41.

闵骞. 2006. 鄱阳湖区干旱与变化. 江西水利科技，32（3）：125-128.

闵骞. 2007a. 鄱阳湖区干旱的定量判别与变化特征. 水资源研究，102（1）：5-7.

闵骞. 2007b. 本世纪初江西省旱情与抗旱分析. 水资源研究，104（3）：33-35，40.

闵骞，闵聃. 2010. 鄱阳湖区干旱演变特征与对策. 水文，30（1）：84-88.

闵骞，汪泽培. 1994. 鄱阳湖近600年洪水规律的分析. 湖泊科学，（6）：375-382.

闵屾，刘健. 2011. 鄱阳湖区域极端降水异常的特征及成因. 湖泊科学，23（3）：435-444.

秦年秀，姜彤，许崇育. 2005. 长江流域径流趋势变化及突变分析. 长江流域资源与环境，14（5）：589-594.

史光前，沈华中，于晶晶. 2010. 长江防汛抗旱工作60年回顾与展望. 人民长江，41（4）：9-45.

田国良. 2006. 热红外遥感. 北京：电子工业出版社.

王劲松，郭江勇，周跃武，等. 2007. 干旱指标研究的进展与展望. 干旱区地理，30（1）：60-65.

王鹏新，Wan Z M，龚健雅，等. 2003. 基于植被指数和土地表面温度的干旱监测模型. 地球科学进展，18（4）：527-533.

王彦集，刘俊明，王鹏新，等. 2007. 基于加权马尔可夫模型的标准化降水指数干旱预测研究. 干旱地区农业研究，

25 (5)：198-203.

王英，曹明奎，陶波，等. 2006. 全球气候变化背景下中国降水量空间格局的变化特征，地理研究，25 (6)：1031-1040.

王志伟，翟盘茂，武永利. 2007. 近55年来中国10大水文区域干旱化分析. 高原气象，26 (4)：874-879.

翁白沙. 2010. 变化环境下我国干旱灾害的综合应对. 中国水资源，(7)：4-7.

吴贤云，丁一汇，王琪，等. 2006. 近40年长江中游地区旱涝特点分析. 应用气象学报，17 (1)：19-27.

袁文平，周广胜. 2004. 标准化降水指数与Z指数再我国应用的对比分析. 植物生态学报，28 (4)：523-529.

张强，李剑锋，陈晓宏，等. 2011. 基于Copula函数的新疆极端降水概率时空变化特征. 地理学报，66 (1)：3-12.

张强，张良，崔显成，等. 2011. 干旱监测与评价技术的发展及其科学挑战. 地球科学进展，26 (7)：763-778.

朱海虹，张本. 1992. 鄱阳湖. 北京：中国科学技术大学出版社.

Cancelliere A, Mauro G, Bonaccorso B, et al. 2007. Drought forecasting using the standardized precipitation index. Water Resour Manage, 21 (2)：523-529.

Carlson T N. 1986. Regional scale estimates of surface moisture availability and thermal inertia using remote thermal measurements. Remote Sensing Reviews, 1：197-247.

Goetz S. 1997. Multi-sensor analysis of NDVI, surface temperature and biophysical variables at a mixed grassland site. International Journal of Remote Sensing, 18：71-94.

Guttman N B. 1998. Comparing the palmer drouth index and the standardized percipitation index. JAWRA Journal of the American Water Resources Association, 34：113-121.

Guttman N B. 1999. Accepting the standardized precipitation inex：a calculation algorithm. JAWRA Journal of the American Water Resources Association, 35：311-322.

Guttman N. 1999. Accepting the standardized precipitation index：a calculating algorithm. Amer Water Res Ass, 34 (1)：113-121.

Hayes M, Svoboda M, Wilhite D, et al. 1999. Monitoring the 1996 drought using the standardized precipitation index. Bulletin of the American Meteorological Society, 80 (3)：429-438.

Heim Jr R R. 2002. A review of twentieth-century drought indices used in the United States. Bulletin of the American Meteorological Society, 83：1149-1165.

Idso S B, Clawson K L, Anderson M G. 1986. Foliage temperature：effects of environmental factors with implications for plant water stress assessment and the CO_2/climate connection. Water Resources Research, 22：1702-1716.

Jiao L. 2009. Scientists line up against dam that would alter protected wetlands. Science, 326：508-509.

Karnieli A, Dall'Olmo G. 2003. Remote sensing monitoring of desertification, phonology and drought. Management of Environmental Quality：An International Journal, 14：22-38.

Keyantash J, Dracup J A. 2002. The quantification of drought：An evaluation of drought indices. Bulletin of the American Meteorological Society, 83：1167-1180.

Libiseller C, Grimvall A. 2001. Performance of partial Mann-Kendall tests for trend detection in the presence of covariates. Environmentrics, 13：71-84.

Lloyd-Hughes B, Saunders M A. 2002. A drought climatology for Europe. International Journal of Climatology, 22：1571-1592.

Marengo J A, Tomasella J, Alves LM, et al. 2011. The drought of 2010 in the context of historical droughts in the Amazon region. Geophysical Research Letters. 38 (12), L12703.

McKee T, Doesken N, Kleist J. 1993. The relationship of drought frequency and duration to time scales. Proceeding of 8th Conference on Applied Climatology. American Meteorological Society, Bosto：Massachusetts：179-184.

McVicar T, Bierwirth P. 2001. Rapidly assessing the 1997 drought in Papua New Guinea using composite AVHRR imagery. International of Remote Sensing, 22：2109-2128.

Moran M S, Clarke T R, Inoue Y, et al. 1994. Estimating crop water deficit using the relation between surface-air temperature and spectral vegetation index. Remote Sensing of Environment, 49：246-263.

Priestley C, Taylor R. 1972. On the assessment of surface heat flux and evaporation using large-scale parameters. Mon Weather Rev, 100: 81-82.

Sandholt I, Rasmussen K, Andersen J. 2002. A simple interpretation of the surface temperature/vegetation index space for assessment of surface moisture status. Remote Sensing of Environment, 79: 213-224.

Shelton M L. 2008. Hydroclimatology: Perspectives and Applications. New York: Cambridge University Press.

Shukla S, Wood A W. 2008. Use of a standardized runoff index for characterizing hydrologic drought, Geophys Res Lett, 35, L02405.

Watson K, Rowan L, Offield T. 1971. Application of thermal modeling in the geologic interpretation of IR images. Remote Sensing of Environment, 3: 2017-2041.

第八章　鄱阳湖流域水质特征及对水文变化的响应

鄱阳湖是我国重要的淡水资源库，其水量和水质的持续稳定直接影响到环湖区乃至长江中下游地区的用水安全。在全国主要淡水湖泊中，鄱阳湖的水质相对较好，是目前为数不多的“一湖清水”。然而，20 世纪 80 年代以来，湖区水质呈下降趋势，在枯水期的水质状况尤其严重，目前处于中营养状态。20 世纪 80 年代初，鄱阳湖全湖水质属Ⅰ类清洁水体；20 世纪 90 年代，水质下降为Ⅱ类水体；进入 21 世纪以来，湖区水质下降趋势加快。2002 年Ⅰ～Ⅱ类水占 72.9%，Ⅲ类水占 26.8%，而劣于Ⅲ类水仅占 0.3%；到 2010 年，鄱阳湖已无Ⅱ类水，Ⅲ类水体比例增加到 71.3%，劣于Ⅲ类水已达 28.7%。在枯水期，鄱阳湖局部水域受到严重污染。江西省水资源动态监测通报结果显示，2010～2012 年的 1 月，都监测到有部分水域水质为劣Ⅴ类水，主要污染指标是与富营养化密切联系的氮、磷指标。可见，鄱阳湖水质类别基本每 10 年下降一个等级，在枯水期水质最差，局部已经达到富营养化的条件，如果枯水期延长，遇到适宜的气候和水文条件，极有可能引起藻类“水华”暴发。鄱阳湖的水环境问题已引起中央和地方的高度重视，并受到国家领导人的重要批示。

影响鄱阳湖水质的因素是多方面的。一方面，流域五河输入、污水排放量增加和面源污染流失构成了入湖氮、磷污染物的主要来源；另一方面，受气候变化影响，五河、长江与鄱阳湖之间发生水量与营养物质交换量的改变，也是影响鄱阳湖水质的重要因素。此外，长江水倒灌以及鄱阳湖生态系统功能退化等，对于加剧鄱阳湖的水质污染也起到了推动作用。开展鄱阳湖水质研究，并确定不同因素对鄱阳湖水质的影响程度，有助于人们采取针对性的措施来保护鄱阳湖水质。鄱阳湖近年的枯水事件和水质的快速恶化，表明鄱阳湖流域的水量与物质平衡关系发生了急剧的变化，这种变化可能受区域气候变化、流域人类活动加剧以及江湖关系改变等多因素的共同影响。因此，为了揭示影响鄱阳湖水质的主要污染物来源及污染途径，需要从五河、鄱阳湖与长江之间的水量与物质交换关系入手，研究鄱阳湖水质及对水文过程变化的响应。本章在分析鄱阳湖水质基础上，主要针对目前较为突出的氮、磷营养盐污染，通过系统地分析点源和面源氮、磷污染物排放强度，阐释湖泊水量变化对鄱阳湖水质的影响。

8.1　数据资料与研究方法

8.1.1　数 据 资 料

本章所用的基础数据资料主要包括河流及湖泊历史水质监测数据、近年水质公报数据以及近期实测的河湖水文水质数据等。

8.1.1.1 河湖断面监测数据

(1) 水质监测数据

1980～1985 年历史数据来源于江西省水环境监测中心每月一次对赣江（外洲站）、信江（梅港站）的水量水质监测。监测指标包括流量（$m^3 \cdot s^{-1}$）、离子浓度［包括 NO_3^-、NH_4^+、NO_2^-（$mg \cdot L^{-1}$）］等。本章选取了赣江外洲站和信江梅港站 1、4、7、10 月的硝态氮浓度，结合 2009～2011 年 1、4、7、10 月测定的五河水质，对五河水质变化趋势进行分析。

2008 年以来各月水质数据来源于江西省水利厅每月公开发布的水质水量动态监测通报。通报中汇集了赣江（外洲站）、抚河（李家渡站）、信江（梅港站）、乐安江（石镇街站）等河流入湖控制断面的水质、水量同步监测数据；湖区包括鄱阳、龙口、康山、棠荫、都昌、渚溪口、蚌湖、星子以及赣江主支、赣江南支、抚河、信江西支、修水河口等 13 个监测点水质监测数据。

(2) 近年来五河及湖泊水质监测数据

从 2009 年 4 月起，我们每季度对五河入湖控制断面及鄱阳湖区进行一次现场采样。对于鄱阳湖区，我们从南向北分别选择了五河入湖口、赣江饶河交汇处、自然保护区等 15 处湖区水质采样点，五河入湖控制断面的监测点分别是：修水虬津、修水永修、赣江南昌大桥、赣江生米大桥、抚河李家渡、抚河大桥、信江黄金埠大桥、乐安江乐平大桥、昌江浮梁 9 个监测点，其中五河入湖控制断面的地理位置基本与国家水文监测站点一致，以便于利用水文站每日公布的流量数据，对鄱阳湖进行水量和营养盐收支平衡核算。另外，同步对长江九江段和湖口进行采样。鄱阳湖区和五河入湖控制断面水质采样点如图 8-1 所示。

湖区采样时间分别在 2009～2011 年的 1、4、7、10 月，2011 年 8 月加采 1 次。河流采样时间分别在 2009 年 4、9、12 月，2010 年 7、10 月，2011 年 1、4、6、7 和 10 月，测定指标包括 TN、DTN、PTN、TP、DTP、PTP、NO_3^-、NH_4^+、NO_2^-、PO_4^{3-}、COD、SS 和有机质浓度。

(3) 鄱阳湖大气沉降监测数据

从 2010 年 8 月 1 日起，对江西省星子县（代表鄱阳湖区）的大气氮、磷干湿沉降进行了监测，并进行水质分析，获取了从 2010 年 8 月 1 日至今的鄱阳湖区大气沉降水化学基本数据，为鄱阳湖区大气来源的氮、磷沉降研究提供了基础资料。

样品收集采用由长沙湘蓝仪器有限公司生产的 APS-2B 型大气干、湿沉降自动采样器，该仪器能够自动分开采集降水与降尘，并严格把每天的降水分开收集，在 4℃条件下保存。配有联机标准雨量计和自动打印机，能够现场显示并打印降水次数、每次降水起止时间、降水总时间及降水量，精度为 0.1 mm。雨水采样时间为降水后的第二天上午 9：00～10：00，降尘样品的采集为每月底 5d 内完成。

监测的逐月湖区面积数据来源于江西省水资源动态监测通报。

(4) 江西省污水排放量数据

江西省 1980～2009 年工业污水和生活污水排放量数据来源于江西省统计年鉴

（1981～2010 年）。

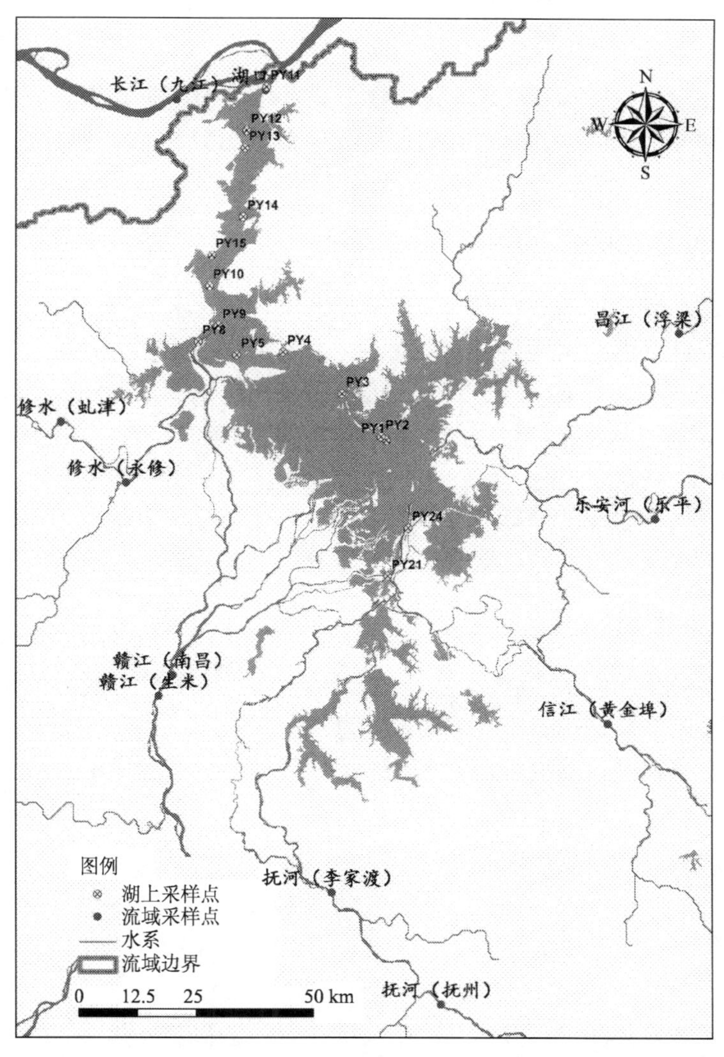

图 8-1　鄱阳湖流域五河入湖控制断面水质监测点与鄱阳湖区水质采样点位置

8.1.1.2　社会经济数据

江西省国土面积的 94.0％都位于鄱阳湖流域，其国土面积占全流域的 96.7％，因此，江西省的面源污染情况基本可以代表鄱阳湖流域的面源污染情况。本章采用1995～2005 年江西省分县的农业、社会经济数据来核算流域面源的氮、磷污染物输入量、输出量及盈余量，所用数据主要包括氮肥施用（折纯）量、人口与畜禽养殖数量、森林、草地的面积、农作物播种面积与产量等，数据主要来源于江西省统计年鉴（1996～2006 年）、地球系统科学数据共享平台与前人研究成果。

8.1.2　研究方法

本章主要针对鄱阳湖水质变化、污染物来源及水量与水质变化的关系进行分析，涉及的方法主要包括单因子水质评价方法、营养盐平衡分析法、湖泊物质平衡分析方法等。

8.1.2.1　单因子水质评价方法

水质评价是环境治理与监控中的一项基础工作，针对水质监测，对水质做出合理评价，才能制定有针对性的水环境治理规划和方案。水质评价分为单因子评价和综合评价，单因子水质评价有两种典型方法：一是根据国家《地表水环境质量标准(GB3838—2002)》(表 8-1)，将实测值与国家标准值进行比较，做出水质类别的评价；二是采用单项污染指数法进行评价，将水质质量浓度值量纲一体化处理，做出同一类水质污染程度的评价。本章采用第一种单因子评价方法，对鄱阳湖流域内主要河流及鄱阳湖区水资源质量进行评价，并根据用途将水质分为Ⅰ～Ⅴ类。

8.1.2.2　流域系统氮、磷平衡模型

开展流域系统氮、磷平衡的研究，对于评估生态系统的养分盈亏状况、优化养分管理和合理制定土地开发利用政策有重要指导意义。本章采用系统平衡模型来计算陆地生态系统氮的收支平衡量，即氮盈余量 = 氮输入量－氮输出量，用公式表示为

$$N_{surp} = N_{fe} + N_{ma} + N_{fix} + N_{dep} - N_{exp} - N_{den} - N_{soil} \tag{8.1}$$

式中，N_{surp}指每年来自面源的 N 盈余量；N_{fe}指氮肥施用 N 输入量；N_{ma}指人畜排泄物 N 输入量；N_{fix}指生物固 N 量；N_{dep}指大气硝态 N 沉降量；N_{exp}指农产品收获 N 输出量；N_{den}指硝化-反硝化 N 损失量；N_{soil}指土壤截留 N 损失量。以上参数的单位都是 $kg\ N \cdot a^{-1}$。

下面介绍各项参数的计算方法及数据来源（李新艳和李恒鹏，2011）。

表 8-1　地表水环境质量标准（GB3838—2002）　　（单位/$mg \cdot L^{-1}$）

序号	项目	Ⅰ类	Ⅱ类	Ⅲ类	Ⅳ类	Ⅴ类
1	水温/℃	人为造成的环境水温变化应限制在：周平均最大温升≤1；周平均最大温降≤2				
2	pH（无量纲）	6～9				
3	溶解氧≥	饱和率 90%(7.5)	6	5	3	2
4	高锰酸盐指数≤	2	4	6	10	15
5	化学需氧量（COD）≤	15	15	20	30	40
6	生化需氧量（BOD_5）≤	3	3	4	6	10
7	氨氮（NH_3-N）≤	0.15	0.5	1.0	1.5	2.0

续表

序号	项目	Ⅰ类	Ⅱ类	Ⅲ类	Ⅳ类	Ⅴ类
8	总磷（以P计）≤	0.02（湖、库0.01）	0.1（湖、库0.025）	0.2（湖、库0.05）	0.3（湖、库0.1）	0.4（湖、库0.2）
9	总氮（湖、库，以N计）≤	0.2	0.5	1.0	1.5	2.0
10	铜≤	0.01	1.0	1.0	1.0	1.0
11	锌≤	0.05	1.0	1.0	2.0	2.0
12	氟化物（以F^-计）≤	1.0	1.0	1.0	1.5	1.5
13	硒≤	0.01	0.01	0.01	0.02	0.02
14	砷≤	0.05	0.05	0.05	0.1	0.1
15	汞≤	0.00005	0.00005	0.0001	0.001	0.001
16	镉≤	0.001	0.005	0.005	0.005	0.01
17	铬（六价）≤	0.01	0.05	0.05	0.05	0.1
18	铅≤	0.01	0.01	0.05	0.05	0.1
19	氰化物	0.005	0.05	0.2	0.2	0.2
20	挥发性酚≤	0.002	0.002	0.005	0.01	0.1
21	石油类≤	0.05	0.05	0.05	0.5	1.0
22	阴离子表面活性剂≤	0.2	0.2	0.2	0.3	0.3
23	硫化物≤	0.05	0.1	0.2	0.5	1.0
24	粪大肠菌群/(个/L)≤	200	2000	10 000	20 000	40 000

注：数据来源于江西省水资源质量公报。

N输入项主要包括：

（1）氮肥施用N输入量（N_{fe}）

用折合成纯氮的氮肥施用量来表示，1995～2005年江西省各县的氮肥（折纯）施用量数据来自江西省统计年鉴（江西省统计局，1996～2006）。

（2）人畜排泄物N输入量（N_{ma}）

人畜排泄物中含有大量的氮、磷、钾等营养盐，经雨水冲刷、地表径流、地下径流等途径最终进入河流、湖泊等地表水体，成为水体中营养盐的一个重要来源。江西省农村人口众多，畜禽养殖数量大，人禽排泄物的40%作为肥料进入农田生态系统（邓美华等，2007）。N_{ma}采用下式计算：

$$N_{ma} = 0.4 \cdot \sum_{i=1}^{4} N_{exc} \cdot NU_i \tag{8.2}$$

式中，N_{ma}为人畜排泄物释放的N输入量/$(\text{kg N} \cdot \text{a}^{-1})$；$N_{exc}$为人畜的N排泄系数$[\text{kg N} \cdot \text{人（头）}^{-1} \cdot \text{a}^{-1}]$；$NU_i$为人（畜）的数量（人或头）；$i=1, 2, 3, 4$分别指人、牛、猪和羊。

本章统计了1995～2005年江西省各县的农村人口和牲畜数量（江西省统计局，1996～2006年），采用的人畜排泄物N排泄系数见表8-2。

表 8-2 人畜排泄物 N 排泄系数

[单位：kg N 人（头）$^{-1}$ · a^{-1}]

种类	年排氮量（N_{exc}）	参考文献
人	4.0	邢光熹和朱兆良，2000
牛	61.1	国家环境保护总局自然生态保护司，2002
猪	4.5	国家环境保护总局自然生态保护司，2002
羊	2.3	国家环境保护总局自然生态保护司，2002

(3) 生物固 N 量（N_{fix}）

生物固氮是大气中的氮气进入陆地生态系统的重要方式，指自然界中一类能固氮的微生物，将空气中分子态氮转变为氨的生物学过程（朱兆良和文启孝，1992）。生物固氮量=植物的种植面积×该种植物类型的固氮率。本章固氮生物包括固氮类植物（豆类、花生、绿肥）、非固氮类植物、稻米、森林、草地和淡水养殖植物。非固氮类植物指除去固氮类植物和稻米外的所有植物。豆类和花生的共生固氮率分别是 51.0 kg N · hm^{-2} · a^{-1}和 96.0 kg N · hm^{-2} · a^{-1}（Fried，1987）①，以其地上部分累积氮量占全株累积氮量的 90%计，全株累积氮量中来自共生固氮作用的比例以 60%计（朱兆良和文启孝，1992），计算得到豆类和花生的总固氮率分别为 73.5 kg N · hm^{-2} · a^{-1}和 144.0 kg N · hm^{-2} · a^{-1}。不同植物类型的固氮率见表 8-3。

总播种面积、淡水养殖面积和固氮类植物以及稻米的种植面积数据来自江西省统计年鉴（江西省统计局，1996～2006 年）。但是，在年鉴资料中并没有各县森林、草地的面积数据，故采用下面的方式获得：首先通过分析 2005 年江西省土地利用分布图（地球系统科学数据共享平台，2005），得到 2005 年江西省各县森林、草地等不同类型的土地利用面积。然后用得到的森林总面积减去人工造林面积，得到 2005 年各县的天然林面积，假定天然林的面积没有年际变化，用天然林面积加上江西省统计年鉴记录的各县每年人工造林面积，就得到 1995～2004 年各县的森林面积。同样假定草地面积没有年际变化，用各县 2005 年的草地面积数据代表 1995～2005 年的草地面积，在此基础上计算每年的草地固氮量。

表 8-3 生物固氮率总结

植物类型	固氮率范围 /(kg N · hm^{-2} · a^{-1})	固氮率取值 /(kg N · hm^{-2} · a^{-1})	参考文献
固氮类植物			
豆类	50～90	73.5	朱兆良和文启孝，1992；Fried，1987；Burns and Hardy，1975
花生	72～124	144	朱兆良和文启孝，1992；Fried，1987
绿肥	130～170	150	朱兆良和文启孝，1992
稻米	30～45	45	朱兆良和文启孝，1992
非固氮类植物		10	朱兆良和文启孝，1992
森地	1～200	47	郗金标等，2007
草地	0.1～10	2.7	Cleveland et al.，1999

① 1 hm^2=$10^4 m^2$。

（4）大气 NO_3^--N 沉降量（N_{dep}）

大气氮沉降是指以降水或灰尘形式降落到地面的含氮化合物，包括干沉降和湿沉降两部分。由于陆地表面挥发的氨进入大气后，很快以干或湿沉降形式在很短的距离内沉降到地面，属于系统内循环，所以本章在大气氮沉降中只考虑硝态 N 沉降。由于流域内以林地和农田为主（2005 年江西省林地和农田面积占全省国土面积的 90.7%），利用 2005 年江西省土地利用分布，根据公式（8.3）估算了江西省各县林地、农田的大气 NO_3^--N 沉降量。

$$N_{dep} = F_{NO_3} \cdot A_i \tag{8.3}$$

式中，N_{dep}为大气 NO_3^--N 沉降量（kg）；F_{NO_3}为大气 NO_3^--N 沉降通量，即单位土地面积的大气 NO_3^--N 沉降量（$kg \cdot hm^{-2}$）；A_i 为接受大气 NO_3^--N 沉降的土地面积（hm^2）；i 代表林地和农田。

1995～2000 年、2001～2004 年和 2005 年农田的 NO_3^--N 沉降通量分别采用 12.9 kg N · hm^{-2}、9.1 kg N · hm^{-2}和 17.9 kg N · hm^{-2}，林地的 NO_3^--N 大气沉降通量采用 23.0 kg N · hm^{-2}（表 8-4）。

表 8-4　江西省农田和林地的硝态氮沉降通量（单位：kg N · hm^{-2}）

土地利用类型	干沉降	湿沉降	总沉降	监测地点	监测年份	参考文献
农田	0.4	12.5	12.9	江西省	1995～2000	王体健等，2008；Lv and Tian，2007
农田	3.8	5.3	9.1	江西鹰潭	2001～2004	王体健等，2008；杨林章和孙波，2008
农田	3.8	14.1	17.9	江西鹰潭	2004.12～2005.11	王体健等，2008
林地	10.0	13.0	23.0	江西鹰潭	2004.11～2005.10	樊建凌等，2007

N 输出项主要包括：

（1）农业 N 输出量（N_{exp}）

农作物收获以后，一部分以作物残茬的形式重新返回农田生态系统，这部分所占的比例大约为 38%（邓美华等，2007），一部分最终成为人类吸收的蛋白质 N 的来源，其余输出到系统之外。人类吸收的蛋白质 N 在城市和农村的去向是不同的。在城市，人类吸收的蛋白质 N 最终会以点源污水形式输出到陆地生态系统之外，而在农村，被人类吸收的蛋白质 N 会以有机肥形式返回农业生态系统，成为农业面源 N 污染物的来源。这部分 N 在人畜排泄物 N 输入里面已有统计，故这里不再进行重复计算。所以农业 N 输出量（N_{exp}）等于农作物收获 N 输出量减去作物残茬返田 N。农作物收获 N 输出量＝农作物产量×农作物的 N 含量。本章统计了 1995～2005 年江西省各县包括稻谷、小麦、玉米、大豆、薯类、棉花、油料、麻类、甘蔗和水果等 10 种农作物的产量，数据来自江西省统计年鉴（江西省统计局，1996～2006），农作物的 N 含量和草谷比见表 8-5。

表 8-5　不同农作物的 N、P 含量及草谷比

	稻谷	小麦	玉米	大豆	薯类	棉花	油料	麻类	甘蔗	水果
N 含量/%	2.1	3.0	2.6	7.2	0.4	12.0	5.8	8.0	0.2	0.4
草谷比	1.4	1.7	2.0	2.0	1.5	1.6	2.9	1.5	1.2	2.0

注：数据来自文献（周杨明等，2008；许朋柱，2007）。

（2）硝化-反硝化 N 损失量（N_{den}）

反硝化作用（Denitrification）也称脱氮作用，是反硝化细菌在缺氧条件下，还原硝酸盐，释放出氮气或 N_2O 的过程。反硝化过程主要发生在水田、自然湿地和水体（朱兆良和刑光熹，2002），是将生物可利用氮从地球系统中移除的关键过程（Seitzinger et al.，2006）。据研究，化肥氮在水田的硝化-反硝化损失量约占施用量的 33%～41%，旱地约占施用量的 13%～29%，农田有机肥料氮的损失量约占施用量的 10%（朱兆良和刑光熹，2002）。如果认为江西省的耕地 80%为水田，20%为旱地，硝化-反硝化损失率取上述范围的平均值，则可计算得到农田的氮肥硝化-反硝化损失率为 33.8%，这一数值与已有研究结果一致（朱兆良，2008）。

（3）土壤截留 N 损失量（N_{soil}）

化肥或有机肥施入农田后，其去向有三：被作物吸收、通过各种途径损失、残留于土壤中（朱兆良和文启孝，1992）。前两种可以看做是系统内部循环，而残留于土壤中的部分可以积累于土壤剖面中植物根系活动层以下地下水层以上的部分，构成对环境的潜在威胁。在一些施氮量较高的旱作地区，由于长期过量施用氮肥，农田土壤剖面中积累了大量硝态氮，这部分氮所占的比例，据研究大约为 5%～30%（沈善敏，1998）。各种有机肥料在土壤中的残留率都显著高于氮肥，例如水稻对猪粪和羊粪氮的利用率只有 12%，但其氮素在土壤中的残留高达 60%～64%（沈善敏，1998）。本书中认为氮肥在农田中的截留率为 20%，有机肥的截留率为 49%。

8.1.2.3　湖泊氮、磷平衡模型

根据系统平衡理论，对鄱阳湖氮收支平衡量进行核算。计算公式如下：

$$N_{五河} + N_{沉降} + N_{区间} - N_{湖口} - N_{渔产品} = \Delta N_{蓄存} \tag{8.4}$$

式中，$N_{五河}$ 指鄱阳湖流域五河（赣江、修水、信江、抚河、饶河）输送氮入湖量；$N_{沉降}$ 指鄱阳湖区大气氮沉降入湖量；$N_{区间}$ 指五河入湖控制水文站点以下的区间部分输送氮入湖量；$N_{湖口}$ 指通过湖口进入长江的氮输送量；$N_{渔产品}$ 指通过渔产品捕捞带走的氮；$\Delta N_{蓄存}$ 指鄱阳湖区的氮滞留量，以上各项参数的单位均为 kg。

下面介绍各输入项（$N_{五河}$、$N_{沉降}$、$N_{区间}$）和输出项（$N_{湖口}$、$N_{渔产品}$）的计算方法。

（1）五河入湖氮通量（$N_{五河}$）

五河输送的各月氮入湖量（$N_{五河}$）通过下面的公式（8.5）计算得到，即

$$N_{五河} = \sum_{i=1}^{5} Q_i \cdot C_i \tag{8.5}$$

式中，Q 指河流入湖控制水文站点的月流量（$m^3 \cdot month^{-1}$）；C 指河流入湖控制断面

每季度监测一次的 TN 浓度（$mg \cdot L^{-1}$）；i 指河流，$i=1$、2、3、4、5 分别代表赣江、修水、信江、抚河、饶河 5 条河流。

河流入湖控制水文站点的逐日 8 时流量从江西省水利厅网站获取，换算成每月的流量；用 1、4、7、10 月监测到的水质数据分别代表冬季（12 月～翌年 2 月）、春季(3～5 月)、夏季（6～8 月）和秋季（9～11 月）各月的河流水质，加采月份的水质数据代表当月的河流水质。

（2）大气氮沉降入湖量（$N_{沉降}$）

鄱阳湖区大气氮沉降入湖量（$N_{沉降}$）包括干沉降和湿沉降两部分。大气干沉降通量通过下面的公式（8.6）计算得到

$$F_{dry} = M \cdot 24 \cdot C \cdot L/(A \cdot T) \tag{8.6}$$

式中，F_{dry}为每月大气氮的干沉降通量（$kg \cdot km^{-2}\ month^{-1}$）；$M$ 为观测月的天数(d)，每天时间为 24 h；C 为测定不同形态氮的浓度（$mg \cdot L^{-1}$）；L 为收液量（L）；A 为采样器皿表面积（本章 $A=0.017\ m^2$）；T 为采样所用时间（h）。

大气湿沉降通量通过下面的公式（8.7）计算得到

$$F_{wet} = \sum_{i=1}^{n} C \cdot Q \tag{8.7}$$

式中，F_{wet}为收集到的当天大气氮的湿沉降通量（$kg \cdot km^{-2}\ d^{-1}$）；C 为测定不同形态氮的浓度（$mg \cdot L^{-1}$）；Q 为降水量（mm）；i 为降水次数，取值为 $1 \sim n$。

大气氮沉降总量通过沉降通量乘以湖区面积得到

$$N_{沉降} = (F_{dry} + F_{wet}) \cdot A_{湖区} \tag{8.8}$$

式中，$A_{湖区}$为每月湖区面积（km^2）。

（3）鄱阳湖区间氮输入量（$N_{区间}$）

五河七口控制站以上集水面积为 136 310 km^2，湖区区间面积为 25 915 km^2，占五河控制面积的 19.0%（徐高洪，秦智伟，1998）。本章利用湖区区间占五河控制面积的比例代替区间氮入湖量占五河七口氮入湖量的比例。五河入湖控制水文站点以下的湖区区间部分输送氮入湖量（$N_{区间}$）根据下面的公式（8.9）计算得到

$$N_{区间} = 0.19 \cdot N_{五河} \tag{8.9}$$

（4）湖口输出的氮输送量（$N_{湖口}$）

通过湖口输出的氮输送量（$N_{湖口}$）由下式计算得到

$$N_{湖口} = Q_{湖口} \cdot C_{湖口} \tag{8.10}$$

式中，$Q_{湖口}$为湖口月流量（利用湖口的逐日 8 时流量换算得到，m^3）；$C_{湖口}$为每季度一次监测到的湖口水体中 TN 的浓度（$mg \cdot L^{-1}$）。

（5）渔产品捕捞引起的氮输出量（$N_{渔产品}$）

鄱阳湖的渔业资源丰富，渔产品捕捞带出是鄱阳湖水体中氮输出的重要方式之一。鱼类一般含氮 2.5%～3.5%、磷 0.3%～0.9%。由于围垦、滥捕以及环境污染等原因，鄱阳湖渔业资源衰退，然而，由于大力发展养殖，在捕捞产量不断下降的情况下，湖区渔业总产量逐年上升（鄱阳信息网）。为保护鄱阳湖渔业资源，江西省每年自 3 月 20 日

到6月20日实行全湖范围禁渔，封湖范围为湖体水线及五河干流入湖口以内水域（《江西省鄱阳湖湿地保护条例》）。2011年6月20日禁渔期结束以来，受罕见的春夏连旱影响，鄱阳湖渔业遭受重大损失，渔民捕捞鱼货数量较往年下降50%～80%。故本章在进行鄱阳湖氮、磷平衡核算时，2010年枯水期和2011年渔产品捕捞带出量忽略不计。

鄱阳湖磷收支平衡核算方法与氮基本一致，也包括五河输入、大气沉降输入、湖泊区间输入等输入项，输出项包括湖口输出、渔产品带出，盈余量为湖区磷蓄存量。

8.2 流域水质特征与变化

8.2.1 五河水质特征与变化

8.2.1.1 五河水质总体特征

鄱阳湖流域三面环山，流域内赣江、抚河、信江、修水、饶河等五大河流均发源于植被保存较好、人类活动相对较少的山区，因此河水水质相对较好，但是在汇入鄱阳湖的下游河段，随着污染物排放量的增加和农业面源污染的加剧，河水中的氮、磷含量有从上游到下游增加的趋势，水质也逐年下降。与2009年相比，2010年鄱阳湖水系主要河流水质相对较好，全年期评价河长（5465 km）中，优于Ⅲ类水占65.3%，Ⅲ类水占26.0%，劣于Ⅲ类水占8.7%，但是局部河段水质污染严重，甚至出现了劣Ⅴ类水质，约占2.6%。汛期水质较非汛期好，优于Ⅲ类水占70.9%，劣Ⅴ类水仅占1.1%，而在非汛期优于Ⅲ类水所占比重下降为61.7%，劣Ⅴ类水所占比重上升为5.7%（2010年江西省水资源公报）。主要污染河段集中于赣江污水排放量较大的滨江及下游河段、乐安江下游河段等，主要污染指标是与水体富营养化关系密切的氮、磷指标。

依据地表水环境质量标准（GB3838—2002），在各项水质指标评价的基础上进行综合，获取鄱阳湖五河各月水质类别，考虑到年内降水的分布不同影响到各月水质，为了使结果更具代表性，这里采用了2010～2011年的数据，结果如表8-6所示。五河中除乐安江以外，水质总体较好。其中，修水除2010年8月以外全年均保持在Ⅱ类水。赣江除少数几个月份外（2010年1、4月，2011年5、6月），其余月份均保持在Ⅱ类水。信江和昌江除分别在2011年2月和2011年8月为Ⅳ类水以外，均常年保持在Ⅱ～Ⅲ类水。抚河除2010年5月为劣Ⅴ类，2011年5、6月为Ⅳ类水以外，水质常年保持在Ⅱ～Ⅲ类水。乐安江水质受到重度污染，除少数几个月为Ⅲ类、Ⅳ类外，常年保持在劣Ⅴ类。2010年，赣江、信江、修水Ⅰ～Ⅲ类水质断面比例分别为81.7%、87.5%、80.0%，水质良好；抚河Ⅰ～Ⅲ类水质断面比例为73.3%，水质为轻度污染；饶河的水质最差，频频出现劣Ⅴ类水，没有监测到优于Ⅲ类水的水质。就年内变化来看，赣江、修水、信江全年水质良好，属于Ⅱ～Ⅲ类水，抚河水质没有明显的年内季节变化，乐安江和昌江枯水期水质明显比丰水期差，其中乐安江枯水期水质多数达到了劣Ⅴ类水，昌江枯水期水质达到了Ⅲ类水（表8-6）。

表 8-6　鄱阳湖流域五河与湖区水质对比（2010 年 1 月～2011 年 12 月）

时间	赣江	修水	抚河	信江	乐安江	昌江
2010 年 1 月	Ⅲ	Ⅱ	Ⅱ	Ⅲ	劣Ⅴ	Ⅲ
2010 年 2 月	Ⅱ	Ⅱ	Ⅲ	Ⅱ	Ⅲ	Ⅲ
2010 年 3 月	Ⅱ	Ⅱ	Ⅲ	Ⅱ	Ⅲ	Ⅱ
2010 年 4 月	Ⅲ	Ⅱ	Ⅲ	Ⅱ	Ⅴ	Ⅲ
2010 年 5 月	Ⅱ	Ⅱ	劣Ⅴ	Ⅲ	Ⅳ	Ⅱ
2010 年 6 月	Ⅱ	Ⅱ	Ⅲ	Ⅱ	Ⅴ	Ⅲ
2010 年 7 月	Ⅱ	Ⅱ	Ⅲ	Ⅲ	Ⅳ	Ⅱ
2010 年 8 月	Ⅱ	Ⅲ	Ⅱ	Ⅲ	Ⅳ	Ⅱ
2010 年 9 月	Ⅱ	Ⅱ	Ⅲ	Ⅲ	Ⅲ	Ⅲ
2010 年 10 月	Ⅱ	Ⅱ	Ⅲ	Ⅲ	Ⅳ	Ⅲ
2010 年 11 月	Ⅱ	Ⅱ	Ⅱ	Ⅱ	劣Ⅴ	Ⅲ
2010 年 12 月	Ⅱ	Ⅱ	Ⅱ	Ⅲ	劣Ⅴ	Ⅲ
2011 年 1 月	Ⅱ	Ⅱ	Ⅲ	Ⅲ	劣Ⅴ	Ⅱ
2011 年 2 月	Ⅱ	Ⅱ	Ⅲ	Ⅳ	劣Ⅴ	Ⅲ
2011 年 3 月	Ⅱ	Ⅱ	Ⅲ	Ⅲ	劣Ⅴ	Ⅱ
2011 年 4 月	Ⅱ	Ⅱ	Ⅱ	Ⅲ	劣Ⅴ	Ⅱ
2011 年 5 月	Ⅲ	Ⅱ	Ⅳ	Ⅱ	劣Ⅴ	Ⅲ
2011 年 6 月	Ⅲ	Ⅱ	Ⅳ	Ⅱ	劣Ⅴ	Ⅲ
2011 年 7 月	Ⅱ	Ⅱ	Ⅱ	Ⅱ	劣Ⅴ	Ⅲ
2011 年 8 月	Ⅱ	Ⅱ	Ⅲ	Ⅱ	劣Ⅴ	Ⅳ
2011 年 9 月	Ⅱ	Ⅱ	Ⅱ	Ⅱ	劣Ⅴ	Ⅲ
2011 年 10 月	Ⅲ	Ⅱ	Ⅱ	Ⅲ	劣Ⅴ	Ⅱ
2011 年 11 月	Ⅱ	Ⅱ	Ⅱ	Ⅱ	劣Ⅴ	Ⅲ
2011 年 12 月	Ⅲ	Ⅱ	Ⅲ	Ⅱ	劣Ⅴ	Ⅱ

8.2.1.2　五河氮、磷污染及年内变化

河流输送是鄱阳湖氮、磷污染物的主要来源途径（朱海虹和张本，1997），认识五河的氮、磷污染特征及年内变化，有助于识别鄱阳湖氮、磷污染物的主要来源，并针对污染源区采取有针对性的治理措施，从而减少进入湖泊的营养盐总量。

五河水质监测结果如图 8-2、图 8-3 所示。从图 8-2 和图 8-3 看出，除修水的氮、磷浓度在丰水期和枯水期相差不大以外，五河中其他河流的氮、磷浓度均呈现出枯水期高于丰水期的特征，形态以溶解态为主。

以氮为例，赣江在枯水期（8 月～翌年 2 月）总氮平均浓度为 2.2 $mg \cdot L^{-1}$，根据地表水环境质量标准（GB3838—2002），属于劣Ⅴ类水质；而在丰水期（3～7 月）总氮平均浓度为 1.4 $mg \cdot L^{-1}$，属于Ⅳ类水，丰、枯水期的水质类别相差了两个级别。抚河在丰水期和枯水期的总氮平均浓度分别为 1.0 $mg \cdot L^{-1}$和 2.1 $mg \cdot L^{-1}$，水质类别分别属于Ⅲ类水和劣Ⅴ类水。信江在丰水期和枯水期的总氮平均浓度分别为 0.96 $mg \cdot L^{-1}$

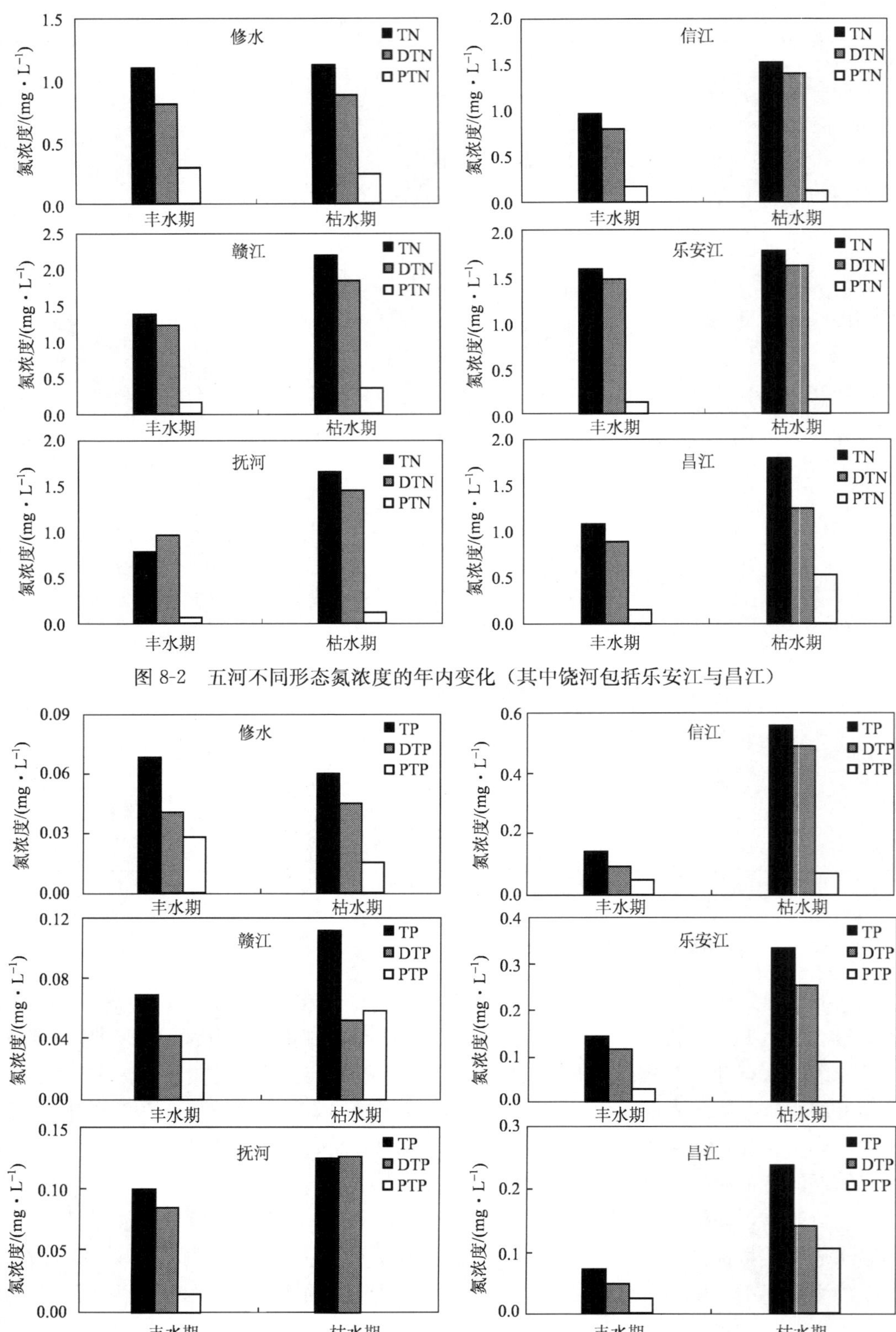

图 8-2　五河不同形态氮浓度的年内变化（其中饶河包括乐安江与昌江）

图 8-3　五河不同形态磷浓度的年内变化（其中饶河包括乐安江与昌江）

和 1.5mg·L^{-1}，水质类别分别属于Ⅲ类水和Ⅳ类水。乐安江在丰水期和枯水期的总氮平均浓度分别为 1.6 mg·L^{-1}和 2.4 mg·L^{-1}，分别属于Ⅴ类和劣Ⅴ类水。昌江在丰水期和枯水期的总氮平均浓度分别为 1.1 mg·L^{-1}和 1.98 mg·L^{-1}，分别属于Ⅳ类水和Ⅴ类水。

以磷为例，赣江在丰水期和枯水期的总磷平均浓度分别为 0.07 mg·L^{-1}和 0.11 mg·L^{-1}，分别属于Ⅱ类和Ⅲ类。抚河在丰水期和枯水期的总磷平均浓度分别为 0.10 mg·L^{-1}和 0.13 mg·L^{-1}，水质类别分别属于Ⅱ类和Ⅲ类。信江在丰水期和枯水期的总磷平均浓度分别为 0.14 mg·L^{-1}和 0.56mg·L^{-1}，水质类别分别属于Ⅲ类和劣Ⅴ类，丰、枯水期的水质类别相差 3 个级别。乐安江在丰水期和枯水期的总磷平均浓度分别为 0.14 mg·L^{-1}和 0.33mg·L^{-1}，水质类别分别属于Ⅲ类和Ⅴ类。昌江在丰水期和枯水期的总磷平均浓度分别为 0.07 mg·L^{-1}和 0.26 mg·L^{-1}，分别属于Ⅱ类和Ⅳ类。

这说明五河的水质除受到人类活动引起的污染物排放影响以外，还与气候变化引起的河流水量的丰枯变化有关。

8.2.1.3　五河氮、磷污染年际变化趋势

通过分析历史时期的河流氮、磷浓度变化，获取历史时期河流的水质状况，并与现在的河流水质状况进行对比，可以认识河流的氮、磷污染变化趋势，有助于认识河流水质的演变过程，针对已经出现及未来可能出现的河流氮、磷污染情况采取必要的预防措施。

图 8-4 为赣江外洲站 1980～1983 年和 1985 年、2009～2011 年监测水体中硝态氮浓度的年际变化。从图 8-4 可以看出，20 世纪 80 年代前半期，赣江水体中的硝态氮浓度变化范围是 0.8～1.2 mg·L^{-1}，2009 年监测到的硝态氮浓度与 20 世纪 80 年代监测到的结果相差不大，但是到了 2010 年和 2011 年，硝态氮浓度明显增加，并且变化幅度较大。在 1980～1982 年，硝态氮浓度在丰水期高于枯水期，反映出枯水期的水质较丰水期好；而到了 1983 年和 1985 年，枯水期的硝态氮浓度有所增加，结果在丰、枯水期两者相差不大。在 2009～2011 年，丰水期的硝态氮浓度与 20 世纪 80 年代差别不大，甚至有所下降，而在枯水期的硝态氮浓度却明显增加，显著高于 20 世纪 80 年代枯水期的

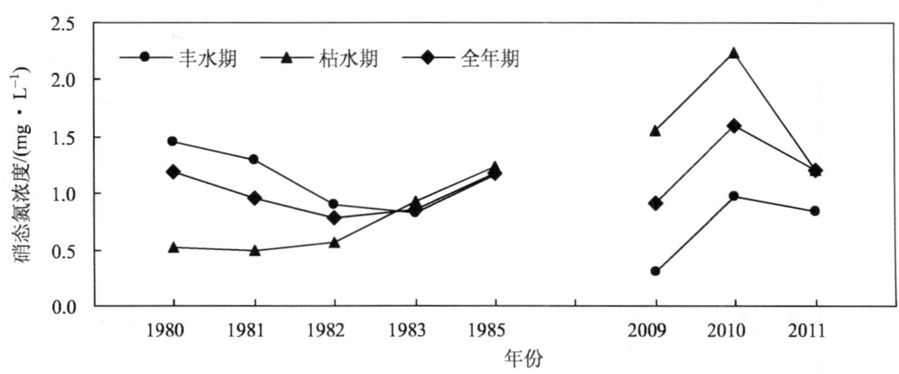

图 8-4　赣江外洲站硝态氮浓度年际变化

硝态氮浓度，并且显著高于同时期丰水期的硝态氮浓度。综观赣江外洲站在丰、枯水期和全年期水体中硝态氮浓度的年际变化可发现，20 世纪 80 年代至今，丰水期的硝态氮浓度变化不大，甚至有所下降；而在枯水期的硝态氮浓度则呈逐年增加的趋势，2010 年比 1980 年增加了 3 倍以上，反映出赣江在枯水期受到严重的氮污染；受枯水期硝态氮浓度增高的影响，全年期赣江水体中的硝态氮浓度也呈增加的趋势。

图 8-5 为信江梅港站 1981～1985 年、2009～2011 年监测水体中硝态氮浓度的年际变化。从硝态氮在全年期的年际变化可以看出，20 世纪 80 年代前半期，信江水体中的硝态氮浓度变化范围是 0.4～0.6 mg · L^{-1}，表现出年际变化相对平稳的特征，年际间的变化率平均为 12.8%；2009～2011 年，受极端气候事件频发影响，信江水体中的硝态氮浓度年际变化幅度相对比较剧烈，年际间的变化率平均为 28.1%，并且在 2010 年和 2011 年，硝态氮浓度有明显增加。1981～1985 年，除 1983 年以外，均表现为硝态氮浓度在丰水期高于枯水期，反映出枯水期水质较丰水期好；而到了 2009～2011 年，丰水期的硝态氮浓度与 20 世纪 80 年代差别不大，甚至有所下降，而在枯水期的硝态氮浓度却明显增加，显著高于 1981～1985 年枯水期的硝态氮浓度，并且显著高于同时期丰水期的硝态氮浓度。综观信江梅港站在丰水期、枯水期和全年期水体中硝态氮浓度的年际变化可发现，20 世纪 80 年代初至今，丰水期的硝态氮浓度变化不大，甚至有所下降；而在枯水期的硝态氮浓度则有显著的增加，2010 年比 1981～1985 年的平均浓度增加了 1.3 倍，反映出信江在枯水期受到严重的氮污染；受枯水期硝态氮浓度增高的影响，全年期信江水体中的硝态氮浓度也明显增加，并且年际变化幅度增强。

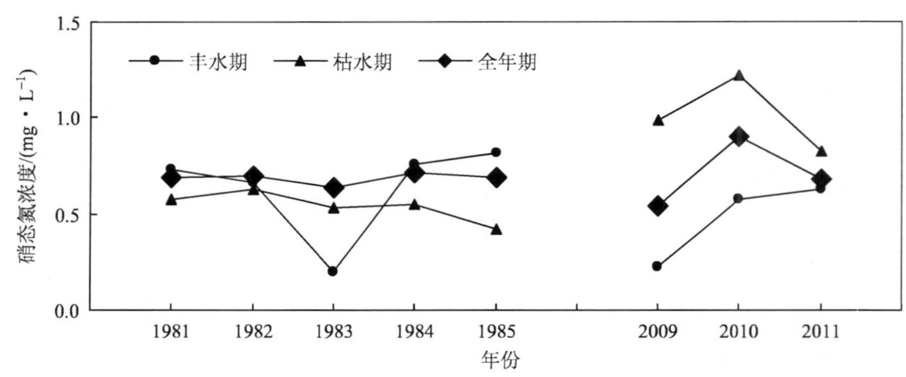

图 8-5 信江梅港站硝态氮浓度年际变化

20 世纪 80 年代鄱阳湖流域五河水质属于Ⅰ～Ⅱ类，并且枯水期水质好于丰水期，说明五河主要污染源来自于流域面源污染；而枯水期，由于基本没有面源流失，污水排放量少，因此引起的氮、磷污染很少，所以枯水期水质较丰水期好。目前，根据监测结果，五河水体中的氮浓度均表现出枯水期高于丰水期的特征，与历史时期的水质特征相反，这说明控制五河枯水期水质的主导因素发生了变化，由 20 世纪 80 年代的面源污染为主转变为现在的点源污水控制，特别是枯水期，伴随经济的发展导致污水排放入湖量急剧增加，如果再叠加上气候干旱引起的河流枯水期水量急剧减少，必然会加剧枯水期河水的水质污染，加重枯水期的水环境问题。

8.2.2　鄱阳湖水质特征与变化

8.2.2.1　鄱阳湖水质总体特征

鄱阳湖是中国最大的淡水湖泊，在全国四大淡水湖中，鄱阳湖是唯一没有发生富营养化的湖泊。但是，随着工农业污染物排放量的增加和面源污染的加剧，鄱阳湖的水质呈逐年下降的趋势，营养状态由贫营养进入中营养状态。目前，鄱阳湖平均属于中营养，有逐步向富营养化发展的趋势，局部已具备了发生富营养化的氮、磷条件。

2010 年由于降水量偏多，水质略有好转（表 8-7），Ⅲ类水面积占评价面积（2184 km^2）的 71.3%，劣于Ⅲ类水占 28.7%；在丰水期优于Ⅲ类及Ⅲ类水面积占评价面积（2184 km^2）的 78.0%，而在枯水期水质较差，劣于Ⅲ类水达到了总评价面积的 91.3%。4～9 月营养程度为中营养。在 2011 年，受气候干旱的影响，鄱阳湖的枯水期延长，水质有所恶化，全年基本在Ⅳ～Ⅴ类（表 8-7）。

表 8-7　鄱阳湖区（星子站）2010 年和 2011 年逐月水质类别

时间	水质类别	时间	水质类别
2010 年 1 月	Ⅴ	2011 年 1 月	Ⅴ
2010 年 2 月	Ⅳ	2011 年 2 月	Ⅳ
2010 年 3 月	Ⅳ	2011 年 3 月	Ⅲ
2010 年 4 月	Ⅲ	2011 年 4 月	Ⅴ
2010 年 5 月	Ⅳ	2011 年 5 月	Ⅳ
2010 年 6 月	Ⅱ	2011 年 6 月	Ⅳ
2010 年 7 月	Ⅲ	2011 年 7 月	Ⅳ
2010 年 8 月	Ⅲ	2011 年 8 月	Ⅳ
2010 年 9 月	Ⅳ	2011 年 9 月	Ⅳ
2010 年 10 月	Ⅳ	2011 年 10 月	Ⅴ
2010 年 11 月	Ⅴ	2011 年 11 月	Ⅳ
2010 年 12 月	Ⅲ	2011 年 12 月	Ⅲ

注：数据来源于 2010 年和 2011 年江西省环境状况公报。

8.2.2.2　鄱阳湖氮、磷污染及季节变化

人类活动导致的入湖营养盐增加是导致湖泊发生富营养化的主要原因，其中，氮、磷是主要的限制性营养盐。了解鄱阳湖的氮、磷污染特征及季节性变化，有助于针对性地采取治理措施，有效预防湖泊富营养化。

鄱阳湖区的氮、磷污染状况已经不容乐观。根据地表水环境质量标准（GB3838—2002），湖、库水体中的总氮浓度高于 1.5 mg · L^{-1}或总磷浓度高于 0.1 mg · L^{-1}即为Ⅴ类水，总氮浓度高于 2 mg · L^{-1}或总磷浓度高于 0.2 mg · L^{-1}即为劣Ⅴ类水。根据我

们 2011 年对鄱阳湖水质的测定结果（湖区水质监测点空间分布见图 8-1），在监测期内（2011 年 1、4、7、8、10 月），氮的形态均以溶解态为主，氮浓度均超过了 1.5 mg·L^{-1}，水质达到了Ⅴ类，特别是在 1 月和 4 月为代表的冬、春季，氮浓度均超过了 2.0 mg·L^{-1}，为劣Ⅴ类水（图 8-6）；而磷表现不同，在冬、春季，TP 形态以颗粒态为主，而在 7、8、10 月为代表的夏、秋季，TP 形态以溶解态为主，且冬、春季的磷浓度远远高于夏、秋季；湖区全年的 TP 浓度均超过了 0.05 mg·L^{-1}，为Ⅳ类水，TP 浓度的季节变化表现为春季＞冬季＞秋季＞夏季，春季的 TP 浓度超过了 0.2 mg·L^{-1}，为劣Ⅴ类水（图 8-7）。可见，鄱阳湖区已经受到严重的氮、磷污染，特别是在春季和冬季更加突出。

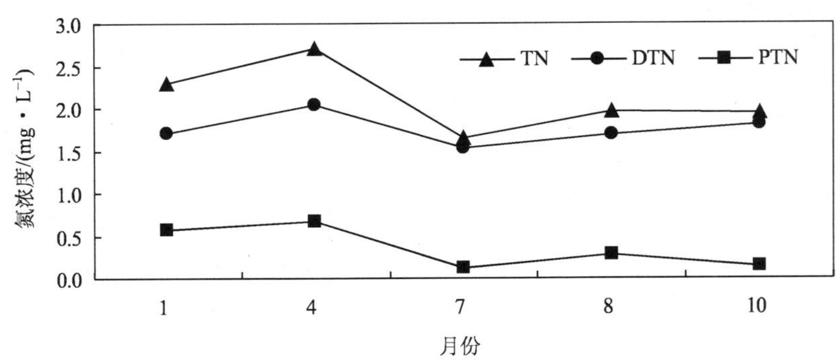

图 8-6　2011 年鄱阳湖氮浓度年内变化

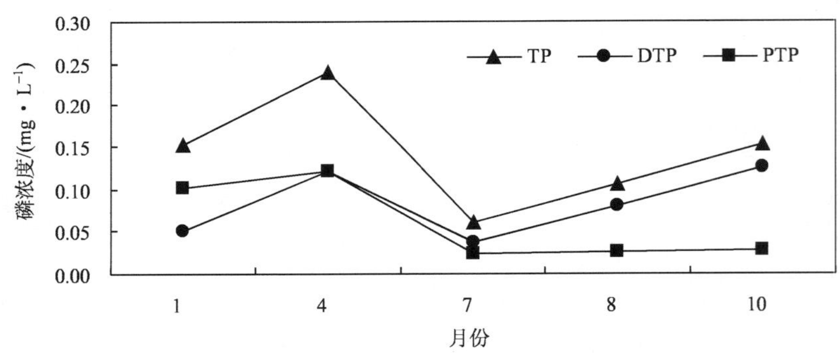

图 8-7　2011 年鄱阳湖区磷浓度年内变化

鄱阳湖在丰水期的水质较枯水期好。根据 2010 年监测数据可知，在枯水期湖区水体以劣于Ⅳ类水为主（表 8-7）。在鄱阳湖区布设的 20 个监测站点中，水质类别为Ⅴ类和劣Ⅴ类的监测点个数在枯水期要远多于丰水期，2010 年 1 月份达到了 15 个，占全部监测点的 75%。丰水期水质以Ⅱ～Ⅲ类水为主，这说明鄱阳湖的水质在丰水期要好于枯水期，可见鄱阳湖的水质与湖区的水量变化有关。

8.2.2.3　鄱阳湖水质的空间差异

鄱阳湖南北最长约 170 km，东西宽 50～70 km，北部狭窄，仅 5～15 km。它的总面积在丰水期和枯水期差别极大，平水位（14～15 m）时湖水面积为 3150 km²，高水位（20 m）时为 4125 km²，但低水位（12m）时仅 500km²。湖区水质受气候变化引起的水量平衡影响，呈现出明显的空间差异（图 8-8）。

对鄱阳湖水质的空间分布特点进行了分析，从图 8-8 可以看出，鄱阳湖区的水质表现出明显的空间差异，南部水体的氮磷浓度明显高于北部，具体体现在：位于鄱阳湖南部和东部的赣江南支（PY21）、康山入湖口（PY24，信江入湖处）、饶河航道瓢山附近（PY1，饶河入湖处）TN、TP 浓度最高，TN 浓度均超过了 1.5 mg · L^{-1}，TP 浓度超过了 0.1 mg · L^{-1}，水质为Ⅴ～劣Ⅴ类。其余监测点 TN 浓度基本都超过了 1.5 mg · L^{-1}，TP 浓度为 0.07～0.13 mg · L^{-1}，水质稍好，属于Ⅲ～Ⅳ类。在北部湖区星子站以下到湖口（PY11～PY15），由于沿途没有大的河流注入和大城市污水排放，加上河口湿地对营养盐的物理稀释与生物降解等净化功能，导致该湖区的氮、磷浓度变化不大。

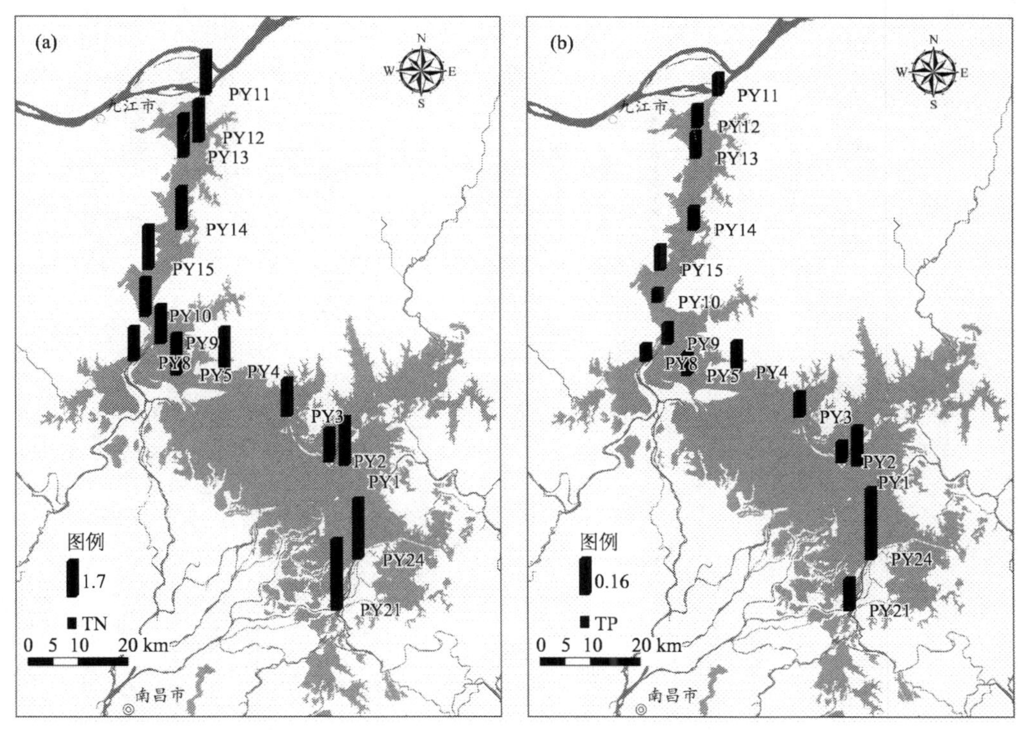

图 8-8　鄱阳湖水质空间差异

(a) 总氮；(b) 总磷

8.2.2.4　鄱阳湖氮、磷污染变化趋势

通过分析湖泊水体中氮、磷含量的逐年变化，认清鄱阳湖氮、磷污染的变化趋势，有助于对历史时期的湖区水质状况进行评价，并了解湖区富营养化过程。

1984 年以来，鄱阳湖水体中的总氮含量呈逐年增加的趋势，总磷含量没有表现出明显的规律，为 0.05～0.12mg・L^{-1}（图 8-9、图 8-10）（杨桂山等，2011）。20 世纪 80 年代中期以来，鄱阳湖总氮浓度有缓慢的上升趋势，之后 90 年代一直稳定在 1.0 mg・L^{-1}左右；2000 年以来，湖区总氮浓度有较大幅度的上升；近 20 年来，鄱阳湖总氮浓度增加了两倍左右。而总磷浓度的逐年变化有所不同，20 世纪 80 年代中期以来，总磷浓度总体表现为下降趋势，之后在整个 90 年代直到 2005 年左右波动较大，变化为 0.05～0.12 mg・L^{-1}，2006 年以来，总磷浓度有较大幅度的上升趋势；但是从近 20 年来的数据来看，总磷浓度的变化相差不大。这说明，近 20 年来，随着农业氮肥施用量的增加和工业、生活污水的大量排放，进入鄱阳湖的总氮增加，氮磷比已经发生了明显的变化，这必将影响湖区水体的富营养化进程。

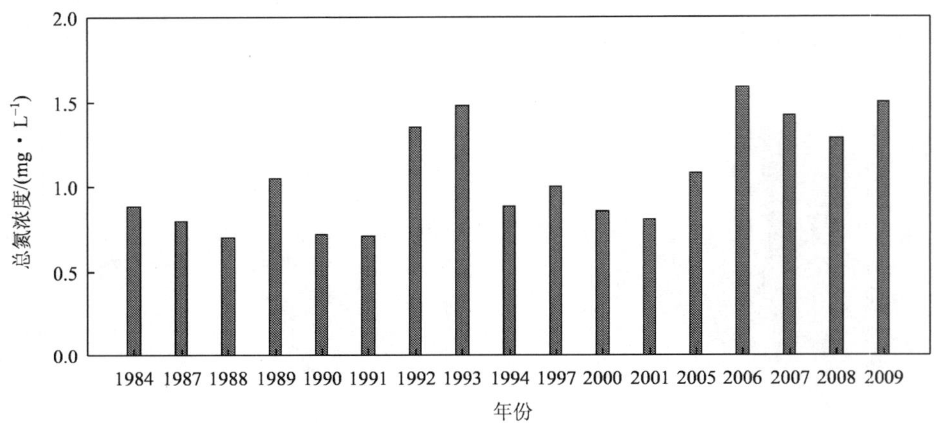

图 8-9　鄱阳湖水体总氮浓度的年际变化（1984～2009 年）

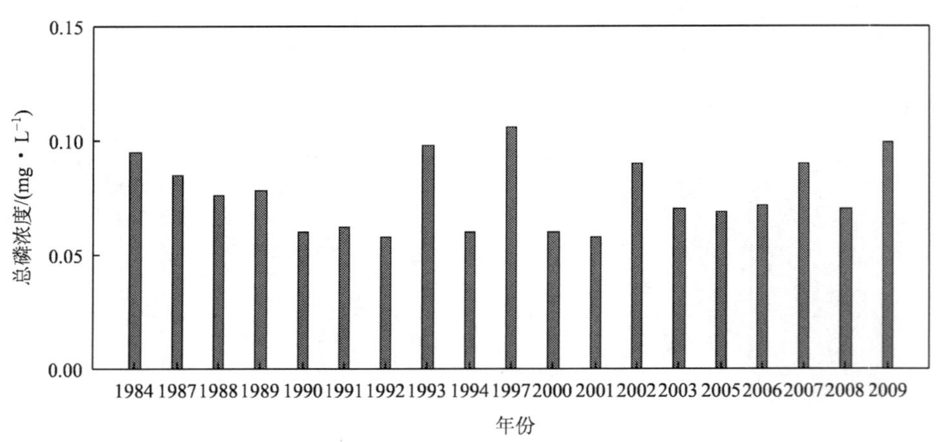

图 8-10　鄱阳湖水体总磷浓度的年际变化（1984～2009 年）

8.2.3　鄱阳湖与五河及长江水质比较

鄱阳湖作为通江湖泊，其水量和水质受到流域内五河水系和长江的共同影响。鄱阳湖与长江的相互作用表现在两个方面：一方面是每年的 4～6 月，鄱阳湖向长江大流量地持续汇流，水量占长江流域的 15%，是长江的重要水源；作为水源地的"一湖清水"可以对长江水起到稀释和降解作用；反之，如果水源地的水质比长江的水质更差，那么进入长江的湖水会加重长江的水质恶化状况，因此，鄱阳湖水质的好坏直接关系到长江向中下游地区输送水体的清洁程度。另一方面是每年的 7～9 月，长江对鄱阳湖的顶托和倒灌作用，可使鄱阳湖水位升高（郭华等，2011）；长江水质的好坏也会影响到鄱阳湖湖口以上区域的水质状况。在全球变暖、极端气候事件频发的背景下，人类对湖泊流域的开发加剧，鄱阳湖与五河、长江之间的水文和水动力交互作用变得更加复杂，对鄱阳湖的水量与水质产生了深远的影响。因此，分析鄱阳湖、五河与长江的水质特征并进行对比，对于识别影响鄱阳湖水质的主导因素，进而改善鄱阳湖水质具有重要意义。

我们对五河、湖区和长江水体中的氮、磷浓度进行了对比分析，结果如图 8-11、图 8-12 所示。从图 8-11 看出，对于总氮来说，五河中以赣江的总氮浓度最高，达到了 1.9 $mg \cdot L^{-1}$，其次为乐安江与抚河，分别为 1.4 $mg \cdot L^{-1}$ 和 1.35 $mg \cdot L^{-1}$，总氮浓度最低的是修水，为 1.0 $mg \cdot L^{-1}$。2011 年通过五河输送进入鄱阳湖的总氮为 109.0×10^6 kg，其中赣江、信江、乐安江、抚河、修水、昌江所占的比例分别为 68.7%、12.4%、6.3%、5.5%、3.5%、3.6%。从图 8-12 看出，对总磷来说，五河中以乐安江的总氮浓度最高，达到了 0.19 $mg \cdot L^{-1}$，其次为信江与昌江，分别为 0.13 $mg \cdot L^{-1}$ 和 0.11 $mg \cdot L^{-1}$，总磷浓度最低的是修水，为 0.08 $mg \cdot L^{-1}$。2011 年通过五河输送进入鄱阳湖的总磷为 7.4×10^6 kg，其中赣江、信江、乐安江、抚河、修水、昌江所占的比例分别为 51.4%、21.1%、12.2%、5.1%、4.4%、5.9%。

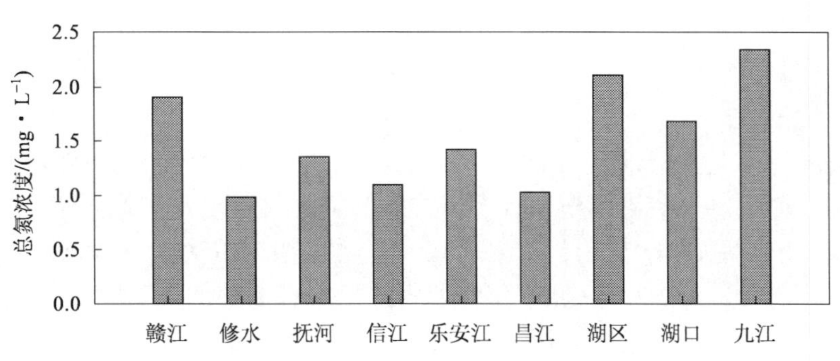

图 8-11　2011 年五河、鄱阳湖与长江总氮浓度对比

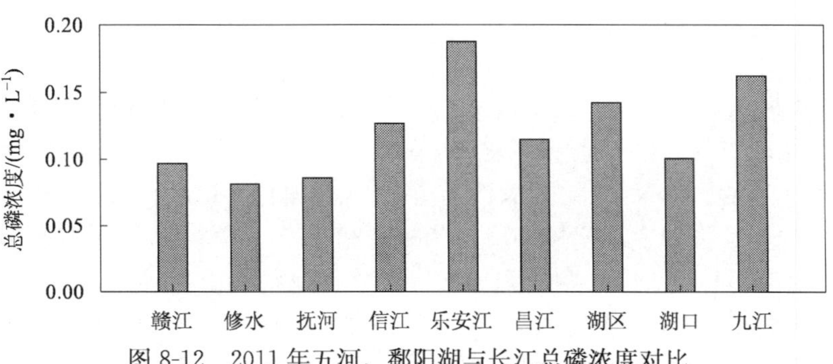

图 8-12　2011 年五河、鄱阳湖与长江总磷浓度对比

五河的总氮、总磷浓度（乐安江除外）要低于湖区，说明除了五河以外，来自区间径流和环湖区污水排放的污染物输入也是湖区氮、磷的重要来源。湖区的总氮浓度（2.11 mg·L^{-1}）高于通过湖口输出的总氮浓度（1.68 mg·L^{-1}），但是低于长江水体中的总氮浓度（2.34 mg·L^{-1}），湖区的总磷浓度（0.14 mg·L^{-1}）高于通过湖口输出的总磷浓度（0.10 mg·L^{-1}），但是低于长江水体中的总磷浓度（0.16 mg·L^{-1}），说明鄱阳湖自身对氮、磷有滤减功能，并且向长江输送的是相对清洁的水。

8.3 流域氮、磷污染来源分析

随着社会经济的发展和人口数量的增加，为了满足日益增长的人口对粮食的需求，越来越多的林地、草地、洲滩被开垦为农业用地，并依靠增施化肥来维持粮食的稳产高产，结果导致农业面源氮、磷的大量流失。与土地利用密切联系的农业面源氮、磷污染物排放量不断增加被认为是导致受纳水体发生富营养化的主要原因之一（秦伯强等，2004）。以陆地生态系统为研究对象，通过分析不同土地利用（主要指农田、林地、草地）及不同途径（如生物固氮、大气沉降）的面源氮、磷污染物的输入量、不同途径（如作物收获带走、氨挥发、反硝化等）的氮、磷污染物的输出量，来研究陆地生态系统的养分平衡，既是国内外学者普遍关注的研究领域（Galloway et al，2004；Howarth，1996；Xing and Zhu，2002；邓美华等，2007；杨林章和孙波，2008），也是研究 N、P 循环的重要内容，对于识别入湖污染物的主要来源与途径，定量评估不同来源的污染物对汇入湖泊水环境的影响具有重要意义。

8.3.1 流域面源氮排放强度分析

流域面源污染主要指入湖污染物数量较为分散的污染源，把流域陆地部分看作一个系统，氮输入项主要包括氮肥施用、人畜排泄、生物固氮和大气氮沉降，氮输出项包括农业收获氮输出量、硝化-反硝化氮损失量和土壤截留氮损失量。本章基于县域尺度的社会经济统计资料，对 1995～2005 年江西省陆地生态系统的 N 输入量、输出量及盈余量进行了核算，并分析了不同来源 N 排放强度的时间序列变化特征，探讨影响鄱阳湖水质的主要污染源。

8.3.1.1 不同来源的 N 输入量的时间序列变化

江西省不同来源的 N 输入量的时间序列变化见图 8-13 和表 8-8。从表 8-8 看出，生物固 N 量是江西省陆地生态系统 N 输入量的最大来源。1995～2005 年生物固 N 的平均输入量为 72.6×10^7 kg N· a^{-1}，大约占 N 输入总量的 43.1%。从图 8-13 看出，2000 年以前，生物固 N 量的变化比较平稳；2001～2003 年，生物固 N 量有所减少，主要是由于实施了退耕还林工程，使得固氮率较高的农作物种植面积减少。例如，主要粮食作物稻米的种植面积从 2000 年的 283.1×10^4 hm^2 减少到 2003 年的 252.8×10^4 hm^2，固 N 植物绿肥和花生的种植面积则分别从 2000 年的 51.7×10^4 hm^2 和 19.8×10^4 hm^2 减少到

2003 年的 $40.2\times10^4hm^2$ 和 $16.7\times10^4hm^2$。2004 年以后，由于实行了农业补贴政策，提高了农民使用农作物优质品种和先进农业技术的积极性，农业和林业生产出现了多年来少有的好形势，生物固 N 量逐年增加。在生物固 N 量中，以森林（包括天然林和人工林）的固 N 量最大，年均固 N 量为 47.8×10^7 kg N · a^{-1}，约占总生物固 N 量的 65.8%；其次为农田固 N，其中，水稻田的年均固 N 量为 11.4×10^7 kg N · a^{-1}，大约占总生物固 N 量的 15.7%，旱地作物（豆类、花生、绿肥、非固 N 类植物）的年均固 N 量为 13.2×10^7 kg N · a^{-1}，大约占总生物固 N 量的 18.2%；草地的固 N 量最少，大约占总生物固 N 量的 0.3%。这说明近 10 年来，江西省的生物固 N 还是以森林固 N 为主，这与江西省连续实行封山育林、植树造林、退耕还林的政策是分不开的，森林覆盖率从 1995 年的 50.9%提高到 2005 年的 60.1%（江西省发展和改革委员会，1995；江西省统计局，2005），保持了良好的生态效益。

从表 8-8 看出，1995～2005 年多年平均氮肥施用 N 输入量为 52.0×10^7 kg N · a^{-1}，是 N 输入的第二大来源，大约占 N 输入总量的 30.9%。从图 8-13 看出，从 1995 年开始，全省氮肥施用量持续增加，1998 年达到峰值，1998 年江西省遭遇了百年一遇的洪水灾害，农业生产受到严重影响，之后氮肥施用量逐年下降，特别是在 2001～2003 年连续实行了退耕还林政策，导致耕地面积减少，氮肥施用量相应地减少，到 2003 年氮肥 N 输入量减至最低，为 44.4×10^7 kg N · a^{-1}。从 2004 年开始，氮肥施用量有所回升，比 2003 年增长了 11.3%。长期施肥会显著提高土壤中有效 N 含量（要文倩等，2010），导致土壤中 N 盈余。大气 N 沉降是不容忽视的 N 输入源。1995～2005 年平均大气 NO_3^--N 输入量为 28.6×10^7 kg N · a^{-1}，大约占总 N 输入量的 28.1%（表 8-8）。今后随着人类活动来源的含 N 污染物排放量的增加，大气 N 沉降仍将是一项持续而稳定的 N 输入源。在 N 输入来源中，人畜排泄物 N 的输入量最低，变化比较稳定（图 8-13），1995～2005 年平均为 15.3×10^7 kg N · a^{-1}，大约占总 N 输入量的 9.1%

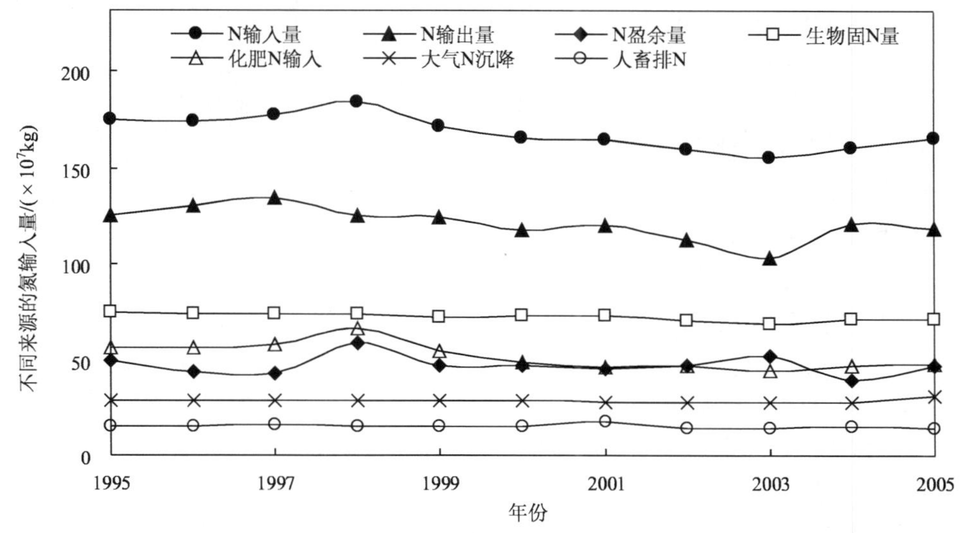

图 8-13　江西省不同来源的 N 输入量（包括生物固 N 量、化肥 N 输入、大气 N 沉降和人畜排 N）、输出量及盈余量的时间序列变化（1995～2005 年）

(表 8-8)。天然森林和草地固 N 可以看做是自然来源的 N 输入，这部分 N 输入量平均为 47.3×10^7 kg N· a^{-1}，大约占 N 输入总量的 25.7%～30.4%；人类来源的 N 输入量平均为 121.2×10^7 kg N· a^{-1}，大约占 N 输入总量的 69.6%～74.3%；人类来源的 N 输入量大约是自然来源 N 输入量的 2.3～2.9 倍。由此可见，由于人类活动引起的 N 输入已经远远超过了自然来源的 N 输入，说明人类活动已经严重干扰了系统内的 N 循环。

表 8-8 1995～2005 年江西省陆地生态系统氮收支平衡表

N 收支项目		变化范围 /(×10^7kg·a^{-1})	年平均值 /(×10^7kg·a^{-1})	所占比例 /%
N 输入量		155.5～184.2	169	100
	生物固 N	69.1～74.6	73	43
	N 肥施用	44.4～66.2	52	31
	大气 NO_3^--N 沉降	27.3～31.1	29	17
	人畜排泄	14.5～18.1	15	9
N 输出量		103.4～134.1	121	100
	农业 N 输出量	70.9～93.3	84	69
	硝化-反硝化 N 损失量	16.5～23.9	19	16
	土壤截留 N 损失量	16.1～20.7	18	15
N 盈余量		39.6～59.0	47	

8.3.1.2 N 输入总量、输出量及盈余量的时间序列变化

江西省陆地生态系统的 N 输入总量、输出量及盈余量的时间序列变化见表 8-8 和图 8-13。

从表 8-8 看出，1995～2005 年，江西省 N 输入总量变化范围为 155.5×10^7～184.2×10^7 kg N· a^{-1}，平均值为 168.5×10^7 kg N· a^{-1}；农业 N 输出量（农作物收获输出 N 去掉残茬返田部分）平均为 84.2×10^7 kg N· a^{-1}，大约占 N 输出量的 69.5%；每年施用的肥料在土壤中被截留了 17.9×10^7 kg N· a^{-1}，大约占 N 输出量的 14.8%；氮肥和有机肥的硝化-反硝化损失量平均为 19.1×10^7 kg N· a^{-1}，大约占 N 输出量的 15.7%。N 盈余量变化范围是 39.6×10^7～59.0×10^7 kg N· a^{-1}，平均值为 47.3×10^7 kg N· a^{-1}，变化比较平稳。

N 输出量变化范围是 103.4×10^7～134.1×10^7 kg N· a^{-1}，平均为 121.2×10^7 kg N· a^{-1}（表 8-8）。1997～2003 年，系统内的 N 输出量呈逐年下降的趋势，分别从 1997 年的 134.1×10^7 kg N· a^{-1}减少到 2003 年的 103.4×10^7 kg N· a^{-1}（图 8-13），究其原因主要有两个：①2001～2003 年，江西省连续 3 年实施了退耕还林工程，2002 年退耕还林 13.3×10^4 hm^2，2003 年为 21.3×10^4 hm^2，覆盖全省 60 个县、市、区，从而导致农作物的播种面积减少，农作物的播种面积从 2001 年的 671.3×10^4 hm^2 减少到

2003 年的 482.4×10^4hm^2，减少了 28.1%；②自然灾害导致农作物减产。1998 年和 2002 年的夏季，江西省发生了特大暴雨灾害，而 2003 年属于气候异常干旱年，造成农作物大面积减产，从而使得农作物收获输出的 N 减少。在 2004 ～2005 年，江西省加大了对农业的各种补贴力度，促进了农作物优质品种和先进生产技术的推广，粮食总产量比 2003 年分别增长 24.3%和 27.8%（江西省统计局，2005），从而使得农作物收获输出的 N 有所回升。

1995～2005 年，江西省平均 N 盈余量占总输入量的 28.1%，说明系统内有接近 1/3的 N 素并没有得到充分有效的利用。如果在陆地生态系统内持续发生 N 盈余，势必会造成盈余 N 从陆地向水体的转移，从而增加了地表和地下水体发生富营养化的风险。据杨林章等（2008）研究，江西红壤剖面中，硝态氮在 50～100 cm 土层中的累积量可达 180 kg N · hm^{-2}，这就增加了发生养分淋失的风险，对地下水水质形成潜在威胁。

8.3.2　流域点源氮、磷排放强度分析

点源主要是指湖区排污量较为集中、数量较大的入湖河道和直接入湖的工矿废水及城镇生活污水（姜加虎和窦鸿身，2003）。近年来，随着湖区经济的迅速发展，污水排放总量增加的趋势明显。从图 8-14 看出，1990～1999 年，江西省的污水排放总量年际间变化不大，基本保持在 10×10^8t 左右；但是自 2000 年开始，全省的污水排放总量呈迅速增加的趋势，在 2004 年和 2009 年分别达到了 27.1×10^8t 和 31.2×10^8t，与 1999 年相比，分别增加了 1.8 倍和 2.3 倍。在污水排放总量中，除 1998～2000 年以外，均以工业污水为主；不同的是，1999 年以前，工业污水排放量呈逐年减少，其所占比重从 1990 年的 74.6%下降到 1999 年的 44.6%。进入 2000 年以来，工业污水排放量呈逐年迅速增加的趋势，特别是 2004 年，工业污水排放量达到了 19.6×10^8t，5 年内增加了 3.6 倍，其所占污水排放总量的比重为 72.0%；之后排放量比较稳定，2009 年又有显著增加，其所占污水排放总量的比重为 64.6%。相比较工业污水而言，生活污水排放量呈稳定的增加趋势，其年均增长率保持在 10%以内。2000 年以前增速较快，年均

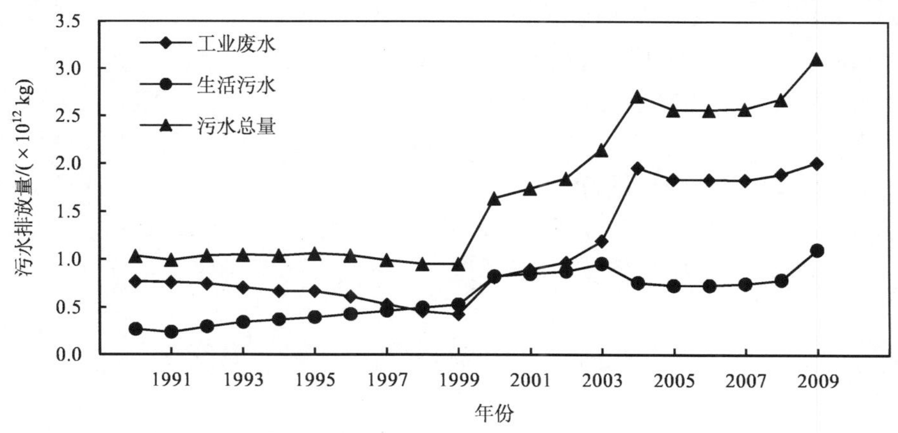

图 8-14　1990～2009 年江西省污水排放总量的年变化

增长13%；2000年以后增速放缓，年均增长4%。进入21世纪以来，逐年迅速增加的污水（主要是工业污水）绝大部分未经严格的处理、净化，就直接排放进入地表河湖，这些污水中富含氮、磷及其他污染物，势必对地表河湖水质和湖泊的富营养化造成不利影响。

本章采用最枯流量法确定枯水期各月污水氮、磷排放入河量。假定在流量最枯月份里，没有面源污染，只有点源污水排放进入河流中。监测期内以2010年11月的流量最少，根据公式：污水氮磷入湖量＝2010年11月五河的氮磷浓度×2010年11月五河的径流量。计算得到的五河枯水期污水氮的月输入量为：赣江45.8×10^5kg、修水5.6×10^5kg、抚河2.0×10^5kg、信江9.3×10^5kg、乐安江5.4×10^5kg、昌江1.5×10^5kg，五河枯水期污水磷的月输入量为：赣江2.01×10^5kg、修水0.13×10^5kg、抚河0.06×10^5kg、信江0.43×10^5kg、乐安江0.20×10^5kg、昌江0.13×10^5kg。假定五河枯水期（10月～翌年3月）每月的污水排放量不变，而平水期（4、5、6月）用水量比枯水期增加5%、丰水期（7、8、9月）比枯水期增加15%（根据南昌市2009年7月日用水量较非用水高峰期的日用水量多出了近15%），相应地污水排放量也有所增加，忽略污水中氮浓度的季节变化，则在2010年8月～2011年7月一个完整年份内通过污水排放入湖的氮、磷总量分别达到8.8×10^7kg、3.7×10^6kg，其中2010年8月～2011年4月（鄱阳湖枯水期）的污水氮、磷排放入湖量分别为6.5×10^7kg、2.8×10^6kg，分别占全年污水氮、磷排放入湖量的73.9%和75.7%。

8.4 湖泊水量平衡变化对鄱阳湖水环境的影响

总磷和总氮指水体中以氮和磷表示的各种形态物质的总称，是反映湖泊水体营养状态的主要指标，也是鄱阳湖水质超标的主要污染物（朱海虹和张本，1997；姜加虎和窦鸿身，2003；中国环境状况公报，2009）。已有研究表明，径流输入、大气沉降以及流域内的污水排放是鄱阳湖主要的氮、磷输入来源（姜加虎和窦鸿身，2003）。1987～1988年，平均每年通过径流输入鄱阳湖的氮、磷总量分别占入湖总量的95.0%、97.5%，其中，通过五河输入的氮、磷总量分别占入湖总量的66.8%、76.6%，大气沉降带入的氮、磷总量分别占入湖氮、磷总量的2.5%、1.0%；入湖氮、磷总量的季节变化与入湖径流量的季节变化关系密切（姜加虎和窦鸿身，2003；朱海虹和张本，1997）；李志军（2011）在没有考虑大气来源的氮、磷输入情况下，核算出2004～2007年平均每年进入鄱阳湖的总氮为13.6万t，总磷为1.9万t，五河输入的氮、磷比例分别占77.8%、82.4%（李志军，2011），沿湖散排的氮、磷入湖量分别占入湖总量的22.2%、17.6%。以上研究为确定鄱阳湖氮、磷的主要来源奠定了基础。

8.4.1 五河入湖氮、磷通量的年内变化

在第五章鄱阳湖水量平衡研究分析的基础上，我们分11月～翌年2月、3～7月、8～10月3个阶段对五河输送的氮、磷入湖量进行了核算，结果如表8-9、图8-15和图

8-16 所示。

从表 8-9 和图 8-15 看出，2010 年 8 月～2011 年 7 月一个完整年份内，赣江流入鄱阳湖的氮通量最高，超出其余 4 条河流入湖氮通量的总和还多，占五河入湖总氮通量的 61.6%，在丰水期入湖的氮通量超出枯水期 25.5%；其次为信江和饶河，分别占五河入湖总氮通量的 14.2%和 14.7%，在丰水期的氮入湖通量远远超过枯水期，分别高出 48.1%和 68.4%；抚河和修水的氮入湖通量最低，均达不到赣江氮入湖通量的1/10，修水在枯水期的氮入湖通量甚至比丰水期还多出了 67.8%，这与修水在 2010 年 10 月的流量（7.3×10^8 m^3）较高以及测得的总氮浓度（3.14 $mg\cdot L^{-1}$）偏高有关。

从表 8-9 和图 8-16 看出，五河入湖的磷总量中，仍然以赣江入湖的磷总量最高，但是在五河入湖总磷量中的比例有所下降，为 41.5%，丰水期略高于枯水期；其次为饶河和信江，分别占五河磷入湖量的 31.3%和 18.8%，丰水期远远高于枯水期的磷入湖量；抚河与修水的磷入湖量最低，分别占五河总入湖磷的 4.5%和 3.9%。在 2010 年 8 月～2011 年 7 月一个完整年份内，五河输送入湖的氮、磷总量分别为 14.6×10^7 $kg\cdot a^{-1}$和 1.1×10^7 $kg\cdot a^{-1}$，分别是污水来源的氮、磷入湖总量（8.3.2 节）的 1.7 倍和 3 倍，其中，2011 年 3～7 月的氮、磷入湖量分别占全年五河氮、磷入湖量的 49.6%、54.2%，由于 2011 年气候偏干，五河枯水期延长到了 5 月，所以，这个比例可能较正常年份偏低。

表 8-9　五河氮、磷输送入湖量的年内变化（2010 年 8 月～2011 年 7 月）

	阶段	赣江	修水	抚河	信江	乐安江	昌江	合计
氮入湖量/($\times10^5$kg)	11 月～翌年 2 月	214.8	10.0	15.1	41.2	50.1	6.8	338.0
	3～7 月	447.2	21.7	38.1	101.1	79.4	35.7	723.2
	8～10 月	249.2	54.6	10.5	48.5	22.0	10.6	395.4
	2010.8～2011.7	911	86	64	191	152	53	1457
磷入湖量/($\times10^5$kg)	11 月～翌年 2 月	11.4	0.7	2.0	5.0	11.1	0.9	31.0
	3～7 月	20.7	2.4	2.6	10.6	19.5	3.7	59.6
	8～10 月	12.0	1.4	1.2	2.9	1.0	1.1	19.6
	2010.8～2011.7	44.1	4.5	5.8	18.5	31.6	5.7	110

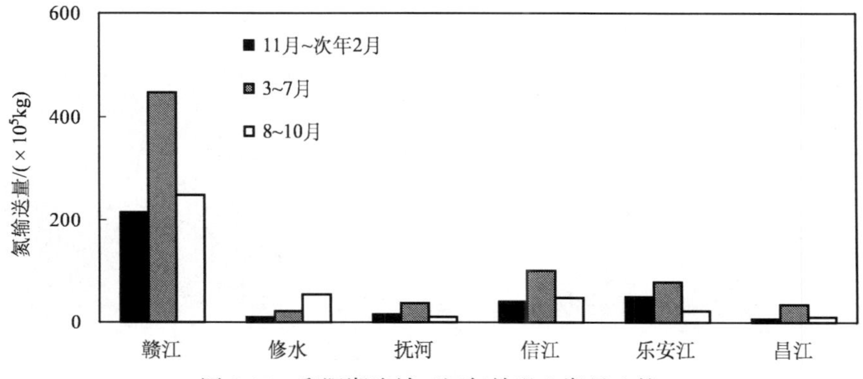

图 8-15　鄱阳湖流域五河氮输送入湖量比较

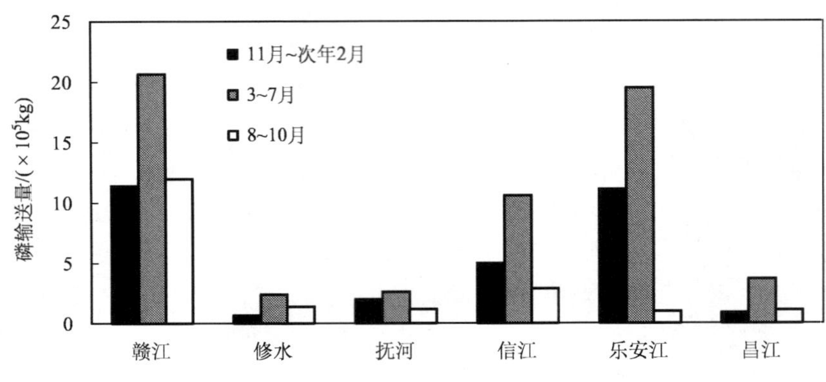

图 8-16　鄱阳湖流域五河磷输送入湖量比较

8.4.2　鄱阳湖区大气沉降氮、磷通量的年内变化

大气氮沉降包括干沉降和湿沉降，是指以降水或灰尘形式降落到地面的含氮化合物。在鄱阳湖的氮、磷输入来源中，大气沉降占的比例较小。据研究，1987～1988 年，大气沉降带入的氮、磷总量分别仅占入湖氮、磷总量的 2.5%、1.0%（姜加虎和窦鸿身，2003；朱海虹和张本，1997）。随着人类活性氮排放量的逐年增加，来自大气沉降的氮、磷污染物将进一步增加，必将加重受纳水体的氮、磷负荷，增加水体富营养化的风险。

鄱阳湖区（监测点设在江西省星子县鄱阳湖生态观测站）的大气沉降监测结果如图 8-17～8-19 所示。由图 8-17、图 8-18 可知，雨水中的 TN、TP 浓度在各月间变化很大，枯水期的浓度明显高于丰水期，这与丰水期降水丰沛及对雨水中的氮、磷有清洁作用有关，同时也说明在枯水期，虽然降水量相对较少，但是大气中的氮、磷浓度相对较高，相对于干沉降，总的湿沉降通量可能并不低。这一点从图 8-19 可以得到证明。为了反映 2011 年旱季（2010 年 10 月～2011 年 5 月）和雨季（2011 年 6～9 月）的大气沉降情况，我们将大气沉降监测期限延长到了 2011 年 9 月。图 8-19 表明了星子县大气氮、

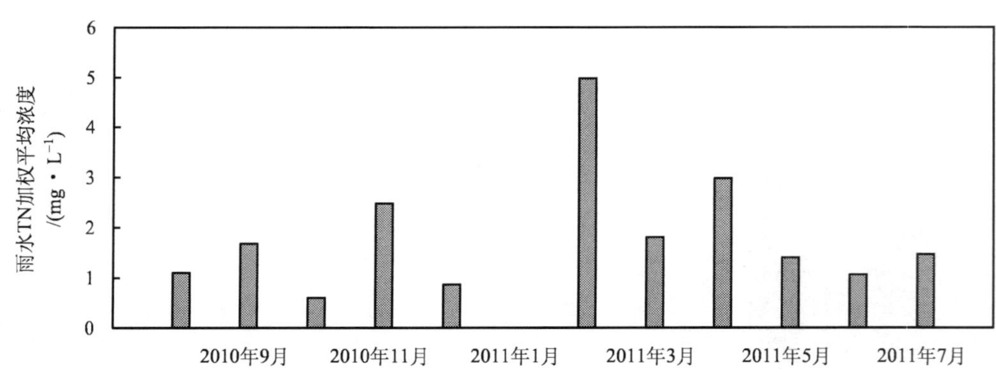

图 8-17　星子县逐月雨水 TN 降水量加权平均浓度（2010 年 8 月～2011 年 7 月）

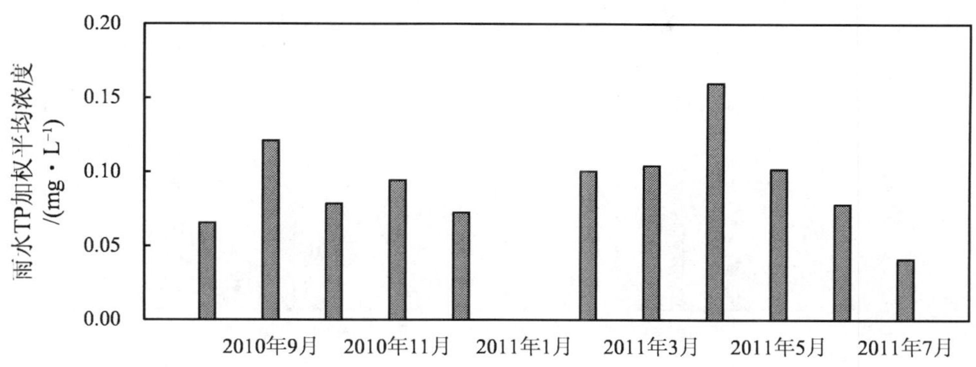

图 8-18　星子县逐月雨水 TP 降水量加权平均浓度（2010 年 8 月～2011 年 7 月）

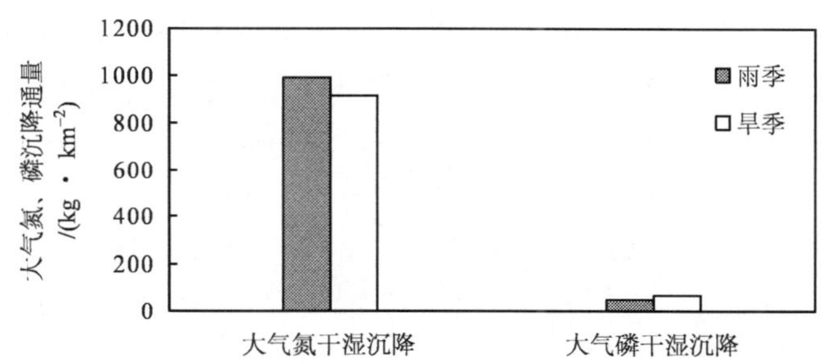

图 8-19　星子县大气氮干、湿沉降通量旱、雨季比较（2010 年 10 月～2011 年 9 月）

磷总沉降（干+湿）通量在旱季和雨季的变化，可以看出，在旱季和雨季，大气氮、磷的干湿沉降通量相差不大，旱、雨季的氮沉降通量分别为 915 kg N · km^{-2}和 1022 kg N · km^{-2}，磷沉降通量分别为 70 kg P · km^{-2}和 51 kg P · km^{-2}，两者相差不大。相比较五河入湖氮、磷总量，大气沉降氮、磷总量低了一个数量级。这说明，在鄱阳湖入湖氮、磷中，以五河输入占绝对优势。

图 8-20 和图 8-21 给出了 2010 年 8 月～2011 年 7 月江西省星子县的大气氮、磷逐月干、湿沉降通量。从图 8-20 看出，鄱阳湖区大气氮湿沉降表现出明显的季节变化规

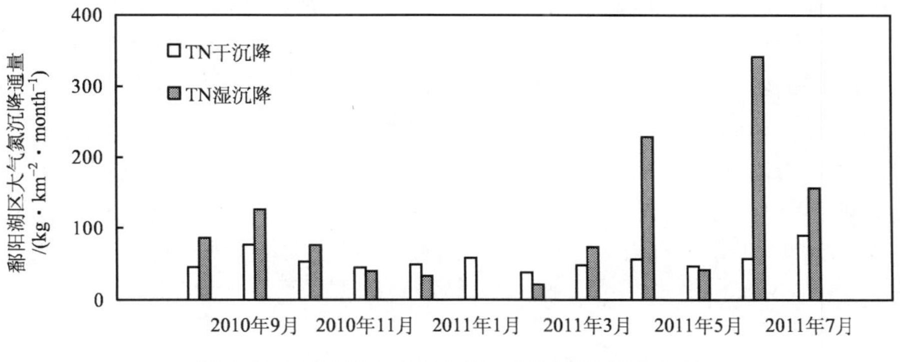

图 8-20　鄱阳湖区大气氮干、湿沉降的逐月变化

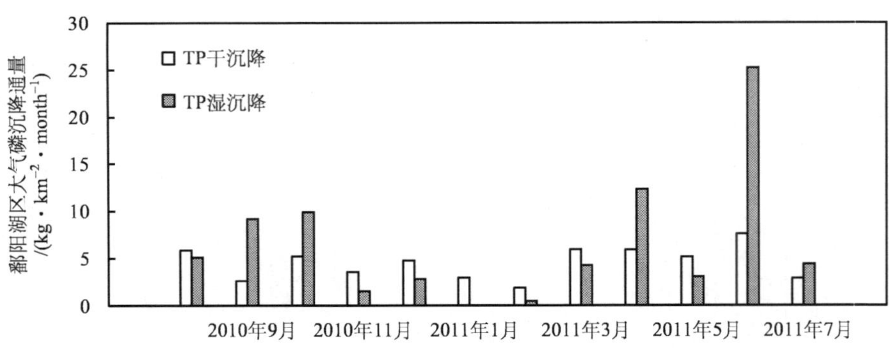

图 8-21　鄱阳湖区大气磷干、湿沉降的逐月变化

律，主要体现在丰水期的氮湿沉降大于枯水期。在一个完整年份内，氮湿沉降最高值出现在 2011 年 6 月，其次为 2011 年 4 月。2011 年 6 月，星子县降水量达到 320 mm，高于往年平均值。经历了 2010 年 12 月～2011 年 3 月长期少雨或无雨天气的积累，大气中积累了大量的氮分子，所以，虽然 2011 年 4 月的降水量只有 77 mm，但是雨水中的氮浓度较高（2.98 mg·L^{-1}），从而导致该月份的氮湿沉降通量相对较高。

相比较湿沉降而言，大气氮的干沉降通量在各月间变化不大，变化范围在 38.7～89.5kg·km^{-2}·$month^{-1}$，平均值为 55.7 kg·km^{-2}·$month^{-1}$，变异系数为 24.6%；而大气氮的湿沉降通量具有明显的季节差异，变化范围在 21.4～341.8 kg·km^{-2}·$month^{-1}$（2011 年 1 月没下雨），平均值为 102.4 kg·km^{-2}·$month^{-1}$，变异系数为 92.6%，突出表现在春、夏季较高，而秋、冬季较低，受不同季节降水量的影响较大。2011 年 6 月，鄱阳湖流域发生旱涝急转，大气中积累的高浓度氮分子、氮离子随暴雨发生沉降，导致这个月的大气氮湿沉降通量最高。而在秋、冬季节，由于降水量少，大气氮多以干沉降形式发生沉降，湿沉降通量相对较少（图 8-20）。从 2010 年 8 月 1 日～2011 年 7 月 31 日一个完整年份内，大气氮总沉降量为 36.3×10^5 kg［公式（8.8）］，其中，湿沉降总量为 25.3×10^5 kg，干沉降总量为 11.0×10^5 kg，干湿比为 0.43∶1；氮的形态以溶解态为主（>80%），NH_4^+-N∶NO_3^--N=1∶0.9。

从图 8-21 看出，鄱阳湖区大气磷沉降与氮沉降表现出基本一致的变化特征，大气磷的干沉降通量在各月间变化不大，变化范围在 1.9～7.6 kg·km^{-2}·$month^{-1}$，平均值为 4.5 kg·km^{-2}·$month^{-1}$，变异系数为 36.4%；大气磷的湿沉降表现出明显的季节变化规律，变化范围在 0.5～25.2 kg·km^{-2}·$month^{-1}$，平均值为 6.5 kg·km^{-2}·$month^{-1}$，变异系数为 103.1%，丰水期的湿沉降明显高于枯水期。2010 年 8 月 1 日～2011 年 7 月 31 日一个完整年份内，大气磷总沉降量为 2.5×10^5 kg［公式（8.10）］，其中，湿沉降总量为 1.7×10^5 kg，干沉降总量为 8.5×10^4 kg，干湿比为 0.5∶1；除了 2010 年 9 月和 2011 年 2 月以外，磷的形态均以溶解态为主。大气氮、磷总沉降量之比为 14∶1，说明大气沉降是一项非常重要的污染源。

8.4.3　长江与鄱阳湖氮、磷交换通量年内变化

鄱阳湖通过湖口与长江之间进行水量和物质交换，如果湖口流量为正，说明鄱阳湖的水流入长江；如果湖口流量为负，则说明长江水倒灌进入鄱阳湖。通过分析湖口输出氮、磷通量的年内变化特征，可以准确识别鄱阳湖盈余的氮、磷污染物的去向，正确认识长江与鄱阳湖之间的物质交换。

基于实测水文水质数据，计算得到湖口输出的氮、磷通量，其结果如图 8-22、8-23 所示。2010 年 10 月～2011 年 7 月，鄱阳湖与长江之间的相互作用主要体现在鄱阳湖向长江进行物质的输送。对于总氮来说，以夏、秋季的输送量最大，冬、春季的输送量最小。由于 2011 年气候较往年干旱，鄱阳湖流域枯水期延长到了 5 月，而五河输入是鄱阳湖的主要氮、磷来源，故监测期间以 4 月鄱阳湖向长江的氮输出量最低；6 月鄱阳湖流域进入汛期，湖区降水量骤然增加，达到了 322 mm · month^{-1}，再加上五河来水量大大增加，所以鄱阳湖向长江的氮输出量相对较高（图 8-22）。对于总磷来说，以夏季的输送量最大，其次为冬季，春、秋季的输送量最小，同样受到 6 月降水量增加的影响，在 6 月的磷输出量最高（图 8-23）。

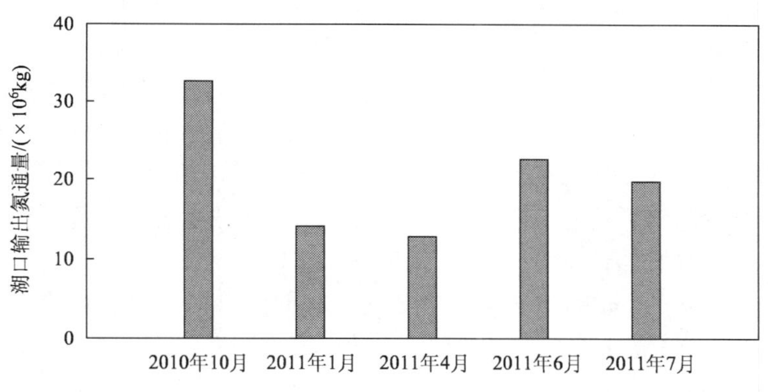

图 8-22　湖口输出氮通量的年内变化

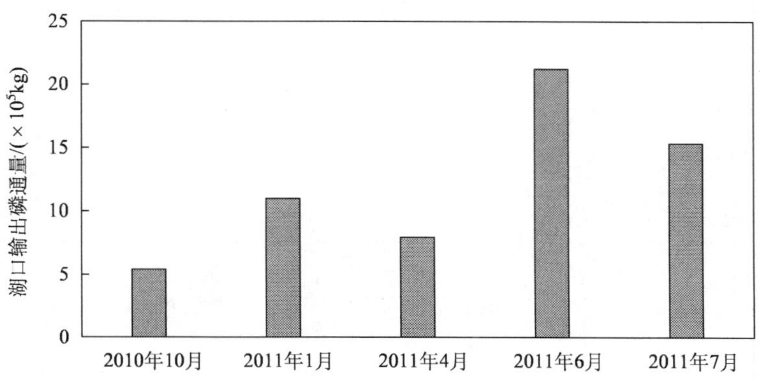

图 8-23　湖口输出磷通量的年内变化

8.4.4　水量平衡变化对湖泊水质的影响

第五章详细分析了鄱阳湖的水量平衡变化特征，这里重点通过2010～2011年水量平衡变化特征、污染来源组成及水质变化分析水量平衡变化对湖泊水质的影响过程。湖泊水量变化决定着湖泊环境容量和污染物的交换，是认识湖泊水量平衡对水质变化影响的基础。

依据水量交换及湖泊水量的差异，将年内水量平衡过程划分为3个阶段，分别为11月～翌年2月，3～7月和8～10月，3个时期入湖水量、出湖水量与湖泊水量特征和更新次数见表8-10。湖泊水量能够反映水体的水环境容量。一般情况下，水量越大，水环境容量越大，越有利于水质的保护；更新次数影响湖泊的水动力过程，往往更新频繁的水体流速快，不容易引起污染物在湖体的长期滞留，有利于抑制富营养化过程。从表8-10可以看出，水量平衡在3个阶段呈现出3～7月，水环境容量大，换水周期短，有利于水质保护的特征。而8～10月因蓄水量大，水质也不容易恶化的特点。11月～翌年2月，蓄水量最小，换水周期也相对较短，是水质问题最为突出的时期。

湖泊水量平衡过程影响着湖泊营养盐平衡过程，表8-11和表8-12是2010年8月～2011年7月鄱阳湖流域五河输入、区间和湖面大气沉降氮、磷输入贡献量的对比。由于2011年气候偏干，鄱阳湖丰水期调整为5～7月，其余月份归为枯水期。从表8-11看出，无论在枯水期还是丰水期，总氮输入量均以五河输入最多，丰、枯水期的贡献率均在82%左右；区间氮输入大约占总氮输入量的16%；湖面大气沉降所占比例最小，丰、枯水期的贡献率均不到总氮输入量的3%，由于区域内大气沉降监测站点很少，估算结果会存在一定的误差。

从表8-12看出，总磷输入量表现出了与氮相似的特征，即五河输入最多，其次为区间输入，湖面大气沉降所占比例最小。由此可见鄱阳湖氮、磷污染物来源主要受控于五河输入，而前面分析看出五河污染源中点源污染占有较大的比重（8.3.2节），枯水期间水质较差（8.2.1节），这一特征必然导致鄱阳湖枯水期水质问题最为突出，尤其是枯水期水量少，反硝化降解能力弱，加剧了这一时期的水质问题。

表8-10　鄱阳湖不同时期水量平衡核算

时期	入湖水量 /($\times10^8m^3$)	出湖水量 /($\times10^8m^3$)	期初湖体水量 /($\times10^8m^3$)	期末湖体水量 /($\times10^8m^3$)	平均蓄水量 D /($\times10^8m^3$)	更新次数
11月～翌年2月	201.3	554.4	39.1	7.5	10.9	8.6
3月～7月	610.7	192.8	7.5	63.8	48.6	17.1
8月～10月	140	49.3	63.8	11	37.9	3.7

表 8-11　鄱阳湖氮收支平衡核算表（2010 年 8 月～2011 年 7 月）

项目		总氮/(×10⁵kg)		所占比例/%	
		枯水期	丰水期	枯水期	丰水期
收入	五河输入	862	539	82.6	81.6
	区间流入	164	102	15.7	15.5
	湖面大气沉降	17	19	1.7	2.9
支出	湖口流出	1619	606		
收入一支出	反硝化损失和湖区蓄存	−576	54		

表 8-12　鄱阳湖磷收支平衡核算表（2010 年 8 月～2011 年 7 月）

项目		总磷/(×10⁵kg)		所占比例/%	
		枯水期	丰水期	枯水期	丰水期
收入	五河输入	66.5	41	82.7	81.7
	区间流入	12.6	8	15.7	15.9
	湖面大气沉降	1.3	1.2	1.6	2.4
支出	湖口流出	77	48		
收入一支出	湖区蓄存	6	3		

鄱阳湖水量平衡变化对水质影响机制非常复杂，现有数据还难以全面系统地支撑用数学方法来描述这一过程。从实测数据来看，水量平衡过程对水质的影响非常显著。与 2011 年枯水期延长伴生的水质显著恶化现象，说明了这一过程。图 8-24 是 2009～2011

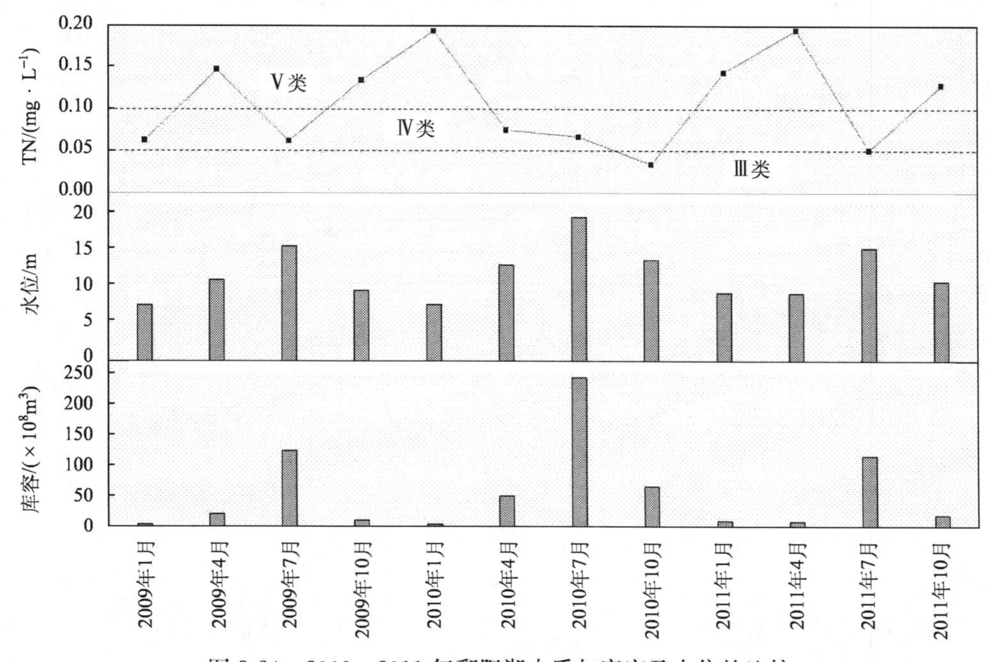

图 8-24　2009～2011 年鄱阳湖水质与库容及水位的比较

年鄱阳湖水质季节性变化与水位和库容变化的比较，可以看出各年水质年内变化有一定差异，但均显示出枯水期 1 月水体氮污染非常显著的特点，而 2011 年枯水期一直延续到 5 月，实测的 4 月表现为最差。由此可见，枯水期水量平衡过程对水质的影响非常显著，极端枯水导致的水污染问题非常突出。

8.5　保护鄱阳湖水质的对策与措施

鄱阳湖水质保护不仅关系环湖地区居民的用水安全，而且还影响鄱阳湖下游长江水质，近年来枯水期水量连年减少、水质问题突出，保护鄱阳湖水质持续稳定受到社会各界广泛关注。为了有效保护鄱阳湖水质，需要深入剖析鄱阳湖水质恶化的原因，遵从流域综合管理的理念，通过点面源污染来源削减与河湖生态系统优化相结合，上中下游综合布局，辅以严格的法规约束、政策引导，实现鄱阳湖水质的改善。

根据鄱阳湖氮、磷收支平衡组成及其主要影响因素，可通过相关措施控制污染物的入湖总量，逐步恢复鄱阳湖湿地的生态服务功能，扭转鄱阳湖水质下降的趋势。可能的措施包括：①加大点源污染控制力度，提高环湖区新建项目的环境准入门槛。由于近年来鄱阳湖枯水期水质恶化的直接原因是点源污染排放的持续增加，因此尤其要加大点源污染的控制力度，在贯彻中部崛起的发展战略时，强调鄱阳湖的重要生态功能，提高鄱阳湖流域，尤其是环湖地区新建项目的环境准入门槛，避免承接长江下游地区淘汰的高污染产业；加强城市生活污水的处理能力，完善污水收集管网系统，乡镇一级应建立污水处理设施，分散的居民点推广小型污水处理设备，全面推进工业点源和生活污水的控制措施，同时提高水资源重复利用率。②加强控制农业面源污染，减少入湖污染物总量。实施以小流域为单元的综合治理，沟坡兼治，布设坡改梯及坡面配套工程、沟道防护工程、水土保持林草和保土耕作措施，采取能源替代建设、舍饲养畜等措施；调整农业种植结构，发展节水灌溉，减少化肥农药使用量。③建设滨湖滨河湿地防护带，截留、消减面源污染物的入湖总量。在滨湖滨河控制开发带内，禁止使用高毒、高残留化学农药，限制使用除草剂，引导和鼓励农民科学施肥，减少农业面源污染。优先实施湖泊湿地保护和恢复工程，禁止围湖造田、围湖养殖等缩小湖泊水面的行为。对主要入湖河道、河口进行综合治理，实施生态恢复。④加快建立生态补偿机制，改善鄱阳湖生态环境。将生态补偿问题列入省重点科研计划，尽快确定生态补偿的对象、标准、方式与方法等。⑤加强科技攻关，增强科技支撑能力。强化湖泊富营养化形成和消除机理、水体氮磷污染控制、藻类生长和暴发规律、水体自然修复等方面的关键技术研发，依靠科学的高科技手段治理湖泊，并开展湖泊生态安全评估，全面推进湖泊环境标准研究和修订工作。

8.6　小　　结

本章基于五河及鄱阳湖水质的实测数据，分析了五河和湖泊水质的变化特征和趋势，并结合实测水文数据、利用物质平衡模型方法，探讨和分析了鄱阳湖氮、磷平衡的组成、变化及其影响因素，获得的主要认识有：

（1）利用实测水质数据分析结果表明，鄱阳湖及五河水质总体较好，以优于Ⅲ类水为主，2010 年全年期优于Ⅲ类水河长占总评价河长的 65.3%，鄱阳湖优于Ⅲ类水占总评价面积的 71.3%。然而，枯水期的水质状况不容乐观。2010 年枯水期，鄱阳湖劣于Ⅲ类水占总评价面积的 91.3%；2011 年气候干旱，鄱阳湖水系枯水期延长，水质恶化问题尤其突出；2011 年 4 月，鄱阳湖区水质调查表明，湖区总氮、总磷平均浓度分别为 2.70 $mg \cdot L^{-1}$ 和 0.24 $mg \cdot L^{-1}$，按照《国家地面水环境质量标准（GB3838—2002)》进行水质评价，监测湖区水质为劣Ⅴ类水。污染指标主要是和水体富营养化密切相关的氮磷指标。从水质的长期变化来看，鄱阳湖水系水质有变差的趋势。20 世纪 80 年代河湖基本都是Ⅰ、Ⅱ类水，且枯水期的水质相对较好。而目前，全年期劣于Ⅲ类水的湖区已经接近 30%，在枯水期该比例甚至达到了 91.3%；在主要河流评价河长中，在全年期大约 2.6%的评价河长水质达到了劣Ⅴ类，在枯水期该比例上升为 5.7%。湖区营养状态呈从中营养向富营养状态发展的趋势。近年枯水期水环境问题表现得尤其突出，局部河段水质达到了劣Ⅴ类，部分湖区已经具备了发生富营养化的条件，水污染情况不容乐观。

（2）基于实测数据计算的 2010 年 8 月～2011 年 7 月鄱阳湖氮、磷平衡组成显示，鄱阳湖流域五河总氮、总磷输入量分别为 14.0×10^{7} kg、1.1×10^{7} kg，通过区间径流进入湖体的总氮、总磷贡献量分别为 2.7×10^{7} kg、2.1×10^{6} kg，大气氮、磷沉降的年输入量分别为 3.6×10^{6} kg、2.5×10^{5} kg，湖口输出的总氮和总磷分别为 22.3×10^{7}kg 和 1.3×10^{7}kg。流域五河输入是鄱阳湖最主要的氮、磷污染物来源，大约占总氮、总磷输入量的 82%，区间氮输入大约占 16%，大气氮沉降输入大约占 2%。

（3）影响鄱阳湖水质的主要因素包括 3 个方面。第一，与太湖流域、长江三角洲等经济相对发达的地区相比（杨林章等，2008；邓美华等，2007），鄱阳湖流域陆地系统单位国土面积氮素盈余量（28.33kg $N \cdot hm^{-2}$）处于相对较低的水平，并且 1995～2005 年，流域陆地生态系统的氮盈余量变化相对平稳，从面源流失进入地表水体的营养盐相对较少，这是鄱阳湖水系水质保持较好的原因之一；近年来，高达 60%以上的森林覆盖率加上退耕还林、退渔还湖等政策的实施对控制面源氮、磷流失起到了积极有效的作用。第二，随着鄱阳湖流域发展经济的步伐加快，污水排放量显著增加，污水排放引起的氮、磷污染对地表河湖水质的贡献率也相应增加。结合目前河湖水质在枯水期显著劣于丰水期可知，污水的排放与面源流失对于地表河湖水质的影响是同样重要的。如果不能对污水进行彻底有效地治理，那么随着含有大量氮、磷污染物的污水排放总量逐年增加，在枯水期河流补给急剧减少的情况下，极易导致枯水期鄱阳湖水系的水质污染。第三，作为通江湖泊，鄱阳湖水量同时受到五河与长江的调节。水量平衡分析结果表明，鄱阳湖的水量以五河输入为主，占总入湖水量的 80.5%，长江水倒灌量对鄱阳湖水量平衡的影响作用很小。五河水量的年内和年际变化主要受气候因素（降水和蒸发条件）的影响，极端枯水会加剧五河水质灾害。2011 年受气候干旱影响，鄱阳湖枯水期延长到了 5 月，4 月湖区水面面积只有 413 km^2，仅为 2010 年 4 月湖区水面面积的 36.9%，监测到的湖区总氮、总磷浓度分别高达 2.7 $mg \cdot L^{-1}$、0.24 $mg \cdot L^{-1}$，根据

《地表水环境质量标准（GB3838—2002)》，监测湖区水质属于劣Ⅴ类。由此可见，气候干旱引起的水量平衡过程对水质的影响非常显著，极端枯水加剧水污染问题。

（4）针对鄱阳湖水质的变化特征及其影响因素，将点源污染与面源污染治理相结合是维护鄱阳湖良好水质的关键。如在城镇和在有条件的乡村建设污水处理厂，并确保出水水质达到Ⅰ类。在湖区加强工业污染防治，提高新上项目的环境准入标准。在人口相对集中的农村，采用相关的工程措施，结合农业种植结构的调整、节水灌溉、少施化肥农药等措施，控制入湖的面源污染。在滨湖滨河地带建设湿地防护带，加强生态恢复；加快建设生态补偿机制，改善鄱阳湖生态环境。必须遵循流域综合管理的理念，将点面源污染物来源削减与河湖生态系统优化相结合，辅以严格的法规约束、政策引导，才能高效控制和治理湖泊水质问题，实现鄱阳湖水质的改善。

参考文献

邓美华，谢迎新，熊正琴，等. 2007. 长江三角洲氮收支的估算及其环境影响. 环境科学学报，27（10)：1709-1716.

地球系统科学数据共享平台. 2005. 2005年江西省1：250000土地利用分布图. http://www.geodata.cn/Portal/?isCookieChecked=true［2010-4-18］.

樊建凌，胡正义，庄舜尧，等. 2007. 林地大气氮沉降的观测研究. 中国环境科学，27（1)：7-9.

郭华，Hu Qi，张奇. 2011. 近50年来长江与鄱阳湖水文相互作用的变化. 地理学报，66（5)：609-618.

国家环境保护总局自然生态保护司. 2002. 全国规模化畜禽养殖业污染情况调查及防治对策. 北京：中国环境科学出版社.

江西省发展和改革委员会. 1995. 江西省国民经济和社会发展统计公报. http：//www. cpirc. org. cn/tjsj/tjsj_gb_gd_detail. asp? level3=%BD%AD%CE%F7［2006-03-24］.

江西省水利厅. 1999-2005. 江西省水资源公报. http://www.jxsl.gov.cn/article.jsp?columnid=913&articleid=2999［2010-2-15］.

江西省水利厅. 水资源动态监测通报. http://www.jxsl.gov.cn/list.jsp?classid=335.

江西省统计局，国家统计局江西调查总队. 1996-2006. 江西省统计年鉴. 北京：中国统计出版社.

姜加虎，窦鸿身. 2003. 中国五大淡水湖. 合肥：中国科学技术大学出版社.

李新艳，李恒鹏. 2011. 江西省陆地生态系统氮平衡的时空分布规律研究. 环境科学学报，31（6)：1320-1330.

李志军. 2011. 鄱阳湖水资源保护规划研究. 人民长江，42（2)：51-55.

秦伯强，胡维平，陈伟民，等. 2004. 太湖水环境演化过程与机理. 北京：科学出版社.

沈善敏. 1998. 中国土壤肥力. 北京：中国农业出版社.

王体健，刘倩，赵恒，等. 2008. 江西红壤地区农田生态系统大气氮沉降通量的研究. 土壤学报，45（2)：280-287.

郗金标，张福锁，有祥亮. 2007. 中国森林生态系统N平衡现状. 生态学报，27（8)：3257-3267.

邢光熹，朱兆良. 2000. 中国集水区氮收支的分析与估算. 土壤学报，37（增刊)：72-82.

徐高洪，秦智伟. 1998. 鄱阳湖区间洪水计算方法. 湖泊科学，10（1)：31-36.

许朋柱. 2007. 流域N、P营养盐的来源、排放及输运研究. 南京：中国科学院南京地理与湖泊研究所博士学位论文.

杨桂山，朱春全，蒋志刚. 2011. 长江保护与发展报告. 武汉：长江出版社.

杨林章，孙波. 2009. 中国农田生态系统养分循环与平衡及其管理. 北京：科学出版社.

要文倩，秦江涛，张继光，等. 2010. 江西进贤水田长期施肥模式对水稻养分吸收利用的影响. 土壤，42（3)：467-472.

周杨明，于秀波，鄢帮有. 2008. 1949-2005年江西省农田养分平衡动态的宏观分析. 江西农业大学学报，30（5)：919-926.

朱海虹，张本. 1997. 鄱阳湖. 合肥：中国科学技术大学出版社.

朱兆良，文启孝. 1992. 中国土壤氮素. 南京：江苏科学技术出版社.

朱兆良，邢光熹. 2002. 氮循环——维系地球生命生生不息的一个自然过程. 北京：清华大学出版社.

朱兆良. 2008. 中国土壤氮素研究. 土壤学报，45（5）：778-783.

Burns R C，Hardy R W F. 1975. Nitrogen fixation in Bacteria and higher plants. New York：Springer.

Cleveland C C，Townsend A R，Schimel D S，et al. 1999. Global patterns of terrestrial biological nitrogen（N_2）fixation in natural ecosystems. Global Biogeochemical Cycles，13（2）：623-645.

Fried M. 1987. Direct quantitative assessment in the field of fertilizer management practices. Edmonton，Canada：11th Congr Inter Soil Sci，3：103-129.

Galloway J N，Dentener F J，Capone D G，et al. 2004. Nitrogen cycles：past，present，and future. Biogeochemistry，70：153-226.

Howarth R W. 1996. Nitrogen Cycling in the Atlantic Ocean and its Watersheds. Dordrecht，Boston，London：Kluwer Academic Publishers：1-139.

Lv C Q，Tian H Q. 2007. Spatial and temporal patterns of nitrogen deposition in China：synthesis of observational data. Journal of Geophysical Research 112，D22S05，Doi：10. 1029/2006JD007990.

Seitzinger S P，Harrison J A，Bohlke J K，et al. 2006. Denitrification across landscapes and waterscapes：a synthesis. Ecological Applications，16（6）：2064-2090.

Xing G X，Zhu Z L. 2002. Regional nitrogen budgets for China and its major watersheds. 环境科学，30（8）：2227-2233.

第九章　总结和展望

鄱阳湖作为中国的第一大淡水湖，鄱阳湖流域作为亚热带地区颇具特色的完整流域系统，过去50年中在水文水环境方面发生了明显的改变，导致流域的极端气候事件趋于增加，鄱阳湖区近年极端干旱事件频发，湖泊水域面积逐渐萎缩，湖泊水质趋于下降。本章简要总结在气候、水文和水质方面所取得的研究进展，分析归纳尚待解决的重要水文气候学及水环境效应问题，并展望未来的研究发展方向和可能取得研究突破的有效途径。

9.1　关于流域水循环水环境变化过程的总体认识

大气降水和地表蒸散的区域气候特点决定了流域地表径流的基本格局，而地表覆被和水利工程等人类活动因素改变着地表径流过程，也影响极端水文事件发生的强度和频率，由此产生不同程度的水环境效应，加速或延缓流域生态、资源和环境的演变过程。通过分析鄱阳湖流域的大气降水、地表蒸散、地表径流和湖泊水量以及水质特征，本书较为深入地解析了过去50年来水循环水环境要素的变化过程和机制，获得了以下4个方面的基本认识。

（1）流域年降水量（潜在蒸散）呈长期增加（下降）趋势，但近10年来降水量减少而实际蒸散量增加，并呈现明显的空间分布差异

根据1960～2007年观测资料，鄱阳湖流域的多年平均温度为17.5℃，在空间上呈现南高北低的分布态势，范围为16～20℃。20世纪60年代后期至80年代后期温度下降显著，之后温度开始升高，20世纪90年代后期开始呈现出显著增温的趋势，但在近50年中并没有发生明显的突变。流域平均温度的变化趋势为0.17℃/10a，略高于全球平均和北半球平均的变化趋势。在全球气候变暖大背景之下，鄱阳湖流域的年平均温度和四季温度均呈现升高的趋势，其中冬季升温趋势最为显著，为0.30℃/10a；春季次之，为0.21℃/10a。鄱阳湖流域多年平均年降水总量为1635.9 mm，在空间分布上呈现东南多、西北少的特点，降水日数为150～180 d，主要分布在3～6月。1960～2007年，流域内大部分观测站点的年降水总量呈增加趋势，为21.57 mm/10a。其中，夏季和冬季的降水总量呈现增加趋势，分别为20.64 mm/10a和13.54 mm/10a；而春季和秋季的降水总量则呈现减少的趋势。

近50年来流域潜在蒸散总体呈下降趋势，1992年之前潜在蒸散相对平稳，无明显的趋势性变化，1992年发生突变，潜在蒸散显著下降，而1990年以后夏季潜在蒸散量比1961～1990年的多年平均值减少42 mm。对于实际蒸散而言，流域多年平均的年蒸散量为727.1 mm，存在明显的季节变化特征，1月最低，7月最高。在空间分布上，实际蒸散量呈现北高南低的趋势，不同子流域之间存在一定的差异性。其中，饶河流域

和修水流域蒸散量高于其他流域，信江流域其次，抚河流域和赣江流域最小，而湖区介于中间。不同土地利用类型的年蒸散量差异明显，林地最高，其次为裸地，草地和水体相当，再次为耕地，城镇用地最低。分析发现，过去10年流域实际蒸散量普遍高于多年平均水平约7%，这与蒸散对风温湿等气象要素的敏感性有着密切的关系。虽然流域的平均风速减弱，但是平均气温升高以及湿度降低等仍然导致流域的地表蒸散量增加。这些研究结果，揭示了鄱阳湖流域实际蒸散的空间分布特征，明确了过去10年来实际蒸散的变化过程和主要影响因素，提升了对该流域蒸散时空变化的认识和理解。

（2）除饶河外其他水系入湖径流呈长期增加趋势，而鄱阳湖水量呈长期下降趋势，这种发展态势与气候变化、人类活动和长江顶托作用减弱有着密切的关系

鄱阳湖流域河川径流总量丰富，但季节和年际变差较大。根据1960～2007年鄱阳湖流域五河水系主要水文站径流资料，信江流域的径流深最大，为1144.2 mm；其次是饶河、修水和赣江流域；抚河流域的径流深最小，为780.8 mm。每年4～6月是五河水系的主汛期，占全年径流的53%；7～9月五河来水减小，但此时正值长江中上游的主汛期，鄱阳湖水位受长江顶托或倒灌影响而壅高，水位过程变化缓慢，长期维持在高水位；9月以后，五河流量迅速减少，进入枯水期；尤其是饶河、信江和抚河，9月到翌年1月的径流量不足全年总量的4%。在过去50年中，除抚河水系以外，其他五河水系总体上呈现长期上升趋势，但是这种趋势变化在统计意义上并不显著。五河径流存在着较大的年际波动，总体呈现出“增加—降低—增加—降低”的变化过程。在年代际尺度上，20世纪60年代和2000年后的流域径流总体较小，80年代次之，而70年代和90年代是流域径流相对较大的时期。除抚河水系外，其他水系的径流系数变化大体与径流量变化过程相似。外洲、李家渡和梅港三站的径流变化均存在25～26年左右的主周期。五河水系径流在1～3月、7～12月以增加趋势为主，而在4～6月大多呈现不同程度的减小趋势。

五河径流变化既是流域降水和蒸散等气候变化的结果，也受到地表覆被变化以及水利工程等人类活动的影响。从长期变化来看，气候变化是引起流域径流变化的主导因素，而人类活动则起着减小径流的作用，而其作用相对较小。2000年以前，气候变化和人类活动导致径流量增加，其中20世纪90年代为最大。2000年以后逐渐减小，但其相对贡献则高于其他年代。由于地理位置和水资源开发利用程度的差异，气候变化和人类活动对不同子流域的影响程度也存在一定的差异性，20世纪80年代气候变化引起径流改变最大的流域是赣江流域，其次为抚河流域，信江流域最小。这些研究结果，定量区分了人类活动和气候变化因素的影响，有助于制定有效的气候变化应对措施和水资源管理政策。

流域五河来水持续地补给鄱阳湖水量，维系着湖体的存在，影响着湖体的水量变化。在五河来水和长江来水的共同作用下，鄱阳湖水量在季节上呈单峰或双峰分布，冬季水量最少，夏季最多。从长期变化趋势来看，20世纪60和70年代的湖泊水量可达320×10^8 m^3，80年代和90年代维持在200×10^8 m^3，进入21世纪以后约在100×10^8 m^3，平均下降速率为每年7×10^8 m^3。湖泊水量变化基本上取决于出、入湖径流量和湖区降水量与蒸发量的变化。根据1978～2007年鄱阳湖水量平衡收支的观测计算数据，

流域五河七站的多年平均入湖水量为 1230×10^8 m^3，湖区区间入流量为 265×10^8 m^3，湖面降水量为 32×10^8 m^3，湖面蒸发 22×10^8 m^3，湖口汇入长江的出流量为 1528×10^8 m^3。湖泊水量变化多少取决于湖盆变化、入出湖径流量和湖区降水与蒸散变化以及长江对湖水的顶托作用。流域气温上升导致流域蒸散增大、入湖流量减少是鄱阳湖水量减少的重要因素，湖区围垦是 2000 年以前鄱阳湖水量减少的重要原因之一。长江对鄱阳湖的作用强度存在较为明显的年代际波动，近 50 年来在整体上呈现减弱的趋势，这可能是鄱阳湖逐渐萎缩的主要原因。总之，这些研究结果揭示了鄱阳湖水量的季节变化过程和长期变化特征，明晰了鄱阳湖长期萎缩的主要影响因素和驱动机制。由于鄱阳湖属于通江湖泊，与长江之间存在复杂的相互作用关系，同时缺乏土壤水和地下水方面的实测资料，关于湖泊不断萎缩的成因与机制，仍然需要展开进一步的分析研究。

（3）流域年内降水有极端化发展倾向，近 10 年湖区极端干旱事件频发是流域降水、地表蒸散、河川径流以及江湖关系变化的综合作用结果

鄱阳湖区域的年极端降水总量极大值出现在流域的东北面，向西向南逐渐减少；年极端降水总频数的分布形式与年极端降水总量基本一致；年极端降水强度呈现纬向带状分布，北部相对较强，向南减弱；极端降水总量与降水总量的比值（hp90）的极大值出现在流域东北部，极小值出现在西北角。在季节分布上，多年平均极端降水总量和极端降水强度均呈单峰型变化形式，极大值出现在 6 月；极端降水频数以 3～6 月相对较多，极大值出现在 3 月；hp90 在 7～10 月相对较大，51%以上的极大值出现在 9 月。在过去 50 年间，以上 4 个极端变量均呈现出年际和年代际变化，整体上呈现出线性增加的变化趋势，且除极端降水强度外，其余 3 个变量的增加趋势显著。其中，年极端降水总量的区域平均变化趋势为 27.6 mm/10a，在四个季节中只有秋季呈现出减少的变化趋势；年极端降水频数区域平均的变化趋势为 0.57 d/10a，除秋季以外，春夏冬三季均呈现出增加趋势；极端降水强度以及 hp90 的区域平均变化趋势分别为 0.12 mm/10a 和 1.2%/10a，说明鄱阳湖流域的降水有极端化发展的趋势。20 世纪 90 年代极端强降水事件明显偏多，而 2000 年以来干旱较为显著。1954 年和 1998 年典型极端降水事件分析表明，当年 6 月鄱阳湖地区极端降水异常偏多，约 70%以上由于极端降水所致，且极端降水事件出现概率为正常情况的 2 倍以上。2001 年干旱年份的分析表明，该年 6 月的平均降水总量仅为 1998 年的 1/3，且极端降水事件出现概率为正常情况的 3/5。从成因上看，极端降水事件与西太平洋副热带高压、南亚高压、贝加尔湖低槽和东亚大槽的变动存在着密切关系。

鄱阳湖流域极端干旱事件的产生有着复杂的气候和水文背景。干旱分析表明，标准化降水指数（SPI）存在 18 年主周期和 6 年、3 年次周期，在过去 50 年中先后经历了“干旱—湿润—干旱—湿润—干旱”的发展过程。当前所处的干旱周期大约始于 2003 年，目前处于本次干旱时段的后期，大致会延续到 2013 年前后，以后则会进入湿润阶段。标准化径流指数（SRI）存在 6 年主周期、20 年次周期和 3 年弱次周期，但其总体变化过程与标准化降水指数趋于一致。21 世纪以来，由于湖口水位不但受到流域来水的影响，也受到长江来水的作用，所以虽然降水干旱月次数有所增加，但是湖区水文干旱的频次和强度却增加得更为明显，同时水文干旱起始日期趋于提前，干旱持续时间趋

于加长。从流域水分收支的角度来看，近10年来流域水分以亏缺为主，流域降水亏缺是基本的致旱因素，而流域蒸散量的增加起到一定的增强作用；出湖径流所起的作用比较复杂，在多数情况下它所起的致旱作用程度一般次于流域降水的作用。另外，通过对2003年和2006年极端干旱事件的深入分析，可以看出2003年极端干旱事件属于典型的气象干旱，而2006年干旱事件属于长江水情变化引起的湖泊干旱。极端的流域气象干旱不一定会导致湖泊干旱事件的发生，而即使没有极端气象干旱发生，也会出现极端湖泊干旱事件。此外，湖口长江的顶托作用直接影响流域水分收支平衡，在干旱事件的发生发展过程中起着重要作用，甚至能扭转流域水分收支的盈亏状态，进而影响湖区极端干旱事件发生的频率。这些研究结果，揭示了鄱阳湖流域气象干旱与水文干旱之间存在的联系与差异，阐明了近年来极端干旱事件频发的原因，明晰了长江水情变化在湖区水文干旱事件中的作用，对于理解和认识极端水文气候过程以及流域防汛抗旱措施的制定有着重要的科学和实践意义。

(4) 鄱阳湖水质总体良好但呈下降趋势，南部湖区枯水期水质恶化显著，主要与枯水期湖泊水量显著减少、湖区工业快速发展导致的点源污染有关

近年来水质监测结果显示，鄱阳湖及五河水质总体良好，其水质优于中、下游长江干流及其他大型湖泊，湖泊全年以优于Ⅲ类水为主，2010年全年优于Ⅲ类水河长占总评价河长的65.3%，这一优质水源向长江输送对长江中下游水质保护具有极其重要的作用。从水质的长期变化来看，鄱阳湖水系水质有变差的趋势，20世纪80年代河湖基本都是Ⅰ、Ⅱ类水，而目前劣于Ⅲ类水的湖区比例已经接近30%。湖区营养状态已从中营养向富营养状态方向发展。鄱阳湖水质污染以枯水期最为严重，枯水期劣于Ⅲ类水比例达到了91.3%，尤其是在近年降水偏少的气候影响和江湖关系变化等综合作用下，枯水期湖泊水量大幅度减少，湖泊水质变差的问题非常突出。2011年春旱造成枯水期延长到4月，致使鄱阳湖2010年10月～2011年4月的水污染非常严重，4月湖区监测的总氮、总磷平均浓度分别达到了2.696 mg L^{-1}和0.241 mg L^{-1}，均为劣Ⅴ类水。

从营养盐污染物来源来看，鄱阳湖高达60%以上的森林覆盖率对面源污染控制具有重要作用，近年来实施的退耕还林、退渔还湖政策，进一步提高了面源污染的拦截作用。土壤营养盐平衡分析结果显示：鄱阳湖流域陆地系统单位国土面积氮素盈余量为28.33 kg N · hm^{-2}，与长江中下游其他地区相比处于相对较低的水平，并且1995～2005年，流域陆地生态系统的氮盈余量变化相对平稳，保持较低的氮盈余能够从源头上减少氮的流失，这是保障鄱阳湖水质优于长江中下游其他大型湖泊的主要原因。然而，以工业和生活为主的点源污染近年来呈现快速发展的特点，1990～1999年，江西省的污水排放总量年际间变化不大，基本保持在10×10^8t左右；但是在2004年和2009年分别达到了27.1×10^8t和31.2×10^8t，与1999年相比，分别增加了1.8倍和2.3倍。点源污染的增加对枯水期水质影响最为明显，由于鄱阳湖南部湖区主要入湖河流下游均分布有大型城市，污染物排放量大，湖区南部TN浓度均超过了1.5 mg · L^{-1}，TP浓度超过了0.1 mg · L^{-1}，水质为Ⅳ～劣Ⅴ类，枯水期水质污染表现更为突出，近年来点源污染增加是导致枯水期鄱阳湖南部水质恶化的又一重要因素。

鄱阳湖水量与氮磷营养盐平衡过程分析表明，上游五河与长江水情变化明显地影响鄱阳湖水质。鄱阳湖水量与氮磷营养盐主要来源于五河，其中五河占总入湖水量的80.5%，长江水倒灌量对鄱阳湖水量平衡的影响作用很小。鄱阳湖枯水期南部水质恶化的直接原因是近年来点源污染大幅度增加，而近年来降水偏少的气候特征改变湖泊水量平衡过程，导致湖泊枯水期水量大幅度减少，污染物入湖稀释和降解能力下降，是加剧枯水期水质恶化的间接因素。因此，当前务必要加大对鄱阳湖湖区主要城镇点源污染的控制力度，才能确保湖区的良好水质。

9.2 存在问题与研究展望

关于鄱阳湖流域水循环水环境变化问题，尽管已经结合相关学科开展了定性和定量研究，并取得了相对全面的认识，但是目前仍然存在许多科学问题有待于探索，即使在已形成结论的有关问题上，也需要加强深入研究。在这些问题中，既存在相对微观层面上影响全局认识的关键性科学问题，也存在宏观层面上具有综合性质的整体性认识问题，以及实践对策问题。这里尝试从流域水循环水环境要素的变化过程及成因机制的角度，对需要探索和深入研究的科学问题进行分析归纳，并就今后的研究发展方向和可能取得的突破途径与方式等进行展望。

（1）重点加强对鄱阳湖流域土壤水和地下水变化过程的研究，定量解析鄱阳湖不断萎缩的复合成因机制，全面深化对流域水循环要素长期变化过程的认识

鄱阳湖流域水循环系统包括流域降水、地表蒸散、地表径流、土壤水分、流域水库、地下水和湖泊水量等要素。统计分析结果表明，流域年降水量存在多个周期，近50年来呈现微弱增加的趋势，在季节分布上，春、秋季节的降水量减少，夏、冬季降水量增加。目前尚不清楚未来年降水量变化的趋势，有待运用实际观测资料，通过气候模式的方法来探讨其变化趋势与成因机制。

就地表蒸散而言，一方面流域潜在蒸散存在长期降低的趋势，另一方面流域水量平衡分析和遥感反演结果表明，近10年来实际蒸散相对偏高。由于影响实际蒸散的因素很多，现有各种不同估算方法计算结果之间的差异性十分明显。对于潜在蒸散降低而实际蒸散偏高而言，究竟是由于潜在蒸散与实际蒸散之间存在的“蒸散悖论”，还是由于近10年来降水减少所导致的结果，尚有待于进一步结合实测数据，展开深入细致的系统分析。由于计算潜在蒸散和实际蒸散的方法很多且存在差异性，因此迫切需要利用长期观测资料进行分析对比，遴选适合该流域的计算方法。另外需要结合地表观测资料，利用遥感技术定量反演流域的长期（例如30年）蒸散，并结合流域水量平衡分析等方法进行综合对比分析，识别并纠正计算结果和观测结果之间存在的系统性误差，减少分析结果的不确定性，增强长期变化研究结论的可靠性。此外，研究结果表明鄱阳湖流域不同地表覆被类型的蒸散表现出明显的差异，而流域的森林覆盖率在20世纪80年代发生了较大的变化，森林等地表覆被究竟在多大程度上改变了流域蒸散进而改变流域水文过程，这些问题还需要探索分析，以便为气候变化条件下的土地利用管理和合理规划等提供科学依据。

从河川径流来看，五河入湖径流在过去50年中呈现增加的趋势，但是近10年来呈现下降态势，其变化原因既涉及流域降水和地表蒸散等流域水文过程，也涉及地表覆被变化和水利工程建设的影响。流域降水和地表蒸散等水分收支变化、地表覆被截留和流域水库蓄水等因素各自在多大程度上改变了和改变着入湖径流，各子流域之间存在多大的差异，目前的下降态势会持续到什么时候，这些变化直接影响到鄱阳湖的扩张或萎缩，影响到湖区用水安全，有待于开展更为细致而深入的研究。另外，对于像鄱阳湖流域这样位于湿润气候地带的区域，土壤水分和地下水的蕴藏量十分丰富，其季节和年际变化也会影响地表径流的形成过程。有关土壤水分和地下水的系统性长期变化研究还十分缺乏，是目前流域水循环研究的主要不确定性来源之一，需要重点加强土壤水分和地下水的监测与时空变化研究，以阐明其在流域整体水循环变化中的角色和作用。

关于湖泊水量变化，尤其是鄱阳湖的不断萎缩问题，它既与五河入湖径流和湖口出湖径流的变化有关，也与湖盆变迁和长江的顶托作用有关。虽然近10年来五河径流减少，但是过去50年中径流呈增加趋势，所以仅仅从五河入湖径流变化的角度还无法圆满地解释鄱阳湖的萎缩趋势。湖盆变迁和长江顶托作用可能是导致鄱阳湖萎缩的重要原因。20世纪90年代以前湖区的围湖造田和圩区建设是湖盆减小的直接原因，而1998年洪涝发生之后围湖造田和圩区建设得到了有效的控制，然而鄱阳湖仍然趋于萎缩。而长江顶托作用的减弱在多大程度上影响湖泊萎缩，目前还缺乏足够的数据资料。由于鄱阳湖南北水位存在一定的差异，目前还不能精确地估算出鄱阳湖水量的数十年变化过程，而湖口的出湖径流与水位关系复杂，难以准确地计算出长江顶托作用减弱所造成的湖泊水量损失，因此成为目前研究的一个难题。在今后的研究工作中，应包括湖盆地形的精确测量和采砂活动的影响评估，湖泊水量的精准计算，以及建立能准确反映江湖水量交换关系的、包括水动力模型在内的定量模型。

（2）深入剖析湖泊-流域水循环系统极端变化的成因机制，定量辨识水循环变异对湖泊水质的影响，利用学科联合优势加强流域系统性和整体性研究

从极端水文气候的角度来看，过去50年中极端降水频率和强度增加，有极端化的发展趋势，并表现出一定的季节性差异，这对于流域的旱涝灾害防治具有重要的实践意义。由于鄱阳湖流域地处东亚季风区，同时受东亚季风环流中多个子系统的共同影响，其影响因子和机理极其复杂，有待于运用实际观测资料和气候模式，深入研究极端降水变化的成因机理。另一方面，降水匮缺可引发气象干旱、水文干旱和农业干旱，极端干旱事件频发已导致巨大的社会经济损失。然而，由于鄱阳湖流域地处湿润气候区，农业干旱等长期以来没有引起足够的重视，相关的研究十分缺乏。加上鄱阳湖流域干旱现象的影响因素复杂多样，因此，一方面需要加强对水文干旱和农业干旱等时空变化过程和规律的认识和理解；另一方面需要从流域水分收支的角度，加强气象干旱、水文干旱和农业干旱之间的相互转换关系与作用机制研究，定量识别气候变化和大型水利工程建设等人为因素的影响，为气候变化应对、干旱灾害防治和流域生态补偿等提供科学依据。

从水环境变化的角度来看，近年来随着枯水期鄱阳湖水质问题的日益凸显，以及对认识长江重大水利工程对水环境影响的迫切需求，相关政府管理部门和研究机构比以往更加注重鄱阳湖水量水质的综合研究工作。目前关于湖泊水质变化规律已经形成了初步

的认识，然而多数以水质监测和评价为主，尚需要积累长时间序列的实测数据，深入研究通江湖泊的水环境演变规律和机制，包括五河和长江双重影响下水文过程变化对湖泊营养盐时空分布规律的影响，湖泊水质对气候变化和营养盐排放强度的响应，以及鄱阳湖水利枢纽建设的影响强度等。在未来鄱阳湖流域气温继续升高、流域资源开发利用强度增大的情景下，虽然流域内的点源污水排放有望通过行政手段得到制约与治理，但对来自农业和大气沉降等面源污染物仍然缺乏有效的控制手段，湖泊的水环境质量必将随之发生变化，因此需要定量辨识气候变化与人类活动对鄱阳湖水质的影响，这将有助于明确目标，从而达到综合治理的目的。

从湖泊-流域系统的角度来看，虽然在流域水文气候变化过程上已经取得了基本的认识，但是前面阐述的一些全局性关键科学问题，仍然有待于尽快解决。虽然目前已经建立了鄱阳湖流域水文模型，并取得了积极的进展，但是还需要结合区域气候模式，建立气候-水文双向耦合模型，进一步耦合水质变化过程，并且充分利用多源遥感数据的长期、连续、宏观的对地观测技术和地表参数的定量反演方法，处理好（半）经验性模型参数化中存在的空间代表性问题。同时，由于缺乏系统的观测数据，目前对流域土壤水分和地下水等水文要素的理解，以及对流域水循环的认识还不够全面。在今后研究中，应包括土壤水分和地下水，以及长期变化过程中流域水文各个要素在整个水循环变化中所起的作用及其不确定性等内容。通过深入研究湖泊-流域水循环过程的系统性、整体性和长期变化特征，更好地把握流域水文过程和湖泊水环境变化过程以及内在的驱动机制。

（3）面向流域的基础科学问题和重大现实需求，建立水循环水环境要素的天地一体化观测平台，加强有效数据的长期积累和集成技术开发，服务生态经济建设

在未来开展的研究工作中，除了面向基础科学问题和重大的现实需求开展全面深入的分析研究，更需要在多种尺度上加强对流域水文水环境要素的动态变化监测和长期数据积累。在点位尺度上，除了原有的气象和水文观测站之外，要积极建设高密度、高频率的气象、水文水环境等要素的自动监测系统，例如已经建成的高密度自动气象观测网和流域地下水与土壤水分监测系统。在田间尺度上，建立代表性地表类型的地表水热通量观测系统，以把握下垫面的水热时空变化过程。在区域尺度上，结合地基雷达观测和卫星遥感降水组网技术，构建区域降水观测系统。通过建立稳定的网络平台和科研协作机制，实现气象、水文、水环境要素的天地一体化观测，为全面认识鄱阳湖流域的水循环水环境变化奠定良好的数据基础。在这一基础上，加强水循环要素的风险变化分析，研究和制定应对气候变化和大型水利工程建设的、切实可行的土地利用和水资源管理规划以及生态补偿方案，切实服务于鄱阳湖生态经济区的建设和大型湖泊流域的可持续发展。

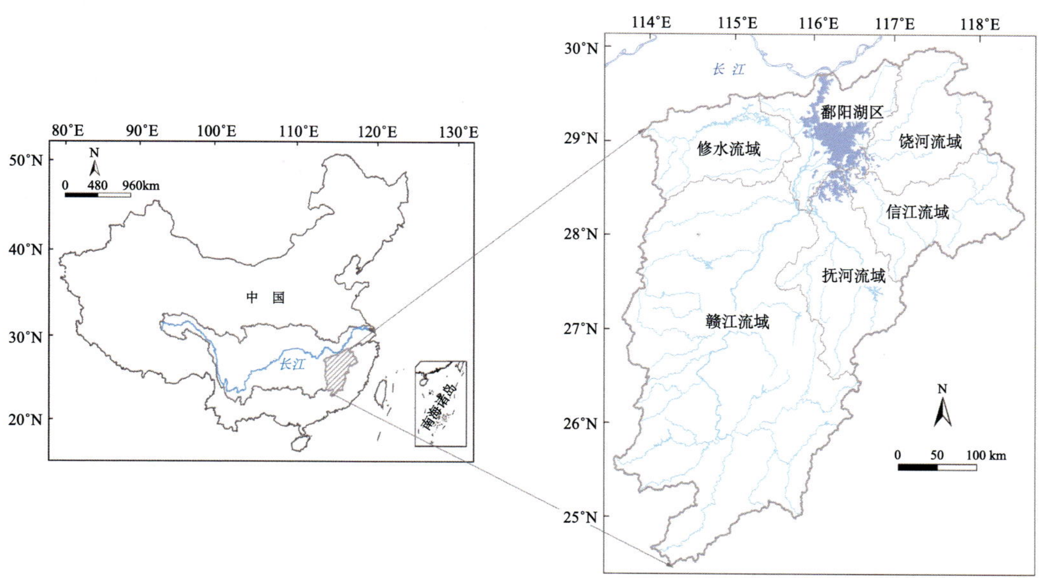

彩图1-1　鄱阳湖流域所处地理位置示意图

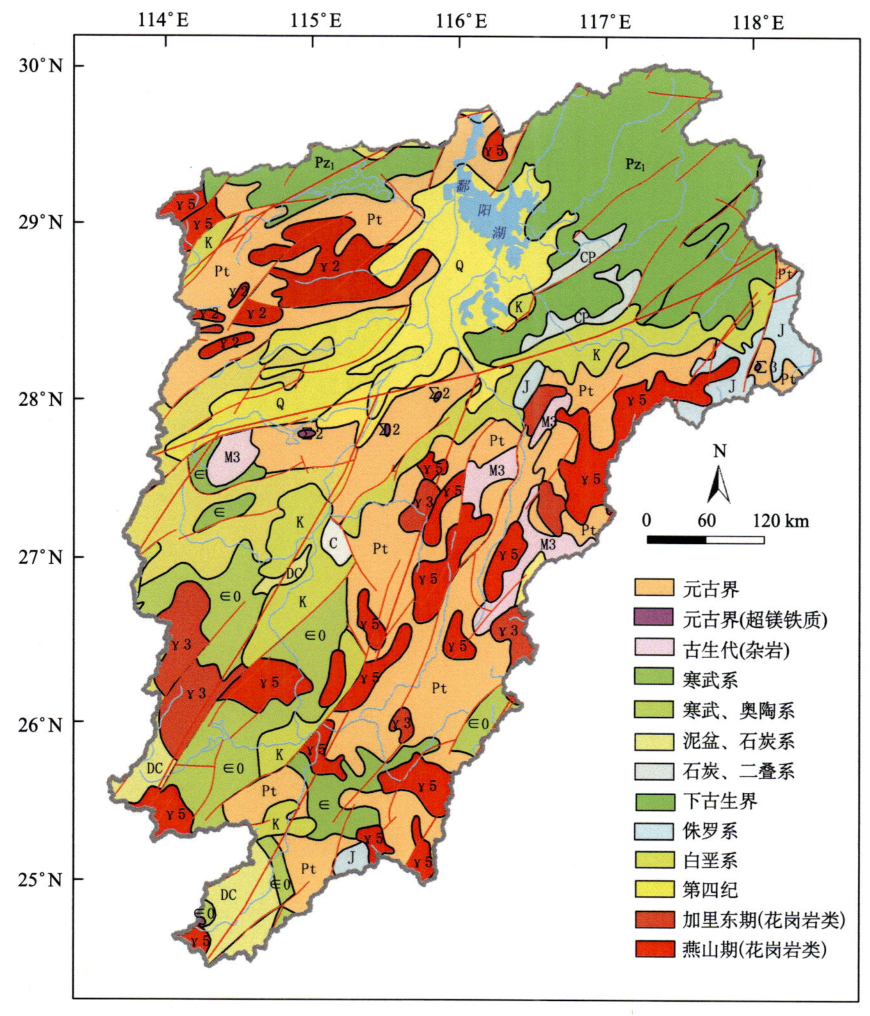

彩图1-2　鄱阳湖流域地质构造图 (数据来源于全国地质资料馆1：500万中国地质图)

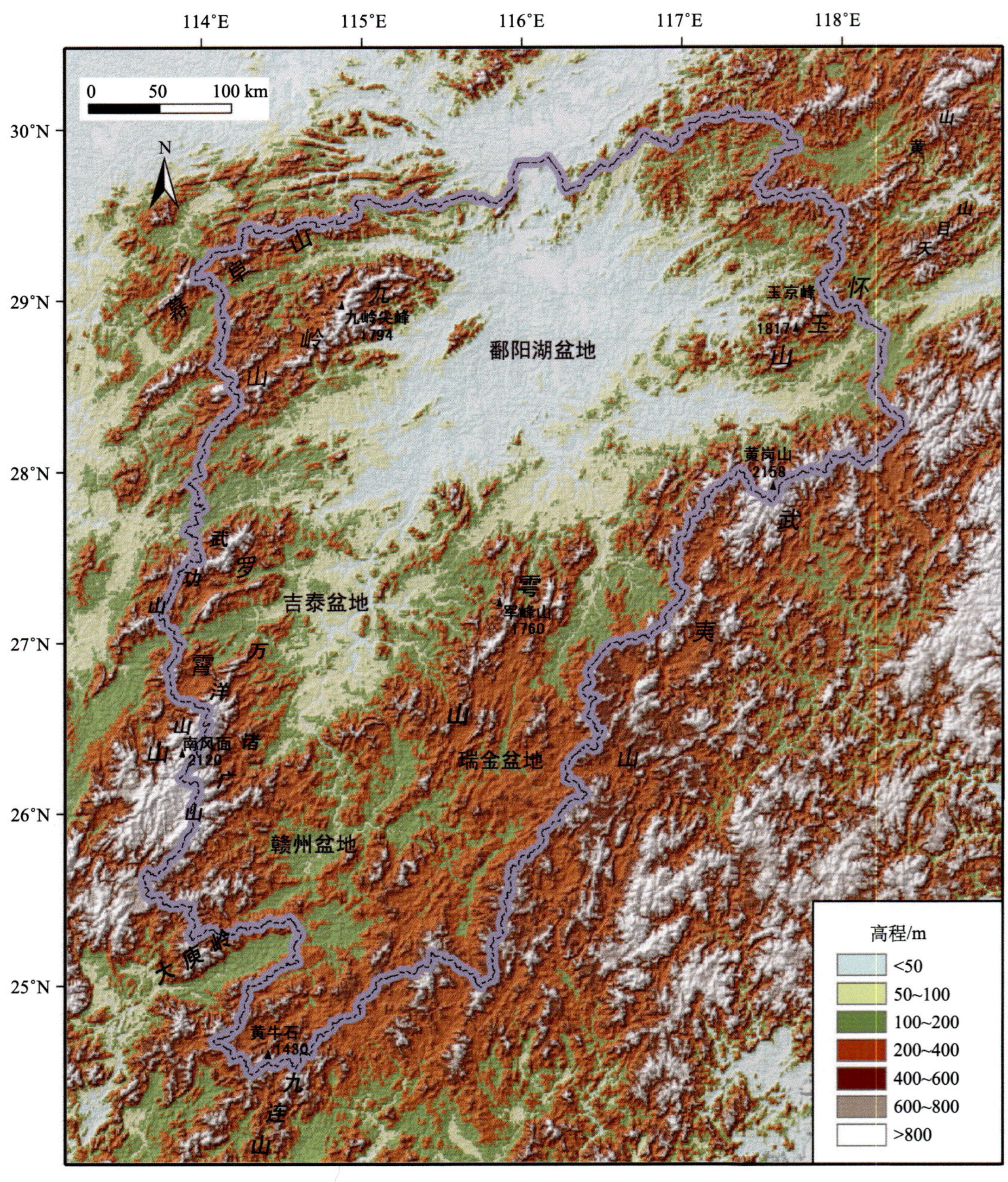

彩图1-3　鄱阳湖流域地势分布图

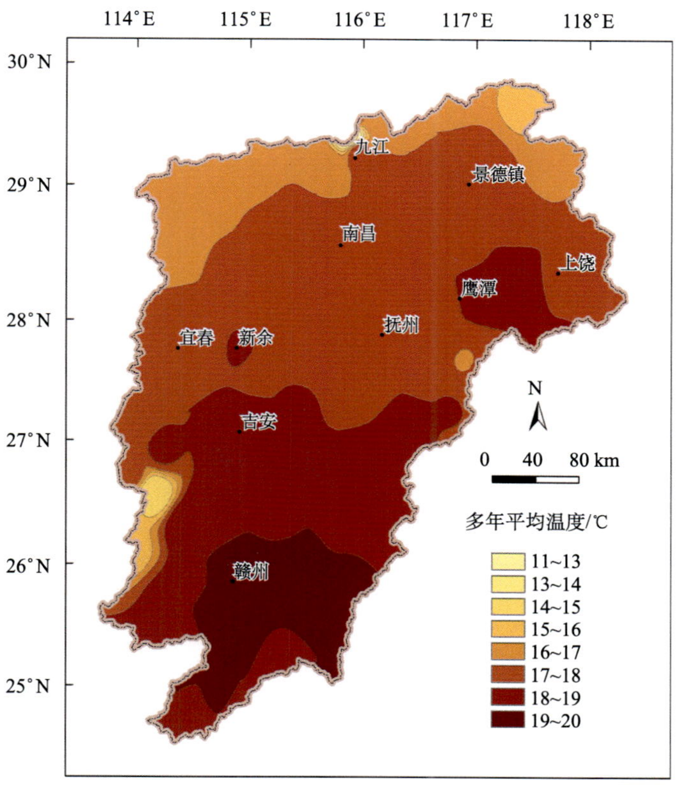

彩图1-6 鄱阳湖流域1960～2007年多年平均温度分布图

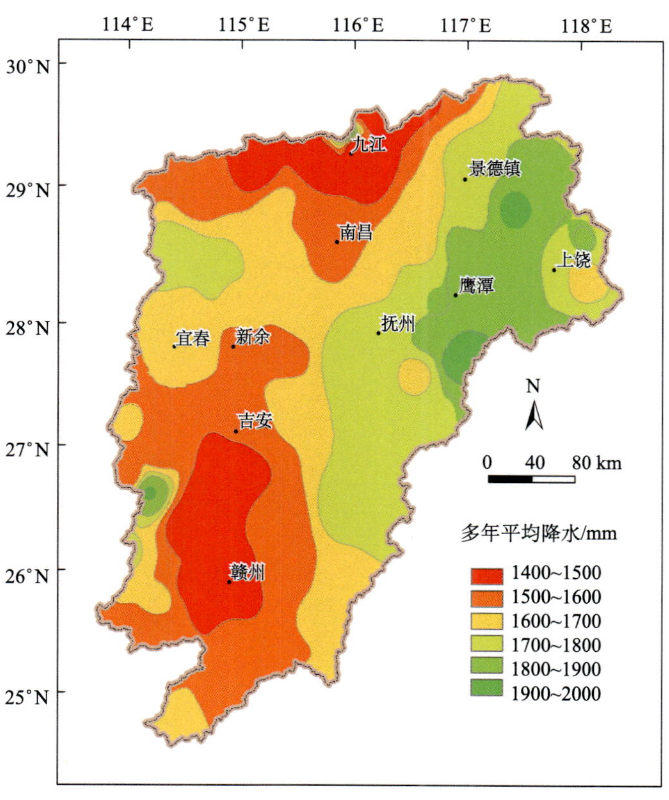

彩图1-7 鄱阳湖流域1960～2007年多年平均降水分布图

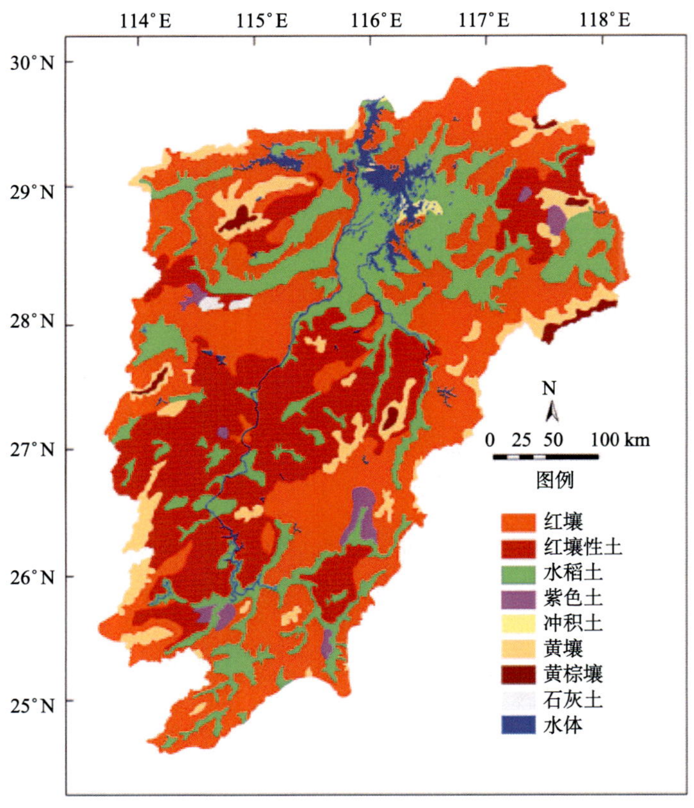

彩图1-8 鄱阳湖流域土壤分布图

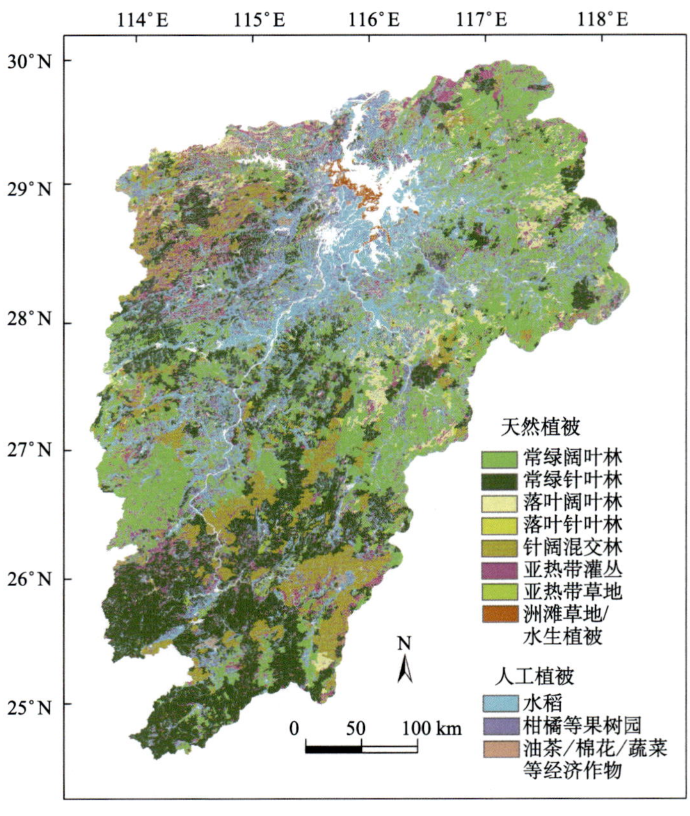

彩图1-9 鄱阳湖流域植被分布图

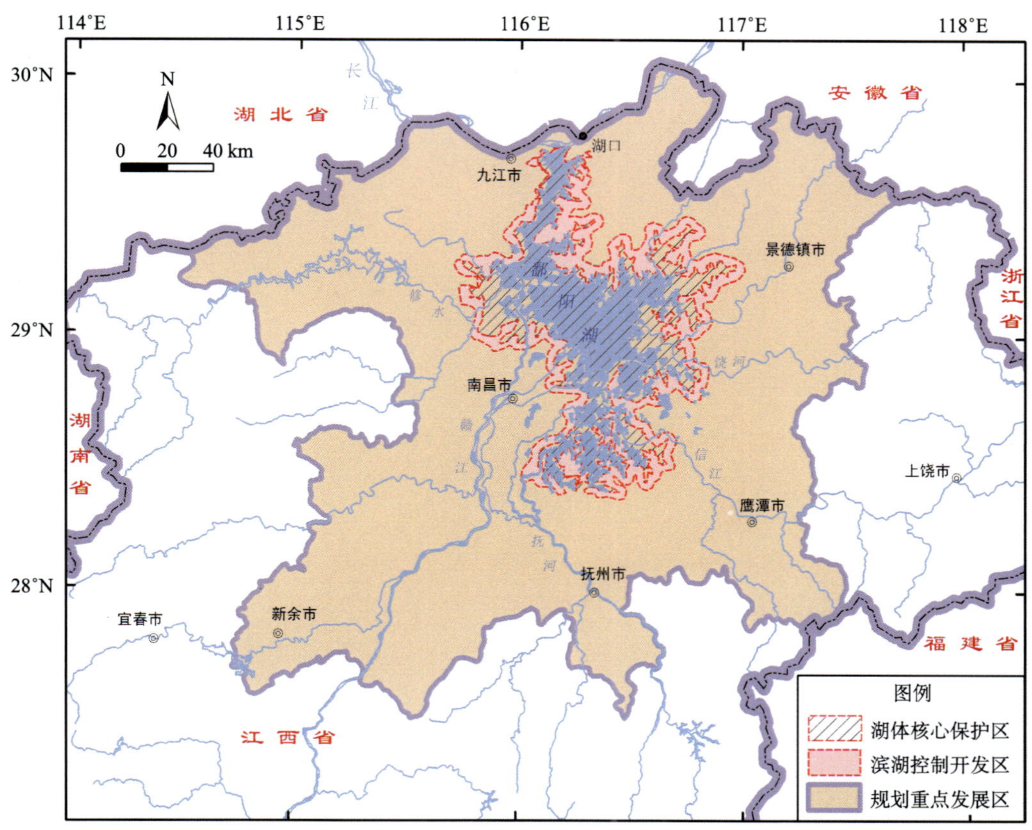

彩图1-13 鄱阳湖生态经济区

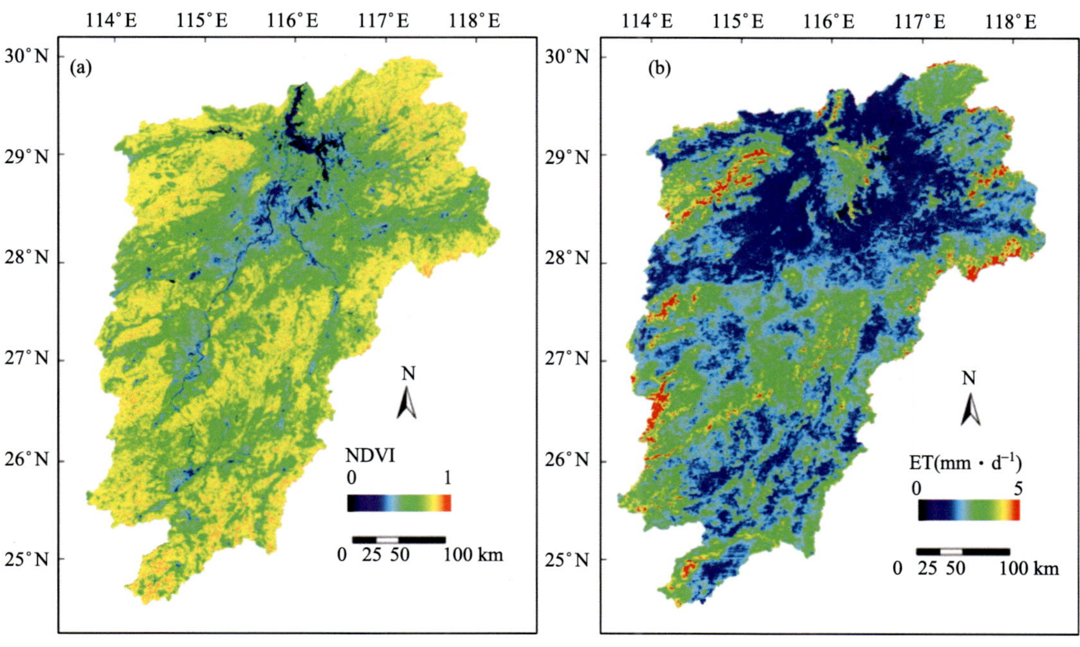

彩图3-7 鄱阳湖流域NDVI与蒸散量的空间分布（以2009年第289天为例）

(a) NDVI；(b) 蒸散量

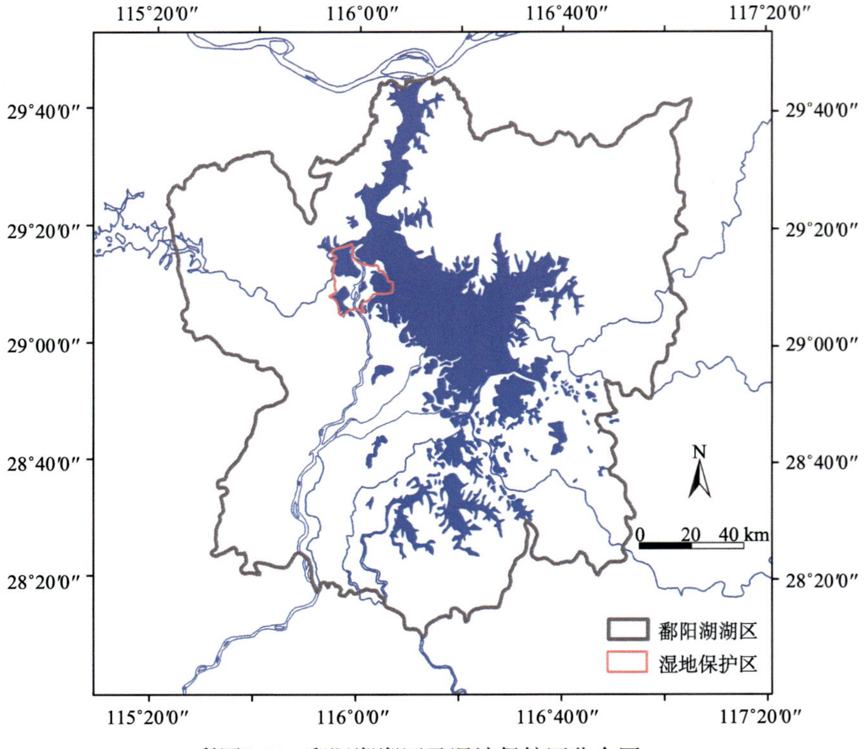

彩图3-14 鄱阳湖湖区及湿地保护区分布图

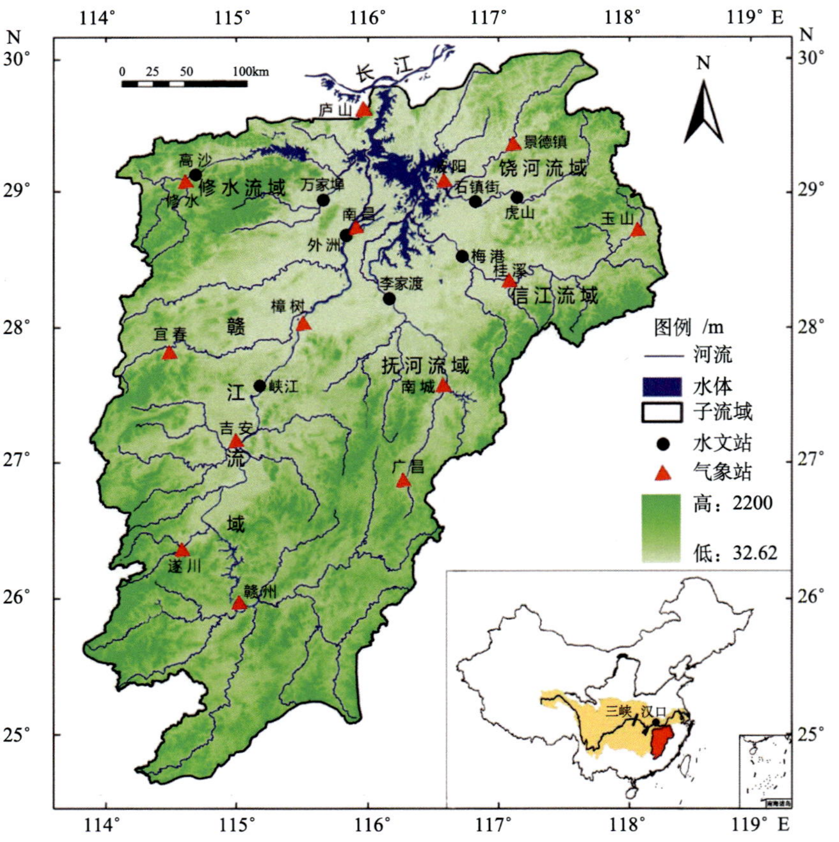

彩图4-1 鄱阳湖流域地形、水系及主要水文、气象站点分布

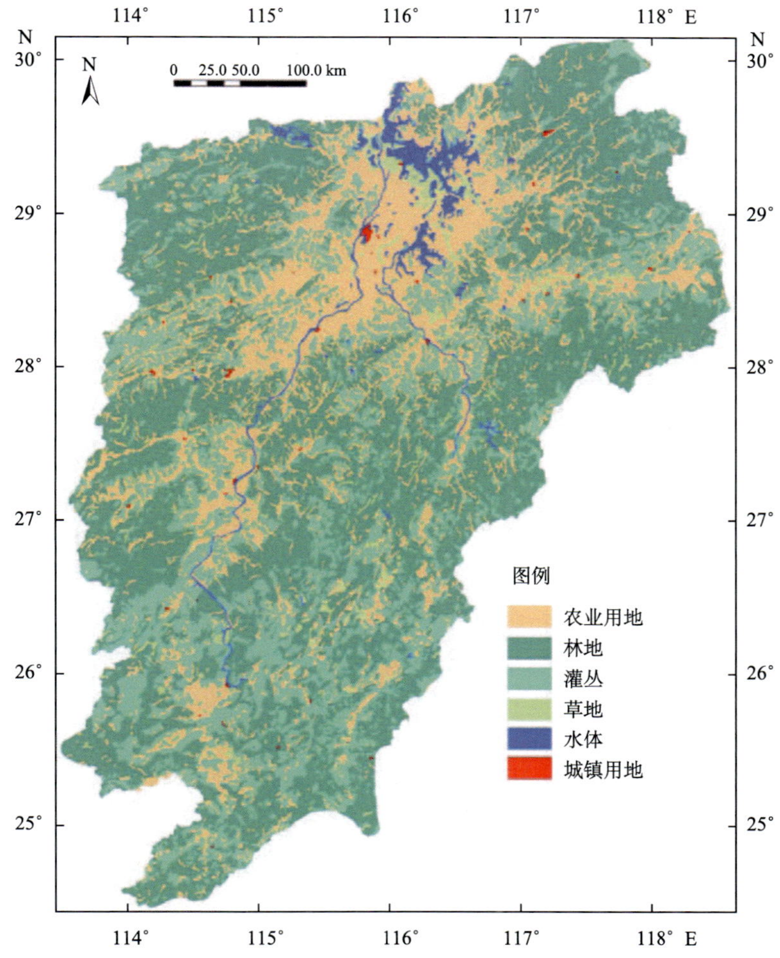

彩图4-19 鄱阳湖流域土地利用分布图

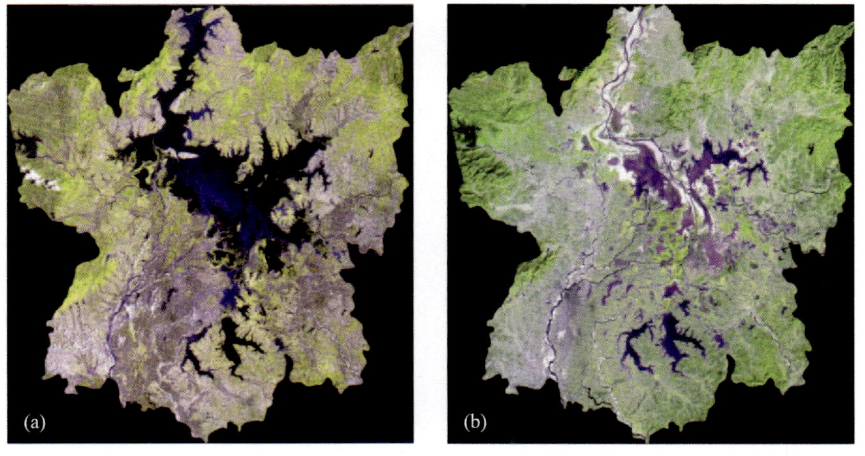

彩图5-1 鄱阳湖区卫星遥感影像
(a) 丰水期；(b) 枯水期

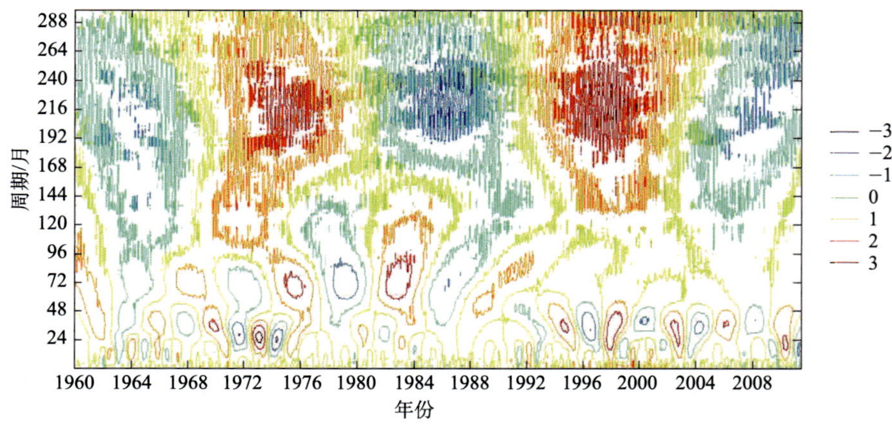

彩图7-2 1960～2010年鄱阳湖流域降水SPI指数周期分布图

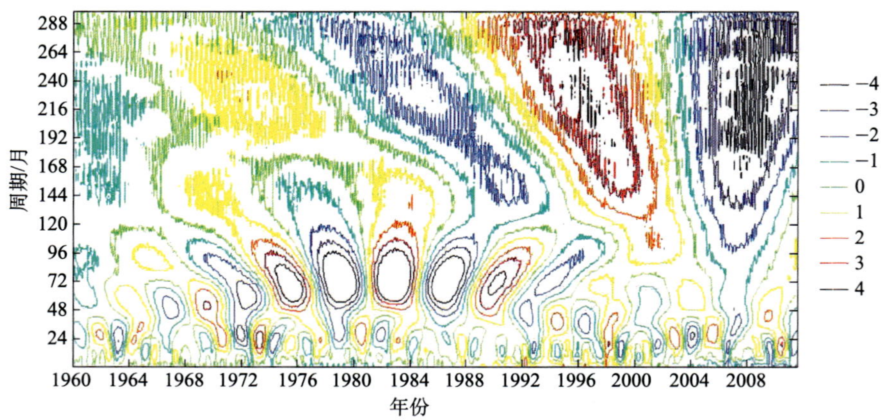

彩图7-5 1960～2010年鄱阳湖流域湖口水位SPI指数周期分布图

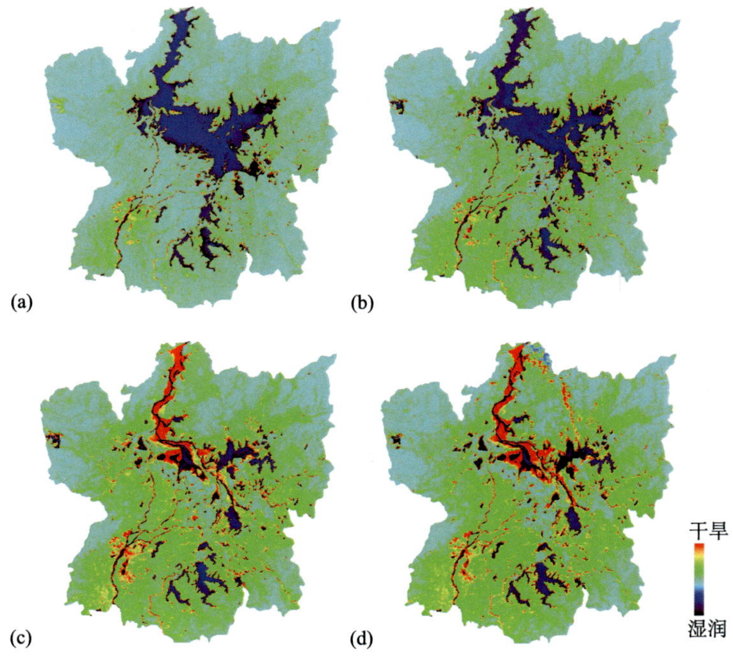

彩图7-17 2003年LST/NDVI指数表征的湖区土壤水分干旱变化过程

(a) 9月；(b) 10月；(c) 11月；(d) 12月